· Dialogue Concerning the Two Chief World Systems: Ptolemaic and Copernican ·

这部巨作已经开启了巨大而又优秀的科学之门，而我的工作只是一个开端，比我更出色的人将会探索其最遥远的角落。

——伽利略

请振作起来，伽利略，公开亮相！如果我没有搞错，欧洲只有少数杰出数学家与我们见解不同。真理的力量是多么强大啊！

——开普勒

纯粹的逻辑思维不能使我们得到有关经验世界的任何知识，所有真实的知识都是从经验开始，又归结于经验……正是由于伽利略看清了这一点，特别是因为他将此引入科学界，他成了近代物理学之父——实际上，也是整个近代科学之父。

——爱因斯坦

伽利略也许比任何一个人对现代科学的诞生作出的贡献都大。

——斯蒂芬·霍金

本书列入“十四五”国家重点图书出版规划

科学元典丛书

The Series of the Great Classics in Science

主　　编　任定成

执行主编　周雁翎

策　　划　周雁翎

丛书主持　陈　静

科学元典是科学史和人类文明史上划时代的丰碑，是人类文化的优秀遗产，是历经时间考验的不朽之作。它们不仅是伟大的科学创造的结晶，而且是科学精神、科学思想和科学方法的载体，具有永恒的意义和价值。

科学元典丛书

关于托勒密和哥白尼
两大世界体系的对话

Dialogue Concerning the Two Chief World Systems: Ptolemaic and Copernican

[意大利] 伽利略 著　周煦良 等译

北京大学出版社
PEKING UNIVERSITY PRESS

图书在版编目(CIP)数据

关于托勒密和哥白尼两大世界体系的对话/（意）伽利略著;周煦良等译. —北京：北京大学出版社，2006.4

（科学元典丛书）

ISBN 978-7-301-09548-5

Ⅰ.关… Ⅱ.①伽…②周… Ⅲ.天文学史—世界—中世纪 Ⅳ.P1-091.3

中国版本图书馆 CIP 数据核字（2005）第 096675 号

书　　名	关于托勒密和哥白尼两大世界体系的对话 GUANYU TUOLEMI HE GEBAINI LIANGDA SHIJIE TIXI DE DUIHUA	
著作责任者	（意）伽利略 著　周煦良 等译	
丛书策划	周雁翎	
丛书主持	陈　静	
责任编辑	陈　静	
标准书号	ISBN 978-7-301-09548-5	
出版发行	北京大学出版社	
地　　址	北京市海淀区成府路 205 号　100871	
网　　址	http://www.pup.cn	新浪微博：@北京大学出版社
微信公众号	通识书苑（微信号：sartspku）	科学元典（微信号：kexueyuandian）
电子邮箱	编辑部 jyzx@pup.cn	总编室 zpup@pup.cn
电　　话	邮购部 010-62752015　发行部 010-62750672　编辑部 010-62707542	
印 刷 者	北京中科印刷有限公司	
经 销 者	新华书店	
	787 毫米× 1092 毫米　16 开本　22 印张　彩插 8　420 千字 2006 年 4 月第 1 版　2023 年 10 月第 11 次印刷	
定　　价	79.00 元	

弁　　言

· *Preface to the Series of the Great Classics in Science* ·

这套丛书中收入的著作，是自古希腊以来，主要是自文艺复兴时期现代科学诞生以来，经过足够长的历史检验的科学经典。为了区别于时下被广泛使用的“经典”一词，我们称之为“科学元典”。

我们这里所说的“经典”，不同于歌迷们所说的“经典”，也不同于表演艺术家们朗诵的“科学经典名篇”。受歌迷欢迎的流行歌曲属于“当代经典”，实际上是时尚的东西，其含义与我们所说的代表传统的经典恰恰相反。表演艺术家们朗诵的“科学经典名篇”多是表现科学家们的情感和生活态度的散文，甚至反映科学家生活的话剧台词，它们可能脍炙人口，是否属于人文领域里的经典姑且不论，但基本上没有科学内容。并非著名科学大师的一切言论或者是广为流传的作品都是科学经典。

这里所谓的科学元典，是指科学经典中最基本、最重要的著作，是在人类智识史和人类文明史上划时代的丰碑，是理性精神的载体，具有永恒的价值。

一

科学元典或者是一场深刻的科学革命的丰碑，或者是一个严密的科学体系的构架，或者是一个生机勃勃的科学领域的基石，或者是一座传播科学文明的灯塔。它们既是昔日科学成就的创造性总结，又是未来科学探索的理性依托。

哥白尼的《天体运行论》是人类历史上最具革命性的震撼心灵的著作，它向统治西方思想千余年的地心说发出了挑战，动摇了“正统宗教”学说的天文学基础。伽利略《关于托勒密和哥白尼两大世界体系的对话》以确凿的证据进一步论证了哥白尼学说，更直接地动摇了教会所庇护的托勒密学说。哈维的《心血运动论》以对人类躯体和心灵的双重关怀，满怀真挚的宗教情感，阐述了血液循环理论，推翻了同样统治西方思想千余年、被“正统宗教”所庇护的盖伦学说。笛卡儿的《几何》不仅创立了为后来诞生的微积分提供了工具的解析几何，而且折射出影响万世的思想方法论。牛顿的《自然哲学之数学原理》标志着17世纪科学革命的顶点，为后来的工业革命奠定了科学基础。分别以惠更斯的《光论》与牛顿的《光学》为代表的波动说与微粒说之间展开了长达200余年的论战。拉瓦锡在《化学基础论》中详尽论述了氧化理论，推翻了统治化学百余年之久的燃素理论，这一智识壮举被公认为历史上最自觉的科学革命。道尔顿的《化学哲学新体系》奠定了物质结构理论的基础，开创了科学中的新时代，使19世纪的化学家们有计划地向未知领域前进。傅立叶的《热的解析理论》以其对热传导问题的精湛处理，突破了牛顿的《自然哲学之数学原理》所规定的理论力学范围，开创了数学物理学的崭新领域。达尔文《物种起源》中的进化论思想不仅在生物学发展到分子水平的今天仍然是科学家们阐释的对象，而且100多年来几乎在科学、社会和人文的所有领域都在施展它有形和无形的影响。《基因论》揭示了孟德尔式遗传性状传递机理的物质基础，把生命科学推进到基因水平。爱因斯坦的《狭义与广义相对论浅说》和薛定谔的《关于波动力学的四次演讲》分别阐述了物质世界在高速和微观领域的运动规律，完全改变了自牛顿以来的世界观。魏格纳的《海陆的起源》提出了大陆漂移的猜想，为当代地球科学提供了新的发展基点。维纳的《控制论》揭示了控制系统的反馈过程，普里戈金的《从存在到演化》发现了系统可能从原来无序向新的有序态转化的机制，二者的思想在今天的影响已经远远超越了自然科学领域，影响到经济学、社会学、政治学等领域。

科学元典的永恒魅力令后人特别是后来的思想家为之倾倒。欧几里得的《几何原本》以手抄本形式流传了1800余年，又以印刷本用各种文字出了1000版以上。阿基米德写了大量的科学著作，达·芬奇把他当作偶像崇拜，热切搜求他的手稿。伽利略以他的继承人自居。莱布尼兹则说，了解他的人对后代杰出人物的成就就不会那么赞赏了。为捍卫《天体运行论》中的学说，布鲁诺被教会处以火刑。伽利略因为其《关于托勒密和哥白尼两大世界体系的对话》一书，遭教会的终身监禁，备受折磨。伽利略说吉尔伯特的《论磁》一书伟大得令人嫉妒。拉普拉斯说，牛顿的《自然哲学之数学原理》揭示了宇宙的最伟大定律，它将永远成为深邃智慧的纪念碑。拉瓦锡在他的《化学基础论》出版后5年被法国革命法庭处死，传说拉格朗日悲愤地说，砍掉这颗头颅只要一瞬间，再长出这样的头颅100年也不够。《化学哲学新体系》的作者道尔顿应邀访法，当他走进法国科学院会议厅时，院长和全体院士起立致敬，得到拿破仑未曾享有的殊荣。傅立叶在《热的解析理论》中阐述的强有力的数学工具深深影响了整个现代物理学，推动数学分析的发展达一个多世纪，麦克斯韦称赞该书是“一首美妙的诗”。当人们咒骂《物种起源》是“魔鬼的经典”“禽兽的哲学”的时候，赫胥黎甘做“达尔文的斗犬”，挺身捍卫进化论，撰写了《进化论与伦理学》和《人类在自然界的位置》，阐发达尔文的学说。经过严复的译述，赫胥黎的著作成为维新领袖、辛亥精英、“五四”斗士改造中国的思想武器。爱因斯坦说法拉第在《电学实验研究》中论证的磁场和电场的思想是自牛顿以来物理学基础所经历的最深刻变化。

在科学元典里，有讲述不完的传奇故事，有颠覆思想的心智波涛，有激动人心的理性思考，有万世不竭的精神甘泉。

二

按照科学计量学先驱普赖斯等人的研究，现代科学文献在多数时间里呈指数增长趋势。现代科学界，相当多的科学文献发表之后，并没有任何人引用。就是一时被引用过的科学文献，很多没过多久就被新的文献所淹没了。科学注重的是创造出新的实在知识。从这个意义上说，科学是向前看的。但是，我们也可以看到，这么多文献被淹没，也表明划时代的科学文献数量是很少的。大多数科学元典不被现代科学文献所引用，那是因为其中的知识早已成为科学中无须证明的常识了。即使这样，科学经典也会因为其中思想的恒久意义，而像人文领域里的经典一样，具有永恒的阅读价值。于是，科学经典就被一编再编、一印再印。

早期诺贝尔奖得主奥斯特瓦尔德编的物理学和化学经典丛书“精密自然科学经典”从1889年开始出版，后来以“奥斯特瓦尔德经典著作”为名一直在编辑出版，有资料说目前已经出版了250余卷。祖德霍夫编辑的“医学经典”丛书从1910年就开始陆续出版了。也是这一年，蒸馏器俱乐部编辑出版了20卷“蒸馏器俱乐部再版本”丛书，丛书中全是化学经典，这个版本甚至被化学家在20世纪的科学刊物上发表的论文所引用。一般把1789年拉瓦锡的化学革命当作现代化学诞生的标志，把1914年爆发的第一次世界大战称为化学家之战。奈特把反映这个时期化学的重大进展的文章编成一卷，把这个时期的其他9部总结性化学著作各编为一卷，辑为10卷“1789—1914年的化学发展”丛书，于1998年出版。像这样的某一科学领域的经典丛书还有很多很多。

科学领域里的经典，与人文领域里的经典一样，是经得起反复咀嚼的。两个领域里的经典一起，就可以勾勒出人类智识的发展轨迹。正因为如此，在发达国家出版的很多经典丛书中，就包含了这两个领域的重要著作。1924 年起，沃尔科特开始主编一套包括人文与科学两个领域的原始文献丛书。这个计划先后得到了美国哲学协会、美国科学促进会、美国科学史学会、美国人类学协会、美国数学协会、美国数学学会以及美国天文学学会的支持。1925 年，这套丛书中的《天文学原始文献》和《数学原始文献》出版，这两本书出版后的 25 年内市场情况一直很好。1950 年，沃尔科特把这套丛书中的科学经典部分发展成为“科学史原始文献”丛书出版。其中有《希腊科学原始文献》《中世纪科学原始文献》和《20 世纪（1900—1950 年）科学原始文献》，文艺复兴至 19 世纪则按科学学科（天文学、数学、物理学、地质学、动物生物学以及化学诸卷）编辑出版。约翰逊、米利肯和威瑟斯庞三人主编的“大师杰作丛书”中，包括了小尼德勒编的 3 卷“科学大师杰作”，后者于 1947 年初版，后来多次重印。

在综合性的经典丛书中，影响最为广泛的当推哈钦斯和艾德勒 1943 年开始主持编译的“西方世界伟大著作丛书”。这套书耗资 200 万美元，于 1952 年完成。丛书根据独创性、文献价值、历史地位和现存意义等标准，选择出 74 位西方历史文化巨人的 443 部作品，加上丛书导言和综合索引，辑为 54 卷，篇幅 2 500 万单词，共 32 000 页。丛书中收入不少科学著作。购买丛书的不仅有“大款”和学者，而且还有屠夫、面包师和烛台匠。迄 1965 年，丛书已重印 30 次左右，此后还多次重印，任何国家稍微像样的大学图书馆都将其列入必藏图书之列。这套丛书是 20 世纪上半叶在美国大学兴起而后扩展到全社会的经典著作研读运动的产物。这个时期，美国一些大学的寓所、校园和酒吧里都能听到学生讨论古典佳作的声音。有的大学要求学生必须深研 100 多部名著，甚至在教学中不得使用最新的实验设备，而是借助历史上的科学大师所使用的方法和仪器复制品去再现划时代的著名实验。至 20 世纪 40 年代末，美国举办古典名著学习班的城市达 300 个，学员 50 000 余众。

相比之下，国人眼中的经典，往往多指人文而少有科学。一部公元前 300 年左右古希腊人写就的《几何原本》，从 1592 年到 1605 年的 13 年间先后 3 次汉译而未果，经 17 世纪初和 19 世纪 50 年代的两次努力才分别译刊出全书来。近几百年来移译的西学典籍中，成系统者甚多，但皆系人文领域。汉译科学著作，多为应景之需，所见典籍寥若晨星。借 20 世纪 70 年代末举国欢庆“科学春天”到来之良机，有好尚者发出组译出版“自然科学世界名著丛书”的呼声，但最终结果却是好尚者抱憾而终。20 世纪 90 年代初出版的“科学名著文库”，虽使科学元典的汉译初见系统，但以 10 卷之小的容量投放于偌大的中国读书界，与具有悠久文化传统的泱泱大国实不相称。

我们不得不问：一个民族只重视人文经典而忽视科学经典，何以自立于当代世界民族之林呢?

三

科学元典是科学进一步发展的灯塔和坐标。它们标识的重大突破，往往导致的是常规科学的快速发展。在常规科学时期，人们发现的多数现象和提出的多数理论，都要用科学元典中的思想来解释。而在常规科学中发现的旧范型中看似不能得到解释的现象，其重要性往往也要通过与科学元典中的思想的比较显示出来。

在常规科学时期，不仅有专注于狭窄领域常规研究的科学家，也有一些从事着常规研究但又关注着科学基础、科学思想以及科学划时代变化的科学家。随着科学发展中发现的新现象，这些科学家的头脑里自然而然地就会浮现历史上相应的划时代成就。他们会对科学元典中的相应思想，重新加以诠释，以期从中得出对新现象的说明，并有可能产生新的理念。百余年来，达尔文在《物种起源》中提出的思想，被不同的人解读出不同的信息。古脊椎动物学、古人类学、进化生物学、遗传学、动物行为学、社会生物学等领域的几乎所有重大发现，都要拿出来与《物种起源》中的思想进行比较和说明。玻尔在揭示氢光谱的结构时，提出的原子结构就类似于哥白尼等人的太阳系模型。现代量子力学揭示的微观物质的波粒二象性，就是对光的波粒二象性的拓展，而爱因斯坦揭示的光的波粒二象性就是在光的波动说和微粒说的基础上，针对光电效应，提出的全新理论。而正是与光的波动说和微粒说二者的困难的比较，我们才可以看出光的波粒二象性学说的意义。可以说，科学元典是时读时新的。

除了具体的科学思想之外，科学元典还以其方法学上的创造性而彪炳史册。这些方法学思想，永远值得后人学习和研究。当代诸多研究人的创造性的前沿领域，如认知心理学、科学哲学、人工智能、认知科学等，都涉及对科学大师的研究方法的研究。一些科学史学家以科学元典为基点，把触角延伸到科学家的信件、实验室记录、所属机构的档案等原始材料中去，揭示出许多新的历史现象。近二十多年兴起的机器发现，首先就是对科学史学家提供的材料，编制程序，在机器中重新做出历史上的伟大发现。借助于人工智能手段，人们已经在机器上重新发现了波义耳定律、开普勒行星运动第三定律，提出了燃素理论。萨伽德甚至用机器研究科学理论的竞争与接受，系统研究了拉瓦锡氧化理论、达尔文进化学说、魏格纳大陆漂移说、哥白尼日心说、牛顿力学、爱因斯坦相对论、量子论以及心理学中的行为主义和认知主义形成的革命过程和接受过程。

除了这些对于科学元典标识的重大科学成就中的创造力的研究之外，人们还曾经大规模地把这些成就的创造过程运用于基础教育之中。美国几十年前兴起的发现法教学，就是在这方面的尝试。近二十多年来，兴起了基础教育改革的全球浪潮，其目标就是提高学生的科学素养，改变片面灌输科学知识的状况。其中的一个重要举措，就是在教学中加强科学探究过程的理解和训练。因为，单就科学本身而言，它不仅外化为工艺、流程、技术及其产物等器物形态，直接表现为概念、定律和理论等知识形态，更深蕴于其特有的思想、观念和方法等精神形态之中。没有人怀疑，我们通过阅读今天的教科书就可以方便地学到科学元典著作中的科学知识，而且由于科学的进步，我们从现代教科书上所学的知识甚至比经典著作中的更完善。但是，教科书所提供的只是结晶状态的凝固知识，而科学本是历史的、创造的、流动的，在这历史、创造和流动过程之中，一些东西蒸发了，另一些东西积淀了，只有科学思想、科学观念和科学方法保持着永恒的活力。

然而，遗憾的是，我们的基础教育课本和科普读物中讲的许多科学史故事不少都是误讹相传的东西。比如，把血液循环的发现归于哈维，指责道尔顿提出二元化合物的元素原子数最简比是当时的错误，讲伽利略在比萨斜塔上做过落体实验，宣称牛顿提出了牛顿定律的诸数学表达式，等等。好像科学史就像网络上传播的八卦那样简单和耸人听闻。为避免这样的误讹，我们不妨读一读科学元典，看看历史上的伟人当时到底是如何思考的。

现在，我们的大学正处在席卷全球的通识教育浪潮之中。就我的理解，通识教育固然要对理工农医专业的学生开设一些人文社会科学的导论性课程，要对人文社会科学专业的学生开设一些理工农医的导论性课程，但是，我们也可以考虑适当跳出专与博、文与理的关系的思考路数，对所有专业的学生开设一些真正通而识之的综合性课程，或者倡导这样的阅读活动、讨论活动、交流活动甚至跨学科的研究活动，发掘文化遗产、分享古典智慧、继承高雅传统，把经典与前沿、传统与现代、创造与继承、现实与永恒等事关全民素质、民族命运和世界使命的问题联合起来进行思索。

我们面对不朽的理性群碑，也就是面对永恒的科学灵魂。在这些灵魂面前，我们不是要顶礼膜拜，而是要认真研习解读，读出历史的价值，读出时代的精神，把握科学的灵魂。我们要不断吸取深蕴其中的科学精神、科学思想和科学方法，并使之成为推动我们前进的伟大精神力量。

任定成
2005 年 8 月 6 日
北京大学承泽园迪吉轩

伽利略(Galileo Galilei,1564—1642),意大利物理学家、天文学家,经典力学和实验物理学的先驱。

伽利略出生时的房子。

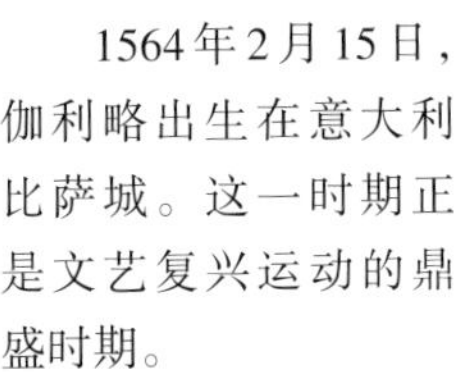

1564年2月15日，伽利略出生在意大利比萨城。这一时期正是文艺复兴运动的鼎盛时期。

《神曲》插画。但丁(Dante Alighieri，1265—1321)，意大利诗人，文艺复兴运动早期代表人物。但丁的不朽名作《神曲》以恢宏的篇章描写了诗人在地狱、净界和天堂的幻游。但丁借神游三界的故事描写现实生活和各色人物，抨击教会的贪婪腐化和封建统治的黑暗残暴；他强调人的“自由意志”，反对封建教会宣扬的宗教宿命论，歌颂有远大抱负和坚毅刚强的英雄豪杰，表现了新的人文主义思想。

文艺复兴呼唤古典文化的复兴，注重对人的关心和尊重，用一种以人为中心的思想观念对抗神学思想和经院哲学，以推动文学艺术和科学技术的发展。文艺复兴运动留下了许多辉煌的文学、艺术、建筑作品。

雕塑《哀悼基督》，作者米开朗琪罗，现藏于罗马圣彼得大教堂。

油画《岩间圣母》，达·芬奇绘于1508年。

比萨城较早的一张照片。可以看到远处比萨大教堂和比萨斜塔。

比萨大学校徽

今日比萨大学。

1581年,17岁的伽利略进入比萨大学读书。最初,伽利略按照父亲的意愿学习医学,但是他很快就喜欢上了数学,并表现出很高的数学天分。

比萨大学建校于1343年。在伽利略时期,比萨大学就已是一所名校。

16世纪的佛罗伦萨(油画)。在意大利语中,佛罗伦萨是"鲜花之城"的意思。

比萨大教堂内的“伽利略吊灯”。

1583年的某个周日，伽利略在比萨大教堂参加弥撒时，对头顶上方一只正在风中摇摆的吊灯产生了兴趣。伽利略受到启发，后来发现了摆的周期定律。

1585年，21岁的伽利略在没有获得学位的情况下就离开了比萨大学，来到佛罗伦萨和锡耶那为一些有钱的贵族和富有的商人们讲授自然科学知识，同时进行自己的数学、物理学研究。伽利略很快就在佛罗伦萨的数学家和哲学家中赢得了较高的声望，被誉为“当代的阿基米德”。

比萨斜塔和比萨大教堂（周雁翎/摄）。据说，1591年，身为比萨大学教授的伽利略曾在此塔上做过著名的落体实验。但现代科学史界普遍认为这只是个传说。

油画《阿基米德之死》。阿基米德（Archimedes，前287—前212）是古代希腊叙拉古科学家，发现了浮力定律、杠杆原理等。

公元前212年，叙拉古被罗马攻破，阿基米德死在罗马士兵的屠刀之下。

1592年，伽利略离开比萨，受聘为帕多瓦大学数学教授。在帕多瓦大学的18年时间，是伽利略一生中最富有成果的时期，他在此结识了很多重要的朋友。

1593年，伽利略开始利用斜面进行加速度的实验。在佛罗伦萨动物博物馆的这幅壁图中，伽利略正在向大家讲解他的斜面实验，从背景中可以看到比萨斜塔。当时欧洲上流社会对于自然科学的研究相当感兴趣，一些科学家通常会在上流社会的聚会中展示自己的最新成果。

猞猁学院(Accademic dei Lincei)的标志。成立于1603年的猞猁学院可能是世界最早的由自然哲学家组成的重要团体。猞猁的目光非常锐利，以它命名象征着对自然奥秘的洞悉。

伽利略在1611年当选为猞猁学院成员。在这之后，伽利略的所有文学作品和私人通信的签名后面都会加上“猞猁学院成员”这个头衔，直到1630年该学院解散。

版画《眼镜店》。

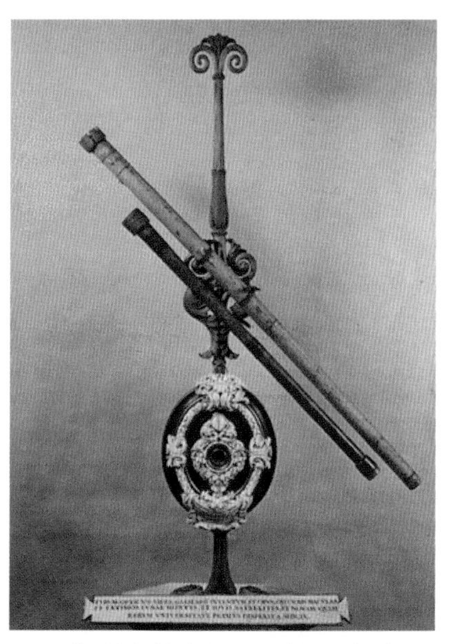

伽利略制造的望远镜，现保存在佛罗伦萨博物馆。

1608年，荷兰有一位眼镜商人利帕希偶然发现有的镜片能够看到远处肉眼所看不见的物体。受此启发，伽利略第二年就制造出了望远镜。伽利略共制造了一百多架望远镜，分送给欧洲的王公贵族和一些著名学者。伽利略本人则把望远镜指向天空，获得了许多新的发现，揭开了天文学史上崭新的一页。

木星和它的四颗“伽利略卫星”。

1610年，伽利略用自制的望远镜发现了木星的4颗卫星（木星共有13颗卫星）。在《星际使者》一书中，伽利略将这4颗星献给自己的庇护者美第奇家族，命名为美第奇星。现在人们则将这4颗卫星称为“伽利略卫星”。将自己的著作或研究成果献给贵族是欧洲当时科学家们寻求资助和庇护的通常做法。

美第奇家族从15世纪开始统治佛罗伦萨。由于美第奇家族提倡文学艺术，佛罗伦萨因而成为文艺复兴的中心之一。上图是美第奇家族科西莫二世（1590—1621）和妻子奥地利公主玛丽亚·马达莱娜。科西莫二世是伽利略的学生。

托勒密(Claudius Ptolemaeus,约90—168)古希腊天文学家、数学家、地理学家、地图学家。其主要著作《至大论》是西方古典天文学的百科全书。

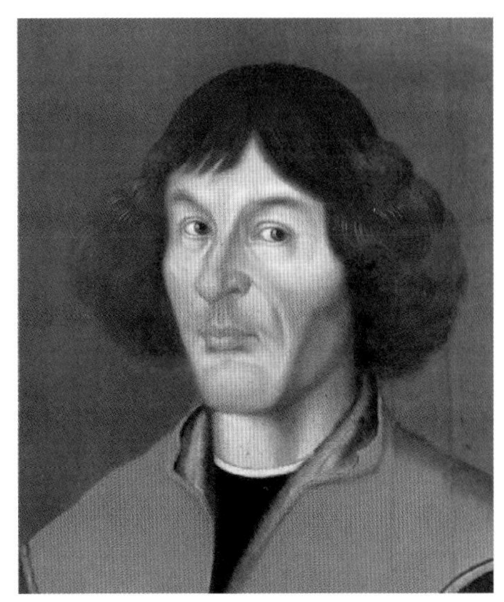

哥白尼(Nicolaus Copernicus,1473—1543)。

最早提出日心说的并不是哥白尼。古希腊的阿里斯塔克(Aristarchus,前310—前230)就指出,恒星与太阳是不动的,而地球则绕太阳做圆周运动。

与阿里斯塔克相比,波兰天文学家哥白尼在其著作《天体运行论》中,给出了一个定量化的日心说体系,这个体系不仅能够解释托勒密理论所能解释的一切现象,更重要的是,这个体系更加简洁、协调,说明现象更加自然。

罗马鲜花广场上的布鲁诺铜像。布鲁诺(Giordano Bruno,1548—1600)文艺复兴时期意大利哲学家,宣传并发展了哥白尼的日心说,进一步认为宇宙是无限的,太阳也不是宇宙的中心。1600年,宗教裁判所以8项异端罪名将布鲁诺烧死在罗马鲜花广场上。

意大利教皇乌尔班八世(Pope Urban Ⅷ,1623—1644年在位),原名巴尔贝里尼,是一位数学家,还是猞猁学院的赞助人之一。他也是伽利略的亲密朋友。

1623年,巴尔贝里尼任教皇后,伽利略立即准备前往罗马朝见这位昔日的好友,最后于1624年见到了教皇。之后,在教皇的同意下,伽利略开始写作《关于托勒密和哥白尼两大世界体系的对话》(以下简称《对话》),该书最早计划的书名则是《潮汐的对话》。

Imprimatur ſi videbitur Reuerendiſs. P. Magiſtro Sacri
Palatij Apoſtolici.
A. Epiſcopus Bellicaſtenſis Vicesgerens.

Imprimatur
Fr. Nicolaus Riccardius
Sacri Palatij Apoſtolici Magiſter.

Imprimatur Florentiæ ordinibus conſuetis ſeruatis.
11. Septembris 1630.
Petrus Nicolinus Vic. Gener. Florentiæ.

Imprimatur die 11. Septembris 1630.
Fr. Clemens Egidius Inqu. Gener. Florentiæ.

Stampiſſi adì 12. di Settembre 1630.
Niccolò dell'Altella.

教会1630年颁发的《对话》一书的出版许可证。

尽管新任教皇是伽利略的昔日好友,但是为了能够获得出版许可,伽利略不得不在序言和结论中都强调,哥白尼的学说不过是一个假说而已。

1632年初,《对话》在佛罗伦萨以意大利文出版。

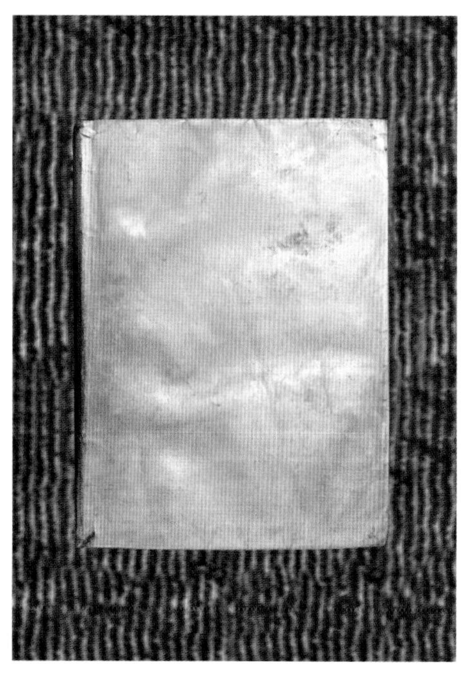

1632年版《对话》的封面。

16世纪印刷厂的排版车间。

目　录

导 读

李 迪
(内蒙古师范大学 教授)

· Introduction to Chinese Version ·

《对话》一书在科学史上之所以占有重要地位,主要是它有力地批判了亚里士多德和托勒密的错误理论,科学地论证了地动说,使哥白尼学说在斗争中获得了胜利。

一、伽利略的青少年时代

伽利略·伽利莱(Galileo Galilei 1564—1642)是欧洲文艺复兴时期意大利伟大的物理学家、力学家和天文学家,是近代实验物理学的开拓者,他对自然科学的发展做出了卓越的贡献。

公元1564年2月15日,伽利略诞生于意大利西部海岸位于阿尔诺河口的比萨城,而原籍是佛罗伦萨。比萨是意大利古代有名的城市,那时有许多名胜古迹,其中最有名的是比萨大教堂的一座钟塔了。这座钟塔始建于1174年,因奠基不慎,致使塔身发生倾斜,一直到现在已经过了八百多年,还在那里倾斜着,而没有倒塌,因此人们习惯上称它为"斜塔"。伽利略的少年时代就是在这座斜塔的所在地度过的。以后他的家又迁回佛罗伦萨。

伽利略所处的时代是一个伟大的变革时代,席卷欧洲的文艺复兴运动正是从他的祖国意大利发起的。从14、15世纪开始,在意大利的地中海沿岸已经有了资本主义萌芽,商号、手工作坊在威尼斯等许多城镇建立起来,钱庄(最早的银行)、行会等也陆续在一些地方出现。资本主义的生产关系在逐步形成。新兴的资产阶级为了发展资本主义的需要,同封建统治阶级进行了一系列的斗争。近代自然科学也伴随着这场革命诞生了,并且它本身就是彻底革命的。自然科学的革命需要一批伟大人物,这些人应具有广博的知识和洞察客观世界的能力,同时还要有斗争精神和自我牺牲精神。伽利略就是其中突出的一位。

伽利略的父亲是一个音乐家,并且懂得数学,精通希腊文和拉丁文。拉丁文是当时最流行的文字,使用范围十分广泛,伽利略在家庭里受到了这方面的教育。当父母的总希望自己的孩子能有个较好的出路。因此,他的父亲希望他将来成为一名医生,于是伽利略在十七岁那年进入比萨大学,开始学医。

比萨大学创办于1344年,到伽利略时已有二百余年的历史了,图书馆里藏书非常丰富,古希腊和阿拉伯的各种学术著作应有尽有。伽利略本来就很喜欢学习,这样好的学习条件,对他来说确实是个十分难得的机会。那时的大学主要培养神学家及其他为封建统治阶级服务的知识分子,而学医的人则都是为了谋生。年轻的伽利略,思想活泼,不满足于那种状况。他违背家庭的意愿去孜孜不倦地学习数学、物理学等自然科学,在这方面,进步很快,因而引起了青年数学家利奇(1540—1603)的注意。利奇曾先后几次拜访伽利略的父亲,劝说他如让儿子改学物理学、数学等自然科学将会有更大成就,他父亲只好勉强答应下来。从此,伽利略才比较安心地研究起他所感兴趣的自然科学问题来。他初步学习了古希腊欧几里得(约前330—前275)和阿基米德(前287—前212)的著作,从中汲取了大量的知识。

◀ 比萨斜塔。

伽利略不是一个死啃书本的人，他很注意观察各种自然现象，思考各种问题。有一次他从比萨教堂的走廊里经过，当他抬起头的时候，看见一个吊灯被风吹得不停地摆动。这本来是一种人们常见的现象，却引起了伽利略的注意。他注意到：吊灯摆动时每次往返所需要的时间好像一样，于是他便与脉搏的跳动作了比较。结果他发现：吊灯每摆动一次所需要的时间的确是一样的，用现在的话来说就是具有等时性。摆的等时性被发现后，伽利略很快就去考虑它的应用。他经过一系列试验，发明了一种“脉搏计”，用来测定病人脉搏跳动的情况，当时受到医生们的欢迎。

对摆的等时性问题，伽利略后来还不断研究，直到晚年还在设计单摆的时钟。这项工作，在他死后由荷兰的惠更斯①(1629—1695)完成了。

伽利略是一个勤奋好学、爱动脑筋的青年，那些自然现象，还有那书本上讲的各种问题，经常在他的头脑中翻腾。家庭的学习条件是极差的，既缺少必要的图书资料、仪器设备，又没有老师指导。然而，他想办法弄到一些书，在刻苦攻读的基础上对于一些科学问题进行了研究和实验。

在伽利略时代，欧洲正在兴起航海事业，造船业推动了机械工程、采矿和冶金技术的发展，提出了一系列亟待解决的问题。伽利略对这些问题产生了浓厚的兴趣，他开始研究各种合金的物理和力学性质，如硬度、弹性、相对质量等等都进行实验。1586 年，伽利略发明了一种测定合金相对质量的“小天平”，同时还写了一篇题为《小天平》的论文，讲述小天平的构造原理和使用方法。

在此期间，伽利略还研究了物体的重心和其他力学方面的问题。他把研究成果写成一篇论文，叫作《论固体重心》，并且画了许多图形，解释什么叫重心。

伽利略经过几年的刻苦钻研，逐渐在学术上崭露头角，引起了人们的极大注意，被誉为“当代的阿基米德”。

二、年轻的大学教授

伽利略在家度过了四年光景之后，在学业上便有了极好的转机。他的那篇《论固体重心》的论文受到当地统治者费迪南德一世的重视，称赞他是一位有才华的青年，因而决定把他聘请到比萨大学担任教职。伽利略接受了这一聘请，从 1589 年起成为比萨大学的数学教授。这年伽利略才二十五岁。

四年前由于家庭经济困难被迫离开了比萨大学，现在伽利略以教授的身份重返这里，虽然薪金不高，但给他的科学研究提供了较好的条件，因此伽利略很高兴。他除了完成日常教学工作外，还进行了一系列的科学研究和实验。

正在这个时候，又发生了一件使伽利略大伤脑筋的事。当地有一个权贵的儿子叫乔凡尼，本来是一个不学无术的人，但却造起挖泥船来，造成后为了夸耀自己的“发明”，在

① 惠更斯，荷兰物理学家、数学家和天文学家。在科学上的重要贡献是建立了光的波动说。此外，对望远镜有重要的改进，还改进了用摆控制的时钟，弄清了摆线和土星光环等问题。

下水之前便把伽利略请来,想让他给吹捧一番,以此抬高自己的身价。伽利略经过观察发现,挖泥船不符合科学原理,根本不能用,并且当场指出了这一点。这使乔凡尼大为扫兴,可是他不相信伽利略的看法,马上下水试验,结果船沉到海底去了。事实完全证明伽利略的看法是正确的。然而乔凡尼却恼羞成怒,借故对伽利略进行攻击,污蔑伽利略是一个“非常阴险的人”。伽利略非常痛心,可是又束手无策。他再也无法在比萨大学继续任教了,被迫辞去教授职务。

辞去教职的伽利略无处可去,只好再一次回到家乡佛罗伦萨。不久父亲就去世了。养家的重担全部落到了伽利略一人的肩上,使他无法继续从事科学研究和实验。

他觉得长此这样下去不行,便给其他几所大学写信进行自我推荐,结果在帕多瓦大学找到了一个教授职位。1592 年,二十八岁的伽利略再次登上大学讲坛。

帕多瓦在意大利北部,在它的东北方不远处就是美丽的海滨城市威尼斯。这个地方当时属于威尼斯共和国管辖,学术空气比较浓厚,思想也稍自由。伽利略就在这里安心地工作着,在科学上取得了许多伟大的成就,可以说,这是他一生中的黄金时代。

伽利略到帕多瓦大学后,大部分时间从事力学研究。他的有名的斜面实验,就是在这期间进行的。他做了一个长度超过十米的木板,中间开挖一道很光滑的槽,可使一个球体在里面滚动。为了使木槽尽可能光滑些,伽利略在槽里铺上一层光滑的羊皮纸。伽利略将木板的一端垫高,让球从高的一端自由滚下。他记下木板一端的高度和球从木板的高端滚到低端所需要的时间。再把木板的高端逐步升高,重复上面的实验,每一次都做记录。有时还用两个球实验,一个球沿槽滚下,另一个球则同时自由下落。接着伽利略以同样方式,沿全槽的一半、四分之一……反复进行实验。

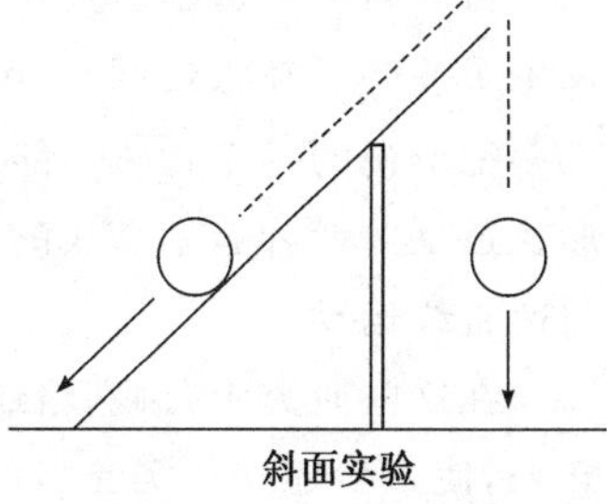
斜面实验

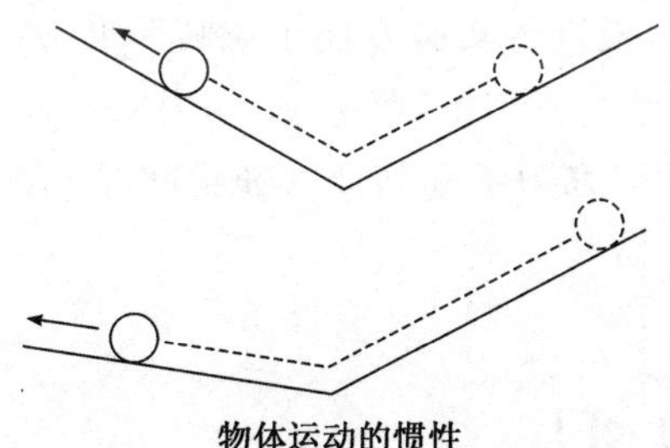
物体运动的惯性

伽利略对于每次实验都进行了仔细的观察,同时对记录也做了认真的分析,发现了不少重要的力学规律。他总结出了这样一些原理:物体下落的距离与所经过的时间的平方成比例;物体下落的速度仅与斜面的垂直高度有关,而与斜面的长度无关。此外,伽利略还发现:一个球体从斜面上滚下之后,接着可以滚上另一个斜面,如果球体所受到的摩擦力极小,小到可以忽略不计的程度,那么球体就能够达到原来出发点的高度,而与斜面的倾斜度(不包括垂直的情形)没有关系。假如把第二个斜面放到水平状态,球体在不受外力影响的条件下,将以匀速沿直线方向继续无止境地滚下去。这种现象在科学上叫作物体运动的惯性,后来英国著名物理学家牛顿(1642—1727)在这个基础上概括为有名的惯性定律,成为经典力学的基本定律之一。

以后,伽利略对力学的研究从自由落体、斜面转到了抛射体运动方面。当时人们普遍关心的抛射体运动是炮弹从炮口出去后的运动问题。研究炮弹或枪弹的运动规律的学问叫作弹道学。16 世纪时的塔达利亚[①](1506? —1557)等人便研究了火炮的最大射程问题,发现在发射角为 45°时射程最大。伽利略进一步对弹道学进行了极其重要的研究,并进行了一系列实验。

荷兰数学家斯台汶(1548—1620)发现了力的平行四边形法则,伽利略则把这一法则第一次应用于研究炮弹的运动。他使物体沿水平方向由 A 到 B 做匀速运动,过 B 以后物体失去支持而发生变化。伽利略注意到:这时物体并不立刻垂直下落,也不再沿 AB 的方向继续前进,因此运动物体(相当于炮弹)在离开 B 点后走的是一条曲线。他经过反复研究和计算发现,假定运动物体不受外力的影响,运动轨道曲线就是抛物线。这是弹道学方面的一项重要发现。恩格斯在总结弹道学的发展时曾指出,伽利略奠定了抛物线理论的基础。

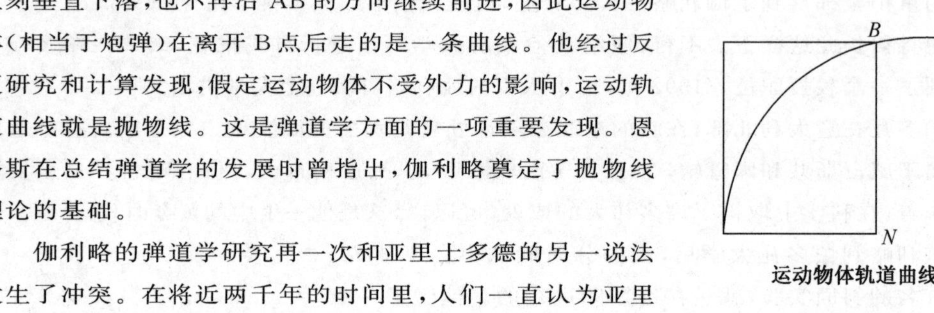

运动物体轨道曲线

伽利略的弹道学研究再一次和亚里士多德的另一说法发生了冲突。在将近两千年的时间里,人们一直认为亚里士多德所说的一个物体不能同时有两种以上的运动是正确的,可是伽利略却发现抛物线形轨道是由两种运动合成的,一种是垂直向下的自由落体运动,另一种是沿水平方向的匀速直线运动。

在这些研究中,伽利略还第一次明确地提出了加速度的概念,把加速度与速度区别开来,使力学建立在实验与理论计算的基础上,从传统的和错误的观念中解放出来,成为一门科学。

伽利略于 1593 年发明了空气温度计,这是他在科学方面的另一重要贡献。

1600 年,英国人吉尔伯特(1544—1603)出版了《磁石》一书,把地球看作是一个大磁体,并且认识到有两个磁极。这本书对伽利略影响很大,他进行实验发明了磁桥[②],以增加磁体的吸引力,而且发现小磁石比大磁石更有效力。

总之,伽利略在帕多瓦大学的头十二三年里,致力于研究力学和其他物理学问题,从 1604 年开始,他的研究方向改变了。

三、打开了通向天文学的大门

伽利略的思想非常活跃,各种自然现象都能引起他的兴趣和思考。1604 年的冬天,在南部天空出现一颗从未见过的亮星,一直持续到第二年的秋天才逐渐消逝。这个不寻常的天文现象,使伽利略暂时放下了物理学的研究,转而去研究天文学问题。他仔细地观测了这个“不速之客”,并以此为题给帕多瓦大学的学生做过讲演,引起了一时的轰动。

---

① 塔达利亚是意大利的数学家和力学家。

② 磁桥就是使磁铁的两极接近,例如使条形磁铁呈半圆形,两极间的引力就比原来大得多。

但是如何进一步研究，却是一个很大的问题，因为单凭肉眼所看到的情况是极其有限的，而且后来这颗星又不见了，研究起来就更加困难。

1608年，荷兰有一位眼镜商人利帕希偶然发现有的镜片能够看到远处肉眼所看不见的物体。第二年，这个消息就被伽利略知道了，他非常高兴，于是便磨起镜片来。他把磨出来的镜片配成一对，装到一个圆筒里，拿起来去看远处的物体，物体都近多了，有的就像在眼前一样。这就是望远镜。消息马上在意大利北部传开，伽利略本人也沉浸在极度的兴奋之中。他在给一个妹夫的信中谈到这件事时写道："我对此甚为惊异，于是开始思考。我认为必须有透视原理的基础，开始设计其如何造法，终于获得成功，并制成一个较优于荷兰人的望远镜。我制成望远镜的消息传到威尼斯，一星期之后，就命我把望远镜呈献给议长和议员们观看，他们感到非常惊奇。绅士和议员们，虽然年纪很大了，但都按次序登上威尼斯的最高钟楼，眺望远在海港外的船只，看得都很清楚；如果没有我的望远镜，就是眺望两个小时，也看不见。这仪器的效用可使五十英里以外的物体，看起来就像在五英里以内那样。"

伽利略制成这架望远镜之后，又继续下工夫改进，把放大率一直提高到三十倍以上。到1610年的年初，一共制造了一百多具望远镜，分送给当时意大利、法国、德国等国的王公和有名的学者，在欧洲引起了轰动。不久，望远镜也传入我国，同样产生了很大影响。

望远镜的发明是科学史上的一件大事，它把人对空间的观察范围大大地扩展了，对于探索和认识宇宙起了巨大的推动作用。

伽利略在制造和改进望远镜的过程中，就把这种观测天象的犀利武器指向了广阔的天空，从而揭开了天文学史上崭新的一页。

过去人们对月球表面的形象有种种猜测，可是月球究竟是什么样子谁也搞不清楚。在一个晴朗的夜晚，伽利略首先把望远镜对准了皎洁的月亮。他从望远镜里初步了解到月球表面的真实情况。那些明亮和暗淡的影像，原来是月面上起伏不平状态的反映，明亮部分是隆起的山脉，暗淡部分是低洼的地方，当时伽利略说是"海"，现在研究的结果表明月球表面上没有水。

伽利略又把望远镜对准了长期使人感兴趣的银河系，通过观察，伽利略发现银河是"众小星群集而成"。这是多么出人意料的发现啊！现代的观测和研究证实了伽利略的发现是正确的，银河是一个包含数以千亿计的恒星组成的巨大的恒星系统——银河系，我们人类居住的太阳系处在银河系的边缘。

在伽利略以前，还很少有人发现五大行星的周围居然有一些小星绕着它运转①，伽利略从1610年1月7日开始观测木星。他观测的头一天，就从望远镜里很惊奇地看到：不仅木星"大"了，而且在两侧还有三个小亮点，两个在木星之东，一个在木星之西。1月13日他又去观测木星，这回有四个亮点，一个在东，三个在西。在以后的观测中，伽利略注意到这些亮点是围绕木星运动的小星星，这就是木星的四颗卫星，伽利略还进一步计算了它们的运行周期。根据现代的观测，陆续发现木星共有十多颗卫星，伽利略发现的是

---

① 据席泽宗先生研究，早在二千三百多年前，我国战国时著名天文学家甘德，通过肉眼观察发现了木星的四颗卫星。这一发现比伽利略的发现早一千九百七十多年。

其中的四颗大的。

伽利略对自己的发现非常高兴，很快就写信告诉德国天文学家开普勒(1571—1630)，开普勒也马上给他写了回信，给予热情支持，这在伽利略的一生中是难得的。

从前人们总是从直观上认为天空的星星都是些单个的天体，其实并不都是这样，例如猎户座中的φ′星(我国叫它觜[zī 资]宿二)，就不是一颗星，而是星团，现在称之为猎户座星团。还有金牛座有个昴星团，由于它是很大一堆，非常引人注目，我国古代人用肉眼仔细观察能大概分出一些单个的星，有六七颗在一起。可是伽利略从望远镜中看到的远非六七颗，而是“群星丽天不亚有四十星”！他还观测了蜂巢星团，这个星团位于巨蟹座ϒ星和δ星(我国分别叫作鬼宿三和鬼宿四)之间，当时他数出有四十多颗星聚集在一起。伽利略把自己对星团的观测结果画成了星图，这是科学史上第一批星团图。

明亮的太阳，伽利略自然是不会放过的，有一天，他手中的望远镜对准了它。真没想到，太阳表面上竟然有暗处，像黑斑，现代天文学上称之为“黑子”。这个现象，我国古代人民早就有所发现，并做了长期记录。在欧洲伽利略最早从望远镜中观察到黑子。更重要的是，他发现太阳黑子后又作了进一步的研究。他根据黑子的移动现象分析，认为并不是黑子本身在移动，而是由于太阳的转动使黑子随之发生位置的变化。伽利略的判断是很正确的，根据现代的观测和计算，知道太阳以 25.5 天为周期在自转着。

这以后，伽利略又把望远镜指向了行星，去观察土星和金星，结果都有新的发现。例如他发现土星的两边各有一“伴侣”，以后又“消失”了。这个土星“伴侣”之谜，在他死后十七年——即 1659 年被惠更斯解开了。他用更高倍率的望远镜查明了是土星光环的真相，并绘出光环形象变化的一个完整周期的图形。

伽利略边观测边总结，于 1610 年初在威尼斯出版了《星际使者》一书，向全世界报道了他的第一批观测结果，其中包括对月球表面的观测，对银河的观测，对木星及四个卫星的最初观测等等，内容十分新颖并很有说服力。

月亮有明显的盈亏现象，可是，谁曾想到行星上也有这种现象呢？1610 年的冬天，伽利略连续对金星观察了两三个月，结果发现它有“如新月之象，或西或东，光恒向日”，其体“非全圆而有光有魄”。这就证明了金星不仅是绕日运转，而且它的轨道应在地球的轨道之内。只有这样，从地球上才能清楚地看到这种盈亏现象。

望远镜的发明，在天文学研究上起着革命性的作用，具有划时代的意义。伽利略凭借这种有力的武器，在天文学领域做了开创性的工作，取得了伟大的成就。望远镜打开了通向近代天文学的大门。

四、同封建教会的斗争

当时欧洲的教会为了维护自己的统治地位，把亚里士多德奉为“圣人”，也把托勒密的“地球为宇宙中心”的说法定为神圣不可侵犯的教条。谁要是反对亚里士多德或地球为宇宙中心说就会被斥之为“异端”，有遭火刑的危险。

1543 年，波兰伟大的天文学家哥白尼(1473—1543)小心翼翼地出版了观点与托勒密的地心说相对立的杰作——《天体运行论》。哥白尼主张地球不是宇宙的中心，仅仅是一颗普通的行星，它围绕太阳运转，太阳才是宇宙的中心，静止不动。当然，用现代的观点来看，太阳既不是宇宙的中心，也不是静止不动的。但是，哥白尼的主张在当时却是天文学思想上的一次革命，它与教会的传统说法发生了严重的冲突。在那个时代，反对亚里士多德和托勒密就等于反对宗教、反对圣经，就要受到迫害，直至被教会残酷处死。1600年，正当伽利略在帕多瓦研究力学的时候，罗马教会就以布鲁诺（1548—1600）反对亚里士多德和宣传哥白尼学说的"罪名"而将他处以火刑。

望远镜的制造成功，得到许多人的热烈称赞。1610年，伽利略把自制的望远镜送到法国之后，法国皇后说伽利略是"天文学第二"，意思是说伽利略是托勒密以来最伟大的天文学家。然而这种称赞是在不明了伽利略发明的深远意义和后果的情况下出现的，带有很大的盲目性。当时那些顽固的亚里士多德和托勒密的信徒们竭力反对伽利略的发明，因为伽利略从望远镜里发现的许多事实，如月面上有高山深谷、太阳上有黑子等，都致命地打击了亚里士多德关于"天体是完美无缺的"错误论断。伽利略在给开普勒的信中说过："这些人以为哲学就好似《安尼伊德》和《奥德赛》这样的书，真理不应从自然中去寻求而应当用引经据典的办法来得到。"这是对当时经院哲学的有力批判。

这时候，伽利略通过自己的观测和研究，逐渐认识到哥白尼的日心地动说是正确的，而托勒密的地心说是错误的，亚里士多德的许多说法也有问题。但是他还没有完全公开发表自己的看法，只是在私人的通信中有时提到此事。他对这个问题比较谨慎，为了能顺利发表自己的观点，认为必须与宗教界建立联系，扫清障碍。于是，1611年他到当时欧洲宗教统治的中心罗马，受到了比较隆重的接待，并且聘请他为教会学院——猞猁学院的研究员。就这样，伽利略在教会学院滞留了一段时间，每天从事着科学研究和写作，不久又回到家乡佛罗伦萨。

伽利略以为这样做以后就不会有什么危险了，因而于1612年发表了第一篇反对亚里士多德的论文——《论停止在水中的物体与水中运动的物体》，文中论述了流体中物体的平衡条件，有力地驳斥了亚里士多德的错误论点。亚里士多德认为，物体浮于水上的原因主要是形状合适，例如冰能浮于水面，不是因为冰轻于水，而是由于冰的平坦。这个看法毫无根据，是一种主观臆想。无论亚里士多德本人还是他的信徒都从未做过实验。甚至他们都没有仔细看一看，冰球放到水里是否下沉。伽利略认为物体在水中的浮沉不是由它的形状决定的，而是由物体的相对密度所决定。亚里士多德的信徒们就像痴人说梦一样，他们反对伽利略的正确主张，硬说薄木片上浮而木球就会下沉。伽利略认为一块薄木片当它湿透时要下沉，一块平坦的皮革不能永远处于水底，不论其形状如何都将上浮。他做过许多次关于物体浮沉的科学实验，包括相对密度大于水的物质、小于水的物质，和与水差不多的物质。尽管这些实验和论证是有力的，可是由于涉及宗教统治的说教，每次论文发表以后，都会遭到更大的非难。

1612至1613年，伽利略给德国科学家维尔塞写了一封有名的关于太阳黑子的书信，第二年又给修道院院长写了一封信。在这些通信中，他都毫不掩饰地支持哥白尼学说，揭露了亚里士多德和托勒密的错误假说。书信写得很出色，立论严谨，有科学依据，文笔生动，对哥白尼学说的宣传起了巨大的作用，因而相信哥白尼学说的人便一天天增多起来。这种情况对于封建统治阶级显然是个威胁,惧怕真理的封建教会更是不能容忍,他们便采用各种手段对伽利略进行迫害,以防止哥白尼思想影响的进一步扩大。

这时,伽利略的名字已经被列入罗马宗教裁判所的黑名单,同时由反动教会的御用学者出面,用种种方式攻击伽利略。他们引用圣经上的谬论妄图推翻哥白尼学说,甚至干脆否定伽利略通过望远镜所获得的重大发现。1615 年,罗马宗教裁判所通过其成员给一个拥护哥白尼学说的僧侣弗斯卡森写信,对包括伽利略在内的那些信奉哥白尼学说的人们,发出了一个警告:若说太阳真的是在宇宙的中心,它只是绕着自己的轴转动,那么这种说法是很危险的,因为它不仅激怒所有的哲学家和有学问的神学家,而且也损害了神圣的信仰,由于这种信仰受到损害,就会推断出圣经的虚妄。这就再清楚不过地暴露了反动教会虚弱的本质和狼狈相,他们害怕真理推翻谬误。

伽利略对这种毫无道理的警告不予理睬,同时还通过自己的学生、持同样观点的青年卡斯蒂里继续发表批判亚里士多德和支持哥白尼学说的文章或信件,有时还把信件及副本径直寄往罗马教会。这种行动越来越刺激了封建教会,使它对于哥白尼学说的传播感到非常恐慌,于是便决定采取断然措施,对伽利略实行制裁。1616 年的年初,臭名昭著的宗教裁判所把伽利略传到罗马进行审讯,严厉警告他不许再宣传哥白尼学说,并于 3 月 5 日悍然宣布哥白尼的《天体运行论》为禁书,因为其中所阐述的观点“广泛传播着,并且得到很多人的承认”。在这次宣布的决议中,特别提到了哥白尼学说与圣经的矛盾,强调如果“要使这类思想不再慢慢地传播开去,以致危害天主教的真理,就需要对这些书进行修改,删去足以证明地球运动的地方,在它们未修改之前应当暂时禁止”。

就这样,伽利略被迫声明放弃哥白尼学说,以后也不再为它宣传了。

这件事对伽利略是个沉重的打击,在他科学的道路上投下了暗影。年过半百的伽利略怀着十分沉痛的心情离开了宗教裁判所,返回佛罗伦萨。

五、科学史上的杰作——《对话》

伽利略虽然在罗马被迫表示放弃哥白尼学说,但内心是坚定不移的,他通过多次实际观测所获得的大量事实,都充分证明这个学说的基本观点是完全正确的,而亚里士多德和托勒密的地心说则是十分荒谬的假说。社会现实与伽利略的思想之间形成了尖锐的矛盾,使他陷入苦恼之中,今后怎么办呢?这个重大的问题摆在他的面前。绚丽多姿的自然界对他有极大的吸引力,再加上翻腾着的新思想,使他不能在科学的道路上停止下来,尽管冒着十二分的风险,他依然要在暗影中挣扎前进。过了一个短时期之后,伽利略又开始从事观测和研究,用新的事实和论据充实哥白尼学说。

1618 年 11 月,一颗十分引人注目的彗星出现在天空(在我国的历史上也有详细记载)。思想奔放的伽利略对此立刻产生了极大的兴趣,便用望远镜进行观测,并在观测的基础上作了深入研究。最后,他把这些研究结果写成一本叫作《分析者》的书出版。这是一部战斗性很强的著作。在书中伽利略认为彗星是地球散发出来的大气上升到比地球外面的大气层还要高的地方,因受太阳的照射而发光。这样认识彗星,用现代科学的观点来看当然是不正确的，但可看作当时关于彗星的一种假说。《分析者》一出版便遭到一些人的反对，其中最凶的要数罗马教会的格拉西，他与伽利略进行了激烈的论战。

几年以后，伽利略的处境才稍有好转。

1623 年，伽利略的一位朋友巴尔贝里尼被选为罗马教皇，称乌尔班八世。伽利略于 1624 年前往罗马，拜访教皇，受到热情接待。乌尔班称赞他"学问卓越"。这样，伽利略以为进一步研究哥白尼学说可能不会出什么问题了。他回到家里后，通过进一步深入研究，不论在天文学方面或是在力学方面都进一步证明哥白尼学说是正确的，而亚里士多德的某些说法和托勒密的地心说是错误的。

科学事实和现实在伽利略思想中仍然存在着矛盾，因为 1616 年他在宗教裁判所已经公开宣布放弃哥白尼学说，可是现在条件比较好些了，他还要不要进一步宣传自己的正确观点呢？经过慎重考虑，伽利略决定继续坚持宣传哥白尼学说。不过他为了不至于把事情弄糟，便采取一种非常巧妙的方式把自己的观点稍加隐蔽。他写了一本书，叫作《潮汐对话》。书中以三个人对话的形式讨论关于托勒密地心说与哥白尼日心说哪个正确的问题。其中一个人叫辛普里修，代表托勒密；另一个人叫菲利普·萨耳维亚蒂，代表哥白尼；还有一个"街上人"叫萨格利多，对前两人讨论作出判断，这位公正人实际上代表伽利略自己。表面上好像看不出伽利略本人站在哪一边，而从事实和论据两方面都强有力地支持了哥白尼学说，同时严厉地批判了亚里士多德和托勒密的错误理论。《潮汐对话》一书的写作，大约从 1626 年开始，到 1629 年完成了初稿。

伽利略感到这样写是否可以避免引起风波还没有把握，为了慎重起见，他在书前写了一篇题为《致明智的读者》的序言。序言的开头，伽利略用一种维护罗马教会的口气写道："几年前，为了排除当代的危险倾向，罗马（教会）颁布了一道有益世道人心的敕令，及时地禁止了人们谈论毕达哥拉斯学派的地动说①。有些人公然无耻声称，这道敕令之颁布并未经过对问题的公平考察，而是出于知识不够而引起的激情。还可以听到一些埋怨说，对天文观察完全外行的法官不应当以草率的禁令来束缚理性的思维。"

伽利略在这里所指责的那些言论，正是他自己的正确观点，可是在当时他又不得不装作反对的样子，而且说他之所以写这本书是要澄清事情的真相。他接着写道："听到这类吹毛求疵的傲慢言论时，我的热情再也抑制不住了。由于我充分了解这一慎重的决定，我决心作为对这一庄严真理的一个见证人而公开出现在世界舞台上。"他又声明说："为了达到这个目的，我在讨论中站在哥白尼体系一边，把它作为一种纯数学假说来叙述。"虽然如此，伽利略还是抑制不住内心对科学真理的热情维护，他接着写道："并用一种方法说明它，使它看来比假定地球静止的学说好。"

伽利略在书中对亚里士多德的信徒们进行了有力的抨击，指斥他们只"满足于崇拜死人"，他们不是以应有的慎重态度来进行哲学研究，而仅仅是用他们所背诵的几条理解得很差的原则来谈论哲学。

伽利略在《潮汐对话》的序言里还明确指出，书中将要讨论三个主要题目：

---

① 古希腊毕达哥拉斯学派曾经认为宇宙的中心是一团火，地球绕火运动。第一次提出了地动说。恩格斯指出，这火虽然不是太阳，但它毕竟是关于地球运行的第一个推测。

第一，证明地球在运动。他说："我将力求表明地球上能进行的一切实验都不足以证明地球在运动，因为，无论地球在运动或静止着，这些实验都同样可以适用。"这里，伽利略无疑是说，将通过许多前人所没有做过的实验来证明地球是在运动而不是静止的。他用一种比较婉转的方式，表达了自己所要讨论的第一个题目的真正内容和要达到的真实目的。

第二，充实哥白尼学说。伽利略说："这里将考察一些天体现象来充实哥白尼的假说，使这个假说看来应当占绝对优势。同时阐明了一些新的想法，为的是要简化天文学而不是由于自然界必然是如此。"很显然，要把哥白尼的假说充实到"占绝对优势"的地位是伽利略的真实目的；所谓"要简化天文学"，而不是自然界真正就是这样等等，只不过是他为了避免反动教会的迫害所加的遁词罢了。

第三，讨论地球上潮汐问题。从现代科学原理看，伽利略的潮汐理论是不正确的。

这篇序言充分表明，伽利略写《潮汐对话》的意图就是要论证哥白尼学说的正确性，但是所用的方法是隐蔽的，而不是公开的，使读者通过自己的体会来接受这个学说，从而否定亚里士多德和托勒密的谬论，把人们的思想从桎梏中解放出来。

伽利略写完这本书之后，还有点踌躇，不敢马上出版。他为了保险起见，于 1630 年带上书稿再去罗马请求教会审查。第二年得到了出版该书的许可证。1632 年，在佛罗伦萨用意大利文出了第一版，书名改为《关于托勒密和哥白尼两大世界体系的对话》（以下简称《对话》）。这是伽利略同教会斗争的一次胜利，教会在审查中受到蒙蔽，没有看出他写书的真正意图，反映出那些神学家们的愚蠢和无知。

《对话》的出版问世，是世界科学史上一件大事。这本巨著的内容不分章节，而是分四天进行。

《对话》一书在科学史上之所以占有重要地位，主要是它有力地批判了亚里士多德和托勒密的错误理论，科学地论证了地动说，使哥白尼学说在斗争中获得了胜利。

在四天的对话中，每天各有一个主题，他把序言中所提出的三个大题目分为四个具体问题进行论证。第一天批判了亚里士多德的所谓"天不变"等一系列谬论；第二天用科学事实论证了地球的周日运动（自转）；第三天以大量的观测资料论证了地球的周年运动（公转），否定了地球为宇宙中心的错误说法；第四天讨论潮汐问题。现在我们把第二天和第三天对话的基本内容作一简要介绍。

对话的第一天，伽利略对亚里士多德学派错误观点的批判还多少有点客气，或者说有点胆怯，可是到了第二天就不留情面了。"街上人"萨格利多痛斥了"那些思想浅薄的人，他们的卑鄙真使人无法形容！甘心情愿做亚里士多德的奴隶；把他的什么话都奉为圣旨，一点不能违反；对那些他们自己都弄不懂其写作意图或者用来证明什么结论的论据，都称为非常'有力'、'理由十分明显'"，这岂不是"等于把一段木头奉为神圣，向木头寻求答案，向木头表示畏惧、尊敬和钦佩！"这些人遇到问题不是到自然界，不是通过实验取得答案，而是"钻进他们的书斋里去，翻翻目录，查查索引，看亚里士多德对这些问题有没有说过什么"作为依据。伽利略更进一步指出："我觉得确实奇怪的是，亚里士多德和托勒密等人竟然也犯这样幼稚的错误，可以说头脑简单到不可原谅的地步。"

与此同时，伽利略热情地歌颂了哥白尼的功绩，高度评价了其学说的科学性。他公开宣布:“我扮演的是哥白尼这个角色,并戴上哥白尼面具”,大家将会看到“哥白尼头脑之精细和眼光之敏锐要大大超过托勒密,因为托勒密没有看到的,他都看到了”。对亚里士多德等人的反驳“除了像哥白尼那样富有洞察力的人是办不到的”。

尔后,伽利略对地动说展开了正面的论证。过去,人们一直认为天上的星星东升西落是由于“天动”造成的,整个天空都绕着地球运动。伽利略认为地球仅仅是辽阔无际的宇宙里非常微小的点,要使整个宇宙围绕地球转,就像有人爬上你家大厦的穹顶想要看一看全城和周围的景色,可是转动一下自己的头都嫌麻烦,却要求全城绕他转一样,比较起来还是转一下头合理,而城转则“不近情理得多”。

伽利略举出七点理由从正面论证了地动说的合理性,批驳了地静说的谬误。比如他说,行星轨道越大,运行一周的时间就越长,轨道越小,时间就越短,这个事实说明,只有地球自转才有可能,否则这种“秩序”就要相应地瓦解了。如果把地球看作绕轴自转的天体,那么天文学上与此有关的不少难题都能得到合理的解释。

为了说明地球的自转运动,伽利略在对话的“第二天”里讲述了在不同的惯性系统中力学实验结果是不变的。实际上,地球也是一个惯性系统,因而那些“证明地球不动比地球运动的可能性来得大的所有实验都是毫无价值的”。

在论述了地球的周日运动之后,伽利略在《对话》的“第三天”里集中论证了地球的另一种运动——周年运动(公转)。他首先写道:“我曾经听到许多奇谈怪论,连重复一遍都感到脸红——这倒不是为了避免使那些人出乖露丑(因为总有法子不提起他们的名字),而是为了免得人类的声誉蒙上这样大的不光彩。”然后,伽利略明确表示:“下一步我们将考虑一般归之于太阳周年运动,这种运动早先由萨莫色雷斯的阿里斯塔克[①](约前 310—前 230),后来又由哥白尼改为不属于太阳,而属于地球。”他认为太阳是宇宙(实际是太阳系)的中心,行星围绕它运动,这是他根据实际观测而得出的结论。在进一步的论证中,伽利略抓住了问题的关键——地球在宇宙中的位置。地球应当在金星和火星之间,金星每九个月绕日一周,火星每两年绕日一周,因此哥白尼把地球定为每年绕日一周,认为太阳静止不动,当然要比地球静止不动更合适些。

伽利略在《对话》里充分利用他二十年前从望远镜中所观察到的全部事实和其他实验,有力地支持了哥白尼学说。他非常称赞望远镜的作用,认为是唯一的而且是最卓越的工具。望远镜能把火星的圆盘放大到好多倍,这就使火星看上去和月亮一样光秃秃而且界限分明。

木星的四个卫星的发现也为哥白尼学说提供了有力的证据,伽利略在《对话》中充分利用了这一点。他描述说:任何人看见它们环绕木星所显示的形状,都可以得出“月亮”这个看法。为什么呢?原因在于它们本身是黑的,它们的光是以太阳获得的,从它们进入木星影子的圆锥出现月食这一点,就可以明显地看出来,由于它们只有半个发光的球面向着太阳,所以它们只有对我们完全处于它们的轨道之外,并比较接近太阳时,看上去才是完全发光的;但是从木星上看去,只有它们处在自己圆周最高点时望去才是完全发光的,在最低的地位,即介于木星和太阳之间时,它们将是月牙形的。总之,其形状的改

---

① 阿里斯塔克是公元前 2 世纪古希腊的文献学家和哲学家,他认为地球围绕太阳运动。

变就如同地球上的人看见月亮形状的改变一样。接着他说:这些理由“开头好像和哥白尼的体系非常格格不入,可是却和哥白尼的体系吻合得多么美妙啊。”由此他得出“行星转动的轴心是太阳而不是地球”的科学结论,这就等于把地球放在那些确实绕太阳运行的星体之间。伽利略最后向亚里士多德学派发出质问:“为什么不能同样地承认地球有可能,甚至有必要,也是环绕太阳运行呢?”

伽利略利用日心地动说去解释很多天象问题,都是非常顺利而成功的,他称赞哥白尼对行星“逆行”等现象的解释办法好,“任何人只要不是顽固不化和不堪教诲,单凭这一条解决办法就会使他们对哥白尼其余的学说予以首肯”。伽利略又以木星为例,用日心说绘图解释行星的逆行、顺行和留①,认为这些现象不是由于行星“本身的真正运动引起的,而是由地球的周年运动引起的”。地球上昼夜长短和四季变化,用托勒密体系很难解释,如果用哥白尼体系解释则“要容易得多,简单得多”。伽利略指出:出现这种现象的原因就是由于地球自转轴不是和黄道面②垂直的,而是比垂直要斜出二十三度半,因此当地球在不同位置上时,就呈现不同的季节和昼夜长短的变化。在所有这些问题上,哥白尼学说都非常成功,显出比托勒密学说有更多的科学性。

伽利略在《对话》中表现了他的自发唯物主义观点,强调自然科学的结论不以人的意志为转移。他认为人的认识不应当是凭空想象或捏造,而应来自“那本经常在我们眼前打开着的最伟大的书里”,这本书就是自然界。但他不忽视脑的作用,“任何人只要长一双眼睛,有一个头脑,就足够做他们的向导了”。

六、悲惨的晚年

《对话》一书论证和宣传了新的宇宙观,批判了当时宗教神学赖以生存的亚里士多德和托勒密的错误理论。它形式活泼,语言生动,寓意深刻,发人深思,具有很高的艺术水平和学术价值,是科学史上的一部杰作。因此它一出版就受到人们的热烈欢迎,使人们对两种宇宙观有了鉴别和比较,哥白尼学说日益深入人心。这时,教会的神学家们也很快得到了这本书,引起一片恐慌,有人要求对伽利略严加制裁。他们进行了许多阴谋活动,罗织种种罪名,为对伽利略进行迫害制造口实。

教会的迫害活动不久就开始了。1632 年 8 月,罗马宗教裁判所向出版《对话》的出版商发出通令,宣布禁止出售该书。同时教皇又下令组成了以他的侄子埃弗·巴尔贝里尼主教为主席的专门委员会,责成其对《对话》一书进行全面审查,写出审查报告。

这个专门委员会非常尽职,很快就向教皇呈递了审查报告,报告说伽利略违背了1616 年的判决命令和诺言,在《对话》中把地动说视为事实而非假定,并从多方面论证了地动说的正确性。教皇看了很生气,立即发出传令,要伽利略马上到罗马宗教裁判所接

① 行星的视运行规律比较特殊,平时沿黄道由西向东运行,这叫“顺行”,有时好像停留不动,然后折回来由东向西运行,这叫“逆行”。行一段又好像停住不动,再回到“顺行”。每次好像停住不动时叫作“留”。

② 黄道是地球上的人看太阳于一年内在恒星之间所走的视路径,实为地球的公转轨道平面和天球相交的大圆。黄道面就是黄道所在的平面。

受审讯。当时伽利略已是年近七旬的老人,而且长期患病,身体很不好,实难由佛罗伦萨行至罗马。因此,有一些亲近的朋友替他到教皇那里说情,希望教皇能开恩免除伽利略的罗马之行。可是,教皇更加愤怒,嚎叫说:除非证明其不能行动,否则在必要时就给他带上手铐押来罗马!伽利略被迫于1632年底在朋友的护送和搀扶下上路,寒风呼啸,风尘仆仆,经历千辛万苦,到1633年初,总算挣扎着到了罗马。宗教裁判所立即把他监禁起来,并且宣布:未经许可,不准与任何人接触。

罗马宗教裁判所根据教皇的旨意,经过一番策划,于1633年4月开庭对伽利略进行审讯。审判席上有十名宗教法官,"被告"伽利略站在他们的面前,还有一些打手分立两边。审讯一开始,主审法官便宣布:他们是"代表教皇特别异端法庭大法官的命令,反对全体基督教徒共和国内出现的任何异端罪恶"。审讯的中心问题就是伽利略拥护和宣传哥白尼的日心地动说。

宗教法官们根据专门委员会的审查意见,认为太阳是世界中心而且是静止的原理,在哲学上是荒谬的、虚伪的而在形式上是异端的,因为它和圣经所说的相矛盾。委员会还认为伽利略所坚持和宣传的大地不是世界的中心,不是静止的而是昼夜运行的原理,在哲学上也很荒谬和虚妄。在当时,触犯圣经和信仰就可以被定为"大罪",更何况伽利略在《对话》中还有明显的反对"权威"亚里士多德和托勒密的言辞!因此他们对伽利略进行审讯是必然的。有一段审判词的大意是:我们确定,判断并宣布你,该伽利略,由于在上述过程中被证明和被你确认的情况,本法庭认为有重大的异端嫌疑,你信仰并遵守错误的、违背圣经的学说,说什么太阳是宇宙的中心,大地绕太阳运行。因此,你应该受到神圣的宗教法规的一切惩戒和处罚。只有放弃上述错误和邪说,同样地放弃反对天主教和使徒的教会,在我们的面前真心诚意地按照给你指定的公式拒绝、诅咒、痛恨错误和邪说,我们才允许你免受火刑。

伽利略以放弃哥白尼学说换取了宗教裁判所的"宽恕",免去火刑,最后被宣布为"宗教裁判所的犯人",受终身监禁,他的《对话》一书被列为禁书。判词是这样的:"为了对你严重而有害的错误和违法行为给予惩罚,也为了使你在将来更加审慎,并警示他人避免犯类似的错误,我们以法律的名义宣布《关于托勒密和哥白尼两大世界体系的对话》为禁书,并昭告于世。我们决定判处你在宗教法庭的监狱内正式服刑。作为一种对你有益的赎罪,我们命令你在未来的三年内,每周背诵7首悔罪诗一次。我们保留部分或全部减轻或撤消上述处罚和忏悔的权力。"伽利略就这样被监禁了起来。虽然如此,但伽利略仍是相信科学、相信真理的。人们传说,伽利略被宣判以后签字时,嘴里还自言自语地说:"地球确实是在转动的啊!"

1633年6月下旬,宗教裁判所对伽利略的审讯结束了。当伽利略忏悔之后就把他关押在罗马附近尼哥利尼公爵的一所别墅里,后来又把他押回佛罗伦萨自己的住处继续监禁。宗教裁判所还宣布:不准他和任何人谈论地球的运动,更不许他出版任何东西。第二年4月,照料他的女儿竟先他离开人世,从此,他便成为一个孤苦的"囚犯"了。1637年,伽利略的双目完全失明,过着极其凄凉的生活。

但是,尽管在这样的环境和心情下,伽利略并没有停止科学活动,他把一些论文和著作委托朋友带到荷兰发表。这些论著中最重要的是1638年出版的《关于两门新科学的对话》一书，这部书是关于他自己对物理学长期研究的系统的总结，其中包括动力学的基础。

大约从1639年开始，宗教裁判所对伽利略的监视稍有放宽，允许他和来访者见面。因此有些同情或景仰他的国内外科学家、诗人陆续前来拜访。1639年，他的学生维维安尼到佛罗伦萨他的幽禁处，照料他的生活。1641年，他的另一名学生——物理学家、大气压力的发现者托里拆利(1608—1647)也来访问。这些访问是对伽利略的莫大安慰。然而由于遭受长期的摧残，伽利略已经到了风烛残年，身体状况更加恶化了，1642年1月8日，伽利略与世长辞，终年七十八岁。

当时，人在临死以前有立遗嘱和选择葬地的权利，伽利略在遗嘱中要求把自己葬在佛罗伦萨的圣十字教堂。他的学生和支持者准备给他立碑和举行公祭，但由于封建教会的阻挠而未能举行。直到他死后的九十五年，即1737年，才按照死者的遗愿，将其骨灰和伟大的艺术家米开朗琪罗(1475—1564)的骨灰一起隆重地安葬在圣十字教堂。

这就是伽利略伟大而曲折的一生。

致明智的读者

· To the Discerning Reader ·

几年前，为了排除当代的危险倾向，罗马颁布了一道有益世道人心的敕令，及时地禁止了人们谈论毕达哥拉斯学派的地动说。有些人公然无耻地声称，这道敕令之颁布并未经过对问题的公平考察，而是出于知识不够而引起的激情。还可以听到一些人埋怨说，对天文观察完全外行的法官们不应当以草率的禁令来束缚理性的思维。

听到这类吹毛求疵的傲慢言论时，我的热情再也抑制不住了。由于我充分了解这一慎重的决定，我决心作为对这一庄严真理的一个见证人而公开出现在世界舞台上。当时我在罗马，不仅受到教廷中最著名的主教们的接见，而且还受到他们的赞扬；实际上，这道敕令在颁布之前事先就有人通知了我。因此我打算在本书中向国外表明，在意大利，特别是在罗马，对这门科学的了解并不亚于外国的研究者。我收集了专门有关哥白尼体系的所有见解，并将告诉大家，罗马的审查机关对这一切都已注意到了：这个国家不仅提出了拯救灵魂的教义，而且也提供了满足理性的许多才智发现。

为了达到这个目的，我在讨论中站在哥白尼体系一边，把它作为一种纯数学假说来叙述，并用一切方法说明它，使它看来比假定地球静止的学说好——诚然，并非绝对如此，而是相对于自称为逍遥学派[①]的人的论据而言。这些人甚至连这个称号都不配。因为他们并不漫步逍遥；他们满足于崇拜死人；他们不是以应有的慎重态度来进行哲学研究，而仅仅是用他们所背诵的几条理解得很差的原则来谈哲学。

这里讨论三个主要题目：第一，我将力求表明地球上能进行的一切实验都不足以证

① 这个名词用来称呼亚里士多德的门徒，因为，据说亚里士多德在向学生讲学时，常常在他的学园里边走边谈，漫步逍遥。（本书注解均为译者注）

明地球在运动,因为,无论地球在运动或者静止着,这些实验都同样可以适用。我希望在这部分披露许多前人所未知的观察。第二,这里将考虑一些天体现象来充实哥白尼的假说,使这个假说看来应当占绝对优势。同时阐明了一些新的想法,为的是要简化天文学,而不是由于自然界必然是如此。第三,我将提出一种巧妙的推测。好久以前我就说过,海洋潮汐这个没有解决的问题,可以从假定地球的运动中得到一些说明。我的这个主张,通过口传,找到了许多慈爱的养父,他们把它当作自己亲生的孩子。为了使任何一个用我们的武器武装起来的外人,无法指责我们对这样重要的问题太掉以轻心,我认为有必要说明,在假定地球是运动的情况下,必然会产生这一现象的根据。

我希望,这里叙述的意见将向全世界表明,如果其他国家航海较多,那么我们在理论方面并不比他们逊色。我们承认地球静止的学说,并且认为对立的意见是数学上的空想。这不是由于对别人的想法不知道,而是由于(如果不是由于别的理由的话)虔诚、宗教、上帝是万能的认识和人类智慧是有限的自觉。

我想,用对话的形式来说明这些概念最为合适。对话体裁不受数学定律的严格约束的限制,有时候还可以插进一些与主要论据同样有趣的闲话。

多年前,我常去美丽的威尼斯城,同乔万·法朗契斯科·萨格利多先生讨论问题,他是一个出身高贵、才智犀利的人。菲利普·萨耳维亚蒂先生是从佛罗伦萨来的人,别的不说,单以身世显赫和家财豪富而论,他已经是够令人艳羡的了。他有卓越的才智,以纯粹的沉思而不以快乐的追求为最大乐事。我还常常在一位逍遥学派哲学家面前同这两位谈论上述问题。那位哲学家在领悟真理方面最大的障碍,看来是由于他因解释亚里士多德而获得的声誉。

现在,由于残酷的死神夺去了威尼斯和佛罗伦萨这两位先知先觉还在壮年的生命,我决定让他们作为对话者参加本书的讨论,在我力所能及的范围内使他们的盛名得以永世长存(那位善良的逍遥学派学者也将占有一席之地;因为他极端爱好辛普里修①的注释,我想最好是用他那么崇敬的作者的名字称呼他,而不提他的真名实姓)。但愿我衷心崇敬的这两位伟大人物的亡灵欣然接受我这本出于无限热爱的公开纪念物。但愿我对他们的雄辩的记忆帮助我把他们的光辉思想传之后代。

这几位先生偶然在不同时间内分别有过几次讨论,这些讨论更激发了而不是满足了他们的求知欲。因此,他们明智地决定在某几天聚首,并摆脱其他一切事务,使他们能有条不紊地来思考上帝在天上和地上所创造的奇迹。他们在显赫的萨格利多的府邸中会见,经过惯常而简短的相互问候之后,萨耳维亚蒂就开始了下列谈话。

---

① 辛普里修是6世纪时亚里士多德著作的注释者。

第　一　天

发言人：萨耳维亚蒂　萨格利多　辛普里修[①]

· The First Day ·

亚里士多德承认，由于距离太远很难看见天体上的情形，而且承认哪一个人的眼睛能更清楚地描绘它们，就能更有把握地从哲学上论述它们。现在多谢有了望远镜，我们已经能够使天体离我们比离亚里士多德近三四十倍，因此能够辨别出天体上许多事情，都是亚里士多德所没有看见的。

---

① 辛普里修代表托勒密；萨耳维亚蒂代表哥白尼；萨格利多代表伽利略。——译者注

DIALOGO

DI

GALILEO GALILEI LINCEO

MATEMATICO SOPRAORDINARIO

DELLO STVDIO DI PISA.

E Filosofo, e Matematico primario del

SERENISSIMO

GR. DVCA DI TOSCANA.

Doue ne i congressi di quattro giornate si discorre sopra i due

MASSIMI SISTEMI DEL MONDO TOLEMAICO, E COPERNICANO;

Proponendo indeterminatamente le ragioni Filosofiche, e Naturali tanto per l'vna, quanto per l'altra parte.

CON PRI

VILEGI.

IN FIORENZA, Per Gio: Batista Landini MDCXXXII.

CON LICENZA DE' SVPERIORI.

萨耳维亚蒂：昨天我们决定在今天碰头，把那些自然规律的性质和功用谈清楚，并且尽量地谈得详细一点；关于自然规律，到目前为止，一方面有拥护亚里士多德和托勒密立场的人提出的那些，另一方面还有哥白尼体系的信徒所提出的那些。由于哥白尼把地球放在运动的天体中间，说地球是像行星一样的一个球，所以我们的讨论不妨从考察逍遥学派攻击哥白尼这个假设不能成立的理由开始；看他们提出些什么论证，论证的效力究竟有多大。为了这个目的，先得把自然界分为本质上迥然不同的两种物质。这就是天上的物质和作为元素的物质。前者是不变的，永恒的；后者是暂时的，可破坏的。亚里士多德的这个论点是在他的《天论》一书中述及的，他提出时先根据某些普遍假设论述一番，然后再以实验和某些特殊的论证来肯定这些假设。我现在也采用同样的方法，先阐述一下逍遥学派理论，然后自由发表我的意见，并听取你们对我的批评——特别是辛普里修这位亚里士多德学说的豪迈战士和辩护者的批评。

◀ 哥白尼认为地球和行星一样是一个球。

◀ 在亚里士多德看来，不变的天体物质和可变的元素物质，这两者是自然界中必不可少的。

逍遥学派的论证，首先提出了亚里士多德关于世界的完整性和完善性的证明。因为亚里士多德告诉我们，世界并不仅仅是一条线，也不仅仅是一个面，而是一个有长度、宽度和深度的物体。既然空间只能有三度，世界有了三度空间，就什么都全了，而且既然都"全"了，也就是完善的了。诚然，我很盼望，亚里士多德当初能够以严格的推理证明，简单的长度构成我们叫作线的一度空间，加上宽度就成为面；在这上面再加上高度或者深度，就得出立体，而有了这三度之后，就不能再有所进展，所以单靠这三者，完整性，或者直截了当一点，完全性就得出来了。特别是亚里士多德可以非常明白而且迅速地证明这一点。

◀ 亚里士多德认为世界是完善的，因为它有三度空间。

辛普里修：你对他在《天论》第二节、第三节、第四节课文里继"连续性"定义之后所作的那些漂亮论证，怎么看呢？他在那些课文里不是证明了不能比三度空间再多，因为"三"就是一切，是到处都有的吗？而且这一点不是也为毕达哥拉斯学派的学说和权威所证实了吗？因为这一派人说，一切事物都决定于"三"——即开端、中间、末尾——所以"三"是完整的数？还有，你为什么撇开亚里士多德的另一个理由不谈，即"三"这个数，就好像是由自然规律规定的那样，祭神时也用三牲？再者，我们在谈到事物时，只有在不少于"三"时，才能用"全部"这个字眼，这难道不是自然界所规定的吗？对于"二"，我们只称"两者"，"双方"，只有碰到"三"时，我们才说"全部"。

◀ 亚里士多德用以证明只有三度空间而不能再多的论据。

◀ 毕达哥拉斯学派所推崇的"三"数。

你在第二节课文里可以找到这个学说，后来，我们在第三节课文里读到，为了使知识更加完备（*ad pleniorem scienti-am*），须知"全部"、"完

◀ 1632年第一版《关于托勒密和哥白尼两大世界体系的对话》扉页。

整”和“完善”形式上都是一个东西；所以在各种形状里，只有立体是完整的。因为只有立体是由“三”决定的，这就“全”备了；它能够从三个方面分开，也就能用一切可能的方式分开。至于其他的形状，长度只能从一个方面分开，面积只能从两个方面分开，这是由于它们的可分性和连续性是由赋予它们的广度决定的。所以长度只在一个方式上是连续的，面积在两个方式上是连续的；但三度空间，即立体，从任何方式上看都是连续的。

再就是在第四节课文里，亚里士多德阐述了一些别的学说之后，不是给这个问题加上另一条证明吗？例如：转化只是由于缺少某些东西才作出的；因此从线到面就是一个转化，原因是线没有宽度。但是完善的东西从各方面说来都是完整的，因而不可能缺少什么；所以立体就不可能转化为任何别的形状。

在所有这些课文里，你难道不认为亚里士多德都充分证明了，在三度空间之外，即长度、宽度、厚度之外，再不能添出什么来了；而立体，既然这三度都具备了，就是完善的了，是不是？

萨耳维亚蒂：老实告诉你，我觉得所有这些理由都说服不了我，我只能承认一点：就是任何事物有了开端、中间、末尾，都可以而且都应当称作完善的。我觉得没有必要承认“三”是一个完善的数，也不认为“三”数能赋予事物以完善性。我甚至于不懂得，更谈不上相信了，譬如拿腿来说，为什么“三”〔条腿〕这个数要比“四”或者“二”〔条腿〕更完善些；以元素而论，我也不懂得“四”这个数有什么不完善的地方，而“三”就会更完善些。所以对亚里士多德说来，这些玄虚还是让修辞学家去玩弄吧。他自己应该拿出谨严的论证来证明他的论点，就像实验科学中所适用的那种论证一样。

辛普里修：你好像是在拿这些理由来开玩笑，然而所有这些理由，对于毕达哥拉斯学派说来，都是原则性的，而毕达哥拉斯学派对于数是非常重视的。你是一个数学家，而且相信毕达哥拉斯学派的许多哲学见解都是对的，然而你现在却好像在讽刺他们的奥妙的学说。

萨耳维亚蒂：毕达哥拉斯学派非常推崇数学，而且柏拉图本人也钦佩人类的理性，相信人的理性所以具有神性，就是因为它理解数的性质；这一切我都很熟悉；而且我的看法也和他们相差不远。但是我一点也不相信，这些使毕达哥拉斯和他的学派对数学这门科学推崇备至的那些奥妙，只是从俗人们的谈话和文章中大量涌现出来的胡说八道。以我所知，毕达哥拉斯学派为了防止他们推崇的那些东西受到俗人的毁谤和嘲笑，才禁止发表他们关于数无公约数的和无理量的最深奥性质的研究，把发表这些斥为亵渎神圣的行为。他们教导说，哪一个泄露这些奥秘，就要在阴间受折磨。所以我相信，他们里面有些人，只是为了满足普通人的追问并使自己摆脱他们的好奇，才谎称数的奥秘是不足道的；这种

▶ 柏拉图认为，人类心灵所以具有神性，就是因为人能领会数字。

▶ 毕达哥拉斯学派关于数的玄秘学说带有神话性质。

说法后来就在庸人中间传播开了。这使我想起一个故事：从前有个聪明的年轻人，他的母亲还是他的好奇的妻子（我记不清是哪一个了）总是逼他把元老院[①]的内情讲出来；他为了免得母亲或者妻子再缠着他问，就编了一套假话，后来使得他的母亲或者妻子，以及许多别的女子，在这个元老院中都成了话柄；毕达哥拉斯学派的那些人的狡猾和谨慎，就和这个年轻人一样。

辛普里修： 我不想把自己列入那些对毕达哥拉斯学派的奥秘感到过分好奇者之流中。但是，关于目前讨论的问题，我的回答是，亚里士多德用来证明只有三度空间而不能再多的理由，在我看来是完整的；我相信，如果还有什么更有力的证据的话，他是不会略而不谈的。

萨格利多： 你似乎至少应当加上一句，"如果他当时知道的话，或者如果他当时曾经想到过的话。"萨耳维亚蒂，如果有什么相当清楚有力的论证是我能够领会的，那就请你提出来，我将感激不尽。

◀ 三度空间的几何学证明。

萨耳维亚蒂： 不但是你能够领会的，也是辛普里修所能领会的；不但领会，而且是你们早已知道的——不过你们未必体会到罢了。现在为了使这些论证更容易理解起见，让我们拿起纸笔来画几张图；这些纸笔看来早就是为这些讨论准备的。我们先作两个点 A 和 B，然后从 A 到 B 画两条曲线 ACB 和 ADB，再画一根直线 AB。现在我问，在你们看来，决定 AB 之间的距离的，是哪一条线，而且理由是什么？

萨格利多： 我要说是这根直线，而不是那两根曲线，因为直线短些，而且因为直线是唯一的，明确的，确定的；其他许许多多曲线则是不确定的，不相等的，而且要长些。在我看来，我们应当选择那唯一的和确定的线。

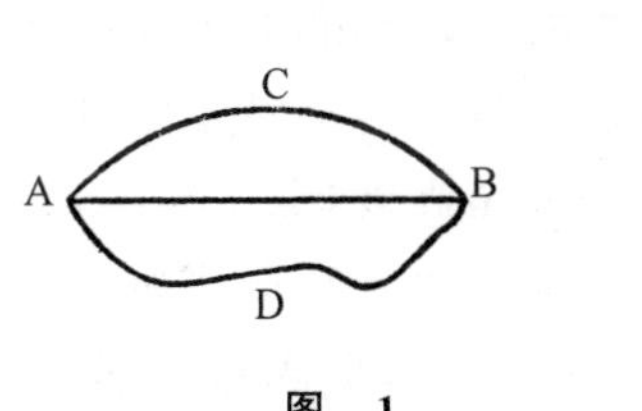

图 1

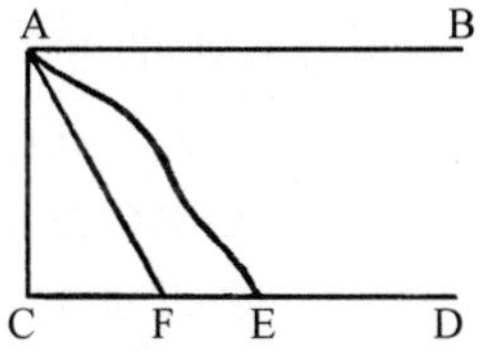

图 2

萨耳维亚蒂： 那么我们是以直线作为决定两点之间的距离了。现在我们再画一根和 AB 平行的直线——就叫它 CD 吧——这样在这两条直线之间就有了一个面，而我要你们指出这个面有多宽。所以请告诉我，从 A 点开始，到 CD 线为止，你们将怎样表明这两条直线之间的宽度。你们是根据曲线 AE 量出的距离，还是根据直线 AF 量出的距离，还是……？

辛普里修： 根据直线 AF 的距离，而不是根据曲线的距离；在用来测量距离上，这种曲线早已被排除了。

萨格利多： 可是这两条线我都不采用，因为直线 AF 是斜的。我要画一

① 古罗马或雅典时代的元老院。

根和 CD 垂直的线，因为这根线在我看来将是最短的一根；A 点到对面 CD 线上一切点可以划出许许多多较长的和不相等的线，其中只有这根垂直线是唯一的。

萨耳维亚蒂：我觉得你的选择和你援引的理由，都非常高明。所以我们现在已经弄清楚，第一度是由一根直线决定的；第二度（即宽度）则是由另一根直线决定的，不但是一根直线，而且和那根决定长度的直线成直角。这样我们就确定了一个面的二度空间，即长度与宽度。

可是假定你需要确定高度，例如，确定这座平台比下面的那片砖地高出多少。由于从平台上的任何一点到下面砖地上的无数点上，我们可以划出无数线来，有曲的，有直的，而且长短都不一样，你在所有这些线中间将采用哪一根呢？

萨格利多：我将在平台上系一根绳子，绳子的另一头吊一个铅锤，把铅锤放下去，直到接近下面砖地为止；这根绳子的长度是从平台上同一点向砖地所能划出的所有线条中最直和最短的一根，所以我要说在这个事例上，这根绳子就是真正的高度。

萨耳维亚蒂：很好。倘若你从这根吊着的绳子在砖地上所标出的一点（假定砖地是平的，而不是斜的）划两根线，一根代表砖地面积的长度，一根代表其宽度，这两根线将和绳子形成怎样的角度？

萨格利多：当然成直角，因为绳子是垂直的，而且砖地也很平。

萨耳维亚蒂：所以如果你选定任何一点作为测量的起点，并且从起点划一根直线作为第一次测量（即关于长度的测量）的定数，那么你用以决定宽度的那根线，就必然和第一根线成直角。那根表明高度的线，即第三度空间，从同一点划出来时，也和上面两根线成直角，而不能是斜角。这样靠三条垂直线，你将会决定三度空间，AB 是长度，AC 是宽度，AD 是高度，三条独一无二的、固定的、最短的线。而且由于从上述那一点显然不能画出更多的线与这些线形成直角，由于空间度数只能用相互形成直角的那些线来决定，所以空间的度数就不能比“三”更多；而且任何东西只要有了三度，就全有了，而全有了就可以用各种方式分开；这样一来也就是完善的了，如此等等。

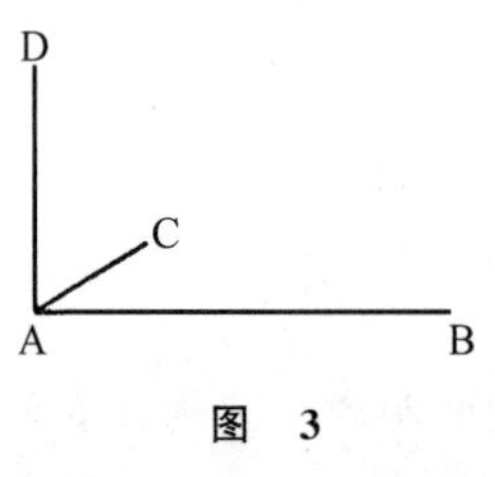

图 3

辛普里修：谁说我不能划出别的线？为什么我不能从下面向 A 再划一根线，这不也是和别的线垂直的吗？

萨耳维亚蒂：当然你不能够在同一点划出比三条直线更多的线，并且使它们相互形成直角。

萨格利多：是啊，因为在我看来，辛普里修所说的只是同一 AD 线向下延长罢了。照这样画法，另外两根线也不妨这样延长一下；但是这些线还是和原先的三根线一样，所不同的是现在它们只在一点上相遇，那样一划就变为相交了。可是这样做并不形成新的空间度数。

辛普里修：我不想说你们的理由站不住。不过我仍旧赞成亚里士多德的意见，即在自然界事情上，我们用不着总是要求用数学来证明。

◀ 在证明自然界事情上，不应要求几何学的准确性。

萨格利多：当然喽，如果有些地方是找不到数学证明的话；但是当你手头有一个现成的证明时，你为什么不去用它呢？不过关于这一点还是不必多费唇舌，因为我觉得萨耳维亚蒂既会同意亚里士多德的意见，也会同意你的意见，即世界本来不需要进一步证明它原来就是一个整体，并且是一个完善的整体；的确，是最最完善的，因为世界是上帝的主要创造物。

萨耳维亚蒂：这话一点不错。所以让我们撇开对整体的一般考察而来看看那些部分吧。亚里士多德在他第一次划分时，把整体分为两个不同的部分，而且从某一方面说来，相反的两部分，这就是天体的部分和元素的部分；前者是不生、不灭、不变、不可入的，如是等等；后者则是处于不断的变换和转化之中，等等。他根据局部运动的多样性，把这种差别作为他的基本原则。这样做了以后，他就继续论证下去。

◀ 亚里士多德把宇宙分为天体的和元素的两部分，两者互相排斥。

可以说，他这时就离开了可感觉的世界，而退避到理想的世界中去了；他开始从宇宙结构的体系上考虑，自然界既然代表运动原则，那么说天然物体都应当具有局部运动，该是适当的。他于是宣称局部运动有三种，即圆周运动、直线运动和直线与圆周混合的运动。头两种运动，他称之为简单的运动，因为在所有的线里，只有圆周和直线是简单的。根据这一点，不过稍为约束一下自己，他又下了些新的定义，说在这两种简单运动中，圆周的运动是环绕中心的；而直线运动是向上和向下的，向上的运动离开中心，向下的运动趋向中心。这样说明以后，他就推论说，所有简单的运动都必然而且应当限于这三种，即趋向中心的，离开中心的和环绕中心的。他称这样的分类和以前所说的关于物体的情况是符合的，具有相当美丽的和谐性；物体因具有三度空间而变得完善，所以物体的运动也同样只有三种。

◀ 局部运动有三种——直线的，圆周的和混合的。

◀ 直线运动和圆周运动是简单运动，因为是沿着简单路线运行的。

这些运动一经确定，亚里士多德就接着说，有些天然物体是简单的，而另外一些则是这些简单物体合成的（他把那些代表天然运动原则的物体，如火与土，称为简单物体）；由于这个缘故，简单的运动应属于简单的物体，混合的运动应属于合成的物体；还有，按照这里的分类，合成物体的运动应该是那在组成中占主要部分的物体的运动。

萨格利多：慢点儿，萨耳维亚蒂，因为你这样论述时，我从种种方面都发现了疑问，疑问之多简直使我应接不暇，我要凝神听你讲下去，就得把这些疑问告诉你；否则的话，为了记住我那些疑问，我就不能凝神听下去。

萨耳维亚蒂：我很愿意停一下，因为我也冒着同样的危险，几乎要翻船了。眼前，我是在礁石和汹涌的波浪中航行，正如人们说的，弄得有点迷失方向了。所以，为了不增加你的困难起见，请你把那些疑问提出来吧。

萨格利多：你按照亚里士多德的做法，先是把我从眼前可感觉的世界一步步拉开，来指给我看这个可感觉世界当初一定是按照某种建筑原理建立起来的。我觉得你开头应当告诉我，一个天然物体自然是运动着的，因为自然，正如亚里士多德在别处下的定义那样，代表了运动原则。这里我感到有些疑问：为什么亚里士多德不说，在天然物体当中，有些天然是运动的，另外一些则是不动的，因为在他下的定义里，自然界不是既代表运动原则，又代表静止原则吗？所以如果所有天然物体都代表运动原则，那就不需要把静止也包括在自然界的定义里，或者在这里不应提出这样一个定义来。

▶ 亚里士多德提出的自然界的定义有缺点，或者说，不是时候。

其次，关于亚里士多德给予他所谓简单运动的解释，以及他如何根据空间的性质来决定它们，把简单运动作为沿着简单线条的运动，即只有直线运动和圆周运动，这些我都愿意接受；我也不想举圆柱形螺旋线的例子来强词夺理一番，因为这种线条的各个部分都是一样，所以看来也属于简单线条之列。但是当我发现，一定要限制我把圆周运动称作"环绕中心的运动"（我同时觉得他只是用不同的字眼重复同一定义），而把直线运动称作"向上的"和"向下的"，我的反感是相当强烈的。因为这些名词只能适用于现实世界，并且意味着这个世界不但是已经构造出来了的，而且早就为我们生息于其中的。你看，如果直线运动是由于具有直线的简单性而成为简单运动，而且简单运动是天然运动，那么不管它向哪个方向运动，都始终是简单的，例如向上、向下、向后、向前、向右、向左，而且如果能想象出任何其他方向来，只要是走的直线，那么简单运动这个名称就对任何简单的天然物体都用得上。否则的话，亚里士多德的假设就是有毛病的。

▶ 圆柱形螺旋线也不妨称为简单线条。

再者，亚里士多德的意思似乎说，世界上只有一种圆周运动，因此向上和向下的运动只能针对一个中心而言。所有这些都好像表明他在要花招，并企图使建筑学适应他的建筑，而不是按照建筑学的法则来炮制他的建筑图样。因为如果我说在现实的宇宙里有千千万万的圆周运动，因而有千千万万个中心，那么也就会有千千万万的向上和向下的运动。还有，亚里士多德假定有（正如刚才说过的）简单的运动和混合的运动，圆周运动、直线运动他称之为"简单的"，两种都有他称之为"混合的"。在天然物体中，他称某些是简单物体（即那些代表简单运动的自然界原则的），另外一些是合成物体；而简单运动他说是属于简单物体，混合运动是属于合成物体。可是"混合运动"这一词，他已经不再用来指直线和圆周混合在一起的，而且是世界上找得到的运动。他举出的混合运动在世界上是不可能有的，就如同在同一根直线上把相反的运动混合在一起，造成一种一部分向上而另一部分又向下的运动同样是不可能的。为了冲淡这种说法的荒谬性和不可能性，亚里士多德只好说，这类合成物体是按照其主要组成部分运动的。这样弄到后来，逼得人们只好说，便

▶ 亚里士多德使建筑学法则迁就他的宇宙构造，而不是使他的宇宙构造适应建筑学法则。

▶ 根据亚里士多德的说法，直线运动有时是简单的，有时是混合的。

是沿着同一直线所作的运动，也有时是简单的，有时是混合的。其结果是，运动的简单性就不再是仅仅和线条的简单性相一致了。

辛普里修：简单和绝对的运动要比来自主要部分的物体运动快，你看这样来区别它们是不是够了呢？试想一块单纯的泥土落下来，要比一根木头快多少！

萨格利多：妙极了，辛普里修。可是如果单纯性靠落下时的快慢而有所改变，除了还需要许许多多的混合运动之外，你就没法指给我看，怎样来区别那些单纯运动了。还有，如果速度大小能够改变运动的简单性，那么一个简单物体就永远不会有简单运动，原因是，在所有天然的直线运动中，速度总是在不断增加的，因而其简单性也就一直在改变着——而既然是简单性，按道理应当是不能改变的。但是更重要的一点是，你给亚里士多德又背上了一个包袱，因为亚里士多德在提出混合运动的定义时，并没有谈到快慢问题，而你现在却把速度包括进来，作为主要的、不可缺少的论点之一。再说，你有了这一条原则并不使你的处境更为有利，因为在那些合成物体中，有的比简单体运动得快些，有的运动得慢些。例如，铅和木头和泥土比较，就是这样。在这些各自的运动中，你说哪一种是简单的，哪一种是混合的呢？

辛普里修：我将把那种由简单物体所作的运动称之为“简单的”，合成物体所作的运动称之为“混合的”。

萨格利多：很好很好。可是辛普里修，你现在讲的是什么呢！刚才你还坚称，简单运动和混合运动将会表明哪种物体是合成的，哪种物体是简单的。现在你又要用简单物体和合成物体来说明哪一种运动是简单的，哪一种是混合的。这个办法真妙啊，使我们既理解不了运动，也理解不了物体，永远理解不了。不但如此，你刚才还声称，单是速度快也不够，要另外找一个方法来说明简单运动，作为第三条件，但是亚里士多德本人却认为一个条件就够了，即空间的简单性。所以，现在根据你的说法，简单的运动是由一个简单的可动物体以某种固定速度沿一条简单线条所作的运动。

好，由你怎样去说吧，让我们再回到亚里士多德上来。亚里士多德给混合运动下的定义是直线运动加上圆周运动，可是他没法子指给我看，有任何物体自然地这样运动着。

萨耳维亚蒂：那么我就再谈谈亚里士多德吧。他开头论述得很好，很有条理，可是在谈到这一点时(由于他一门心思想达到自己头脑里预先成立的结论，而没有按照论证的自然发展一步一步地推下去)，他忽然打断了自己话头，假定那些直接向上和向下的运动符合火与土的性质，是一件为人们所共知的明显事实。因此，除掉这些在我们身边的火与土外，自然界一定还有些什么别的和圆周运动相适应的物体。依此，这种物体又必然是优越得多的东西，就如同圆周运动比直线运动更为完善一样。

◀ 亚里士多德认为圆是完善的、直线是不完善的理由。

至于圆周运动究竟比直线运动完善多少，他是根据圆比直线完善来决定的。他称圆是完善的，直线是不完善的；直线所以不完善，是因为如果直线是无限的，那么它就缺少一个尽头或终点，而如果它是有限的，那么在它以外就会有空间可以把直线引申出去。这就是亚里士多德的整个宇宙构造的基石和基础；在这个基础上面，亚里士多德添上所有天体的其他性质，如不沉、不浮、不生、不灭，除掉局部变动外不起任何变化，等等。所有这些性质，他都归之于具有圆周运动的简单物体。那些相反的性质，如沉、浮、消灭等等，他都归之于天然沿直线运动的物体。

▶ 作者假定宇宙是秩序井然的。

现在我要说，不管什么时候，只要我们发现基础出了毛病，就有理由怀疑任何建筑在基础上面的东西。我并不否认，到现在为止，亚里士多德所介绍的那些情况，加上他关于普遍基本原理的一般论述，后来又在论证中补充了一些特殊理由和实验，这一切理由和实验都必须分别地加以考察和估价。但是他已经讲过的那些东西，的确存在着许多严重的困难，而基本原理和基础必须是稳定的、坚固的、不可动摇的，只有这样，人们才可以在这些上面放心大胆地建立体系。因此，在怀疑愈益增加以前，我们是不是可以（我相信是可以的）采取另一条道路，找出一条更直接、更有把握的途径，运用更加踏实的建筑法则来建立我们的基本原理；这样做该没有什么不妥吧？所以让我们把亚里士多德的论述暂时搁一下，等到适当时候再来谈它，并仔细地考察它。现在我要说，到目前为止，我是同意亚里士多德的那些结论的，我承认世界是一个具有三度空间的体系，因此是最完善的。我还要说，由于世界是最完善的，它就必然是秩序井然的，它的各个部分都是按照最高的和最完善的秩序来安排的。这个假定我敢说你或者任何人都不会否认。

▶ 在一个秩序井然的宇宙中，不可能有直线运动。

辛普里修：你想谁会否认它呢？首先，这是亚里士多德自己的假定，而且这个说法看来也是根据他在书中完全暗示到的次序先后来的。

萨耳维亚蒂：那么这个原则既经确定，我们立刻可以得出结论说，如果世界上所有的完整的东西在本质上都是运动的，它们的运动就不可能是直线的，而只能是圆周运动，而且理由十分明显。因为任何做直线运动的东西都改变着位置，而且在继续运动时，离开其起点及其陆续通过的地点愈来愈远。如果这种运动对它来说是天然适合的，那么它在一开始的位置就不是适当的。这样一来，世界的各个部分就不是处在最完善的秩序中。但是如果我们假定世界的各部分位置是最完善的，那么改变位置就不可能是它们的本性，因而它们也就不可能沿着直线运动。

▶ 直线运动本质上是无限的。直线对自然界是不可能的。

▶ 自然界从来不做那不可能做到的事情。

还有，直线运动在本质上既然是无限的（因为一根直线是无限和不固定的），任何东西在本质上就不可能代表直线运动原则；或者换一种说法，就不可能向一个它无法到达的地点运动着，因为终点是无限远的。亚里士多德自己说得很好，自然界从来不做那做不到的事情，也不可能想要向它不可能到达的地点运动着。

可是尽管如此，有些人说不定会说，虽然一根直线是（从而沿着直线的运动也是）可以无限地延长（就是说没有尽头），可是自然界好像仍然随意地给它指定一个终点，并赋予它的天然物体一种走向这个终点的天然本能。我将回答说，这好像是根据传说来的，即根据物体还处在原始混沌状态下的情况来的，因为在那种情况下，混沌的物质毫无秩序地乱走乱动；为了调整这种混乱状态，大自然当初就会采用直线运动，这样做是很适当的。由于采用了直线运动，正如排列得很好的东西一经运动之后就会打乱一样，那些原来乱七八糟的东西这样一来就变得秩序井然了。但是在将它们分布和安排得最妥善之后，它们就不应当再存在着什么做直线运动的倾向，因为再沿着直线运动就会使它们离开现在的正当天然位置，也就是说，会把它们打乱。

◀ 直线运动可能在原始混沌状态下存在。

◀ 直线运动适用于分布得很乱的物体。

所以我们可以说，直线运动是在建筑工事中用来搬运材料的；但是这项工事一经完成，就将停止不动——或者如果要动的话，就只能沿着圆周运动。除非我们愿意照柏拉图的说法，称这些天体在它们最初被创造出来时和整个宇宙体系建立以后，有一个时期是由造物主使它们走直线的。稍后，在它们到达一定地点之后，就使它们一个个环行起来，由直线运动转为圆周运动，而且从此就保持着这个状态。这是一个雄伟的见解，柏拉图的确是可尊敬的，我记得听见我们那位猞猁学院成员朋友①，就曾经讨论过这个见解。如果我的记忆没有错，他的话是这样说的：

◀ 照柏拉图所说，天体先是沿直线运动，后来才沿圆周运动的。

任何处于静止状态但天生可以运动的物体，只有在它可以自由运动并有一个走向固定地点的自然倾向时，才会运动起来；因为物体如果对所有地点都无所取舍，它就会始终静止，既没有理由这样动，也没有理由那样动。在有了这个倾向之后，它的运动就会很自然地不断加速。物体从最慢的运动开始，先要经过各种层次的低速（或者说，先是非常之慢），才能达到某种程度的速度（velocità）。因为静止状态是一种无限的慢，物体脱离静止状态之后，一定先要动得很慢，而在这之前还要动得更慢，然后才能达到一定的速度，除此没有别的办法。所以物体首先经过那些最接近它出发时的各种慢度，然后再逐渐加快，看来这样说要合理得多。但是运动的物体在开始运动时，即离开静止状态后，动的程度是极慢极慢的。运动的加速只是在运动中的物体继续运动时出现，而且只在快到目的地时才达到应有的速度。所以不管它的天然倾向是朝着哪一方向，它总是通过最短的路线到达的，即通过直线。所以我们有理由可以说，自然界在赋予原来处于静止状态的物体以某种速度时，所赋予的是一种通过一定时间和空间的直线运动。

◀ 处于静止状态的物体，除非有一个固定地点作为目标，否则将不会移动。

◀ 物体在朝着它所趋向的方向移动时，运动在加速。

◀ 静止状态是一种无限的慢。

◀ 物体脱离静止状态后，要经过各种不同程度的慢。

◀ 物体只是在快到目的地时才加快。

◀ 大自然使物体先沿着直线运动，使其达到一定速度。

这样假定以后，让我们设想上帝当初创造行星，比如说木星吧，就决

① 指伽利略本人。这个学院是1603年在罗马成立的，直译应为猞猁眼或山猫眼学院（Accademia dei Lincei）。据说猞猁以及各种山猫的眼睛都很敏锐，故用以比喻科学家的敏锐。伽利略于1611年当选为该院成员。

定使它具有怎样的速度，而且从此以后一直保持着这个均速。我们可以依照柏拉图的说法，上帝开头使木星走的是一条直线的和加速的运动，后来在木星达到这种速度后，就把直线运动改为圆周运动，这样改变以后，它的速度当然就均匀了。

▶ 匀速和圆周运动是一致的。

萨格利多： 听了你这段议论后，我心中非常高兴，可是我感到有一个疑问，如果你能为我解决的话，那我就会更加高兴了。我不懂得，一个运动物体从静止进入到它具有天然倾向的运动，中间必定先要经过介于静止和指定的运动之间的一切各种不同层次的低速度；这些层次既然是无限的，那么大自然就不能使新创造出来的木星的圆周运动具有这样的一种速度。

▶ 在静止和指定速度之间，存在着无数层次的低速。

萨耳维亚蒂： 我并没有说，而且也不敢说，大自然或者上帝不能够一下子就赋予木星以你所说的速度。我实际上说的是，事实上大自然并不这样做——这是一种越出自然常规的做法，所以人们把这种情况称之为奇迹〔试使任何庞大的物体以一定的速度运动着，并使它和任何静止的物体碰上，便是最微弱、最没有阻力的也行。在碰上这个静止物体时，原来的物体绝不可能一下子就使静止物体具有它自己的速度。一个明显的说明就是在两者撞上时我们听到声响，而如果静止的物体在和运动的物体碰上时获得同样速度的话，我们就不会听到撞击的声音，或者更确切些说，就不会发出声响〕。[①]

▶ 大自然并不立刻赋予物体以一定的速度，虽然它并不是不能做到。

萨格利多： 那么你认为一块石头脱离静止状态，以其天然运动向地球中心坠落时，是逐渐由慢而快的了。

萨耳维亚蒂： 我认为是这样；我的确相信是如此；我深信我有把握能使你们同样地信服。

萨格利多： 如果经过这一整天的讨论，我仅仅获得这项知识，我花的时间就是很值得了。

萨耳维亚蒂： 从你的话里我好像感到，你的困难大部分是由于你接受不了这种说法，即运动物体在一定时间内达到某种速度之前，先要经过无限层次由慢到快的过程。所以我将先解决你的困难，然后再讨论下去。这应当是一件便当事情，因为你要知道，物体虽然要经过上述由慢到快的无限层次，但并不停留在任何一种速度上。因此即使在片刻的时间内，由于任何片时片刻都包含着无限的一刹那，我们仍旧有足够的刹那使每一刹那都具有其各自的无限慢度，不管你把时间定得多么短。

▶ 物体脱离静止状态后，虽要经过种种不同速度，但不停留在任何一种速度上。

萨格利多： 这些我都领会得了。虽说如此，我仍旧觉得奇怪，为什么一颗炮弹（因为我想象一个落体也是这样）在不到十下脉搏跳动的时间内，就能从二百多码的高度落下来？如果说炮弹在运动中要经过那样慢的速度，而且不经过加速继续那样慢地运动下去，那么整整一天也不会达到

① 方括号内的话，是伽利略在原书上加的。下同。

这样的距离。

萨耳维亚蒂：你不如说，整整一年或者十年或者一千年也不会达到。关于这一点，我将试行说服你，并且请允许我问你几个很简单的问题。请你告诉我，你承认不承认炮弹在坠落时的冲力和速度总是愈来愈大，这一点对你可有困难吗？

萨格利多：这一点我是很有把握的。

萨耳维亚蒂：如果我说，炮弹运动时，在任何一点上所获得的冲力将足够使它回到原来开始时的高度，你同意不同意呢？

◀ 重的东西在坠落时所获得的冲力，足够使它回到原来的高度。

萨格利多：我毫无异议地同意，只要炮弹的全部冲力能毫无阻碍地用在恢复炮弹（或者同样的圆球）回到同样高度的单一动作上。因此，如果把地球穿一个洞通过地球的中心，让炮弹向地球中心落下一百码或者一千码深，我深信炮弹越过中心之后，将会上升到降落以前的同样高度。这从一项实验里就可看清楚：我们用绳子吊一只铅锤，然后把铅锤拉得离开它的垂直线（即离开静止状态）再放掉，铅锤就会回到垂直线并且越过垂直线达到同等距离——或者由于受到绳子、空气的阻力和其他事件的阻碍比原来距离少一点。水也说明同样情形：水通过虹吸管向下流之后，还会喷得和向下流之前一样高。

萨耳维亚蒂：你论证得非常好。而且我知道你会毫不迟疑地承认，冲力的获得是按运动物体离开起点和趋向中心来测量的。所以你只要承认，两个同样运动着的物体，沿着不同的路线降落，中间不碰上任何障碍，只要它们到达的中心是一样的，就具有同样的冲力；你只要承认这一点，你的困难就解决了。

◀ 两个物体向中心降落到同等距离时，具有同等冲力。

萨格利多：这个问题我不大懂得。

萨耳维亚蒂：让我画个草图把问题讲清楚一点。现在我画一条和地平线平行的线 AB，从 B 点画一根垂直线 BC，然后再画一根斜线 CA。CA 线现在代表一个斜面，磨得非常光滑而且很硬，从这上面我们滚下一个非常圆的，而且是用很硬的材料做成的圆球。现在假定另外一个和这完全一样的圆球沿着垂直线自动地落下来。我问你承认不承认，那个沿斜面 CA 滚下来的圆球，在到达 A 点时，它的冲力是否和另一个沿着垂直线 CB 落下来的圆球到达 B 点时的冲力相等呢？

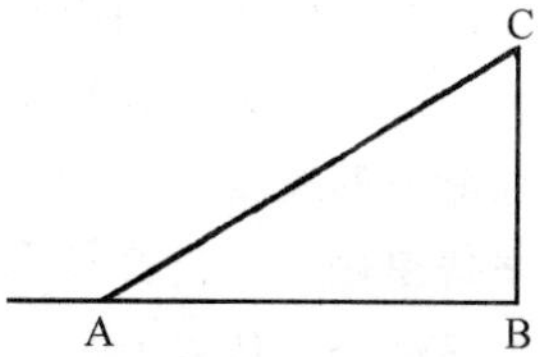

图 4

萨格利多：我当然相信是相等的。事实上，两只球都同样地向中心移动。根据我刚才已经假定了的，每一只球所获得的冲力都足够使它回到同样的高度。

萨耳维亚蒂：现在请你告诉我，如果把同样的球放在地平面 AB 上，这只球将会怎样？

◀ 物体在地平面上不会移动。

萨格利多：它就会停止不动，因为这个平面没有斜度。

萨耳维亚蒂：但是在斜面 CA 上，它就会滚下来，只不过要比沿着垂直线落得慢些，是不是？

萨格利多：我本来想说肯定会是这样，因为看上去沿着垂直线 CB 落下来，必然要比沿着斜面 CA 落得快。可是如果是这样的话，那个沿着斜面落下的球，在到达 A 点时，又怎样能够和沿着垂直线落下的球到达 B 点的冲力一样（即同等速度）呢？这两个命题好像是矛盾的。

▶ 沿斜面的速率和沿垂直线的速率相等，而沿垂直线的运动则比沿斜面的运动快。

萨耳维亚蒂：那么如果我武断地说，物体沿垂直线坠落的快慢和沿斜面坠落的快慢相等，在你看来就更加错误了。然而这个命题是完全对的，正如物体沿垂直线的运动比沿斜面的运动快一样地真实。

萨格利多：我听上去，这好像是两个矛盾的命题。你怎样看，辛普里修？

辛普里修：我也一样。

萨耳维亚蒂：我觉得你是在开玩笑，你和我一样懂得这里面的道理，然而假装不懂。你说，辛普里修，当你想到一个物体比另一个物体快时，你脑子里是怎样的一个概念？

辛普里修：我想象这一个物体比另外一个在相等时间内经过更多的空间，或者在比较少的时间内经过同一空间。

萨耳维亚蒂：很好。现在来谈等速的物体，你怎么看？

辛普里修：我认为它们是在相等时间内经过相等的空间。

萨耳维亚蒂：仅仅如此吗？

▶ 所谓速度相等，是指经过的空间和经过的时间在比例上相等。

辛普里修：在我看来，这好像是相等运动的正规定义。

萨耳维亚蒂：可是让我们再补充一条，说相等速度是经过的空间和经过的时间在比例上相等，这将是一个更广泛的定义。

萨格利多：是这样，因为这个定义既包括在相等时间内经过相等空间，也包括在相应的时间内经过不等的空间。现在再回到这张图，并且运用你刚才建立的关于较快运动的概念，请你告诉我，为什么你认为物体沿 CB 线落下的速度要比沿 CA 线落下的速度大些？

辛普里修：在我看来，这是因为一个物体在相等时间内经过全部 CB，但是另一个物体在 CA 上只能经过比 CB 短些的路程。

萨耳维亚蒂：一点不错，这就证明物体沿着垂直线运动，要比沿着斜线运动得快。现在根据同一张图，看我们能不能证明另一概念，并且发现物体沿着 CA 线和 CB 线怎样会具有相等的速度。

辛普里修：我一点看不出。相反，我觉得这和刚才的说法是不能相容的。

萨耳维亚蒂：萨格利多，你怎么说呢？我不想再提醒你那些你已经知道而且给我下过定义的东西。

萨格利多：我给你下的定义是，如果两个运动着的物体所经过的空间比例等于各自所需的时间比例，它们的速度就是相等的。因此，如果要把这条定义用在眼前的例子上，那就要求沿 CA 降落的时间和沿 CB 降落的时间，其比例等于 CA 和 CB 两根线的比例。可是我看不出这怎么会有可能，因为沿 CB 的运动要比沿 CA 的运动快。

萨耳维亚蒂：然而这是必然的。你说，这些运动是不是不断地在加速呢？

萨格利多：是的，但是沿垂直线的加速比沿斜线的加速快。

萨耳维亚蒂：那么，如果我们在这两根线上随便切开两段使它们的距离相等，按照沿垂直线比沿斜线的加速要快的说法，在垂直线切开地方的速度会不会总是比斜线切开地方的速度快呢？

萨格利多：当然不会。我可以在斜线上选一个地方使它的速度比在垂直线上相等地方的速度大得多。如果在垂直线上的距离靠近 C 点，而在斜线上的距离离开 C 点很远，那就会是这种情形。

萨耳维亚蒂：所以你看，"沿垂直线的运动比沿斜线的运动快"这条定理并不是普遍正确的，而只能适用于从出发点即从静止点开始的运动。没有这个限制，这条定理的缺点就很多，甚至于可以出现完全相反的情形，就是说，沿斜线的运动可以比沿垂直线的运动快。因为可以肯定的是，我们可以在斜线上挑选一段距离使物体经过的时间，比在垂直线上经过相等距离的时间要短些。既然沿斜线的运动在有些地方比沿垂直线的运动快，有些地方比沿垂直线的运动慢，那么一个运动物体沿斜线某些部分所花费的时间比起另一个物体沿垂直线某些部分所花费的时间，这两个时间的比例将会比两个物体在两条线上所经过的距离比例要大。举例来说，设想两个物体同时离开静止状态，即离开 C 点，一个物体沿着垂直线 CB，另一个沿着斜线 CA。

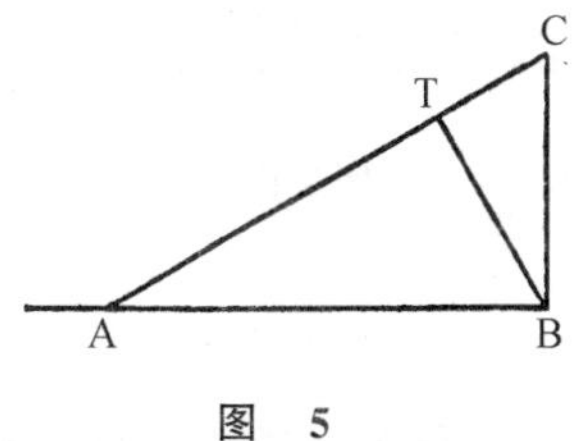

图　5

在沿垂直线的物体经过整个 CB 的时间中，另一个沿斜线的物体将会经过 CT，即短于 CB 的线。所以沿 CT 运动和沿 CB 运动的时间比例，由于两个时间相等，将大于 CT 线对 CB 线的比例，因为一个已定的数量和一个小于它的数量比，要比和一个大于它的数量比，在比例上要大些。在另一方面，如果我们沿 CA 线（在必要时可以尽量延长）找出一段使它的距离和 CB 相等，然而经过的时间要短些，那么沿斜线运动时间对沿垂直线运动时间的比例，将会小于两个距离之间的比例。你看，既然我们能够证明，物体沿斜线和沿垂直线运动时，它们在距离之间的比例有时大于它们在时间上的比例，有时小于在时间上的比例，我们就很有理由认为，在有些地方运动的时间比例和距离的比例是相等的。

萨格利多：我的主要疑问已经解决了，我认识到原先看上去像是矛盾的东西，不但是可能而且是必然的。可是我们需要证明的是，沿 CA 坠落的时间和沿 CB 坠落的时间，在比例上相等于 CA 线和 CB 线的比例，这样我们才可以说沿 CA 斜线的速度和沿垂直线 CB 的速度相等，而不自相矛盾；但你举的那些可能的或者必然的例子，我仍旧看不出目前对我们有什么用处。

萨耳维亚蒂：我已经解决了你的疑问，目前你就安分些吧。关于详细的情况，改一天让我把我们的那位成员朋友[①]关于位置移动的阐述拿给你看。在他的阐述里，你将会看到他证明，在一个物体沿 CB 降落的时间内，另一个沿 CA 降落的物体将只能到达 T 点，就是从 B 向 CA 作一根垂直线所碰到的地方。如果你要知道，物体沿着斜线到达 A 点时，那个沿垂直线降落的物体将降落到什么地方，你只要从 A 点作一根和 CA 垂直的线使它和 CB 相交就得到了。从这里你可以看出，同样从 C 点出发，沿 CB 的运动将要比沿 CA 的运动快多了。因为 CB 比 CT 长，而 CB 的延长线和在 A 点画的与 CA 垂直的线交叉的一段，又比 CA 长；所以沿 CB 的运动总是比沿 CA 的运动要快。可是当我们不是把沿 CA 的运动和同一时间内沿 CB 延长线的全部运动相比较，而只是把它和一部分时间内沿 CB 的运动相比较，那么一个物体沿着 CA 运动，并越过 T 点到达 A 点的时间，在比例上就将是 CA 和 CB 的比例一样。

现在让我们回到原来打算谈的问题上来吧，那就是证明了一个重东西在从不动到动的降落中，不管它达到怎样的速度，在这以前一定要经过各种由慢到快的层次。

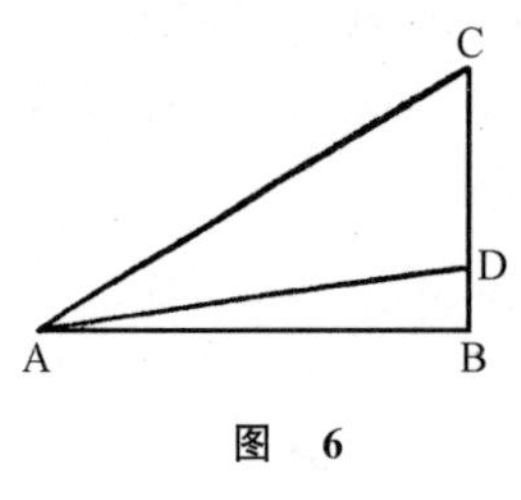

图 6

现在再来看看这张图，记着我们曾经同意说，物体从 C 点沿垂直线和沿斜线坠落，在它们到达 B 点和 A 点时，发现具有同等速度。现在让我们再进一步，我相信你会很容易承认，在一个不像 AC 那么斜的平面上，例如 AD，物体降落的运动将会比沿着 AC 降落的运动还要更加慢些。因此我们可以毫不迟疑地说，如果斜面只比地平面 AB 高起那么一点点的话，圆球就需要很长很长的时间才能到达 A 点，这是完全可能的。如果这球是沿着 BA 运动的话，那就需要无限的时间，因为运动是随着斜度的减低而减慢的。因此你必得承认，我们可以在 B 点上找一个和 B 非常接近的地方并把它和 A 联结成为一个面，那个球就会走一年也走不到头。

其次，你该知道，圆球到达 A 点时所获得的冲力（也就是快慢的程度），如果继续以这种均速运动的话，既不加速，也不减慢，它就会以同样的时间在斜面上走过以前走过的双倍距离。例如，如果圆球经 DA 斜面的时间是一小时，而在到达 A 点后以它在 A 点的均匀速度继续运动的话，那么在以后一小时内它就会走过双倍于 DA 的距离。而且，正如我们说过的，物体从垂直线 CB 上的任何一点降落，一个沿斜线，一个沿垂

① 指伽利略本人，下同。

直线，在它们到达 A 点和 B 点时，其取得的速度永远是一样的。可是你看，如果物体从垂直线上非常靠近 B 的一点坠落，那么它到达 B 点时所获得的速度，将使它（如果永远保持不变的话）在斜线上即使运动一年，或者十年或者一百年也达不到双倍的斜线距离。

所以我们可以这样肯定，按照自然界的常规，物体在不受到任何外来或意外的阻挠时，它在斜面上的运动将随斜度的减少而变得愈来愈慢；最后当这个斜度接近地平面并且差不多和地平面合一时，它的进度就会变得无限慢。我们还可以同样假定，物体沿斜面降落时，它到达某一点的速度，是和物体沿垂直线降落到同一点（即从斜线上那一点画一根与地平面平行的线并与垂直线交叉的那一点）的速度是相等的。如果这两条定理都对的话，那么物体从静止到运动就必然要通过无限由慢到快的过程。因此，物体如要获得一定程度的速度，它就必须先沿着直线运动，按照所要求的速度大小和斜面的倾斜程度，来决定运动距离的长短。所以如果运动面的斜度非常之小，物体为了达到所要求的速度，就得走出很长的一段距离，而且需要很长的一段时间。在地平面上，任何物体都不会自动地获得速度，因为处在这样地位，物体是永远不会动的。但是沿地平线的运动，既不向上也不向下，将是环绕一个中心的圆周运动；所以圆周运动必须先有直线运动在前，否则决不会自然而然地产生出来。可是一旦产生出来以后，它就会以均匀的速度永远持续下去。

◀ 圆周运动不会天然产生，在这以前必须先有直线运动。

◀ 圆周运动永远是均匀的。

这个同样的真理，我可以用其他的论证来解释给你听，甚至证明给你看，但是闲话拉得太长了，就会打断我们关于主题的讨论。尤其是，我们所以详细阐述这一点并不是用来作为一项必要的证明，而仅仅是为了说明柏拉图的一个伟大思想，所以我们还是改日再谈吧。在这里我只想补充讲一下我们成员朋友的一个确实了不起的特殊论点。让我们设想，神圣的造物主的天意中就有关于在宇宙中创造许多天体的意向，这些天体我们看到是不断运转的，而太阳则处于诸天体运转的中心不动。其次，让我们设想上述天体全都是在一个地方创造出来的，而且全被赋予向中心降落的运动倾向，直到它们达到神意原来认为适合的那些速度为止。最后我们还可以设想，在天体获得各自的速度以后，神就使它们运转起来，每一个在自己的轨道上都维持着原定的速度。现在的问题是，上述这些天体在最初被创造出来时，它们离太阳的高度和距离是多少，而且会不会全都在同一个地方创造的呢？

要考察这个问题，我们必须从最熟练的天文学家那里弄清楚各行星运转轨道的大小，以及它们运转的时间。从这些资料，我们就推论出例如木星比土星快多少，在发现木星的确运转得较快（事实上正是如此）时，那么木星从同一高度落下时，必然比土星降落得更多些——这和我们知道的实际情形一样，因为木星的轨道比土星的轨道小。再进一步，我们还可以根据木星和土星的速度比例，根据它们之间的距离，并根据

◀ 行星运动的轨道与速度的大小，和它们从同一地点落下的距离，在比例上是一致的。

天然运动加速的天然比例，来确定它们原来该是处在什么地点，离它们现在运转的中心多高多远。这个地点一经确定并为大家同意之后，我们就可以问，火星从这个地点降落到它的轨道上，轨道的大小和运动的速度是不是和计算出来的吻合。对于地球、金星和水星，我们同样也可以这样做，而它们的轨道与运动速度，和计算出来的结果非常之接近，这件事简直可以说是神奇。

萨格利多：这种说法我过去也听到过，而且感到万分高兴。我相信这些计算要做得准确，需要不少的时间和精力，对我来说可能很难理解，所以我没有要求看这些计算。

萨耳维亚蒂：计算的程序确实很长而且很艰巨，而且我也没有把握能不能当场就把这个程序重述出来。所以还是留待改日再谈吧。

辛普里修：你可以说我在数学上是个外行，可是请原谅我放肆说，你那套根据什么"比例大""比例小"以及其他我不大搞得清楚的名词的论证，并不能消除我的疑虑。我仍旧不懂得，或者毋宁说不相信，一个有一百斤重的铅球脱离静止状态，并且从高处落下来时，一定要经过各种层次的慢度，然而一个人可以亲眼看见它在四下脉搏的时间内落到五十米远。这后一事实使我完全不能相信，铅球会在任何一个时间内慢到那样程度，使它继续这样运动着时，一千年也走不到半寸远。假如果真是这样的话，我倒很愿意你能说服我。

萨格利多：萨耳维亚蒂的学问很渊博，常常以为那些对他说来是很熟悉的专门名词，对别人也同样熟悉，因此他有时候就忘记掉，在他和我们谈论时，需要有个人用比较浅显的讲解来帮助说明一下那些我们不懂的东西。由于我这个人也谈不上有多大学问，所以（如果萨耳维亚蒂许可的话）我倒愿意试用实在的证据，帮助辛普里修消除他的怀疑，至少消除一部分吧。现在就炮弹这个东西而论，辛普里修，请你告诉我，你承认不承认，物体从一个状态过渡到另一个状态，是不是比较自然地而且比较容易地先达到一个和它接近的状态，而不是先达到一个和它较远的状态？

辛普里修：这一点我懂得，而且也承认。例如，一块烧热的铁在冷却时，无疑地先要从十度降到九度，而不是从十度降到六度。

萨格利多：很好。那么请告诉我：一颗炮弹在发射的力量下笔直地向上射出去时，是不是不断地在降低速度，直到最后达到它的最高度时停止不动呢？而在炮弹降低速度时（或者照我的意思说在增加其慢度时），它的慢度是比较早地从十度改变到十一度，而不是先从十度改变为十二度；而且是较早地从1000度达到1001度，而不是先达到1002度；这样说是不是合理呢？总之，不论是任何慢度，总是先达到和它较近的慢度，而不是先达到和它较远的慢度，是不是呢？

辛普里修：这样说是合理的。

萨格利多：但是慢度不管慢到什么程度，它和静止状态（即无限的慢）还是有所差别的，是不是？根据这一点，我们应毋庸怀疑，铅球在到达静止点之前，它的慢度将会变得愈来愈大，也因此会达到某一种慢度，使它一千年也走不出一寸远。既然如此，而且肯定是如此，同一个铅球由上升转为坠落，在它脱离静止状态并恢复运动时，将要经过上升所经过的同样的不同程度的慢度；而且它也不应当越过那种接近静止的慢度，一下子就跳到那和静止相差较大的慢度。这些，辛普里修，在你看来都不应该是不可能的事情。

辛普里修：你这些论证比以前的那些微妙的数理使我信服得多。所以，萨耳维亚蒂，你可以再一次回到主题，继续论证下去吧。

萨耳维亚蒂：那么让我们回到原来的讨论上来，从打断的地方开始。如果我的记忆没有错的话，我们是在证明直线运动对于世界上那些秩序井然的部分是无用的。我们接着又说，圆周运动就不然，圆周运动如运动物体的自转，只使物体永远停留在同一地点；而那种使运动物体沿着圆周环绕一个固定中心的运动，将不会打乱物体本身以及它周围的物体的原有秩序，因为这种运动基本上是有限的和有终极的。不但如此，圆周上的每一点在转动中都既是起点，又是终点，因此物体始终停留在给它指定的圆轨上，把圆周以内和圆周以外的一切空间都留给别的物体用，而绝不阻碍它们或打乱它们。这种运动使物体不断地离开起点，又不断地到达终点，所以只有这种运动基本上能够说是均匀的。因为加速只在运动物体对某一点具有接近倾向时才会产生；而减慢是在物体抗拒离开那一点时才产生的；但在圆周运动中，既然运动物体不断地在离开并在接近它的自然终点，那么接近的倾向和抗拒的倾向在力量上就是永远相等的了。这种力量的相等就产生一种既不减慢又不加速的速度，亦即均匀的运动。由于这种均匀性，并由于运动是有限的，所以物体就会永远地、不断地重复它的转动，而这种情况在物体沿着一根无穷无尽的路线运动，或者不断地在加速或减慢时，是天然不会存在的。我说“天然”不会，是因为减慢的直线运动是受抑制的运动，所以不能持久，而加速运动必然要到达一个终点，如果有一个终点的话。如果没有任何终点，那就不可能有走向终点的运动，因为自然界的万物是不会向它达不到的地方运动的。

◀ 有限的、有范围的圆周运动，不打乱宇宙某些部分的秩序。

◀ 在圆周运动中，圆周上的每一点都既是起点，又是终点。

◀ 只有圆周运动是均匀的。

◀ 圆周运动能永远保持下去。

◀ 直线运动天然不能持久。

所以我的结论是，在安排得秩序井然的宇宙中，那些属于这个秩序的不可分割部分的物体，只有圆周运动对于它们才是适合的，而直线运动我们顶多只能说，是在物体（及其部分）被发现越出其原来的适当位置，搞得很乱，因而需要由最短的途径恢复其天然状态时，才由自然界加给它们。根据这一点，我觉得我们有理由可以总结说，为了维持宇宙各个部分的完善秩序，那就必然要说运动的物体只能沿圆周运动；如果有什么不沿着圆周运动的物体，那就必然是不动的；就是说，只有静止和圆周运动适用于维持秩序。而我相当吃惊的是，亚里士多德既然声称地球

◀ 直线运动是为了使被打乱了的天然物体恢复其原来的完善秩序，而加给它们的。

◀ 只有静止和圆周运动适用于维持宇宙秩序。

的位置是在宇宙的中心，而且停在中心不动，可是并不说自然物体有些是自然地运动着，另一些是自然地不动的，尤其是他老早就给自然界下了个定义，说它代表运动和静止的原则。

辛普里修：亚里士多德尽管是个伟大的天才，但是他对自己的推理决不过分加以肯定。他在自己的哲学论述中总认为，感觉经验应当放在人类才智所能凑合的任何论证之上。他并且说，谁如果违反感觉所提供的证据，就应当失去这种感觉，作为惩罚。现在，一个人只要不是瞎子，就不应当看不见，凡是属于泥土和水的部分，由于都是重的东西，它们的运动天然是向下的——就是说向着宇宙中心，这个中心由大自然本身指定为向下的直线运动的终点。同样，谁只要有眼睛就会看见，火与气都是向着月球层直接上升的，而月球层则是向上运动的天然终点，是不是？既然这种情况是眼睛清清楚楚看得见的，而且既然“对全体用得上，对部分也用得上”这句话肯定是对的，为什么亚里士多德不能认为，泥土的天然运动是向心的直线运动，而火的天然运动就是离心的直线运动，并且把这一条说成是真实而明显的命题呢？

▶ 感觉经验应当比人类理性可靠。

▶ 谁否认感觉就应当失去这些感觉。

▶ 我们的感觉表明，重的东西向中心运动，轻的东西则向月球的轨道运动。

萨耳维亚蒂：凭你这一套论证，我至多只能承认，地球的各部分当其脱离整体(即离开其天然静止的地点)时，当它们的位置被搞得乱七八糟时，它们就会以直线运动天然地而且自动地回到原位；与此同理(就算“对全体用得上，对部分也用得上”吧)，如果地球硬被拉得脱离它的天然位置，它也会沿一根直线回到原来地方。正如我刚才说的，即便对你的论证给予各种考虑之后，顶多也只能承认到这里。谁要是严密地盘算一下这些问题，将会在一开头就否认，地球的各部分在回到其整体时，非得沿直线运动不可，而不是沿圆周运动，或沿着混合的路线运动。你如果要举出相反的证明，肯定会碰上不少麻烦，正如你从托勒密和亚里士多德所举的回答理由和特殊实验中，清清楚楚看得见的一样。

▶ 重物体坠落是否沿直线运动还是有点疑问的。

其次，如果我们说地球各部分的运动并不是为了趋向宇宙中心，而是为了和地球这个整体联合在一起(因此它们都具有趋向地球中心的天然倾向，而且凭这种天然倾向形成并保持地球的圆形)，那么你能替宇宙找到什么其他“整体”和其他“中心”呢？如果有的话，那么整个地球在脱离其整体和中心之后，就要回到它原来的地方去，这才说得上仍旧符合“对全体用得上，对部分也用得上”的道理。

▶ 地球之所以是一个圆球，是因为它的各个部分都趋向地球的中心。

我不妨再补充一句，不论亚里士多德或者足下，都没法证明地球实际上就是宇宙中心；如果要给宇宙规定一个中心的话，我们觉得毋宁说太阳是处在宇宙的中心，这一点你慢慢就会明白。

▶ 宇宙的中心很可能是太阳，而不是地球。

现在的问题是，既然地球的各个部分都相互协力形成一个整体，并可由此推定，它们为了使自身结合得最好起见，全都同样倾向于集合在一起，并使自身适合于形成一个球形。既然如此，为什么我们不可以认为太阳、月亮和其他天体，单是由于它们的各个组成部分也有一种协调

▶ 一切天体的各个部分都具有趋向它们中心的天然倾向。

的本能和天然倾向，所以也是球形呢？如果在任何时候，其中的一部分被迫和整体分开，我们有没有理由认为它将自动地并凭借其天然倾向回到整体去呢？根据这样的推理，我们应当说直线运动同样适用于一切天体。

辛普里修：既然你不但想否认科学的原理，而且想要否认感觉经验以及感觉本身，那么你肯定是说服不了的，而且没法摆脱你的先入之见。所以我也无话可说了，这是因为"否认公理者，不可与理喻"，而不是因为我被你的推理说服了。

关于你刚才讲的那些事情，甚至怀疑到重物体的运动是不是直线的，我要问你有什么理由能否认，地球的那些部分（即重的物体）是沿着直线向中心坠落？因为如果你把一块石头从一座高塔的又直又陡的墙壁上放下去，它就会沿着墙壁向地面坠落，而且落下的地点，就和从塔上同一处用绳子系一只铅锤放下来碰到的地点一样。这还不清楚说明这类运动是直线的而且趋向中心吗？

◀ 重物体沿直线运动，是通过感觉知道的。

其次，你还怀疑到亚里士多德关于地球的各部分走向宇宙中心的论断，就好像他不曾用相反运动学说确实证明了这一点似的。他的证明如下：重物体的运动和轻物体的运动相反。轻物体的运动看得见是直接向上的，即升向宇宙的圆周。而重物体的运动则是直接走向宇宙的中心，碰巧这正是走向地球的中心，因为地球的中心和宇宙的中心是一致的，是结合在一起的。

◀ 亚里士多德关于重物体向宇宙中心运动的论证。

◀ 重物体向地球中心运动，只是巧合。

再者，你问太阳和月球的一部分如果和整体脱离之后怎么办，这样问是徒劳的，因为你问的那种情形是不可能出现的。正如亚里士多德同时也证明了的，天体是不变的，不可入的，不会破的；所以这种情形绝对不会产生。而且即使出现这种情形，即使它的部分要回到整体的话，那也不是由于轻重的关系，因为亚里士多德还证明过天体是没有轻重的。

◀ 对不可能出现的事，追根究底是愚蠢的。

◀ 照亚里士多德的说法，天体无轻重之分。

萨耳维亚蒂：我先前已经说过，你将会懂得，当我考察重物体沿直线和垂直线运动这一条特殊论证时，我是有理由怀疑它的真实性的。关于第二点，我很诧异你非要我把亚里士多德的谬误揭露出来决不罢休，而他的谬误是显而易见的。奇怪的是，你竟然看不出亚里士多德假定了一些有问题的东西。因为你看……

辛普里修：萨耳维亚蒂，请你谈到亚里士多德时稍微放尊重些。他既然是第一个人，是唯一的人，令人钦佩地阐述了三段论法、论证、反证、发现诡辩和谬误的方式——总之一句话，阐述了全部逻辑的人，你怎么能使人相信，他因此反而会那样地颠倒黑白，把有问题的东西肯定下来呢？两位先生，你们还是先彻底弄通亚里士多德的学说，然后再决定要不要反驳他。

◀ 亚里士多德是逻辑的发明者，不可能颠倒黑白。

萨耳维亚蒂：辛普里修，我们只是在几个朋友之间讨论讨论，目的是发现某些真理。我讲错了，你就揭发我，我决不生气；如果我把亚里士多德的学说理解错了，你只管驳斥我，我将欣然接受。可是你要让我讲清楚我的疑点，并且多少回答你刚才的那些话。逻辑，根据一般的理解，是我们用来进行哲学推理的工具。但是正如一个匠人可能在制造风琴上很出色，然而却不懂得演奏风琴一样，一个人也有可能是很伟大的逻辑学家，然而在运用逻辑上并不在行。同样，有许多人在理论上完全理解整套的诗歌艺术，然而连一首四行诗都写不出来；另外一些人很能欣赏达·芬奇的所有关于绘画的原理，然而连一只凳子都不会画。演奏风琴不是由那些制造风琴的人来教的，而是由那些懂得怎样演奏的人来教的；诗歌是靠不断吟诵诗人的作品而学会写的；绘画是靠不断作画和构图而得来的；论证的艺术是靠阅读那些充满了科学证明的书籍而得到的，这些证明都纯粹是数学性质的而不是逻辑性质的。

现在回到我们的正题上来，我说亚里士多德在轻物体的运动上所能看到的，仅仅是火脱离地球表面的任何部分，并直接由地面上升；这确实是升向比地球圆周更大的圆周。亚里士多德说火是升向月球层的圆弧。但是他不能证实这就是宇宙的圆周，或者和宇宙圆周成同心圆，因此升向月球的圆周就是升向宇宙的圆周。要证明这一点，他必须假定地球的中心，亦即我们看见轻物体上升时离开的中心和宇宙的中心是一致的；这就等于说地球位置在宇宙的中心。这一点正是我们所要问的，而且是亚里士多德想要证明的。你说这不是明显的错误吗？

▶ 亚里士多德关于地球处于宇宙中心的论证是错误的。

萨格利多：在我看来，即使我们承认火的直线运动引导它到达那个包围宇宙的圆周，亚里士多德的这条论证从另一个方面看来，也是有缺点和不能自圆其说的。因为不但是从中心出发的物体，而且只要是从一个圆上面的任何一点出发的物体，如果沿直线向任何一点前进，都无疑会走向外面的圆，并且如果继续运动下去，将会到达外面的圆周。因此我们可以有把握地说，这个物体是走向外面的圆；但是任何物体沿同一直线朝着相反的方向走，就不一定总是通过圆的中心了。要能通过中心，只有出发点本身就在圆的中心，或者从出发点把运动的直线延长后能通过圆的中心才成。因此，“火沿直线运动是走向宇宙的圆周，故泥块沿同一直线朝相反方向走，将通过宇宙中心”这句话，只有在假定火走的那根线在延长之后，将通过宇宙中心才能成立。然而尽管我们确实知道火走的直线在延长后通过地球中心（由于和地面是垂直的，而不是倾斜的），我们要得出任何结论，必须假定地球中心就是宇宙中心，否则就要假定火与泥土的粒子只沿着一条特殊的直线上升和下降，而这条直线是通过宇宙中心的。然而这样假定是错的，而且和经验格格不入，因为经验表明火的粒子总是沿着和地面垂直的线上升，并且所沿的不是任何一根单独的线，而是无数不同的、从地球中心通向宇宙各个部分的线。

▶ 亚里士多德的诡辩，可以用另一种方式揭露。

萨耳维亚蒂：萨格利多，你非常巧妙地使亚里士多德碰上同样的困难，指出其明显的错误，并添上了另一条矛盾。我们看出地球是个圆球，因此我们就肯定它有个中心，并且看见地球的各个部分都趋向这个中心。我们非这样说不可，原因是各部分的降落运动都是和地面垂直的，而且我们理解到，它们趋向地球中心是趋向它们的整体，它们的共同母体。但是我们不能说，它们的天然本能不是趋向地球中心，而是趋向宇宙中心；这种论证现在我们还是干脆放弃吧，因为我们并不知道宇宙中心在哪里，或者究竟存在不存在。即使存在，它也不过是一个想象的点，一个空洞的、没有任何性质的东西。

◀ 重物体趋向地球中心，而不是趋向宇宙中心，这样的说法证明比较合理。

现在谈一谈辛普里修最后的那句话。他说，要讨论太阳、月亮或其他天体的一部分，如果脱离其整体之后，会不会天然地回到整体去，这种争辩是愚蠢的，因为（照他的说法）这种情形不可能出现。根据亚里士多德的证明，很明显天体是不变的、不可入的、不能分的，等等。我的回答是，亚里士多德用以区别天体和物体的那些条件，除掉他从两者的自然运动有所不同而推论的那一点外，没有任何根据。这样的话，如果我们证明了圆周运动并不是天体所特有的，而是属于一切自然运动着的物体，那就会得出两种必然的结果：要么那些可生与不可生、可变与不可变、可分与不可分等等属性，同样地、普遍地适合于宇宙间的万物，既适合于天上，也适合于地下；要么亚里士多德就是错误地根据圆周运动把这些属性归之于天体；二者必居其一。

◀ 天体之所以不同于物体，是根据亚里士多德规定给它们的运动来的。

辛普里修：这样的哲学论证方式将要把一切自然哲学都搅乱了，而且把天、地和整个宇宙都搞得颠三倒四。然而我相信逍遥学派的基本原则没有毁灭的危险，而新科学也不是在它们的废墟上建立起来的。

萨耳维亚蒂：你不要去为天和地烦心，也不要怕把它们搅乱了，或者怕哲学垮台。拿天来说，既然你认为天是不变的、永恒的，那就不必白白地为它担忧。拿地来讲，现在我们这样努力把它说成和天体一样，毋宁说是为了使它变得高贵和完善。不妨说你的哲学把地球从天上放逐掉，而我们则要使它回到天上。对哲学本身来说，我们的争论只会有益无害，因为我们的见解如果证明是对的，哲学就会取得新的成果；如果是错的，那么否定了这些见解将会使原来的那些学说进一步得到证实。所以不要担心，你要担心的倒是某些哲学家；那就来帮助他们，为他们辩护吧。至于科学本身，它是只会进步的。

◀ 哲学从哲学家之间的争论和意见不合中，只会得到好处。

现在回到原来的论点，请你随便发表意见，拿出你能想到的任何理由，来证实亚里士多德在天体和物体之间所确定的那样大的差别，什么前者是不生、不灭、不变的呀，后者是可灭、可变的呀，等等。

辛普里修：到现在为止，我还看不出亚里士多德需要什么帮助，他的立场很坚定，地位很巩固，连攻击都没有受到过，更不用说败在你的手里。你看，他才一出手恐怕你就抵挡不了！

亚里士多德写道："物之生是由于物体本身存在着某种对立；同样，物之灭也是由于物体的一种对立面转为另一种对立面。"所以，你看，生

◀ 亚里士多德证明天体不朽的论据。

▶ 照亚里士多德的说法，生与灭只在对立之间存在。

▶ 诸天是不朽的神明的适宜居所。

▶ 根据人们的感觉，天体也是不变的。

▶ 圆周运动没有对立面的证据。

与灭只是在存在着对立时才会出现。“但是对立面的运动都是对立的。所以如果我们不能指出一个天体不能有什么对立面（而圆周运动是没有和它对立的运动的），那么自然为那些应该不生不灭的东西排除了任何对立面，就是做得很对了。”这个原则一经成立，我们立刻可以得出一个结论，就是这样一种东西是不增、不减、不改、不变的，因而归根到底是永恒的，而且是不朽的神明的适宜居所——任何人只要对诸神有所认识，这样说也是符合他们的看法的。亚里士多德接着又从感觉的角度来证明同一结论。因为在已往的一切年代里，无论根据人们的记忆或者传统，不管是最遥远的天体，或者某一天体的不可分割的部分，都没看见有过任何变动。

至于圆周运动没有对立面，亚里士多德从许多方面证明了这一点。现在不需要全部重述，只讲一个证明，就是简单运动只有三种，即趋向中心，离开中心，环绕中心；而在这三种里面，那两种直线运动（向上的和向下的）显然是对立的。由于一个东西只能有一个对立面，那就不剩下什么和圆周运动对立的运动了。啊，你看看亚里士多德用来证明天体不灭的论证，是多么微妙、多么完整啊！

萨耳维亚蒂：可是你这里讲的，和我刚才提示到的亚里士多德的那种证明方法并没有什么不同；而且你根据它所作的推论，是无法证明你说的天体的运动不适用于地球这一条的。可是我要告诉你，你认为属于天体的圆周运动，对地球也是适用的。根据这一点，即便你的其余论述都是完整的，我们仍会得出三种结论，这些我适才已经讲过了，现在再重复一遍：或者地球本身也和天体一样是不生不灭的；或者天体也和地球一样是可以生长和变化的；或者这种运动上的差别和生长毁灭没有任何关系；三者必居其一。亚里士多德的论证和你的论证都包含着许多不能随便接受的命题；为了更好地考察这些命题，还是尽量地把它们陈述得明白些。——对不起，萨格利多，如果我这样颠来倒去地讲会使你厌烦的话，你就假定是在听我在一场公开辩论中大发议论吧。

你说“生与灭只在有对立面时才发生，对立面只在简单的自然物体中存在，这些物体的运动都是对立的运动；对立运动只包括那些相反方向的直线运动；它们只有两种，即离心的和向心的；而且这种运动只属于土和火和另外两大元素，不属于任何其他天然物体；所以生与灭只在四大元素中存在。而且由于第三种简单运动，即环绕中心的圆周运动，是没有对立面的（因为另外两种运动是相互对立的，而一个东西只有一个对立面），所以凡是具有这种圆周运动的自然物体就缺乏一个对立面；由于没有对立面，就是不生不灭的，等等。因为没有对立面的地方是没有生与灭的。但是圆周运动只有天体才有，所以只有这些天体是不生不灭的，等等。”

现在首先要说的是，我觉得确定地球是否以每二十四小时环绕其轴心一周的速度运动得非常之快，要比理解和确定对立面是否导致生与灭或者生与灭和对立面在自然界是否存在，容易得多。因为地球是这样一个庞大的物体，而且由于靠近我们，很便于考察。还有，辛普里修，你看少量发霉的酒气就能很快地培养出千千万万的苍蝇来，如果你知道怎样教给我看自然界是如何操作的，指出在这个事例上有些什么对立面，什么东西毁灭掉，以及怎样毁灭的，那么我就比现在更加尊敬你了。因为这些事情我一点不理解，还有，我很愿意懂得，为什么这些起毁灭作用的对立面，对穴鸟那样喜欢而对鸽子却那样残忍，对鹿那样偏爱而对马却那样不耐烦，以至于穴鸟和鹿可以活上好多好多年（也就是好多好多年不灭），而鸽子和马的生命用星期计算还及不上前者。桃树和橄榄树在同一土壤里，遭受同样的寒寒暖暖，同样的风吹雨打，一句话，处在同样的对立面下，然而桃树在短短的时间内就死掉，橄榄树则可以活上几百年。再者，我从来不相信，物体的转变（我们总是把自己严格限制在自然现象上）会达到完全摧毁的程度，以致原来的物体变得一点不剩，而由另一个全然不同的物体代替了它。如果我对一个物体先想象它处于一种形态，然后又想象它处于另一种完全不同的形态，我看单是把物体各部分的地位简单地改变一下，不毁掉任何东西，也不产生任何新东西，同样可以起一种变化；这并不是不可能的，因为我们每天都看得见这种相似的变化。

◀ 发现地球是否在运动着，要比发现对立面导致毁灭容易。

◀ 把物体的各部分简单地重新排列，就能显出各种不同形态。

所以我再重复一遍，我的回答是，既然你想说服我相信，地球由于它有生有灭，所以不能有圆周运动，你的任务就要比我的艰巨得多，因为我可以向你证明事实正好相反，而我拿出的论证确是困难一些，但却是一样完善。

萨格利多：对不起，我要打断你一下，萨耳维亚蒂，你讲的这些尽管使我听了很感兴趣（因为我发现自己也被同样的困难缠着），可是我觉得，如果我们不把主题完全撇开一下，那就不会得到结论。所以为了能够把我们的第一个论点继续谈下去，恐怕还是把这个生与灭的问题留待改日专门讨论的好。还有，如果你和辛普里修都不反对的话，在讨论过程中如果碰上其他特殊问题，也可以这样办。这些问题我将分别记在心里，以便改天提出来再详细考察。

现在谈当前的问题：亚里士多德声称圆周运动只有天体能有，地球不能有，你说如果这一条被否定了，那么地球有生长、变化等等，天体也不能例外。所以我们不需要再探讨，像生长和毁灭这类事情在自然界是不是存在，还是来考察一下地球实际上是什么情形吧。

辛普里修：我简直听不进什么生长与毁灭在自然界存在不存在的话，这种事情经常不断地在我们面前发生，而且亚里士多德已经写了整整两本书谈它们了。可是一旦你否定了那些科学原则，并且对最明显的事情都表示怀疑之后，谁都知道你会想到什么就可以证明什么，并且将坚持任

◀ 否定了科学原则，一个人就可以坚持任何谬论。

何诤论。难道你看不见地球上的草木禽兽天天在生长和败坏吗？难道你不是一直亲眼看见对立面在斗争着：土变成水，水变成气，气变成火，气又凝聚成云、雨、冰雹和风暴吗？

萨格利多：当然我们都看见，而且愿意承认亚里士多德关于对立面引起的这类生长和毁灭的论证是对的。可是如果我们根据亚里士多德的那些同样原则，向你证明天体也和元素世界一样有生有灭，那你怎么说呢？

辛普里修：我要说，那是不可能做到的事。

萨格利多：辛普里修，请你说说看，这些性质是不是相互对立的？

辛普里修：哪些性质？

萨格利多：怎么，就是这些嘛：变和不变啊，生长和不生长啊，毁灭和不毁灭啊。

辛普里修：这些都全然是对立的。

萨格利多：既然如此，而且既然天体是不生不灭的，我将向你证明天体必然是有生有灭的。

辛普里修：这只能是诡辩。

萨格利多：你先听我把道理讲出来，然后再批评，再解决。

▶ 天体是不生不灭的，因而也就有生有灭。

天体既然是不生不灭的，在自然界就有它们的对立面，这就是那些有生有灭的物体。既然存在着对立面，那也就存在着生与灭。所以天体是有生有灭的。

▶ 暧昧的论证，或者称为连锁论法。

辛普里修：我不是跟你说过吗，这只能是一种诡辩。这是那种称作“连锁论法”的暧昧论证之一，和那个克里特人说克里特人个个都是说谎者的例子一样。他既是克里特人，那么他说克里特人都是说谎者，就是说的谎话。既然是谎话，那么克里特人就不都是说谎者，因此作为一个克里特人，他讲的就是真话。既然讲克里特人都是说谎者是讲的真话，而他自己也是一个克里特人，那么他一定也是个说谎者。所以搞这种诡辩，一个人可以一直在兜圈子、兜圈子，永远得不到结论。

萨格利多：到现在为止，你算是给它起了个名称，你还得解决它，并揭露它的谬误。

▶ 天体之间不存在对立性。

辛普里修：谈到解决和揭露它的谬误，你难道看不出它首先就包含着一个明显的矛盾吗？天体是不生不灭的，因此，天体是有生有灭的！还有，天体之间不存在对立性，只在元素之间存在，因为元素有向上运动和向下运动的对立，有轻重浮沉的对立。但是天体只有圆周运动（这种运动没有与之对立的运动），所以不存在对立性，所以是不灭的，如此等等。

▶ 引起腐烂的对立面，不能在腐烂物体内同时存在。

萨格利多：不要急嘛，辛普里修。这种使你把某些简单物体说成可灭的对立性，是存在于物体里面呢，还是只表现在物体和其他物体的关系上面？我的意思是，例如，一块泥土受到潮湿腐烂了，这种潮湿是发自泥土本身呢，还是来自其他元素，即空气或者水？我相信你会说，正如向上运动和向下运动，或者下沉和上浮（这些都是你称作本来是对立的），不能并存在同一物体之内一样，干与湿、冷与热也不能并存在同一物体之内。所以你只能说，在物体腐烂时，这只能是由另一物体内与它本身对立的质地引起的。因此要证明天体有生有灭，我们只要指出自然界有些物体具有和天体对立的质地就行了。而那些元素正是如此，如果可灭和不灭真是对立面的话。

> 天体碰得到物体，但物体碰不到天体。

辛普里修：不，我亲爱的先生，这是不够的。那些元素之所以改变和腐烂，是因为它们相互接触和混合，因此能发挥它们的对立性。但是天体和元素物体是分开的，元素物体连碰都碰不到它们——虽然天体的确影响那些元素物体。如果你要把天体说成有生有灭，你必须证明天体与天体之间存在着对立性。

> 轻与重，稀与密，都是对立的性质。

萨格利多：我将是这样在它们之间找到对立性的。你在元素之间找到对立性的根据是，它们的向上运动和向下运动有对立性。因此这些运动所依靠的原则，不管是什么原则，也必然是相互对立的。现在既然任何向上运动的东西，其所以向上都是由于它是轻的，任何向下运动的东西，其所以向下都由于它是重的，轻与重就必然是相互对立的。同样，任何其他使物体成为轻的原则和使物体成为重的原则，也应当认为是对立的。照你自己讲的，物体的浮沉是由物质的稀和密引起的，所以稀和密也是对立的。这些性质是遍布在天体之间的，因此我们以为星体只是天球较为密集的部分。如果是这样的话，那就可以推论说，星体的密度比天球其余部分几乎要超出无限倍（从天球极端透明而星体极端不透明上，可以推定这是很明显的，而透明和不透明的原因只能是由于密度的悬殊）。既然天体之间存在着这种对立性，那么它们就必然和元素物体一样，也是有生有灭的。否则的话，对立性就不能是生与灭的原因，等等。

> 星体的密度比天界的其余部分超出无限倍。

> 天体的稀与密和物体的稀与密不同。

辛普里修：这两种可能性都不必要，因为天体的稀与密并不像原来物体的稀与密那样相互对立。因为在天上，稀与密并不是由对立的原始性质冷与热决定的，而是根据同一体积内含有较多或较少物质来的。要知道"多"和"少"只有一种相对的对立性，这种对立性是最最不足道的，和生与灭毫无关系。

萨格利多：原来如此，要把稀与密说成是物体轻重的原因，而轻重则是向上和向下的对立运动的原因，向上和向下运动又是生与灭这个对立面的原因，要如此做，单单说"密"与"稀"是由同一体积内含有较多或较少物质而定，还不够；还需要有冷与热这些基本原质来帮忙，否则的话，就什么结果也没有。

可是如果这样，亚里士多德就是欺骗了我们。他一开头应当讲清这一点，而且应当写下，那些有生有灭的简单物体，那些可以有简单的向上运动和向下运动的物体，是由物体的轻重造成的，轻重又是由稀密不同造成的，而稀密又是由物质多少而定，而所有这一切归根到底都是冷热悬殊的结果。他不应当仅仅提到简单的向上运动和向下运动，因为我可

▶ 亚里士多德的高大形象，由于给物体的生灭臆造原因，而变得矮小了。

以向你保证，物体因有轻重而朝相反方向运动，只要证明其有稀有密就行了，至于这种稀与密是由物体的热与冷造成的，还是由你能想象到的别的什么造成的，都没有关系。我们通过实验就可以看出，一块通红的铁肯定可以说是热的，但是和它冷下来时称起来却是一样，而且运动起来也和冷的时候一样。可是这些都不去谈它，你怎么知道天体的稀与密和冷热没有关系呢？

辛普里修：我知道，因为这些性质在天体中间并不存在，天体是没有冷热的。

萨耳维亚蒂：我看我们又一次掉到汪洋大海里，永远没法跳出来了。这等于航海而没有罗盘，没有星斗指明方向，也没有桨舵。这样势必要沿着海岸航行，或者搁浅，或者永远迷失在大海里。如果像刚才建议的那样，我们要抓着主题的话，那就必须把直线运动在自然界是否必要，对某些物体是否适合，这类一般性问题暂时搁在一边，继续进行证明、观察和特殊实验。首先我们必须阐述一下亚里士多德、托勒密和其他人等用来证明地球不动的所有论据。第二步再设法解决它们。最后我们必须提出一些有说服力的论据，使人相信地球和月球或任何其他行星一样，也是沿圆周运动的天体之一。

萨格利多：我很同意你最后讲的那些，因为你的宏论和一般性论述使我比较满意，而亚里士多德却做不到这一点。你的话没有使我产生任何怀疑，而亚里士多德那样转弯抹角，总有点使我想不通。你提出来，只要我们假定宇宙的各个部分是安排得尽善尽美的，那就证明直线运动在自然界没有它的地位。我不懂得为什么辛普里修不能够很快地同意这种论证。

萨耳维亚蒂：你且停一停。萨格利多，我正想到一个使辛普里修满意的办法，只要他，如果他愿意的话，不拘泥在亚里士多德的一词一句上，以致把稍一离开亚氏原话就看作是亵渎神圣的行为。

毫无疑问，只有圆周运动和静止状态能够保持宇宙的各个部分位置得当、秩序井然。至于直线运动，正如我们刚才说过的，除掉使那些偶然脱离其整体的不可分割部分回到其自然位置外，是看不出有什么用处的。

▶ 亚里士多德和托勒密认为地球是不动的。

现在让我们看看整个地球，看地球和其他星体是怎样保持其最自然、最完善的状态的。我们只能这样说：要么地球是静止的，永远停留在原来地位不动；要么地球永远停留在原来地位自转；要么它环绕着一个中心，沿着一个圆周轨道运动着。在这三种情况之间，亚里士多德、托勒密和所有他们的门徒都说，根据观察的结果，地球一直是处于第一种情况，而且将永远保持第一种情况，即永远停止在同一地位。既然如此，为什么他们不一开头就说，地球的本性是静止不动，为什么要把地球的自然运动说成是向下的呢？这种向下运动，地球从来没有过也永远不会

▶ 对地球来说，静止状态应当比向下运动合乎地球本性。

有。至于直线运动，让我这样说吧，即这种运动是在土、水、火、气的粒子（以及任何其他不可分割的地上物体）脱离其整体并被迁移到不适当位置时，被自然界用来使它们回到原来的整体的——除非我们能找到一种更适当的圆周运动也能起这种同样作用。在我看来，采取这种原来的立场，要比把直线运动说成是元素世界固有的和自然的原则，推论起来要适合得多；便是用亚里士多德自己的方法来推论，也是如此。这是很明显的。因为如果逍遥学派认为天体是不灭和永恒的，而地球则不是如此，地球是要消灭和要死亡的，那么总有一天太阳和月亮和其他星辰将仍旧继续存在，继续运行，而地球却在宇宙中消失掉，和其他元素一起消灭了。如果我问一个逍遥学派会不会如此，他将肯定回答不会。所以生与灭是属于部分，而不是属于整体。确实，生与灭只属于那些极小的和极其表面的部分，而这些部分和整个地球比较起来是微不足道的。现在的问题是，既然亚里士多德从运动的对立性中推论出生与灭的道理来，那就让我们承认这些运动都是属于部分的，而只有部分会变化和腐朽。但是整个由四大元素组成的地球则是沿着圆周运动，或者永远继续停留在它的正当地位上——只有这两种倾向适合于巩固和保持宇宙的完善秩序。

◀ 把直线运动归之于部分，比归之于整个元素世界，要正确得多。

刚才谈的关于地球的情况，也同样适用于火和大部分的气。对于这些元素，逍遥学派逼得要把那种从来不属于它们，也从来不可能属于它们的运动，说成是它们固有的和天然的运动，而把它们现在、过去和将来一直遵循着的运动，从自然界中排斥掉。我这样说，是因为他们把向上运动指定为火与气的运动，然而这种向上运动从来就不属于上述这些元素，而只属于它们的粒子——便是在这种情形下，那也不过是因为它们离开了自己的原位，使它们恢复原来安排得很完善的位置而已。另一方面，他们称圆周运动（火与气一直就有着这样的运动）对于火与气来说，是不合常规的。他们忘记了亚里士多德曾经说过许多次，凡是强暴的东西都不能持久。

◀ 逍遥学派毫无理由地把那些从来不属于元素本身的运动，说成是它们的天然运动，而把那些一直属于它们的运动，说成是异常的。

辛普里修：所有这些问题，我们都可以作适当的解答，但是目前还是略而不谈吧。这是为了使我们能够提出那些特殊理由和感觉实验来，而这些感觉实验，诚如亚里士多德说的，归根结底应当比人类理性所能提供的证据更为可靠。

◀ 感觉经验应当比人类理性更为可靠。

萨格利多：现在你既然这样说了，那就让我们来看看这两条普遍论证究竟哪一条的可能性要大些。第一条是亚里士多德的，他要我们相信地上的物体天生是有生有灭的，等等。因此在本质上和天体完全不同，后者是不变、不生、不灭的，等等。这一条他是从简单运动的差别推论出来的。第二条是萨耳维亚蒂的，他假定自然界一切不可分割的部分都是位置井然的，这样假定的结果必然要把直线运动从简单的自然物体中排除出去，因为这种运动在自然界是无用的。他认为地球也是一个天体，具有天体的一切特点。到现在为止，萨耳维亚蒂的这套论证我是比较听得进的。辛普里修如果不同意的话，那就请他拿出所有的特殊论证、实验和观察结果来，不论是属于物理学方面的或天文学方面的，俾能充分说服我们相信地球和天体不同，地球是不动的，是处在宇宙中心的，以及其他任何证明地球不同于木星等行星或者月亮的根据，并且请你，萨耳维亚蒂，逐步地予以答复。

辛普里修：那么，作为一个开头，这里有两个有力的证据，说明地球和天体有很大的不同。第一，那些有生、有灭、有变的物体和那些不生、不灭、不变的物体是迥然不同的。地球是可生、可灭、可变的，而天体是不生、不灭、不变的，所以地球和天体是迥然不同的。

萨格利多：你举出的第一条论证搁在桌上已经整整一天了，而且是刚刚被我们拿走的；现在你又放到桌面上来了。

辛普里修：不要急嘛，先生。你再听我下面的话，就懂得它和原来的论证是多么不同。先前这里的小前提是用演绎的方法证明的，而现在我是用归纳的方法。你自己看看这是不是一样的。由于大前提非常清楚，所以我只证明这里的小前提。

▶ 天体不变，因为从来没有发现它们有什么变化。

感觉经验证明，地球上不断在生长、死灭、变化着等等，这种情况，不论是根据我们耳目所及或者传统或者前人的记载，在天上都找不到。所以天是不变的，而地球在变，因此和天体不同。

▶ 天生发光的物体和黑暗的物体不同。

第二条论证我是从一个主要的属性推论出来的，是这样：任何天生黑暗的和不发光的物体和光明灿烂的物体是不同的；地球是黑暗的，不发光的，天体是辉煌的，无限光明的，如此等等。你先回答这些，不要弄得问题成堆，以后我再补充别的。

萨耳维亚蒂：关于你的第一条论证，照你说是根据经验来的，我愿意你能确切地告诉我，你在地球上看到的哪些变化是天上看不到的，因此使你说地球在变，而天体是不变的！

辛普里修：在地球上我不断地看见草木禽兽生长和腐朽，风雨和风暴不断地发生，一句话，地球的面貌一直在改变着。这些变化在天体中间从没有被觉察过，天体的位置同分布和人们所能记得的一切情况完全相符，新的既没有产生出来，旧的也没有消灭掉。

萨耳维亚蒂：可是如果你非得满足于这些看得见的，或者毋宁说，这些视力所及的经验，你就必须承认中国和美洲都是天体，因为你肯定没有看见过这些地方产生过你在意大利看见的那些变化。所以，照你的意思，这些地方必然是不变的。

辛普里修：尽管我没有亲眼看见这些地方有过这些变化，关于这些地方的变化是有可靠的记载的。还有，既然“对全体用得上，对部分也用得上”，这些国家既然和我们国家一样都属于地球的一部分，它们也必然和地球一样是有变化的。

萨耳维亚蒂：可是为什么你没有看见这种变化，弄得你只得相信别人的传说呢？为什么你不亲眼看一看呢？

辛普里修：因为这些国家远得看不见，它们太远了，使我们的眼睛无法发现它们的这种变动。

萨耳维亚蒂：现在你自己看一看吧，你无意间已经把你的错误暴露出来了。你说眼前可以看得见的那些地球上的变化，在美洲看不见，原因是美洲太远了。那么月亮上的那些变化就更加不能看见了，因为月亮要比美洲远千百倍。而且既然你根据墨西哥传来的消息相信墨西哥有变化，那么你从月亮上面得到什么消息使你相信月亮上没有发生变化呢？由于你看不见天上的变化（由于距离远，而且没有消息传来，天上即使有什么变化，你也不会看得见），你不能就推论说天上没有变化；不能像你从看见地球上有变化而正确地推论出地球上别处也有变化一样，不能这样照搬。

辛普里修：在地球上所发生的那些变化中，我发现有些变化非常之大，如果月亮上发生这类巨大变化，那么我在下面地球上准会观察得到。根据最古老的记载，我们获知在直布罗陀海峡，亚比拉山（Abila）和卡尔普山（Calpe）原来是由一些小山连接着的，从而把大西洋挡着了。但是这两座山由于某些原因被分开了，海水就从缺口灌进来，这就泛滥成为地中海[①]。当我们想到这种巨大的变动，想到这种沧桑在地球面貌上所引起的差别在远处一定望得见时，我敢说当时月亮上如果有什么人的话，他准会很容易看出这种改变。同样地，如果月亮上发生这样的变化时，地球上的人也会发现，然而有史以来从没有人看见过有这种事情。所以要说天体会有什么变化，是没有根据的，等等。

◀ 地中海是由亚比拉山和卡尔普山分开而形成的。

萨耳维亚蒂：我不敢说这类巨大的变化曾经在月亮上发生过，但是我也不能肯定月亮上不曾发生过。我们只能从月球表面上光明和黑暗部分的变动，推论出这种变化，可是我很难说地球上有什么细心的月球学者曾经根据多少年来的观察，为我们提供过这样一张准确的月图过，并使我们合理地得出结论，说月球表面上从来没有发生过这样的变动。关于月亮的面貌，我从来不知道有什么准确的描绘，只听到有人说它像个人脸，有人说它像狮子的口鼻，还有人说它是该隐[②]背了一捆荆棘。所以你说“天是不变的，因为无论在月亮上或者在其他天体上，都没有看见过我们在地球上发现过的那种变化”，这话不能证明任何东西。

萨格利多：辛普里修的第一条论证还有一个疑点使我念念不能忘怀，希望能够为我消除掉。我要问他，地球上的有生有灭是在水漫地中海区之

---

① 关于地中海的形成，有两种说法，这里根据的是罗马自然学家大普林尼的说法；另一种说法是古希腊地理学家斯特拉波的说法，认为地中海在大西洋注入之前就已经是个内海。

② 该隐是亚当的长子，杀死了他的兄弟。见《旧约》。

前就有了呢，还是从水漫地中海区时才开始的呢？

辛普里修：毫无疑问在这以前就有了，不过地中海的形成是巨大的变动，所以即使远在月亮上也可能望得见。

萨格利多：好吧；既然地球在那次洪水之前就已经有生有灭，为什么月亮上不经过一次这样的变动，就不能同样有生有灭呢？为什么在月亮上非要如此不可，而在地球上则谈也不谈上？

萨耳维亚蒂：这话非常精辟。不过辛普里修在这里恐怕把亚里士多德和其他逍遥学派的原话的意思改动了一点了。他们的原话是，天所以不变是因为从来没有看见过有什么星球产生出来或者消灭掉，这可能是由于那些星球在整个天界中只占一个很小部分，比地球上的一个城市还要小，然而有无数的星球就这样消灭掉，以至于现在连一点踪迹都不剩了。

萨格利多：说实在话，我不是这种看法，我觉得辛普里修故意歪曲了那些原话的意思，目的是使他的祖师爷和那些门徒不至于背包袱，因为他采取一种比原来更加荒唐的说法。他们说，"天不变是因为天上的星球没有生灭"，这话多么愚蠢啊。难道有什么人曾经看见一个地球消灭掉，而由另一个地球产生出来代替它吗？不是所有的哲学家都承认，天上的星球很少有什么小过地球的，而绝大多数都比地球大得多吗？因此天上一个星球消灭和整个地球毁灭同样是巨大的事件！所以如果为了能够断言宇宙间有生有灭，非要把星球这样的庞然大物说成是有生有灭，你还是把整个想法放弃吧。因为我可以向你保证，我们经历无数年代都看见的这个地球和其他属于宇宙整体的那些星球，要说会消灭得无影无踪，那是永远看不到的。

▶ 星体和整个地球一样，同样不可能消灭掉。

萨耳维亚蒂：可是为了使辛普里修不仅满意，而且为了尽量矫正他的错误，我要说，在我们时代的确有些新的事情和新观察到的现象，如果亚里士多德现在还活着的话，我敢说他一定会改变自己的看法。这一点我们从他自己的哲学论述方式上，也会很容易地推论出来，因为他在书中说天不变等等，是由于没有人看见天上产生过新东西，也没有看见什么旧东西消失，言下之意，他好像在告诉我们，如果他看见了这类事情，他就会作出相反的结论，他这样把感觉经验放在自然理性之上是很对的。如果他不重视感觉经验，他就不会根据没有人看见过有变化而推断天不变了。

▶ 亚里士多德如果看见本世纪的新发现，将会改正他的意见。

辛普里修：亚里士多德先是用演绎法建立他的论证根据，通过自然的、明显的、明确的原则说明天必然是不变的。他后来又用归纳法从我们的感觉经验和古人的传统来证明同一论断。

萨耳维亚蒂：你指的是他著书立说时所使用的方法，但是我不相信这是他考察问题的方法。我比较敢于肯定，他首先是通过感觉、实验和观察所得的结果，尽可能地弄清自己的那些结论无误，以后他才设法加以证明。在实验科学里，大部分都是这样做的。所以如此，是因为当结论是

▶ 结论肯定以后，有助于用分析方法找到证明。

真实时，人们就可以使用分析方法探索出一些已经证实的命题，或者找到某种自明的公理；但如果结论是错误时，人们就可以永远探索下去而找不到任何已知的真理——即使不弄到碰壁或者碰上某种明显谬误的话。而且你可以相信，毕达哥拉斯远在他以百牛祭神庆祝他发现一条几何证明之前，早就肯定直角三角形对直角一边（斜边）的平方等于另外两边的平方之和了。结论肯定后，在发现它的证明上是帮助不小的——这里总是指经验科学。但是不管亚里士多德当初是怎样进行的，是演绎的推理先于感觉经验的归纳，还是归纳先于演绎，只要亚里士多德把感觉经验放在任何论证之上，正如他讲过多少次的那样，这就够了。还有，演绎性的论证究竟有没有力量，早就被他检查过了。

◀ 毕达哥拉斯在发现一条几何证明之后，曾以百牛祭神。

现在回到正题上来，我说我们这个时代正在发现和已经发现的天上的一些情况，是可以完全满足所有哲学家的，因为我们曾经看见和正在看见某些特殊天体和整个天界中所发生的那些事件，正是我们过去所说的生长和毁灭。卓越的天文学家们曾经在月球轨道外面观察到许多彗星生长和陨灭，另外还有两个在一五七二年和一六〇四年发现的两颗新星，这些毫无疑问都是在行星轨道之外的。另外，天文学家靠望远镜曾经窥见在太阳的表面上有一些又浓又黑的物质产生和消失，很像地球上的云；而且有些黑子非常之大，不但地中海比不上，连整个非洲，包括把亚洲加进去，也不及它们大。如果亚里士多德当初看见了这些，你想他会怎样说、怎样做呢，辛普里修？

◀ 天上曾经出现过新星。

◀ 太阳表面有黑子产生和消灭。

◀ 有些太阳黑子比整个亚洲和非洲还大。

辛普里修： 亚里士多德是一切科学的大师，他会怎样做、怎样说，我可不知道。可是我多多少少知道一点他的门徒是怎样做、怎样说的，而且知道他们为了使哲学不致丧失一个向导、领袖和首脑，应当怎样做和怎样说。

关于那些彗星，那些想要把它们说成是天体的现代天文学家，不是已经被《反第谷论》[1]那本书驳得体无完肤了吗？而且是用他们自己的武器把他们打倒的。这就是说，用视差和从各个方面来计算的结果证明亚里士多德关于彗星和地球一样是元素性质的论断是对的。对于那些创新者说来，这是他们立论的基础。现在既然被摧毁了，他们还有什么立足之地呢？

◀ 《反第谷论》已经反驳了那些天文学家。

萨耳维亚蒂： 不要这么激动，辛普里修。你的这位现代作家对于一五七二年和一六〇四年发现的那些新星和太阳的黑子，是怎么说的呢？关于那些彗星，拿我自己来说，它们究竟是在月球层以内还是月球层以外产生的，我都不感兴趣。同样，我对第谷的那些繁琐论证也不甚重视。至于这些彗星是元素物质，而且可以在逍遥学派的不可入的那些天层里任

---

① 《反第谷论》发表于1621年，作者是斯西比欧·齐亚拉蒙蒂（Scipio Chiaramonti 1565—1652）。此人原来同伽利略关系还好，但由于《对话》反对他的观点，因而关系恶化，曾被教皇乌尔班八世指定为《对话》审查人之一。

意出现而不碰上任何阻碍，这些我也乐于相信，因为我认为逍遥学派的天层比我们的空气要稀薄得多，柔和得多，精细得多。至于视差的计算，我首先就怀疑彗星的观测会产生视差；再者，他们所据以进行计算的那些观测，并不是经常进行的，这就使我对第谷的意见和他论敌的意见同样怀疑，特别是对于后者，因为我觉得《反第谷论》这书有时候根据作者的好恶来修正那些不适合自己意图的那些天文观测，否则就宣布这些观测是错误的。

▶《反第谷论》使天文学上的观测适应自己的意图。

辛普里修：关于那些新星，《反第谷论》用寥寥几句话干脆就把它们打发掉了，说这些新星并不能肯定是天体。如果他们的对手想要证明天体有生有灭，他们必须证明那些长期以来就被我们描述过的恒星，那些无疑属于天体一类的恒星，也有这种变化才行。而这是永远做不到的。

至于有些人说的太阳表面上有些物质在产生和消失，《反第谷论》中一点没有提到。从这一点我敢说，作者认为这只是一种神话，或者是望远镜造成的错觉，或者顶多是空气的某种现象。一句话，根本不是天体。

萨耳维亚蒂：可是你，辛普里修，你自己能想出什么理由来反对这些恼人的太阳黑子，这些大闹诸天，而且更糟糕的是，大闹逍遥学派哲学的黑子呢？你作为一个逍遥学派的无畏卫士，应当找到一个答案和解决办法，望你能不吝赐教。

▶ 关于太阳黑子，有许多不同的意见。

辛普里修：关于太阳黑子，我曾听到过许多不同的意见。有些人说："这些是和金星、水星一样的行星，沿着它们各自的轨道环绕太阳运行，但在经过太阳下面时就被我们看成黑的了，而且由于它们的数目很多，所以它们时常碰在一起，后来又分开了。"另外一些人则相信它们是空气所引起的幻象，还有些人认为是望远镜头造成的错觉，再有一些人把它们说成是别的什么。可是我最倾向于相信——是的，我甚至觉得可以肯定——它们是一群各种不同的黑暗物体，几乎是碰巧跑到一起来的。所以我们时常看见在一个黑子之内，可以找到十个或者十个以上这类形状不齐的小东西，看上去就像雪花，或者一簇簇羊毛，或者许多飞蛾。它们相互调换位置，有时候分开，有时候聚拢，但是多数都是在太阳下面，把太阳作为一个中心环绕着运行。但是不能因此就说它们必然在产生或消灭。毋宁说，它们有时候被太阳遮着。另外一些时候，虽然离太阳很远，但由于接近太阳无比强烈光线的缘故，所以我们看不见它们。因为在太阳的偏心圈里，所以就构成了像洋葱一样的许多重叠层次，每一层都缀上一些小黑子在运动着，而且虽然它们的运动开头看上去有快有慢和不规则，可是经过长期观察，据说经过一个相当时间之后，这些同样的黑子一定会重新出现。到现在为止，这好像是能够解释黑子现象的最适合的权宜办法了，同时也能够保持天体不生不灭的说法。如果这样说还不够的话，那就让更有才智的人提出更好的答案吧。

萨耳维亚蒂：如果我们是在讨论法律上或者古典文学上的一个论点，其中不存在什么正确和错误的问题，那么也许可以把我们的信心寄托在作者的细心、辩才和丰富经验上，并且指望他在这方面的卓越成就能使他把他的立论讲得娓娓动听，而且人们也不妨认为这是最好的陈述。但是自然科学的结论必须是正确的、必然的、不以人们意志为转移的，我们讨论时就得小心不要使自己为错误辩护。因为在这里，任何一个平凡的人，只要他碰巧找到了真理，那么一千个德摩斯梯尼[①]和一千个亚里士多德都要陷于困境。所以，辛普里修，如果你还存在着一种想法或者希望，以为会有什么比我们有学问得多、渊博得多、博览得多的人，不能理会自然界的实况，把错误说成真理，那你还是断了念头吧。而且，既然到目前为止提出的那些关于太阳黑子性质的许多意见中，你刚才解释的那一个在你看来好像是正确的，那么其余的就是错的了，但是这个也全然是骗人的鬼话。现在为了使你从这个鬼话中解放出来，我将告诉你两件观察到的事实证明它的错误，它本身的那许多讲不通的地方暂且不管它。

◀ 在自然科学上，雄辩术是不起作用的。

一件事实是，这许多黑子根据观察都是发生在太阳球面的中心，同样许多黑子的分解和消失也离开太阳的边缘很远，这是证明黑子产生和消灭的必不可少的论证。因为如果没有生灭，它们就只能靠位置移动在太阳表面上出现，而且全都应当从太阳的边缘进进出出。

◀ 关于太阳黑子必然产生和消灭的论证。

另一个观察的结果是，只要不是对透视学极端无知的人都会看出，从观察到的太阳黑子形状的改变，从它们速度的显然改变，我们只能推论说这些黑子是接触到太阳本体的，而且由于碰到太阳表面，它们或者随着太阳运动，或者在太阳上面移动，而绝不可能离开太阳兜圈子。这一点可以从它们沿太阳圆面的边缘上运动得很慢，靠近中心时则运动得很快而得到证明。从黑子形状的变化也可以证明这一点，它们沿着太阳边缘时比靠近中心时看上去要狭得多。原因是，在围绕中心时，黑子望上去很庞大，而且这是它们的真面目。但是在围绕边缘时，由于太阳的表面是球形，它们就显得缩小了。这些运动和形状的缩减现象的。在任何一个懂得怎样观察它们并孜孜计算的人看来，是完全符合黑子和太阳连接时所应有的现象的。而如果黑子远离太阳沿圆周运动，甚至短时间脱离太阳本体，这些现象都没法解释得通。这一点已经由我们的共同朋友在他的《致马克·威尔塞论太阳黑子通信集》里充分地证明了。从黑子形状的改变，也可以推论这些黑子没有一个是星球或者其他的球体，因为在一切形状中只有圆球看上去不会变小或者改样，而且除掉正圆形外，不会有任何形状。所以如果有什么个别的黑子是球形的话，就如我们估计所有星体都是球形那样，它在太阳边上应当和在太阳中心看上去一样圆。然而它们在太阳边缘时要小得多，而且望去那样薄，和它们在中心时望去又长又宽完全两样，这就使我们敢于肯定，这些黑子不论从

◀ 太阳黑子和太阳本体连接的明确证明。

◀ 黑子的运动在靠近太阳边缘时，看上去很慢。

◀ 黑子靠近太阳边缘时变狭及其原因。

◀ 太阳黑子不是球形，而是像些薄片一样。

① 德摩斯梯尼(Demosthenes 公元前 384—前 322)，雅典时期雄辩的演说家。

长度或宽度来讲，都只是些没有多厚的薄片。

至于有人最后观察到同样的黑子经过一定周期之后，肯定会重新出现，辛普里修，不要相信这种话，那些讲这种话的人是想骗你的。他们一点没有告诉过你太阳表面有些黑子的产生和消灭都是离开太阳边缘很远的，也一句话没有提到黑子缩小的现象，而这一点正是它们和太阳连接在一起的必要证明，这些都说明他们是在骗你。所谓同样黑子会重复出现，它的真相只是如上述《通信集》中所说的，有些黑子能持续许多时间以致环绕太阳一圈之后并不消失，即在一个月不到的时间内没有消失。

辛普里修：说老实话，我就没有做过这样长期的和仔细的观察，所以在这些有关事实上，我就没有资格以权威自居；可是我确实想做到这样，然后看看我是否能够重新把经验昭示的事实和亚里士多德的教导调和起来。因为两个真理显然是不能相互矛盾的。

▶ 在亚里士多德看来，天体由于距离太远，讨论起来很难有把握。

萨耳维亚蒂：只要你想把亲眼看见的事实和亚里士多德的最正确的教导调和起来，对你是一点不费事的。亚里士多德不是说过，由于天体距离太远，很难谈得具体吗？

辛普里修：他是这样说的，而且说得很清楚。

▶ 亚里士多德认为感觉胜过理性。

萨耳维亚蒂：他不是也声称过，凡是感觉经验所昭示的，都应当放在任何论证之上，即使这个论证看上去非常有根据，而且他讲这话时的语气不是非常肯定、一点不吞吞吐吐吗？

辛普里修：他是这样。

▶ 说天体可变比说天体不变，比较符合亚里士多德的学说。

萨耳维亚蒂：那么这两个命题（两个都属于亚里士多德的学说），第二个说感觉应放在论证之上，比起第一个主张天体不变的命题要扎实得多，具体得多。所以说"天体是有变化的，因为我的感觉告诉我如此"，比说"天体不变，因为亚里士多德根据推理相信如此"，更符合亚里士多德的哲学思想。再加上我们现在研究天体情况要比亚里士多德的时候有更好的基础。亚里士多德承认，由于距离太远很难看见天体上的情形，而且承认哪一个人的眼睛能更清楚地描绘它们，就能更有把握地从哲学上论述它们。现在多谢有了望远镜，我们已经能够使天体离我们比离亚里士多德近三四十倍，因此能够辨别出天体上许多事情，都是亚里士多德所没有看见的；别的不谈，单是这些太阳黑子就是他绝对看不到的。所以我们要比亚里士多德更有把握地对待天体和太阳。

▶ 由于有了望远镜，我们能够比亚里士多德更好地讨论天体情况。

萨格利多：我可以把自己放在辛普里修的地位，看出他被这些正确论证的所向无前的说服力深深打动了。但是在另一方面，鉴于亚里士多德普遍地被认为是绝对的权威，鉴于有那么多的著名注释家都竭力解释亚里士多德学说的真旨，鉴于其他许多对人类有用而且不可或缺的科学，它们的价值和声誉大部分都得归功于亚里士多德，这就把辛普里修搞得迷迷惑惑了。而且我好像听见他说，"如果亚里士多德被推翻了，又有谁来

▶ 辛普里修的叫嚣。

解决我们的争端呢？在学校里、学院里、大学里，有什么别的学者是我们应当遵循的呢？有什么哲学家曾经写下全部自然哲学，组织得这样好，连一条结论都不遗漏掉呢？难道我们应当把那个过去为许多旅人回来养息的大厦弃置而不用吗？难道我们应当毁掉那个避风港，那个曾经为那么多的学者舒舒服服地庇托其中的庙堂吗？因为在这里，他们可以不经受外面严峻空气的考验，只要稍稍翻阅几页书，就可以获得关于宇宙的全部知识。难道那座可以使人安安稳稳住在里面，不受到任何敌人攻击的堡垒，应该夷为平地吗？"

我可怜他就如同可怜一个贵人一样，花了那么大的精力和经费，雇用了成百成千的工匠，造了一座华丽的府第，后来看见由于它的基础打得不稳而有倒塌的危险，自己实在不忍心看见那些装饰了许许多多美丽壁画的墙壁毁坏掉，不忍心看见那些金碧辉煌的雕梁画栋、豪华的走廊和门户、那些用大价钱弄来的有雕塑像的三角墙和大理石的飞檐全都毁于一旦。由于不忍心看见这些，就用铁链、支柱、铁条、拱柱、撑木等等来尽量防止房子垮掉。

萨耳维亚蒂：我说，辛普里修还不需要害怕它会这样垮掉。我将设法向他保证只要付出很少的代价就可以防止损坏的发生。这样一大堆伟大的、精细的、明智的哲学家是不会被一两个人的一点虚声恫吓所压服得了的，毋宁说，他们连用笔杆指一指都不需要，单单靠沉默，就可以使这些攻击他们的人普遍受到鄙视和嘲弄。要设想单靠驳倒这个或那个作家，就能够建立一种新哲学，那只是妄想。首先还是教导人们换换脑筋，使它能够区别真理和错误，而这件事只有上帝能够做得到。

◀ 逍遥学派的哲学是不会改变的。

可是我们这样你一言我一语的，岔到哪里去了？请你们想想我原来讲了些什么，否则我将永远回不到正题上来。

辛普里修：我记得很清楚。我们刚才讲的是《反第谷论》对反对天体不变论的回答。在讨论这些反对理由时，你插进了太阳黑子的问题，那是原书中所没有提到的，而且我记得你当时是打算讨论作者对那些新星发现的问题的答案。

萨耳维亚蒂：我全想起来了。现在继续谈这个问题，我觉得《反第谷论》里面的反驳，有些地方应当批判。首先是那两颗新星，作者没有办法只好把它们放在天界最辽远的区域，而且这两颗星存在了很长一段时间方才消失，但是这并不使作者坚持天体不变的想法有所动摇，原因很简单：它们并不是毫无问题地属于天界的部分，它们的变化也不关那些古老星球的事。可是，他为什么费那么大的劲并想尽一切方法把那些彗星从天界赶走呢？他只要说一声这些彗星并不毫无问题地属于天界的部分，它们的变化不关那些古老星球的事，因此丝毫不影响到天界的性质或者亚里士多德的学说，这样一来岂不就行了吗？

其次，太阳黑子已经十足证明会产生和消失，而且它们的地位是和太阳挨着的，随着太阳旋转或与太阳联在一起旋转。但是《反第谷论》的作者却不提太阳黑子，这使我看出这位先生写书可能不是从自己的信念出发，而是为了使别人得到安慰。我这样说，是因为他显然是懂得数学的，而那些黑子必然和太阳本身连接，其产生和消灭，规模之巨大在地球上又是无与伦比的。关于这些事实的数学证明，他不应当不相信。而且太阳完全有理由称得上诸天中最高贵的部分，既然太阳上面发生的生生灭灭是这样多，这样巨大，这样频繁，那么我们有什么理由不相信别的天体上也会发生同样的变化呢？

▶ 对天体说，生灭变化比不生不灭不变，是更大的完善。

萨格利多：我听见有人把不灭不变等等说成是宇宙中各个天生的、完整的天体之所以完善和高贵的最主要原因，而把生灭变化等等说成是很大的缺陷，总觉得非常诧异，甚至可以说是我的理性所不能容忍的。

▶ 地球所以高贵是因为地球上发生那么多的变化。

▶ 地球如果没有变化，那就成了无用的废物。

在我看来，地球之所以可贵、可亲，恰恰是因为它在不断地发生着各种不同的变动、变化和生灭。如果地球不经历着各种变化，它就会仍旧是一大片沙漠或者一座碧绿大山；再如果在洪水时期淹没地面的水全冻起来，那么从那时候起地球就始终是一个庞大的冰球，永远没有什么东西生长出来或者改变，那我就会认为它是宇宙中的一块废物，一点生气没有，一句话，是多余的，基本上是不存在的。这恰恰是一个活的动物和死的动物的差别。而且我要说，对于月亮、木星以及一切其他天体也是如此。

▶ 泥土比金银珠宝贵重。

▶ 物之贵贱视多寡而定。

▶ 俗人赞扬不朽不灭是由于怕死。

▶ 诽谤朽灭的人只配变成石像。

我越是深究那些通俗理论的空洞和浮夸，越觉得它们没有分量并且是愚蠢的。试想还有什么比称金银珠宝为“贵重”，称泥土为“低贱”更愚蠢的吗？这样说的人应当记着，如果土壤比贵重金属或者珠宝稀少得多，没有一个王公不会拿一斗钻石和红宝石或者满满一车的金子来换一点点泥土，俾能在一只小花盆里种上一棵素馨花，或者种一粒橘子的种子看它发芽、生长，长出漂亮的叶子，开出芬芳的花朵，结出鲜美的果实来。世俗的人把某些东西说成贵重，某些东西说成没有价值，是根据东西的多寡决定的。他们说一颗钻石很美，因为它看上去就像清水一样，然而却不肯拿一颗钻石和十桶水交换。我相信，那些大捧特捧不灭不变等等的人，只是由于他们渴望永远活下去和害怕死亡。他们不自问一下如果人是长生不老的，他们自己就永远不会生到世界上来。这种人实在只配看见米杜莎的头①使他们变成碧玉的或钻石的石像；这样一来，他们就比原来更完美了。

萨耳维亚蒂：也许这样变一变形，对他们并不完全不利，因为我觉得他们与其站在错误方面讲话，还不如不讲话的好。

辛普里修：哦，地球像现在这样有种种变化，要比地球成为一大块石头，甚至一块坚固的钻石，非常之硬而且永远不变，毫无疑问要完善得多。

---

① 米杜莎(Medusa)是希腊神话中的女神之一，她的头发全是蛇，人看见她就会变成石头。

但是尽管这些条件使地球增加它的价值，对于天体来说却是多余的，只会使天体变得不够完善。因为天体，那就是太阳、月亮和其他星球，都是注定为地球服务的，除此没有别的用处；为达此目的，除掉运动和发光外，并不需要别的什么。

◀ 天体命定是为地球服务的，除掉运动和发光以外，不需要别的什么。

萨格利多： 那么自然界缔造和操纵所有这些庞大、完善而且最最尊贵的天体，使其成为不变、不朽和神圣的目的，仅仅是为了叫它们为这个变动的、无常的、终究要消灭的地球服务吗？为这个被你称作宇宙的渣滓，一切不洁净的渊薮服务吗？为了替一种变动的、无常的、终究要消灭的东西服务，而使天体成为不朽不变，这样做的目的究竟何在呢？离开这个为地球服务的目的，这一大群一大群的天体就成为无用和多余的了，因为它们全都是不变、不易、不改的，相互之间从来没有过也不能够有什么活动。举例说，如果月亮是不变的，你怎么使太阳或者任何别的星体对它起什么作用？这种作用无异于向一大块金子看一看，或者想一想，就指望它融化一样，这肯定是没有一点效果的。还有，碰到天体对地球上的生长变化有影响时，它们本身也必然会发生变化。否则的话，我就看不出月亮或者太阳对地球上的生长会有什么影响，就如同把一座大理石像放在一个女人身边而指望这种结合可以生男育女似的。

◀ 天体之间相互不起作用。

辛普里修： 朽灭、变动、更易等等并不属于整个地球，因为就整个地球来说，也和太阳、月亮一样是永恒的。但是地球的外表部分却是有生长变灭的，而且生长变灭在这些部分肯定经常在发生，并且由于经常在发生，所以需要天体和外来的影响。

◀ 整个地球是不变的，变的只是地球某些部分。

萨格利多： 这都很好，可是如果地球多余部分的生长变灭并不影响到整个地球的不朽性，如果这种生长变灭等等对于地球只是一种点缀，并使它更趋于完善，为什么你不能够和不应当同样地承认天体表面部分也有这种生长变灭来点缀这些天体，同时并不减少它们的完善性或者使它们不起作用，甚至加强这些作用，使它们不但影响地球，而且相互之间也有影响。并使地球对它们也有影响。为什么你不能这样承认呢？

◀ 天体的外表部分也有变化。

辛普里修： 不能这样，因为生长变灭等等，比如说，发生在月亮上面，就将是白费和无用的，而大自然是从不做一件无益的事情的。

萨格利多： 为什么这些生长变灭等等是白费和无用的呢？

辛普里修： 因为我们清楚地看到，地球上的一切生长变化等等，都是直接地或者间接地为了人类的使用、舒适、福利而设计的。马是为了适应人的需要而生的，大地生长稻草是为了养马，云是为了给稻草浇水。药草、五谷、果实、鸟、兽、虫、鱼都是为了人的舒适和营养而创造的。总之，如果我们进一步考察和权衡所有这一切，就会发现它们的存在目的都是为了人类的需要、使用、舒适和欢乐。所以你看，如果月亮上或者别的行星上万一有什么生长的话，试问这对人类会有什么用处呢？除非你的意思是说月亮上也有人能享受这些生长的成果。这种思想即使不是神秘得

◀ 地球上的一切生长变化等等都是为了造福人类。

使人无法理解，也是不虔诚的。

▶ 月亮上没有和我们一样的物种，而且也没有人类居住。

萨格利多：我既不知道，也不认为月亮上会生出和我们这里一样的草木鸟兽来，或者月亮上会和地球上一样有风雨和雷雨，但谈不上有人类居住。然而我仍然看不出，由于月亮上不生长和我们这里相似的物种，就必然得出结论说月亮上不发生任何变化，或者说月亮上不可能有物种在变化着和生长、毁灭着。可能有些物种不但和我们的物种不同，而且和我们的观念相差得非常之远，以至于使我们完全无法想象。

▶ 月亮上可能有和我们不同的物种存在。

我敢说，一个生活在大森林中的人，和野兽飞禽一起长大，并对水这个元素一无所知，他就永远想象不出自然界还存在着一个和他的世界不同的世界；想象不出这个世界里充溢着行动不需要腿或者搏击迅速的羽翼的动物，不但像走兽一样留在地面上，而且在深水和浅水中到处有它们的踪迹；不但会动，也能够不管在水中还是哪儿随意地停止不动，这是鸟类在空中所不能做到的。还有，人类也能在水上生活，建造他们的府第和城市，而且旅行起来非常方便，可以毫不吃力地带着自己的老小、家族和整个城市的人驶往辽远的国度。就是我说的，我敢肯定那种在森林里长大的人，便是想象力最活跃的，也没法为自己描绘出鱼类、海洋、船舶、战舰和舰队来。地球上如此，月亮上就更加会如此。月亮和我们隔开的距离不知远多少倍，它的构成材料也许和构成地球的材料不同得多，它上面有些什么物质，发生些什么动态，不但离我们的想象很远，而且是我们的想象所完全达不到的，那上面的情况和我们地球上的情况没有任何相似之处，因此是完全不可思议的。要知道凡是我们所想象的东西都必须是我们已经见过的东西，不然就是我们在不同时间内见过的东西和它们的部分凑合起来的，如狮身女首的司芬克斯，以歌声蛊惑男子的妖妇，狮头羊身龙尾的喷火兽，半人半马怪，等等。

▶ 一个对水一无所知的人，无法想象船舶和鱼类。

▶ 月亮上面可能存在着和我们地球上完全不同的东西。

萨耳维亚蒂：我有许多次约束自己不要去幻想这些事情，而我的结论是，要指出一些月亮上不存在和不能存在的事物确是可以的，但是我相信除掉在最广泛的意义上，没有一个事物能够在月亮上存在。这就是说，住在月亮上，在月亮上行动的生物，也许和我们地球上生物的行为完全不同；相同的只是都在目击着和景仰着宇宙的壮丽和娇美以及宇宙的创造者和主宰，并且不断地在歌颂着他。一句话，我是说，他们就像《圣经》里面反复教导的那样，万物都在始终不渝地颂扬上帝。

萨格利多：从最广泛的意义来说，这些大约是月亮上可能有的东西。但是我很想听你谈谈那些你认为月亮上不可能有的东西，因为你一定能够说得具体些。

萨耳维亚蒂：萨格利多，我警告你，我们就是这样不知不觉地一步一步地离开我们的主题，而这将是第三次了。如果我们插进许多闲话，就会拖得很长才能达到我们论述的目的。所以我们恐怕还是撇开这件事以及其他我们同意放一下的事情，留待另一天专门来谈它们吧。

萨格利多： 我求求你，现在我们既然到了月亮上面，就让我们谈谈和月亮有关的事情吧，省得再去跋涉那样长的路程。

萨耳维亚蒂： 那就遵命吧。先谈最一般的事情，我相信月球和地球是很不同的，虽然在某些地方可以看出有相似之处。我将先谈它们的相似之处，然后再谈它们的不同之处。

月球在形状上肯定是和地球一样的，因为显然是圆的。这是从月盘望去完全是圆的和它受到日照的情况，而必然得出的结论。因为如果月亮的表面是平的，它就会一下子全部布满了日光，而同样地在一刹那间完全失去光亮，而不会先是面向太阳的那一部分亮起来，然后是下面的部分陆续地亮起来，达到它的位置和太阳相冲时（但不在这以前），整个月盘才会亮了起来。在另一方面，如果月亮可见的表面是凹进去的，那就会发生相反的情形，即它与太阳相对的部分将首先亮起来。

◀ 月球和地球的第一个相同之处，即形状相似，这是由太阳照在上面证明的。

第二，月亮和地球一样，本身是不发光和不透明的，由于它是不透明的，所以能够接受并反射日光。如果不是如此，它就做不到这样。

◀ 第二个相似之处是，月亮和地球同样是不发光的。

第三，我认为，月亮的材料和地球的材料一样厚实坚硬。关于这一点的一个十分明显的证据，在我看，就是它的表面大部分是高低不平的，我们靠望远镜可以发现它上面有许多凸出和凹进的地方。那上面的凸出部分大致和我们最崎岖、最陡峻的山岭相仿，有些能看出蜿蜒几百英里长的山脉。另外一些则形成比较密集的群山，还有许多无所依傍的、孤峰突出的岩石，都是些悬崖削壁，怪石嶙峋。但是上面出现最多的是某种环形山（argini）（我使用这个名词，是因为想不出更适当的词来形容它们），这些环形山都相当高，环绕和包围着不同大小和各种形状的平原，但大部分都是圆形。在这许多环形山中间是一座突兀的山峰，有少数环形山中间满盛一种颜色较深的物质，和肉眼望上去的那些较大的圆块相似。这些都是最大的，而较小的则为数极多，差不多全都是圆形的。

◀ 第三，月亮的组成材料和地球一样厚实，并且是高低不平的。

第四，正如我们地球的表面分为海陆两大部分一样，我们在月亮的圆盘上也能看得见有最亮的部分和不大亮的部分的显著区别。我相信地球的表面在日光照耀下，在一个能够在月亮上或者从同等距离望得见地球的人看来，就将类似这种光景，海洋的表面望去较暗，陆地的表面望去则比较亮。

◀ 第四，月亮也和地球表面分为海陆一样，分成光亮和黑暗的两个部分。

◀ 远远望去，海洋的表面将比陆地的表面较暗。

第五，正如我们从地球上望见月亮有时圆，有时半圆，有时亮得多，有时亮得少，有时是镰刀形，有时全晦（即当月亮背着太阳光线的时候，因此它面对地球的部分始终是暗的），同样，从月亮上看日光照在地球表面上的情景也恰恰是如此，而且周期和圆缺的变化也完全一样。第六……

◀ 第五，地球的圆缺和月亮的圆缺变化一样，而且周期性也一样。

萨格利多： 等一等，萨耳维亚蒂。我完全懂得，任何一个人从月亮上看地球形状的圆缺变化，将和我们望见的月亮的圆缺变化一样。但是我对于两者的变化的周期还不认为是一样的，因为太阳照在月亮上是一个月一转，而照在地球上是二十四小时一转。

萨耳维亚蒂：就太阳照在这两个星体上以及它们表面受到日光的情形而言，的确是不同的，即地球受到的日照是一天一转，而月亮是一个月一转。但是从月亮上看地球表面被日光照亮部分的变化，却不单是由这一点决定的，而是根据月亮和太阳的相对位置的改变而变化的。例如，如果月亮一直跟着太阳运动，而且永远以我们叫作会合的关系处于太阳和地球之间，永远向着太阳面对着的地球的同一半球，那么地球的这个半球望去就将是一直亮着。另一方面，如果月亮和太阳永远处于相冲的地位，从月亮上就会永远看不见地球，因为地球向着月亮的那一部分将永远是黑暗，因而是看不见的。但是当月亮和太阳是处于矩象地位时，月亮上望得见的地球半球，其向着太阳的一半是亮的，其背着太阳的一半则是暗的，所以地球的照亮部分从月亮上看去就是半圆的。

萨格利多：佩服之至。我现在完全懂得了，当月亮和太阳处于相冲的位置时，它一点也看不见地球表面的照亮部分；当它开始离开相冲的位置并一天天接近太阳时，它就开始一点一点地发现地球表面小量照亮部分；而由于地球是圆的，它望见的地球形状将是很瘦的一弯镰刀。月亮由于其本身的运动一天天接近太阳，也逐渐多望见一点地球的照亮半球，所以在达到矩象地位时，它就望见地球照亮部分的一半，和我们望见月亮是半圆一样。当月亮继续运动，接近会合位置时，地球的照亮部分就更多地显露出来了；最后到达会合位置时，就望见地球的整个照亮半球了。总起来说，我现在完全懂得，地球上的人望见月亮表面的圆缺怎样变化，月亮上的人望见的地球表面也是这样变化的，但是次序却倒转过来。就是说，在我们看见月圆并且和太阳相冲时，月亮上看地球将是处于和太阳相合的位置，而且是完全黑暗和看不见的；相反，在我们看来是月亮和太阳相合，因而新月出现时，月亮上望见的将是地球和太阳相冲，因而不妨说是“地圆”时，也就是全部光亮的时候。最后，任何时候月亮表面哪一部分在我们望去是光亮时，我们地球的同一部分从月亮上同时望去就是黑暗的，而月亮上面在我们看来有多少是不亮时，地球从月亮上望去就将有多少是光亮的。因此只有在矩象位置时，我们望见月亮是半圆，而月亮上望我们地球也是半圆。可是这些相反的效果在我看却有一点不同的地方。为了论证的便利，让我们假定月亮上有个人能望得见地球，那么他每天都将望见地球的整个表面，这是由于月亮每二十四小时或者二十五小时都绕地球一转。但是我们将永远只能看见月亮的一半，因为月亮本身不转，而要我们能看见月亮的全部表面，它就非得自转不可。

萨耳维亚蒂：条件是不包括与此直接相反的情况，即月亮本身的运转是我们看不见它的另一面的原因——因为如果月亮作本轮[1]运动时，那就会是这种情形。但是为什么你撇开另一种和你提出的论点相互配合的不同点不谈呢？

萨格利多：那是什么？我目前脑子里没有想到有什么别的不同点。

萨耳维亚蒂：是这样的：如果地球(诚如你看到的那样)只看得见月亮的一半，而从月亮上则可以看见整个地球，但另一方面整个地球上却都能看见月亮，而月亮只有半边能看见地球。因为居住在月亮上半部的人，比如这样说吧，由于这上半部是我们看不见的，也就一点看不见地球了，可能这些就是毕达哥拉斯说的隔世人呢！可是谈到这里，我碰巧想起我们的成员朋友新近在月亮上观察到一个特殊事件，通过这一观察，我们可以推论出两个必然的后果。一个是我们的确可以望见比半个稍多一点的月亮，另一个是月亮的运动和地球的中心形成一种精确的关系。他观察到的事件是这样的：

◀ 全地球只看见半个月亮，也只有半个月亮看见全地球。

◀ 从地球上可以看见比半个稍多一点的月球。

如果月亮的确和地球有一种自然的协调和配合，以它的某些固定部分面向着地球，那么那根连接月球中心和地球中心的直线，必将永远通过月亮表面上的同一点，这样任何人从地球的中心望出去，将永远看见一个以完全一样的圆周包围的同样月盘。但是对于处在地球表面上的人来说，除非月亮是在他头顶上面，那些从他的眼睛指向月球中心的光线，将不会经过那根连接地球中心和月球中心的直线在月球表面上通过的那个固定点。因此当月亮偏东或者偏西的时候，可见光线的投射点将高于那根连接两个中心的线，因此月亮半球的边缘的某个部分将会显露出来，而其向下的同等部分将会掩盖起来。我说“显露”和“掩盖”，都是和从地球真正的中心看见的月亮半球相对而言的。而且既然月亮升起时它的圆周的上面部分，在月亮降落时是在下面，这些上面和下面部分在外表上的差别也应当是相当看得出来的，因为这些部分的一些斑斑点点或者标记先是显露，而后又掩盖起来。还有，同一月盘处在最北面和最南面时，也应当看得出类似的变化，依月亮处于沿子午线的最南点或最北点而定。当月亮处于最北面时，它的北面某些部分就会遮盖起来，而南面某些部分将会显露出来，反过来也是一样。

现在望远镜已经使我们确定，这个结论事实上已经证实了。因为月亮上有两个特殊斑点，一个斑点是月亮在子午线上时能望见处于月亮的西北面，另一个斑点差不多是前一个斑点的直径的另一头。前一个便是没有望远镜也望得见，后一个则不能。近西北面的那个是一个小小的椭圆形斑点，离开它还有三个较大的椭圆形斑点。在它的对径的相反一头的那个斑点较小，也同样和一些较大的斑点在一片望得很清楚的场子上

◀ 月亮上有两个斑点，从这两个斑点，我们观察到是指向地球走动时的地球中心的。

---

[1] 本轮，按照托勒密体系，行星运动有时会出现停止和逆行等现象。托勒密为自圆其说，就为行星轨道规定了一些补充的轨道，并称之为本轮。

是分开来的。从这两个斑点上面，前面所说的变化都能很清楚地观察到：它们是遥遥相对的，有时候靠近月盘的边缘，有时候离开较远，远近之差是这样，西北面那个斑点离开月盘边缘的距离在某一个时候可以是另一个时候距离的两倍多一点。至于另一个斑点，由于它和月盘边缘靠近得多，它在某一个时候离边缘的距离可以比另一个时候的距离大到三倍以上。从这种现象可以看出，月亮就好像是被磁力吸着一样，经常以一面向着地球而且永远不背离这种状态。

萨格利多：这个可喜的仪器所作的新观察和新发现难道永远没有完吗？

萨耳维亚蒂：如果望远镜的制造随着其他伟大发明也不断改进，我们可以指望，随着时间的进展，我们目前连想象都不能想象的事物都会被我们望见。

现在回到我们原来的讨论，我说月亮和地球的第六个相似之处是，月亮在大部分时间内提供我们所缺少的太阳光线，把太阳的光线反射出来，使我们的夜晚相当地亮，同样地，地球也在月亮最需要光线时把太阳光线反射给它作为补报，而且在我看来，正如地球表面大于月球表面一样，地球给月亮的照明度也比月亮给我们的强。

▶ 第六，地球和月亮相互照亮。

萨格利多：等一下，萨耳维亚蒂，有一件事情我曾经想过千百遍，但始终弄不清底细。现在单是靠你这一点开头的提示，我已经看清它的原因了，所以请允许我告诉你我是怎样理解的。

你是指月亮上望见的一种令人迷惑的光线，特别是月亮在钩形的时候望见的，这是地球表面和地球上海洋反射的太阳光线。这种光线在新月如钩的时候望见得最清楚，原因是这时候月亮上望见地球的发亮部分最大，而且根据你不久以前所作的结论，月亮上看见地球发亮的部分永远和月亮面向地球的黑暗部分一样多。所以当月亮瘦成一钩而月面大部分处于黑暗时，月亮上看地球的发亮部分也就最大，而且反射的光线也强得多。

▶ 地球把光线反射给月亮。

萨耳维亚蒂：我恰恰就是指的这个。的确，和有见识的人谈论是最大的乐事，特别是当人们在进步着，并且从一个真理推论出另一个真理的时候。拿我来说，我碰到比较多的倒是些头脑愚钝的人，像你刚才一眼就看出来的事情，我拿来向那些人反复讲上一千遍，也永远没法和他们讲通。

辛普里修：如果你指的是没办法指给他们看使他们理解，对我来说倒是大大的怪事。我敢说如果他们不能通过你的解释而理解这个问题，那么任何人的解释也不能使他们理解了，因为我觉得你的解释是讲得非常清楚的。可是如果你指的是你没有能够说服他们相信这件事，那我是一点不感到奇怪的，因为我不得不承认，我自己就是那些了解你的论点但是不能感到满意的许多人之一。对我来说，在这件事情上，以及你提到的其他六条相似点的一些部分，都存在着许多困难，姑且等你把话说完之后我再提出来。

萨耳维亚蒂：那么我就讲得简单些，把下面的话赶快说完，因为我的愿望是发现真理，任何的真理，而一个像足下这样明智的人是可以给我不少协助的。

现在，它们的第七点相似之处是既互惠又互相侵犯。正如月亮在它最光亮时常被地球跑到它和太阳之间，使它失去光辉而发生月蚀一样，所以为了报复起见，月亮也跑到地球和太阳之间，用它的影子使地球变得黑暗。固然，这里的还击不及原来的打击大，因为月亮往往全部遮在地球的影子里并且在影子里停留的时间比较长，而地球则从来没有被月亮遮得完全黑暗下来，或者时间拖得很久。虽说如此，鉴于月亮的体积比起太阳的庞大体积来是那样的小，我们可以肯定说，在某种意义上月亮的勇气和精神是可嘉的。

◀ 第七，地球和月亮是互蚀的。

相似之处就是这么多。现在应当是接着讨论它们的不同点了，但是既然辛普里修对我们上述那些概然提出他的怀疑来，那么最好还是听听他的那些怀疑，研究研究，再讲下去吧。

萨格利多：是啊，的确还是这样的好，可能辛普里修对地球和月亮的不同和差异根本没有什么异议，因为他早就认为这两者的构成材料是全然不同的。.

辛普里修：你为了在地球和月亮之间进行类比所举的那些相似点，我发现只有第一点和另外两点是我能够承认和不感到疑虑的。我承认第一点，就是它们都是圆形，不过就是在这一点上也有一个困难，因为我认为月球是像镜子一样地光滑，而我们用手碰上去的这个地球的表面则是非常粗糙和崎岖的。但是这个地面不平坦的问题，和你提出的其他相似点的某一点的关系相当重要，所以我将保留我的意见到讨论到那一点时再谈。

至于月亮本身是不透明和黑暗的这件事，如你提的第二个相似点所说的那样，我只承认其第一个属性，即它是不透光的，因为这是日蚀时使我相信的。如果月亮是透明的，日全蚀时天空就不会那样黑暗了。月球如果透明，它就会容许一种折射光线透过它，就像折射光线透过最浓厚的云层一样。但是关于黑暗则是另一回事，我不相信月亮和地球一样是不发光的。相反的，月亮被太阳照亮的瘦瘦一弯之外的月盘、我们看见是发亮的那个平衡部分，我认为是月亮本身的光线，不是地球反射给它的，因为地球极端粗糙和黑暗，不能够反射太阳的光线。

◀ 次级光线是月亮本身的光线，地球没有能力反射日光。

关于你的第三条类比，我一部分同意，一部分不同意。我同意你说月球和地球一样，本身是坚实的、很硬的，甚至比地球还要硬。因为我们从亚里士多德的著作知道，天层都是硬得不能穿透的，而恒星则是天层上最稠密的部分，所以星球必然是极端坚实和极其穿不过的。

◀ 照亚里士多德的说法，天层的材料是不可穿的。

萨格利多：哪个人能把天弄来做造府邸的材料，多妙啊！这样硬，然而这样地透明！

萨耳维亚蒂：还不如说是多么可怕的材料呢，由于它是极其透明的，人就完全看不见它。一个人在屋内走动，就有很大的危险要碰到门柱上，撞破头。

▶ 天层材料是不可触摸的。

萨格利多：如果照某些逍遥学派的说法，天是不可触摸的，那就摸都摸不到，更谈不到撞上了。

萨耳维亚蒂：这也不会是什么舒服事情，因为天体材料虽说不能被我们碰到（由于缺乏可触摸的质地），却很可以碰上原素物体，而它碰上我们时就会同样使我们伤得很重，而且更重，就如同我们一头撞上去时的情形一样。

但是让我们丢下这些府邸，或者更恰当地说，这些空中楼阁，不要去阻挠辛普里修罢。

辛普里修：你们这样随便提出的问题，在哲学所对付的困难里是有它的地位的，而且我听到过帕都亚一位大教授[①]谈到这个论题时非常高明的见解。不过现在不是谈这个问题的时候。

▶ 月亮的表面比镜子还要光滑。

回到正题上来，我回答说我认为月亮比地球更加坚实，这样说不是根据你所举的理由，即月面是粗糙和崎岖的，而是相反的由于月亮的质地可以使它具有一个比最平滑的镜子更光滑耀眼的表面，就如我们从地球上最坚硬的石头所观察到的一样。因为月亮要能这样鲜明地反射太阳光线，就非得具有这样一个表面不可。你谈到的那些现象，什么山峦、岩石、环形山、峡谷等等全是错觉。我曾经在公开辩论中听见有人反对这些创新论者，坚称这些现象只是月亮表面颜色深浅不同造成的。我们看见水晶球、琥珀和许多磨得非常光滑的宝石，也显示出同样情形。那些宝石由于有些部分不透明，有些部分透明，看上去就好像有些地方凹进去、有些地方凸出来似的。

▶ 月亮上面凸出和凹进的部分都是由于颜色深浅造成的错觉。

关于第四个相似点，我承认地球表面从远处望去将呈现两种不同的面貌，一部分是比较亮的，另一部分是比较暗的，但是我认为这两个明暗不同的部分和你说的恰恰相反。我相信水面望上去将是比较亮的，因为水面平滑透明，而陆面由于不透明和粗糙，不便于反射日光，将一直是黑暗的。

关于第五条类比，我完全承认，而且深信如果地球的确如月亮一样发光的话，它在一个从月亮上看它的人的眼中所呈现的形状，将和我们看见的月亮形状一样。我也懂得它的光亮周期和形状的变化将是一个月，虽然太阳每二十四小时环绕地球一周。最后，我也毫无困难地承认，只有半个月亮看见整个地球，而整个地球只看见半个月亮。

关于第六条类比，我认为月亮能受到地球的光线，是极其错误的，因

① 指塞扎·克里莫尼诺（Cesare Cremonino），他同伽利略私交很好，但在哲学观点上是对立的。

为地球是完全不发光的,不透明的,所以像月亮那样能够反射日光。而且如我刚才说过的,我认为月面上其余部分所望见的光(即被太阳照得很亮的那一弯之外的部分),是月亮本身应有的和天然的光,除非你们有天大的本领才能改变我这种想法。

第七点,关于地球和月亮互蚀,我也能承认,不过正式说来,你说的地蚀照一般惯例都叫作日蚀。

我对你讲的七个相似点,目前所能想起的反驳的话全部都在这里了。你对这些反驳的论点有什么愿意回答的,我将乐于倾听。

萨耳维亚蒂:如果我对你到目前为止所作的答复理解无误的话,好像你我之间关于我举出的月亮和地球所共有的某些性质,还存在着争论。那些性质是:你认为月亮是和镜子一样光滑,而且由于光滑的缘故,所以能反射日光;另一方面,地球由于表面粗糙,就不能同样地反射日光。你承认月亮是坚硬的;但你这是从月面光滑推论出来的,而不是从月面有山岭起伏得来的。关于月亮望上去好像有山岭,你把这种现象说成是由于月亮的某些部分有明有暗。最后,你还相信,月亮的次级光线是月亮本身发出的,而不是地球反射给它的——虽说你好像不否认,我们的海洋,由于海面是平的,也反射一些光线。

你说月亮就像镜子那样反射光线,这是错误的。我们的共同朋友在他写的《试金者》和《太阳黑子通信集》[①]两书中都曾讲到过这个问题,不知道你是否仔细读过书中论述这个问题的那些部分,如果真的读过,而对你的看法并不发生影响,那么我对改正你的错误也很难有什么希望了。

辛普里修:我只草草地看了一下,因为我有更切实的学问要研究,空余的时间很少。所以如果你认为重复一下那些书上面的论述,或者举些别的证据,可以解决我的困难,我将洗耳恭听。

萨耳维亚蒂:我将谈谈目前我脑子里想起的一些理由,可是一部分是我自己的看法,一部分是从那些书上读来的。我记得我当时对那些书里面所讲的道理完全信服,虽然那些结论起初使我感到很不合理。

辛普里修,我们现在探讨的问题是,物体要像月亮那样把光线反射给我们,那个反射光线的物面是否一定要像镜子一样光滑,还是一个粗糙而磨得不太好的表面,既不滑又不光,反射起来更加适合些。现在,如果有两道光线从我们对面的两个物面反射出来,一道亮些,另一道暗些,试问你认为这两个物面在我们眼中哪一个显得亮些,哪一个显得暗些呢?

---

① 《试金者》和《太阳黑子通信集》都是伽利略的著作。前者于1623年出版。该书同他的反对者就彗星的性质展开论战,同时阐明了实验科学的哲学基础以及伽利略的其他许多发现,使伽利略博得广泛的支持。后者于1613年出版。

辛普里修：我觉得那个反射光线比较亮的物面，看上去无疑要亮些，而另一个要暗些。

萨耳维亚蒂：现在请你把挂在墙上的那面镜子取下，让我们到外面院子里来。跟我们一起来，萨格利多。把镜子挂在那边墙上，挂在太阳照到的那儿。现在，让我们退到阴处。现在你们看见太阳照在两个表面上——墙和镜子。你看见哪一个亮些，是墙，还是镜子？怎么，没有人答话？

▶ 月亮表面粗糙的详细证明。

萨格利多：我预备让辛普里修回答，感到难以回答的是他。拿我来说，从这个实验的一个小小开头，我已经深信月亮的表面一定是很不光滑的。

萨耳维亚蒂：你谈谈，辛普里修。如果你得给那边挂着镜子的墙画一张画，你将把最深的颜色着在哪里？着在墙上，还是着在镜子上？

辛普里修：镜子要画得深得多。

萨耳维亚蒂：你看，如果最强烈的光线反射来自看上去最亮的物面，这里的墙应当比镜子把日光反射得更鲜明些。

辛普里修：真是聪明，我亲爱的先生。难道这是你能提出的最好的实验吗？你是把我们放在镜子的反射照不到的地方。可是跟我到这边来一点，不，这里来。

萨格利多：也许你是在寻找镜子反光照到的地方。

辛普里修：对了，先生。

萨格利多：啾，你看看那边——就在对面墙上，就跟镜子完全一样大，而且就和太阳直接照在上面一样，只是光亮稍微差一点。

辛普里修：那么，你过来嘛，你从这里看看镜子的表面，然后告诉我，我是不是应当说它比墙的表面暗些。

萨格利多：你自己看去；我可不乐意照得眼睛睁不开来，而且我不看也完全知道它看上去就和太阳本身一样光华夺目，或者只是稍微差一点。

辛普里修：那么，你怎么说呢？难道镜子的反光比墙的反光弱吗？我看到这对面的墙既受到阳光照到的墙的反射光，也受到镜子的反射光，而镜子的反射要亮得多。而且我同样看到，从这里看上去，镜子本身要比墙亮得多。

萨耳维亚蒂：你靠自己的机灵跑到我前头去了，因为这正是我需要用来解释其余部分的观察。原来你看出墙壁反射光和镜子反射光的差别，而日光照在这两者上面的情况却完全是一模一样的。你看出来自墙壁的反射把光线分散地遍布在对面墙壁上，而镜子的反射只照在一块并不比镜面更大些的地方，你同样看出墙壁的表面，不管你从什么地方看它，始终都是一样亮，而且除掉从镜子反射光的那个地方看它，从别的地方看墙壁表面都要比镜子亮一点；但是从镜子光线照到的地方看墙壁，镜子就要比墙壁亮多了。根据这一合理和明显的实验，我觉得你可以毫无困难地决定，地球上来自月亮的反射是像镜子的反射，还是像墙壁的反射。

也就是说，是从一个光滑的表面反射出来的，还是从一个粗糙的表面反射出来的。

萨格利多： 就算我是在月亮上，能够亲手摸到月亮的表面，我敢说我也并不比从你的论据更加理解到它肯定是粗糙的。月亮不管它处在和太阳相对的位置，或者和地球相对的位置去看它，它被日光照到的那部分表面总是同样地亮。这个效果恰恰和墙壁的效果相符，因为墙壁不论从什么地方看去都同样地亮；而它和镜子的效果则是矛盾的，因为镜子只有从一个地方看去是非常亮的，而从其余任何地方看去都是暗的。还有，墙壁反射到我眼睛里来的光线比镜子反射的光线弱，而且是眼睛受得了的，镜子反射的光线则非常强，几乎同太阳光一样刺眼。就因为这个缘故，所以我们能够恬静地观看月亮的表面。如果月面是像镜子一样，而且由于接近地球的缘故，望上去和太阳一样大，它的亮度就会达到使人绝对不能容忍的程度，而且在我们眼中就差不多像是看见另一个太阳一样。

萨耳维亚蒂： 萨格利多，请你不要把我的证明推崇得过了头。我现在就要向你提出一个事实，恐怕你会觉得并不那么容易解释。你认为月亮像墙壁一样，把光线同等地向各个方面反射出去，而镜子则仅把光线反射到一个地方，这是月亮和镜子的一个极大的差别。从这一点，你得出的结论说，月亮就像墙壁而不像镜子。可是你要知道，这个镜子所以只把光线反射到一处，是因为它的表面是平的，而由于反射的光线一定是以与入射光线同等的角度反射出去，这些光线就只能作为一个单位离开平面向一个地方射去。但是月亮的表面并不是平的，而是圆的；光线射在这样的圆面上，就会以与它入射角度相等的角度，反射到各处，这是因为一个圆面包含有无穷尽的斜度的缘故。因此月亮能够把光线反射到各处，用不着像平面的镜子一样，把全部光线只反射到一个地方。

◀ 平面的镜子把光线反射到一处，但圆面的镜子则把光线射到各处。

辛普里修： 这正是我要提出的反对理由之一。

萨格利多： 如果这是你要提出的反对理由之一，那么你一定还有别的。但是让我告诉你，单凭第一条理由，我看很难说对你有利还是不利。

辛普里修： 你曾经说这边墙壁的反射和月亮的反射显然是一样亮，然而我觉得它和月亮的反射比起来简直微不足道。因为在这个照明的问题上，我们必须寻求并确定活动范围。谁能怀疑天体的活动范围要比我们短暂的可毁火元素大呢？至于那堵墙，归根到底它不过是一点泥土。它是黑暗的，是不能照明的，可不是？

◀ 天体的活动范围要比元素物体大得多。

萨格利多： 在这里，我敢说你又完全错了。可是我现在回到萨耳维亚蒂提出的第一点上，并且告诉你，要使一个物件看上去发亮，单是有发光体把光线射上去还是不够的；还必须使它反射的光线能射到我们的眼睛里。这从镜子的例子可以看得很清楚，镜子无疑有日光射在上面，但是除非我们使自己的眼睛处在反射光落到的特殊地方，镜子看上去仍然是不亮和不发光的。

现在让我们考虑一下,如果镜面是圆的,将会是什么情形。毫无疑问,我们将会发现,镜子照亮面的全部反射,只有一小部分会射到某一观察者的眼睛里,因为镜子的整个表面只有极少的一部分具有把光线射向他眼睛所在的特殊地点的正确斜度。因此圆面只有极少部分会在他的眼中是发亮的,所有其余部分看上去都是黑暗的。如果月亮是和镜面一样光滑的话,尽管月亮的整个半球都受到日光,但在一个特殊的人的眼中,月亮将只有极小的一部分望上去是被太阳照着的。其余的部分,在这个观察者的眼中将仍旧是不亮的,因而是看不见的。总的来说,整个月亮将是看不见的,因为那一点点反射的光线将由于体积太小和距离太远而散失掉。正因为它将始终是眼睛所不能看见的,它的亮度就等于零。因为要说一个发亮的东西以它的光华消灭掉我们的黑暗,而我们又没法看见,这的确是不可能的。

▶ 如果月亮像一面圆的镜子,人就会看不见。

萨耳维亚蒂: 等一下,萨格利多,因为我看见辛普里修脸上和动作上都显出某些迹象,使我感觉到,他对你讲的那些证据确凿、道理完整的话,既不服帖,又不满意。现在我想用另外一个实验来消除他的一切怀疑。我在楼上一个房间里看见有一面很大的圆镜子,你叫人把它搬到这里来。在搬镜子的这会儿,辛普里修,请你仔细地考察一下这个平面镜子反射了多少光线到凉台下面的墙上来。

辛普里修: 我看它比太阳光直接射在上面差不了多少。

萨耳维亚蒂: 是这样。现在请告诉我,如果把这个小小的平面镜子拿开,而把一个圆镜放在它原来的地方,你认为圆镜的反射将在墙上造成什么结果呢?

辛普里修: 我觉得它将会射出更多和更大一片的光线。

萨耳维亚蒂: 但是,如果亮度等于零,或者照亮的部分小得你简直看不见,你将怎么说呢?

辛普里修: 等我亲眼看见它的效果之后,我将试行回答。

萨耳维亚蒂: 现在镜子来了,我本来想放在另一个镜子旁边的,但是让我们先到那边去,靠近平面镜反射的地方,并且仔细察看它的亮度。你看反射照到的这一块多么亮,而且你能够多么清晰地看出墙上的这些细微的地方。

辛普里修: 我看了,并且观察得很仔细。现在你把另一面镜子放在第一面镜子旁边。

萨耳维亚蒂: 镜子就放在这里。在你一开始看墙上那些细微部分时,就放在那里了,而你没有看出是因为墙上其余部分的光线一样强。现在把平面镜拿开。你看那边,所有的反射都被移开了,虽然那面凸出的镜子仍旧没有动。你把凸出的镜子也拿开,然后随意又放回原处,你将会看见整个墙上的光线没有任何改变。所以你看,试验向你的感官表明,一面球形的凸出的镜子所反射的日光并不显著地照亮它的周围环境。现在你对这个有什么话说呢？

辛普里修：恐怕你玩弄了什么手法。然而我看出，在望着这面镜子时，它的反射却照得我眼睛都几乎睁不开。更突出的是，不论我走到哪里，我一直都看见这种反光，但是随着我站在这个或那个地方而变更它在镜面上的位置。这充分证明，光线是从各方面鲜明地反射出来的，因此它也和照在我眼里一样照在整个墙上。

萨耳维亚蒂：现在你看出，一个人在对于单靠论证说明的问题给予肯定时，必须多么谨慎，并作出很大的保留。你说的话无疑是说得通的，然而你可以看出，诉诸感官的经验却否定了它。

辛普里修：那么，一个人在这件事情上应当怎样进行呢？

萨耳维亚蒂：我将告诉你我对这件事的想法，但是我不知道你听上去会有什么感觉。首先，你看见镜子上照得那样鲜明的光华，而且你觉得占镜子上很大一部分的，并不是怎样大的一片，它实际上是很小的。但是由于它的夺目光华通过你眼皮边缘的湿气造成的反射，引起了你眼睛里一种偶然的光渗[①]，并扩大到你的瞳孔上面。这就像一支蜡烛的火焰，四周远远望去，它好像有一顶小帽子一样。你还可以把它比作恒星四周的光。例如，天狼星在白天从望远镜中看去，体积很小，这时它是没有光渗的，但是晚间用肉眼望它，毫无疑问，你将会看见它有了光渗之后，就显得比那个光秃秃的真正小星大上几千倍。你在那面镜子里看到的日光造成的形象，也同样地或者更大地扩大了。我说更大地扩大了，因为太阳光线比恒星的光线光亮得多，这从我们能够看恒星而视力不感到难受，但却不能正视这面镜子反映的日光，可以得到显明的解释。

◀ 受到光渗的小星比不受光渗的体积望上去大几千倍。

因此这堵墙壁全部受到的反射只是从镜子上一个极小部分来的，而刚才不久那个平面镜子所反射出来的光线则限制在同一墙上的一个极小部分里。所以，第一面镜子的反射非常明亮，而第二面镜子的反射则始终几乎为眼睛觉察不到，这是什么怪事？

辛普里修：我弄得更加糊涂了，我非提出其他的疑难不可。那堵墙既然表面这样黑暗粗糙，怎么能比一面非常光滑的镜子能够更有力地和更鲜明地反射光线呢？

萨耳维亚蒂：并不更加鲜明，而是更加分散。谈到鲜明性，你看那面小平镜子照在那边凉台下面的反射，光线多么强烈；而墙壁的其余部分，虽然受到挂镜子的那堵墙的反射光线，却并不怎么亮（就是说不及镜子反光照到的那一小部分亮）。如果你想了解这件事的全部真相，请你想一下，这堵粗糙的墙是由无数很小的平面组成的，这些小平面有数不清的各种各样的斜度，其中必然有许多平面刚好把光线反射到一个地方，另外许

◀ 粗糙物体比光滑物体反射的光线比较分散及其原因。

① 光渗，用强光照射处在黑暗中的物体，使物体显得比实物更大的现象。

多平面则把光线反射到另外一些地方。总之，墙上没有任何一个地方不照上一大堆光线，而这些光线则是由散布在日光照亮的全部粗糙墙面上的许多极小平面反射出来的。根据所有这些分析，我们可以总结说，凡是面对着受到直接入射光线物体的任何表面，它的各个部分都被反射光线照到，因此它就发亮。

我们还可以引申说，受到照明光线的同一物体从任何一个地方看去，都显得是发光的和明亮的。因此月亮，由于它的表面是粗糙的而不是光滑的，就把日光向各个方向反射出去，而且在一切观察者眼中都同样是明亮的，如果月亮的表面像镜子一样光滑的话，它就会完全看不见。这是由于，如我们以前说过的，月亮离我们太远了，它能够把太阳形象反射到任何个人眼睛的那个极小部分，是始终看不见的。

▶ 月亮如果表面是光滑的，就会看不见。

辛普里修：我深深懂得你的全部论据。虽说如此，我仍然觉得一个人可以毫不费力地就把它驳倒，并能坚持月亮是一个光滑的圆球，而且能像镜子一样把日光反射给我们。太阳的形象也不需要出现在月球的中心，因为“在这样辽远的距离，太阳望上去不可能是像它原来那样一个小小的形象，而是被太阳光线照亮的整个月亮都可以被我们望见。”我们可以从一只擦亮的镀金盘子看到这种情形。盘子被亮光照着时，一个人站得远远地观察它，会看出满盘光辉，只有在靠近时才看见盘子中心有一个发光物体的影子。

萨耳维亚蒂：我老实承认我弄不清楚。你的这番论证除掉关于镀金盘那一部分之外，我只能说，我一点儿不了解。如果你容许我说句放肆话，我深信你自己也不懂，只是记得别人讲过，而那种人写这些话的原意，不过是为了抬杠，以及为了显得自己比对方高明。还有，如果作者的确不是那种写他自己也不懂的东西的人（而这样的人是很多的），从而使他写的东西别人也看不懂，那么，他就是写给那些为了显得自己高明，而称颂他们所不懂得的东西的人看。因为这些人理解得越差，对别人就越发尊重。

▶ 有些人写的东西，他自己也不懂，因此别人也看不懂。

可是所有这些都不去谈它，现在谈镀金盘的事情。我的回答是，如果盘子是平的而且不怎么大的话，那么它被强烈的光线照上去时，远远望去就会显得全盘都是亮的。但是它望上去这样亮，只有当眼睛是处在一条固定的线上，即反射光线的那条线上。而且望去要比银制的盘子还要光辉灿烂，而银子这种金属的颜色和密度是更容易擦得很光的。还有，如果盘子擦得很光滑但并不完全平，还有各种各样的斜度，那么它的光辉就可以从更多的地方看得见——即从盘子的各种平面反射出光线所能到达的地方都能看得见。这就是为什么钻石要琢磨出许多小平面的缘故，因为从许多地方都可以看见它的悦目的光彩。但如果盘子很大，那么即使从远处望它，而且即使它的表面非常之平，看上去也不会全部都是亮的。

▶ 钻石所以磨制得有许多小平面的原因。

为了解释得更清楚一点，让我们拿一只很大的镀金盘子放在日光下面，从远处望这只盘子，就会看见太阳的形象只占据盘子的一个部分，这就是盘子把入射的日光反射出来的部分。诚然，由于光线非常鲜明强烈，这样望见的太阳形象将镶上一圈光线的边，因而它占据的盘子部分比它实际占据的部分好像要大得多。要证实这一点，我们不妨记下盘子上发出反光的部分确切有多大，同样计算一下它发亮的部分究竟有多大一片，把这一大片的大部分都遮盖起来，只露出当中的一块，它的明显亮度的大小将丝毫不会缩小，而是看上去把它的光亮分布在用来遮盖盘子的布上或者别的料子上。由于这个缘故，如果一个人由于远远望见一只小镀金盘子全都发亮，而想象月亮这样大的盘子也会产生同样的现象，他就会上当，就好像他把月亮看作和澡盆底一样大时将会上当一样。

如果盘子是球形的话，那么它反射的强烈光线望上去就只能是一点，不过由于光线很亮，它的四周将全显出许多闪烁的光线。圆球的其余部分望上去将是有颜色的，但只是在镜子没有擦得很光时才会如此。如果擦得十分光滑，望上去就是暗的。我们每天眼前看见的银器瓶就是这种样子，银器仅仅煮一下使它变得像雪一样白之后，根本不能照出什么来，但是如果把哪一部分擦亮了，它就很快变得黑暗，并且像镜子一样把影像反映出来。银器上面原来铺了有一层很细的细粒，使银器表面变得粗糙，能把光线反射到各方面，因而不论在什么地方看去都显得同样光亮；银器变得黑暗只是由于把细粒擦平的缘故。那些细小的高低不平的细粒一经擦平，从而使入射光线的反射指向一个固定的地点，那么从这个地点看银器擦过的部分就比其余仅仅漂白了的部分清楚得多和光亮得多，但是从任何别的地点看这一部分，则很黑暗。而且你看，一个擦亮的表面在我们眼中会显出这样不同的现象，根据这种差异，我们在临摹或者描绘比如说一件擦亮的铠甲时，就必须在同样受到光线的两袖上把纯黑和纯白的颜色掺和着用，黑白并列。

◀ 擦亮的银器看上去比不擦亮的银器暗及其原因。

◀ 擦亮的铠甲从某些角度上看很亮，从另外一些角度上看则是暗的。

萨格利多： 那么如果那些哲学博士们甘心承认月亮、金星和其他行星的表面并不像镜子那样光滑，而是稍微差一点，就像仅仅漂洗过但没有擦亮的银盘那样，这能不能使月亮被我们望见，并且能为我们反射日光呢？

萨耳维亚蒂： 部分地能够，但不能像一个山岭崎岖、到处凹凸不平的表面反映得那样强烈。可是这些哲学博士们从不真正承认月亮不像镜子一样光滑，他们要月亮比镜子还要光滑，如果这种情况能够想象得到的话。因为他们认为只有完美的形状才适合完美的天体。因此天体的球形必须是滚圆的。否则的话，如果他们向我们作出让步，承认有任何不均匀之处，即使是最细微的不均匀，我就会抓着这一点毫无顾忌地要求其他的不均匀，即更大一点的不均匀。他们的理由是这种完美之所以完美就在于它的不可分性，一有毫发之差就摧毁它的完美，其危害等于山岳一样。

萨格利多：拿我来说，这里产生了两个问题。一个是我不懂得为什么表面越不平，反射日光就越强烈；另一个是为什么这些逍遥学派先生们要求这样整齐的形状。

▶ 粗糙的表面比不大粗糙的表面，反射的光线较多。

萨耳维亚蒂：我将回答你的第一个问题，而让辛普里修为回答第二个问题去伤脑筋。现在，你得知道，一个表面受到同样的光线，它的发亮程度要看光线照上去的斜度大小而定。当光线是垂直时，它显得最亮。关于这一点，我将使你亲眼看见是怎样一回事。首先我将把这张纸折一下，使它的一部分和另一部分形成一个角度，现在我把这张纸暴露在我们对面墙上反射的光线下面。你看被光线斜射在上面的这一部分，比起光线垂直地射在上面的部分来，就不那么亮了。你再看，我使光线照得越斜，它就愈加不亮了。

▶ 直射的光线比斜射的光线更能照亮物体及其原因。

萨格利多：效果我是看见了，可是不懂得是什么原因。

萨耳维亚蒂：你只要想一分钟，就会找到答案，但为了节省时间起见，这里的一张图就足以证明。

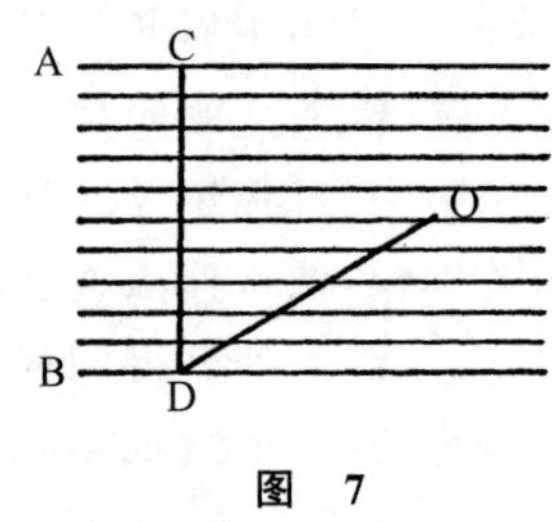

图　7

萨格利多：我只消看一下这张图就全部清楚了，所以请你讲下去。

辛普里修：请你再解释一下给我听，因为我的脑筋可动不了那么快。

萨耳维亚蒂：你想象所有这些你看见介于 A 点和 B 点的平行线，都以直角射向 CD 线。现在把 CD 斜过来，使它像 DO 一样倾斜。你可看出许多射中 CD 的光线并没有射中 DO，而是掠过去了？如果照在 DO 线上的光线较少，那么它的亮度照理当然要弱些。

▶ 斜射光线较多，照亮程度就较差及其原因。

现在让我们回过来看月亮，它既然是球形，如果表面像这张纸一样光滑，它的半球的边缘就比半球的中心部分受光较少。原因是光线是以斜角射向边缘，而以直角射向中心部分。根据这个道理，在月圆时月亮的整个半球差不多都被照亮，月亮的中心部分应当比边缘望上去要亮些，但是我们看见的情况并不是如此。现在想象月亮表面到处是崇山峻岭。你难道看不出它们的峰峦，由于比一个完全球形的凸面高出许多，就会受到日照而且光线入射的倾斜度并不那么大，所以和其余部分看上去一样亮吗？

萨格利多：好的，但是即使月亮上面有这些山岭，而且即使日光射上去的角度要比射在一个光滑表面上那些斜面的角度确是正得多，但是那些山岭中间的溪谷，由于山岭在这种时候会照出许多影子，将仍旧是黑暗的，这一点也是肯定的。至于那些中心部分，由于太阳高高照在上面，将不会有什么影子。所以月球的中心部分比边缘部分要亮得多，而那些边缘则是既有许多亮块，也有许多影子的斑点。然而我们望上去并没有这种分别。

辛普里修：我脑子里也正在盘算这种类似的困难。

萨耳维亚蒂：辛普里修只要能支持亚里士多德观点时，总是很快地就看出我们的困难，而看出困难的解决却不那么快。不过我怀疑他有时候看到了解决办法而故意不说。像关于眼前的这个例子，那个反对理由碰巧是相当高明，他既然能够看到，我就不相信他没有同时发现解决的办法。现在，辛普里修，请你告诉我，你相信不相信日光照到的地方会有影子吗？

辛普里修：我不相信会有，我断定不会有。日光是最强的光线，它把一切黑暗都驱散了，它照到的地方不可能存在什么黑暗。还有，我们根据定义知道"黑暗是缺乏光线所致。"

萨耳维亚蒂：那么太阳望地球或者月亮或者其他任何不透明的物体，将永远看不见任何阴暗部分，而且除掉用它照明的光线观看之外，更没有其他任何眼睛。由于这个缘故，任何处在太阳地位的人将永远看不见什么阴暗的东西，因为他的视线总是和照明的日光向同一方向看去的。

辛普里修：这话很对，这是无可非议的。

萨耳维亚蒂：现在，当月亮和太阳相冲时，你的视线和太阳光线所走的方向可有什么不同呢？

辛普里修：啊，我现在懂得你的意思了。你是指，既然我们的视线和太阳光线沿着同一方向，我们就永远看不见月亮上面有任何阴暗的山谷。不过，请你不要把我看作是个伪君子或者假装不懂的人，我老老实实向你保证我并没有想到这个答案，而且如果没有你的帮助或者下一番功夫研究的话，说不定永远找不到答案。

萨格利多：你们两个对这最后一个问题所找到的答案，我也感到满意，然而太阳光线和视线走同一方向这句话，却在别的方面引起了另一困难。我不知道怎样表达，因为我刚刚想到，还没有理出个头绪来，不过让我们一同来看看，能不能把它弄清楚。

一个平坦但是没有磨过的半球被日光照射时，它的外缘由于光线的斜射，无疑要比它的中心部分受到较少的光线，因为中心部分的光线是直射上去的。可能半球外缘的一条，比如说宽二十度的带子，并不比中心部分另一条不到四度宽的带子受到光线为多，因此前者要比后者显得暗得多，而在一个正对着或者说从最适当的角度望这些带子的人也将是如此。但是如果望这些带子的眼睛所处的地位使那个宽二十度的暗带子看上去并不比半球中心的那个宽四度的带子更宽些，那么这两条带子看上去说不定会一样光亮，我觉得这并不是不可能的。归根结底，射到我们眼睛里来的同量反射光线将限制在两个同等的角度——即四度之内，因为一道光线是由中心的四度宽的带子反射的，另一道虽然是从二十度宽的带子反射出来，但由于缩小了的缘故，看上去也只有四度宽了。而我们的眼睛当它介于半球和照亮它的物体之间，所处的正是这种地位,因为这样的话,视线和光线都朝着同一方向。由于这个缘故,所以月亮有一个很平坦的表面,而在月圆时它的边缘看上去仍旧和中心一样亮,这好像还是可能的。

萨耳维亚蒂: 这个问题很精辟,而且值得考虑。既然你是随便想起的,我也将同样地随想随答,虽然如果我多花点脑筋的话,说不定能找到一个更好的答案。

但是在我提出任何解答之前,我们最好先做一个实验,来判断一下你的反对理由好像证明了的那类事实是否符合实际情况。所以你再将这张纸的一个小部分折起来,把纸放在日光下面,使光线正射在这一小部分的纸上,而斜射在其余的纸上,看看受到光线正射的那一小部分是不是亮些。这儿你看,实验已经证明它显然要亮些。

你看,如果你的反对理由是正确的话,事态将会显出下面的情形。把我们的眼睛放下一点,使那个较大的而照得不大亮的部分变得缩小了,这一部分这一来看上去将不比那个较亮的部分更大些,因此它张出的视角将不会大于另一部分。这一来,它的光线照说应当增加,使它看上去和另一部分一样亮。我现在正从这里看它,而且我是这样斜着看它,使它看上去比另一部分还要窄些;然而它并不因为我这样看它而显得更亮一点。现在你来看看,是不是你看见的也是同样情形。

萨格利多: 我这样看了,但是不管我把眼睛怎么低下来,也看不出你讲的那一部分稍微亮一点点;好像还显得暗些呢。

萨耳维亚蒂: 那么我们承认这条反对理由是无效了。其次是关于这个问题的解答,我认为由于这张纸的表面并不完全平滑,它按照入射光线的方向所反射的光线,比起它向别的方面反射的光线来,要少得多,而这少许的反射光线,当我们的视线越是接近入射光线的方向时,丧失的就越多。由于使物体发亮的并不是入射的光线,而是反射到我们眼睛里来的那些光线,你把眼睛放得比原来要求的更低时,它丧失的光线就越多。正如你自己讲的你看见的那样,纸面显得更暗了。

萨格利多: 我对这个实验,和你解释的理由全都满意。现在轮到辛普里修回答我的另一问题,要他告诉我为什么那些逍遥学派要求天体非要圆得那样完整无缺不可呢?

▶ 为什么逍遥学派认定天体是圆满无缺的。

辛普里修: 由于天体是不生、不坏、不变、不改、永恒等等,这就意味着天体是绝对完美的。既然绝对完美,它们就是十全十美的。所以它们的形状也是完美的,就是说,是球形的,而且是绝对完整的圆球,并不是近乎圆或者圆得不规则。

萨耳维亚蒂: 这种不朽性你是怎样推论出来的?

辛普里修: 从没有对立面直接推论出来,从简单的圆周运动间接推论出来。

萨耳维亚蒂: 原来如此。根据你的论证,我可以归结起来说,你在证明天体本质不坏、不变等等时，球形在这里并不是一个必要的原因，或者先决的条件；因为如果球形能导致不变，我们只要把木头或者蜡或者其他原材料做成球形，就可以随意使这些材料成为不坏的了。

辛普里修：你难道看不出，一个木球比用同样材料造的尖顶或者其他有角度的东西，保持得较好和较为长久吗？

萨耳维亚蒂：这固然对，但是会坏的东西并不因此变得不坏，它仍旧是会坏的，不过保持的时间的确是长些罢了。由此可以看出，会坏的东西可以有容易坏和不容易坏的区别。我们能够说，"这东西比起那东西来不容易坏些"。例如，碧玉就比砂石耐久。但是不朽的东西就不容许有程序的差别。如果两个东西同样是不朽和永恒的，我们就不能说，"这个东西比另一个东西更加不朽。"由此可见，形状不同只能对保持时间较长或者较短的材料起作用。对于永恒的东西，由于都同样永久存在着，形状就不起作用了。

◀ 形状并不是不坏的原因，而只能保持较长的时间。

◀ 会坏的东西可以比较，不朽的东西不能比较。

所以你看，既然天体的材料的不朽性并不是由于形状，而是由于别的原因，那就用不着这样殷切地要求天体具有圆整无缺的球形。因为只要天体的材料是不朽的，它就可以具有你喜欢的任何形状，然而仍旧是不朽的。

◀ 形状完美对会坏的东西有作用，但对永恒的物体没有作用。

萨格利多：我还要进一步说，如果承认球形有能力赋予物体以不朽性，那么一切物体，不管其形状如何，也将是永恒和不朽的了。因为如果圆的东西是不朽的，那么物体不属于圆整的部分就必然存在着可朽性。例如，在一个立方体里面存在着一个正圆的球形，作为正圆的球它是不朽的，但是那些遮盖和隐藏着这个圆球的尖角部分则存在着可朽性。因此，顶多只有那些角，换言之，即那些多余部分，会朽坏。

◀ 如果球形能赋予物体以不朽性，所有物体都将是永恒的了。

如果我们想对问题再深入一步，那么在那些靠近尖角的部分，也含有同样材料的许多小圆球。这些小圆球，由于是圆的，也就不会毁坏。而环绕这八个小圆球的剩余部分也将是同样情形——在这些剩余部分里，仍旧可以想象它们包含着其他圆球。所以到头来把整个立方体分化为无数圆球，你将不得不承认立方体也是不可毁灭的。对其他形状的物体，我们也可以作出同样的论证和类似的分析。

萨耳维亚蒂：这种推理的方式还可以倒转来使用。举例说，如果一个水晶球是由于它的形状而变得不可毁坏（就是说，如果它具有抵抗内部或外来变化的能力），那么加上别的水晶球并把这个原来的水晶球改变为比如说一个立方体，在我们眼中看来将不会从内部或外部对它有所改变。而且它肯定在并进新的同样材料上要比并进其他材料上，其抵抗力要小些——如果像亚里士多德说的，毁灭是通过对立造成的，就更加会是这种情形。而我们用来包围这个水晶球的还有什么比水晶球本身更加不对立的呢？

但是我们已经跟不上时间的飞逝了。如果我们对每一个细节都作这样长的论证,我们的讨论就要耽误下来。不但如此,一个人的记忆可以被这样一大堆的事搅得很混乱,以至于辛普里修那样按部就班地提出来要我们考虑的命题,我都简直想不起来了。

辛普里修: 我记得很清楚,是关于月亮上面有山岭的那种现象,仍旧是由于我举出的原因,即这是由于月球的组成部分不均匀,有些透明,有些不透明而造成的幻觉。

萨格利多: 不久以前,辛普里修根据他的一个逍遥学派朋友的意见,把月亮表面的不规则现象归之于月亮组成部分的不均匀,即有些部分透明,有些不透明,因而产生我们在水晶体或者宝石里面看到的类似错觉,这使我想到有种东西用来表现这种效果要好得多,而且我相信他的那位哲学家将会如获至宝。这是一块珍珠母,被制成各种形状。便是那琢磨得极其光滑的部分,它在我们眼中看来也是有些地方凹进去,有些地方凸出来,所以即使用手摸上去我们也简直相信不了它是光滑的。

萨耳维亚蒂: 这的确是一个极妙的办法,而且有些还没有做过的实验到时候也可以做一下,所以如果你有其他宝石或晶体和珍珠母的错觉毫不发生关系的话,也不妨拿来。为了不剥夺任何人的这个机会,在这样做之前,我将保留一下对这里实验的答案,目前只试图满足辛普里修提出的异议。

▶ 珍珠母非常适合用来模仿月亮表面看上去的那种高低不平。

现在我要说,你的这项论据太一般了,而且由于你并没有把这项论据应用来逐一说明月亮上能见的所有现象,而我和别人倾向于认为,月面崎岖不平是根据所有这些来的,我敢说你将不会找到对你的看法感到满意的人。我也不相信你或者作者本人会从这条论据比从别的与本题无关的论据得到更多的满足。在太阴月的一个月里,夜夜显示出来的无数不同现象中,你靠随意磨制一个各部分明显不同的光滑的圆球,是一个也仿制不出来的。另一方面,我们可以用任何坚硬或不透明的材料做一个圆球,只要它有凸有凹并受到不同的光照,就会恰切地显示出我们各次发现的月亮上的那些实际变化和情景。在这种圆球上面,那些暴露在日光下面凸出的山脊非常之亮,而在它们后面则可以看见投出很黑暗的影子。你将会看见影子的大小是视那些凸出的山脊离开划分月亮明亮部分和黑暗部分的边界远近而定的。你会看见这些边缘和边界并不像一个光滑圆球的边缘那样均匀,而是断续和残缺的。在这条边界之外,你会看见在那变得黑暗的部分有许多照亮的峰顶,和那个受光的部分是分开的。当照明的光线升高之后,你会看见前面讲的那些影子逐渐缩小,最后完全消失掉,在整个半球都被照亮时一点儿都看不见。然后又反过来,当光线过渡到月球另一半时,你会看出以前观察到的同样山脊和它们的影子向相反的方向投出去,并且逐渐加长。所有这些情况,我再一次跟你说,你用你的"不透明"和"透明",连一个都模仿不出来。

▶ 人们观察到月面的高低不平,不能靠材料的透明和不透明仿制出来。

▶ 任何不透明的物体都可以模仿月亮上的各种景象。

▶ 从种种不同现象论证月亮是崎岖不平的。

萨格利多: 哦,可以的,有一个可以模仿,那就是在月圆时,这时候全面都照亮了，人们不再能发现什么影子或者因凹凸不平而产生的任何变动的时候。不过，萨耳维亚蒂，请你不要在这个特殊问题上浪费时间了，因为任何人只要耐心观察过月亮一两个月，然而对这种为感官证实的真理还不满意的话，大可以宣布他是神经病。对这种人，为什么白费时间和语言呢？

辛普里修：说实在话，我就没有做过这样的观察，我既没有这种好奇心，也没有适当的仪器进行观察。但是我希望尽力能够做到这样，不过目前我们可以把这个问题搁一下，接着谈下面一个问题，列举你认为地球也和月亮一样强烈地反映日光的理由。在我看，地球是这样地又黑暗又不透明，要能和月亮一样反映日光，我觉得是完全不可能的。

萨耳维亚蒂：辛普里修，你认为地球不能照明的原因，实际上根本不成为原因。你的那一套推理方法，我说不定比你自己懂得还要深些，这一点你感不感到有兴趣呢？

辛普里修：我推理得好或者不好，你说不定的确比我知道得多些。但是不管我推理得好或者不好，我敢说你永远不会比我自己对我的一套推理方法更了解得深些。

萨耳维亚蒂：就是这一点，到时候我也将使你承认。现在请告诉我，当月亮快圆时，因而白天和半夜都能望见时，它在白天望上去比较亮，还是在晚上望上去比较亮呢？

◀ 月亮在晚上比在白天光华灿烂得多。

辛普里修：晚上要亮得多。我觉得月亮就像那领导以色列子孙出埃及时的云柱和火柱一样。因为在太阳面前，它显得就像一片云彩，但是到了晚上它就灿烂得多。所以我在白天有时候从小片云彩中间观察月亮，它的样子就像一小块薄云一样；但是在当天晚上，它就照得非常灿烂。

◀ 月亮白天看上去就像一小片薄云。

萨耳维亚蒂：所以如果你除掉在白天从来没有看见过月亮的话，你就不会把月亮看作比那些小云块亮了？

辛普里修：我确实相信是如此。

萨耳维亚蒂：现在请告诉我，你可相信月亮在夜晚的确比在白天亮些，还是碰巧如此？

辛普里修：我相信月亮本身在白天和在晚上一样亮，但是它在晚上显得亮些是因为我们看见它是在黑暗的天空里。在白天，由于它周围的一切都非常之亮，单靠它增加的一点光线，就显得远不是那么亮了。

萨耳维亚蒂：现在你说说，你可曾看见过地球在半夜被太阳照亮过呢？

辛普里修：这个问题好像除了开玩笑外，从来没有人提过，否则就是向最最没脑子的人提的。

萨耳维亚蒂：不是，不是。我把你看作是一个很有头脑的人，而且我提这个问题完全出于真心。所以请你照样回答我这个问题，而且在你回答之后，如果你觉得我是在胡说八道，那就把我当作没脑子的人看待好了。因为一个人提出一个愚蠢的问题，他自己就是更大的蠢货，而不是那个被提问的人。

辛普里修：如果你并不把我当作十足傻瓜的话，那就让我回答你说，地球上任何像我们这样的人都无法在晚上看见那属于白天的一部分地球的。也就是说，看不见那被太阳照到的一部分地球。

萨耳维亚蒂：所以你除掉白天以外从来没有机会看到地球被太阳照亮过，但是你在最黑的夜里照样看得见月亮在天上照耀着。而这一点，辛普里修，就是你认为地球不像月亮那样发亮的理由。因为如果你能够站在同夜晚一样黑暗的地方看见地球发亮，地球在你的眼中就会比月亮更加光辉。现在，如果你想认认真真地进行比较，我们必须在地球的光线和白天看见的月光之间进行对照，而不是和夜间的月亮对照，因为我们除掉白天以外，没有机会能看见地球被太阳照亮。你对这样做满意吗？

辛普里修：当然只能这样。

▶ 云彩在接受日光上并不亚于月亮。

萨耳维亚蒂：现在你自己已经承认过，白天在许多小片白云之间看到月亮，而且形状和白云一样。这等于你首先承认，这些小云块，虽然由元素材料组成，却和月亮一样能受到光线。如果你回想一下过去有时候曾经见过有些大片的云白得像雪一样，那就更加是如此。毫无疑问，如果这样一片大云在最黑暗的夜里能够保持同样明亮，它就会比一百个月亮更能照亮周围的地区。

所以如果我们肯定地球也像这些云块一样同样被太阳照亮，那就不存在什么地球不及月球亮的问题。现在，这些同样的云块在没有太阳时和地球一样通宵都是黑的。当我们看到这种情形时，所有关于这个问题的疑团都消失了。不但如此，我们里面哪一个没有看见过这样的云远在天际，并且弄不清是云是山呢。这就明显地表明，山也是和这些云一样可以照亮的。

▶ 一堵墙被太阳照上时，和月亮比较起来，亮度并不比月亮差。

萨格利多：可是为什么多费口舌呢？那儿就是月亮，已经圆得不止一半了；那边是一堵高墙，太阳还照在上面。你上这儿来，这样可以看见月亮就在高墙旁边。现在你看哪一个在你看来比较亮些？你难道看不出，如果有哪一个占优势的话，那还是墙比较亮些吗？

▶ 从一堵墙上第三次反射来的光线，比月亮的第一次反射的光线要亮。

日光照在那片墙上，再从墙上反射到这屋子的墙上来，再从屋内的墙上反映到那间内室里，所以内室里的光线是第三次反射出来的。然而我可以断然肯定，这间内室里的光线比月亮直接射来的光线强。

辛普里修：啊，我认为不是这样，因为月亮发出的光线，特别是在月圆时，是非常之强的。

▶ 月光比黄昏的光线弱。

萨格利多：月光看上去强，是因为周围黑暗的缘故，但并不是绝对如此，它比日落半小时后的黄昏就要暗些。这是很明显的，因为在黄昏前，你就不大看得清楚月亮在地上照出的影子。你可以到那间内室里去看一本书，然后试一试在月光下面看书是不是比较容易些，就可以弄清内室里的这种第三次反射是不是比月光要亮。我敢说你在月光下面看书要难些。

萨耳维亚蒂：如果你现在满意的话，辛普里修，你可以看出你自己其实已经知道地球和月亮一样发亮，而使你肯定这一点的并不是由于我的指导，而只是由于你回想起那些你早已知道的一些事情。因为我并没有指给你看，月亮在晚间比在白天照得更加明亮。你早已知道了，正如你也早已知道一小块云比月亮要明亮一样。同样，你也知道地球的光亮在晚上是看不见的，总之一切有关的问题你都早已知道，然而不感觉到自己已经知道。所以对你来说，承认地球的反光能够照亮月球的黑暗部分，而且光线并不比月球照亮我们黑夜的光线弱，应当是没有困难的。地球的反光只有更强些，原因是地球比月亮要大四十倍[①]。

辛普里修：我的确认为月亮的二级光线是月亮本身的光线。

萨耳维亚蒂：啊，这个你也知道了，但是没有感到自己知道。你说说看，你自己不是已经知道月亮由于周围黑暗的缘故，在夜晚比在白天显得亮吗？根据这一点，你不是已经知道，一般说来，任何明亮的物体当它的周围比较黑暗时，看上去总是比较亮的？

◀ 照亮体在周围黑暗时看上去比较亮。

辛普里修：这个我完全知道。

萨耳维亚蒂：当月亮还只是一弯时，而它的二级光线在你望去比较亮时，月亮是否总是接近太阳，而且是否因此总是在黄昏时分看得见呢？

辛普里修：是这样，而且我多次总希望天色会黑一点，能对这种光线看得更清楚点，但是月亮在天黑以前就下去了。

萨耳维亚蒂：啊，那么你完全知道这种光线在黑夜里望上去将会亮得多了？

辛普里修：确是如此，而且如果那被太阳照亮的一弯月亮能够拿开的话，它就会显得更亮。由于有了这一弯月亮，这种二级光线就被掩盖下去了。

萨耳维亚蒂：人们是不是有时候能在最黑暗的夜里看见整个月轮，然而并不倚赖日光照亮呢？

辛普里修：除掉月全蚀外，我就从来不知道有过这样的事情。

萨耳维亚蒂：那么在月全蚀时，这种二级光线应当看上去最鲜明了，因为月亮周围都被黑暗包围着，而且并没有被那一弯月亮的光掩盖着。在这种情况下，它在你眼中看上去有多亮呢？

辛普里修：有时候我看见它是青铜色，而且带一点白，但在别的时候它仍旧很暗，使得我简直看不到。

萨耳维亚蒂：如果你在黄昏时分，当附近还有一弯月亮的光华阻碍你的视线时，你还能看到那样清澈的光线是月亮本身的光线的话，那么在最黑暗的夜间当其他一切光线都摒除掉时，怎么这种光线反而会看不见呢？

---

① 止确的数字大约是十四倍。

辛普里修：据我的理解，有些人曾经认为，这种光是由别的星球赋予的，特别是月亮的近邻金星。

萨耳维亚蒂：这同样是胡说，因为那样的话，在月全蚀时，这种二级光应当比平时显得更加清楚。要知道，我们不能说地球的影子隔开月亮和金星或者其他星球。然而月亮这时仍旧一点光线没有，因为当时向着月亮这一面的地球半球正是夜间。就是说，一点没有受到日光。而如果你仔细地观察一下的话，你将会很明显地看出，正如月亮是瘦瘦的一弯时它的月色是淡的，而在月亮越来越圆时，它反射给我们的光线就越来越亮，同样地当月亮是瘦瘦的一弯时(这时月亮由于处在太阳和地球之间，能看见很大一部分被日光照到的半个地球)，这种次级光线在我们眼中就显得比较亮。但是当月亮离开太阳并接近方照[①]时，这种光线就显得减弱了。在方照地位时，光线看上去就很弱了，原因是地球的受光部分从月亮上看去经常在减少。可是如果这种光线是属于月亮本身的，或者来自别的星球的话，那就应当是相反的情形，因为那样的话，我们应当能够在深夜和周围很黑暗时都能看到这种光线。

▶ 照某些人的说法，月亮的二级光线是由太阳引起的。

辛普里修：请你等一下，因为我刚刚想起在最近出版的一本充满奇谈的论文小册子中读到，说“这种二级光线既不是星体引起的，也不是月亮本身的光线，更不是从地球上来的。它是太阳本身照出的光线，由于月球的材料相当透明，所以透过了整个月球。但是这种二级光线把月球面向太阳那一半的表面照得比较鲜明，但是月球的内部就像云或者晶体吸进或吸收光线似的，只能透过月球使它看上去有点亮。”如果我的记忆没有错的话，他根据权威、经验和推理来证明他的论点，列举了克里奥米第司、维太里阿、马克罗庇斯和其他这类现代作家，并且说经验证明这种二级光线在月亮接近相冲位置(即月亮还是一弯时)的白天看上去最亮，而且沿月球的边缘照得最亮。他还写道，在日蚀时，那时候月亮处在太阳下面，望去就像是半透明的，特别是在最接近边缘的地方。至于他举的理由，我记得他后来说，既然这种现象不能来自地球或者星体或者月亮本身，那就必然是从太阳来的了。

还有，根据这项假设，人们可以对任何单独事物都可以很漂亮地给以适当的解释。例如关于二级光线沿月盘最靠边的部分显得最亮，他的解释是日光透过的空间最短——理由是在所有横贯圆周的直线中，以穿过圆周中心的线最长，其余的线则是离这根线较远的就较短，离得较近的就较长。根据同一原则，他说，我们可以引申出为什么上述最靠近边缘的光线亮度简直没有减弱的原因。最后他还举出，日蚀时月亮沿最近边缘的那一圈亮光看上去刚好是在日盘下面那一部分，而不是在日盘外面的那一部分，原因也就在此。之所以如此是因为日光直接透过日盘下

---

① 方照，从地球上看来，外行星在地球东或西 90°的时候，各叫作东方照和西方照。

面那一部分而进入我们的视线，但是那些透过日盘外面的月球部分的光线则和我们的视线相左了。

萨耳维亚蒂： 如果这位哲学家是第一个持这种见解的作者，我对他这样敝帚自珍就不以为奇了；但是他既然是从别人那里拾来的，然而并没有看出它的错误，我觉得就没有足够的理由为他开脱了。特别是在他已经听到产生这种效果的真正原因，并且能够通过千百种实验和明显的证据使自己相信这种二级光线是由于地球的反射，而不是由于其他任何原因，那就更说不过去了。而且既然根据这位作者（包括一些别的保留自己见解不说的人）的估计，后一种解释也还有其可取之处，我对那些既没有听说过也没有想到这种解释的年代比较久远的作者，就不想责备了。我敢说，如果他们曾经听到的话，将会毫不迟疑地接受它。

如果允许我坦白地说出我的想法，我就相信不了这位现代作者自己否定这个解释。但是我觉得，由于他自己不能充当这个解释的首创者，他就想要把它压抑下去，或者至少在那些脑筋简单的人面前低估它。以我们所知，这种人多得不可胜数，而且有许多人就是喜欢众人的夸奖，而不喜欢少数优秀人的同意。

萨格利多： 等一下，萨尔维尔蒂。我觉得你还没有弄清楚问题的中心所在。那些懂得怎样哗众取宠的人，也懂得怎样剽窃别人的发明作为己有，只要这些发明不是年代久远的，而且没有在学校课本和市面上流行的出版物中提到过，以致尽人皆知就行了。

萨耳维亚蒂： 啊，我比你还要说得刻薄些。什么出版物和臭名气，提这些做什么？某些见解和发明对于人们来说是新的，或者某些人对于这些见解和发明来说是新的，这里有什么差别可言？如果你愿意以那些常常自吹自擂的科学生手的颂扬为满足，你就可以使自己甚至成为字母的发明者，并因此而得到他们的钦佩。而如果在时间的过程中，你的狡狯被发觉了，这也不会过多地影响你的目的，因为还会有别的人来填补你的支持者的阵线留下的那些空隙。

◀ 旧人新见解和新人旧见解是同一回事。

但是让我们回过来向辛普里修指出，他这位现代作者的论证是徒劳的，因为那里面充满了错误、谬误和矛盾。第一，他说这种二级光线在最靠边的一周比在中心部分亮，因此月面形成一种比其余部分光辉的环或者圆周，这是错的。诚然，当新月初次在黄昏时分出现，我们观察月亮时，是看得出这样一个圆圈的，但这是由于二级光线所布及的月盘，其边界存在着差异而引起的错觉。因为在月亮向着太阳的那一边，这种光线是由一弯明亮的新月为界；而在月亮的另一边，这种光线则是以黄昏光线的黑暗面为界，与这个黑暗面相形之下，这种光线就显得比月盘的白色更亮些——而在一弯新月那一边，则被新月的更强的光华掩盖下去了。如果这位现代作者曾经试行在他的眼睛和这种一级光华之间用屋顶或其他什么隔板挡着，使他只能看见一弯新月之外的月面，他就会看

◀ 月亮的二级光线现出一个环形，边缘亮而中心不亮及其原因所在。

◀ 观察月亮二极光线的方式。

出月面全是一样亮的。

辛普里修：我好像记得他在书中提到用什么方法遮着新月的明亮部分。

萨耳维亚蒂：那么，如果是这样的话，我原来说成是他的一种疏忽，现在就变成近似匆促的说谎了，因为任何人都可以随意试验一下。

▶ 日蚀的月盘除因缺光外，不能被望见。

其次，我非常怀疑在日蚀时，月盘除掉因丧失光线外会被我们看见，特别是在部分日蚀时。而根据这位作者的观察，他讲的必然是这种部分日蚀时的情形。但是即使人们看见月亮发光，这和我们的说法也并不矛盾。这会对我们的说法有利，原因是这时候月亮正面对着地球被太阳照到的那个半边；而且虽然月亮的影子使地球的一部分变得暗了，但是这部分和地球被日光照到的部分比起来还是很小的。他在这里后来又说，碰到日半蚀时，月亮处在太阳下面的部分看上去很亮，而处在太阳外面的部分并不亮，而且由此推论出，这是日光直接透过前一部分射入我们眼睛，但后一部分却没有日光透过的结果。这完全是虚构，而且由此可以揭露出那个作者的其他许多无稽之谈。因为如果日光非要直接射进我们眼睛才能使我们看得见月盘的二级光线，那么这个可怜的家伙难道看不出，这一来，我们除掉在日蚀时，岂非永远看不见这种二级光线了么？而且如果月亮离开日盘只有半度远的那一部分就能隔开日光，使它不能到达我们的眼睛，那么当月亮离开太阳二十度或三十度远时，如在新月刚刚出现之后那样，这将会是什么情形呢？在那种时候，日光将以怎样的方式穿过月亮的体积而到达我们的眼睛呢？

▶ 小册子的作者要让事实来适应他的目的，而不使自己的目的适应事实。

这个家伙一味地编造一件又一件的事实，来适应他的目的，而不是按部就班地使自己的目的适应事实情况。你看，为了使太阳的光华能够穿过月亮的体积，他就使月亮成为半透明体，比如说，就像云块或者水晶体那样透明似的。但是我觉得他从来就没有能够讲清楚这种透明的性质，是否日光能穿过一片两千英里厚的云层。现在让我们假定他会冒昧地回答说，这情形在天体是能够很容易出现的，因为天体的组成和我们的不纯洁的、污浊的元素物体有很大的区别，而我们则用一种使他无法回答，或者毋宁说无从借口的说理，使他承认自己的错误。如果他要坚称月亮是透光的，他就不得不说日光非得透过月亮的整整两千英里厚的体积，但是当日光碰到只有一英里厚左右的月亮时，日光却穿不透它，就如同日光不能透过地球上的一座山一样。

萨格利多：你这话使我想起一个人想要兜卖给我一个秘诀，说是通过磁针的某种感应，可以和两三千英里外的人通话。我告诉他，我很愿意买，但是先要试验一下看，而且只要他站在一个房间里，我站在另一个房间里，能够通话就行了。他回答说，在这样短的距离内，磁针的作用觉察不出来，我打发他走了，说我目前可没有兴致到开罗或者莫斯科去做这项实验，但是如果他愿意去的话，我将待在威尼斯照顾通话的另一头。

▶ 有人想兜售一种和千英里外的人通话的秘诀，结果成为笑柄。

可是让我们听听我们这位作者是怎样进行推论的，为什么他不得不承认月亮的组成材料能让日光透过两千英里厚，然而在只有一英里深时却和我们的山岳一样不透光呢？

萨耳维亚蒂：月亮本身的那些山也能证明这一点。这些山的一面受到日光时，就在对面投出很黑的影子，比我们地球上的山投山的影子还要轮廓分明。而如果这些山是半透明的话，我们将永远不能在月亮表面上辨别出什么崎岖不平的地方，也不能看见沿着那划分明亮部分和黑暗部分的边界上的那些发亮的各自独立的山峰，更谈不上能清楚看见这条边界线，如果日光真会透进月亮很深的话。与此相反，用这位作者自己的话来说，那条介于日照部分和没有日照部分之间的边界线，必然会显得很模糊，而且是半明半暗的。因为任何能让日光透过两千英里深度的材料，一定透明度非常之大，深度相差百分之一或百分之一不到是没有多大区别的。可是那条划分照明部分和黑暗部分的边界线，轮廓非常明显，而且黑白分明，特别是通过月面上天然地最明亮和最崎岖部分的那段边界线。在边界线通过那些古老斑点（即平原）的地方，这些斑点形成一条圆圆的曲线，使能受到斜射的日光，而这部分边界线由于光线较差，就显得不是那样轮廓分明了。

最后，他说的什么随着月亮渐圆时，二级光线并不变弱或者减退（而是保持同等强度）的话，也是完全错的。即使在月亮处于矩象位置时也不大看得见，然而相反的它应当望上去非常鲜明，原因是在这个时候月亮在黄昏之后的深夜里也能看得见。

根据所有这些，我们可以得出结论说，地球反射给月亮的光线是非常之强的。更重要的是，从这一现象我们可以推论出另一个奇妙的相似点，即如果那些行星以它们的运动和它们的光线反过来影响，那么地球也许同样强烈地以它自己的光线，而且还可能以它的运动，影响这些行星。但是即使地球不动，这些作用可能照样存在。因为正如我们已经看到的，光线的作用（即地球反射的日光）恰恰是一样的，而运动的作用也不过是使表象产生差异，而这些表象上的差异，在使地球运动而太阳不动时，和使地球不动而太阳运动时所引起的差异，将是一样的。

◀ 地球可以以它的光线反过来影响天体。

辛普里修：从来没有一个哲学家曾经说过，这些次等星体会影响天体，而亚里士多德所说则显然是相反的。

萨耳维亚蒂：亚里士多德和别的哲学家不知道地球和月亮互相照亮，是应该原谅的。但是如果他们一方面要我们向他们让步，相信月亮照亮地球，而在我们向他们证明地球也照亮月亮时，坚决不同意我们关于地球也影响月亮的论点，那么他们都同样应当受到责备。

辛普里修：说来说去，我从心底里非常不愿意承认你要说服我的关于地球和月亮的这种伙伴关系，也就是说，把地球列为星体之一。因为即使没有什么别的理由的话，地球和天体之间隔开这样辽远的距离，在我看来就必然意味着这里有极大的差别。

萨耳维亚蒂：你看，辛普里修，一种根深蒂固的感情和成见的影响多么大。它强烈到使你原来反对的那些事情，现在看去好像是对你的成见有利了。如果分开和距离可以用来作为论证性质迥异的恰切事实，那么从另一方面说来，接近和靠拢就应当意味着性质相同了。而月亮和地球的距离比起月亮和其他天体的距离不是要接近得多吗！所以你还是自己承认（而且将会有许多别的哲学家陪同你承认）地球和月亮非常近似吧。现在让我们继续谈下去。你认为，说这两个天体相似有困难，还有什么别的理由可以提出来给我们考虑呢？

▶ 地球和月亮从距离相近这一点来说，是相似的。

辛普里修：还有我那个关于月亮的坚实性的问题，我是从月亮表面非常光滑推论出来的，而你则是从它崎岖不平推论出来的。另一个搞不清的问题是，我相信海洋的反光应当比陆地的反光强烈，因为海面是平的，而地面则是粗糙和黑暗的。

萨耳维亚蒂：关于第一个问题，我说正如地球的各部分一样，由于它们是重的，所以尽可能地要接近地球中心，但是有些部分却比另外一些部分离开地心较远，例如山岳就比平原远，而所以如此就是由于这些部分是固体的和坚硬的，因为如果它们是液体，那就会铺开。同样，当我们看见月亮上某些部分始终高出它们下面球面的那些部分，这就意味着它们是坚硬的，因为月亮的组成材料由于其各部分都具有一个趋向中心的倾向，所以会形成球体，这是很合理的。

▶ 从月球上有山岭论证月球是固体。

关于另一个问题，我觉得既然我们已经研究过那些镜子的情况，我们可以很容易懂得，来自海洋的反光将比来自陆地的反光要少些。我在这里是指海洋的一般反光，至于一片平静海面向某一固定地点的特殊反光，我毫不怀疑任何站在这个地点的人将会看见水面的反光非常强烈。但是从其他一切地方看它，水面将比陆地要暗些。为了使你们亲眼看到这一点，让我们到那边大厅里去，在砖地上浇一点水。现在，请你们告诉我，这块湿砖是不是比那些干燥的砖块看上去要暗些吗？当然要暗些，而且除了一个地方，即那边窗子的反光射到之处，从任何地方看上去都要暗些。所以请稍微退后一点。

▶ 海洋的反光要比陆地的反光弱。

辛普里修：从这里我能看见浇湿的部分比砖地的其余部分亮，而且我看出，之所以如此是因为那个窗子的反光是直接向我射来的。

▶ 实验表明水的反光不及泥土的反光亮。

萨耳维亚蒂：浇水的作用不过是把砖块的那些小洞眼填起来，使砖面形成一个平面，这样反光就合在一起射向一个地方了。砖地的其余部分是干燥的，因而保留它的粗糙。这就是说，砖地的那些细粒具有各种不同的斜度，所以反射出来的光线各方面都有，但是比反光合在一起时要弱得多。因此这部分不管从什么方向看上去都很少或简直没有什么差别，到处都是一样——但是比那部分湿地的特殊反光的亮度就差远了。

我因此总结说，正如月亮上的海面望上去是平的（岛屿和岩石除外），所以它就显得不及陆地亮，因为陆地是高低不平和山岭崎岖的。而如果不是因为我不想显得如他们说的太性急的话，我将告诉你们，我曾经观察到月亮的二级光线（我说是由于地球的反光）在相冲前两三天要比在相冲后显然要亮些。这就是说，我们在东方日出之前看见它时，要比在西方日落之后傍晚看见它时要亮些。这种差别的原因是，当月亮在东方时，面向月亮的地球半球海洋较少，而陆地较多，全部的亚洲差不多都包括进去了。但是月亮在西方时，它面向的是大片的海洋——全部大西洋一直伸到美洲——这在证明水面不及地面亮时是一个很合理的论据。

◀ 月亮的二级光在相冲前比在相冲后要亮些。

辛普里修：〔所以，依你的看法，地球看上去将会和我们看见月亮表面一样，至多两个部分。〕但是这样一来，你是否相信我们在月面上看见的那些大斑点是海洋，而其相对亮的部分是陆地，或类似陆地的东西呢？

萨耳维亚蒂：你现在问我的，是我认为关于月亮和地球之间所存在的第一个差别，这一点还是赶快讲掉的好，因为我们在月亮上耽得太久了。现在我说，如果自然界只存在着一个方式使两种表面被日光照上时，一个显得亮些，另一个显得暗些，而且这是由于一个表面是陆地，另一个是水的缘故，那么我们就非得说月面一部分是陆地，一部分是海。但是由于我们知道还有别的方式可以产生同样效果，而且可能其他我们不知道的方式可以产生同样效果，我就不敢大胆肯定月亮上存在着这种方式，而不存在着另一种方式。

我们已经看到，一只银盘擦亮之后就会由白变黑；地球的海洋部分比干燥的陆地部分暗些；在山岭上，有树木的部分看上去比空旷或不毛之地看上去要黑得多，因为树木投出大量的阴影，而空地则被日光照到。这种光影的混合效果是非常显著的，因此在一块有凹凸花纹的丝绒上，修剪过的丝头看上去要比没有修剪过的暗得多，因为剪过的丝缕之间存在着影子；同样，纯色丝绒比用同样的丝织出的绸子要暗得多。所以如果月亮上有什么类似丛林的东西的话，它们的外表很可能就像我们看见的那些斑点一样。如果它们是海洋，也会产生同样的差别。最后，没有任何东西能够使这些斑点不比其余部分的颜色真正要深暗些，因为积雪就是这样使山岭变得明亮起来的。

◀ 月亮的深暗部分是平原，明亮部分是山岭。

月亮上清楚看得见的是，那些较为黑暗的都是平原，其中很少有什么岩石坡地，虽然有些地方有一点。余下较明亮的部分都充满了岩石、山岭、环形山和其他形状的山，特别是在斑点周围环绕着许多大山脉。这些斑点都是平原，我们是肯定的，这是由于我们观察到那些隔开光影部分的分界线在横过这些斑点时显得很整齐，而在横过那些明亮部分时则有残缺和锯齿。但是我不知道，这种表面的平坦单靠它本身是否能引起表面的黑暗，而且我比较认为是不能的。

◀ 环绕月亮上那些斑点的，是长长的山脉。

◀ 月亮上并不产生像我们地球上的东西，而是不同的东西——如果月亮上真的存在着生长的话。

和这一点完全不相干的是，我认为月亮和地球有很大的区别。虽然我自己想象月亮上的世界并不是静止的和死的，可我并不认为那上面有生命或者运动，更谈不上有如我们这里的草木鸟兽或其他东西生长出来。即使有，也是和我们这里的大不相同，而且远不是我们能够想象得到的。我比较倾向于相信这一点，因为第一，我认为月球的材料并不是陆地和水，而单单这一点就足以阻止类似我们这里的生长和变化出现。但即使假定月亮上有陆地和水，反正有两条理由可以认为月亮上不会有像我们一样的草木鸟兽。

▶ 月亮不是由陆地和水组成的。

第一条是太阳的方位变动对我们地球上的种种不同物种非常必要。没有这些方位变动，物种根本就不能生存。而太阳对地球的这种作用，和太阳对月亮的这种作用，有着很大的不同。拿太阳每天的照明来说，我们在地球的一日一夜大多是二十四小时，但是月亮上同样的一日一夜却要一个月。太阳用以引起四季之分和日夜长短不同的周年起落，在月亮上一个月就完成了。而且对我们来说，太阳的周年起落则非常之大，在最大和最小的平纬度之间存在着 47 度的差别(和两个回归线之间的距离一样)，而对月亮来说，它的差别只有十度或者比十度还小一些，这就是月亮轨道对黄道而言的最大纬线度数。

▶ 我们物种所依赖的太阳的方位变动，和太阳对月亮的方位变动并不是一样的。

▶ 月亮上通常的一天要有一个月之久。

▶ 对月亮来说，太阳的最高点和最低点相差十度；对地球来说，则相差四十七度。

现在你想想，太阳如果连续不停地十五天把它的光线射到月亮的热带上，那将会是怎样的情形。不用说，所有的草木和鸟兽都会毁灭掉。因此，如果月亮上存在着什么物种的话，那一定是和我们眼前的这些草木鸟兽完全不同。

第二条，我肯定月亮上没有雨，因为月亮上某一地区如果像地球周围一样有云集合的话，这些云就会遮着我们在望远镜中看见的某些事物。简言之，月亮的景象在某些方面将会有所改变。这种效果在我的长期和频繁的观察中从来没有见到过，我发现的总是一种很单纯和均匀的宁静。

▶ 月亮上无雨。

萨格利多：关于这一点，我们不妨回答说，月亮上可能有很重的露水，或者在夜间下雨。这就是说，当太阳没有照着它的时候。

萨耳维亚蒂：如果根据其他的现象，我能找到月亮上有类似我们这里物种的一些标志，而只是缺乏下雨的现象，我们将能找出下雨或者别的代替下雨的条件，如埃及靠尼罗河水的泛滥那样。但是既然在那需要产生同样效果的许多条件中，没有一件任何类似我们这里的事件被发现过，那又何必操心引进仅仅一个条件呢，而且连这个条件也不是根据确定的观察得来的，仅仅根据一种可能性。再者，如果有人问我，根据我的基本知识和天然理性，我对月亮上面产生同于或异于我们这里的事物的问题有什么看法，我将永远回答说，“很不相同，而且完全是我们无法想象的”。原因是，在我看来，这样才配合得上自然界的无比丰富和造物主、宇宙主宰万能的说法。

萨格利多：我一直觉得，有些人想要以人类的能力来衡量自然界所能做的事，未免过分冒失了。相反，自然界没有任何一个效果，即便是最微细的，能为我们最有才智的理论家所全面理解的。这种狂妄的自命懂得一切事物只有一个基础，就是他们从来没有理解过任何事物。因为一个人只要对充分理解一件事物有过一次体验，并且真正尝到取得真知的甜头，他将会承认自己在无数的其他真理面前什么也不懂得。

◀ 由于永远不能对任何事物取得全面的了解，有些人反而自命什么都懂。

萨耳维亚蒂：你的论述完全有道理。为了证实这一点，我们有那些的确懂得一点或曾经懂得一点真理的人作证。这些人愈懂得多，就愈加认识到并坦然承认自己懂得很少。希腊人中那位最有智慧的人，正如神示中所宣告的那样，就公开说他认识到自己什么都不懂得。

辛普里修：那么，我们不得不说，或者神示在说谎，或者苏格拉底在说谎了，因为神示宣称他是最有智慧的人，而苏格拉底却说他知道自己是最最愚昧的。

萨耳维亚蒂：你这个不并立的两条，没有一条有根据，因为神示中所说和苏格拉底说的，都可以是对的。神示认为苏格拉底比所有其他人更有智慧，而人的智慧总是有限的。苏格拉底认识到自己一无所知是针对绝对智慧而说的，而绝对智慧是无限的。由于多与少作为无限的一部分是一样的，或者说，同样等于零(因为不管我们积累若干个数、若干十数或者若干零数，都毫无区别地达不到无限大)，所以苏格拉底认识到自己的有限知识和他所缺乏的无限知识等于零，这是很对的。但由于人类中间总还有些知识，而这些知识并不是平均分配给每一个人的，苏格拉底就可以比别的人分有更多一点的知识，这一来就证实了神示的回答了。

◀ 神示认为苏格拉底最有智慧是对的。

萨格利多：我觉得我很理解这一点。辛普里修，在人类中间存在着行动的能力，但是这种行动能力并不是平均分配给每一个人的。一个皇帝的行动能力无疑要比一个私人的能力要大，但两者和万能的神比起来，他们的能力就都等于零了。人里面有些人比别人更懂得农事，但是懂得在沟里种一棵葡萄藤，怎样能比得上懂得怎样使葡萄藤生根，吸收营养，从营养中汲取一些宜于长叶子的部分，另外一些宜于形成卷须的部分，这是给一串葡萄的，那是给皮的？上述这一切全都是大智大慧的大自然的业绩，而这一功绩只是大自然无数业绩的一个单独的具体事例，但单从这一事例就可以看出无限智慧。因此我们可以总结说，神的智慧是无限的。

◀ 神圣的知识无限。

萨耳维亚蒂：这里是另一个事例。我们不是说，在一块大理石中发现一座美丽雕像的艺术，使得米开朗琪罗的天才高出常人的心灵不可以道里计吗？然而这项工作不过是模仿一个不动的人的外在的、表面的肢体的一个姿态和位置罢了。这样看来，这座石像和大自然所造的人比起来又算得了什么呢？人是由这么多的肢体，外在的和内在的肢体，这么多的肌肉、腱、神经、骨头组成，可以做出这么多的而且这么不同的动作。而且对于人的那些感觉，对于他的心灵能力，最后还有他的理性，我们又将怎么说呢？我们可不可以说，创造一座塑像比起创造一个活人，甚至一个最低等的虫豸来，都要差上无限倍呢？

◀ 米开朗琪罗的崇高天才。

萨格利多：还有在亚基达斯的鸽子[①]和一个天然的鸽子之间，你认为有什么区别呢？

辛普里修：要么是我的理解力不够，要么是你的这个论证里面存在着明显的矛盾。在你的许多伟大赞颂中，即使不是最大的赞颂，是你对人类理解力的赞颂，这是你归之于天生的人的。而在以前不久，你却同意苏格拉底的说法，人的理解力是等于零的。这一来，你就弄得只好说连大自然也不懂得怎样创造一个能理解的理性了。

▶ 就深入方面来看，人懂得很多，就广泛方面来看，则懂得很少。

萨格利多：你的论点提得很尖锐。为了回答你提出的反对，最好是借助于一个哲学上的区别，说人的理解力可以分为两种形态，一种是深入的，一种是广泛的。所谓广泛的，就是指可理解的事物的数量而言，可理解的事物是无限的，而人的理解力，即使懂得了一千条定理，也算不上什么；因为一千对无限来说，仍等于零。但是从深入方面来看人的理解力，单就深入这一词是指完全理解某些定理而言，我将说人的理智是的确完全懂得某些定理的，因此在这些定理上，人的理解力是和大自然一样有绝对把握的。这些定理只在数学上有，即几何学和算术。神的理智，由于它理解一切，的确比人懂得的定理多出无限倍。但是就人的理智所确实理解的那些少数定理而言，我相信人在这上面的知识，其客观确定性是不亚于神的理智的，因为在数学上面，人的理智达到理解必然性的程度，而确定性更没有能超出必然性的了。

辛普里修：你这番话听来非常勇敢而且大胆。

▶ 上帝的认识方式不同于人的认识方式。

▶ 人的理解是通过推理而取得的。

▶ 定义实际上包括了所说明的事物的一切性质。

萨耳维亚蒂：这些都是很平凡的定理，一点谈不上什么勇敢或者大胆。这些丝毫无损于神的智慧的伟大庄严，正如说上帝不能收回已经做了的事，丝毫不损害到上帝的万能一样。但是我问你，辛普里修，你的疑心是不是由于你把我的话当作是模棱两可呢？所以，为了把我的话解释得更清楚些，我说关于数学证明所提供的真知，这是和神的智慧所认识到的真知是一样的。但是我将老实向你承认，上帝认识的定理是无限的，而我们只认识其中少数几个。上帝认识无限定理的方式比我们的认识方式要高明得不知多少倍。我们的方法是根据推理逐步从一个结论进展到另一个结论，而上帝的认识方法则是靠单纯的直觉。举例说，我们为了取得关于圆周的某些性质的知识，是从最简单的性质开始，然后把这个作为圆周的定义，通过推理进而认识到另一种性质，再从这里进至第三种性质，接着第四种性质，这样地推下去。但是神的理智，依靠对圆周本质的一种单纯的领悟，就能经过简单的推理，知道圆周无限的性质。其次，所有这些性质实际上都已经包括在关于万物的定义里。而到了最后，这些性质虽说是无限的，可能在本质上以及在神的心灵里只是一个。上述这一切性质对于人类心灵也不完全是陌生的，但是它是被浓云密雾

① 亚基达斯的鸽子，古代著名的自动器，由毕达哥拉斯的信徒制成。

笼罩着，而只有当我们掌握了某些结论，并且充分地确定了这些，轻松地占有了这些，使我们能够很快地温习一遍，这些浓云密雾方才部分地被驱散和澄清。因为，归根到底，斜边的平方等于另外两边平方之和，比起两个平行四边形的底边相等，两边平行，则面积相等，又多出什么呢？而这后一条定理说到后来不是和两个面积叠加起来并不增加而是包围在同一界限内，则面积相等的定理一样吗？这些进展，我们的理智是一步步很吃力地取得的，但在神的理智做来则像一刹那的电光一样。这等于说万物都在神的面前。

◀ 无限的性质也许只是一个性质。

◀ 人类理智在时间上取得的各种进展，在神的理智做来只要一刹那，因为这些进展一直就在神的面前。

我从这一点而得出结论说，神的理解力超出我们的理解力无限倍，不但在理解事物的数目上如此，在理解的方式上也是如此；但是我并不把人的理解力贬低到绝对无能的程度。不，当我盘算到人类曾经理解过，探索过，并设计过多么神奇的和多少神奇的事物，我只有很清楚地认识到并且懂得了人类心灵是上帝的成绩之一，而且是最优秀的成绩。

萨格利多：我自己有多次也以同样的心情盘算过你现在说的那些问题，想到人类心灵可以变得多么敏锐。而当我历数了人类在艺术上和文学上所发明的那许多神妙的创造，然后再回顾一下我的知识，我觉得自己简直是浅陋之极。我固然远远谈不上能发明什么新事物，甚至学习过去已经发现的事物也做不到，以致感到自己很愚蠢，感到茫然无措和失望。当我看一座美妙的雕像时，我心里说："你几时才能够剔除一块大理石的赘余部分，而把藏在里面的这样可爱的身段显示出来呢？你几时才会懂得怎样调和不同的颜色，并把它们涂在一块画布或者一片墙上，像一个米开朗琪罗，一个拉斐尔，或一个泰坦那样，用它们来重现一切可看见的事物呢？"人类安排了音程，并为了取悦我们的耳朵而制定了控制音程的规范和法则，看看人类在这些方面的创造发明，我怎么能使自己不感到惊异呢？对于这么多的而且各不相同的乐器，我将怎么说呢？任何人在专心研究概念的发明和阐释之余，读一读那些美妙的诗人作品，他心里该充满多么大的崇敬！还有建筑学，我将说什么呢？对航海术又将怎么说呢？

◀ 人类理智无比敏锐。

但是超出一切重大发明的是那个发明文字的人的崇高心灵，他竟然想入非非地发明一种方法能把自己最深藏的思想传达给任何别的人，尽管隔离开巨大的空间和时间！他能和那些远在印度的人谈话；和那些还没有出生的人，和还要等一千年，等一万年才出生的人讲话；而且多么方便，只靠在一页纸上二十六个不同字母的不同排列就行了！

◀ 文字的发明是最重大的发明。

这段话就作为人类一切可钦佩的发明的结束语和我们今天讨论的收尾。现在最热的时间已经过去了，我想萨耳维亚蒂也许愿意坐一条小船来享受一下夜晚的清凉。明天我将盼望你们二位光临，以便能继续现在开始的讨论。

（第一天完）

伽利略正在演示自己制作的望远镜。

第　二　天

· The Second Day ·

我会觉得如果有人认为，为了使地球保持静止状态，整个宇宙应当转动，是不合理的；试想有个人爬上你府上大厦的穹顶想要看一看全城和周围的景色，但是连转动一下自己的头都嫌麻烦，而要求整个城郊绕着他旋转一样。这两者比较起来，前者还要不近情理得多。

Serenissimo Principe.

Galileo Galilei Humilissimo Servo della Serenità Vostra invigilando assiduamente, et con ogni spirito per potere non solamente satisfare al carico che tiene della lettura di Matematica nello Studio di Padova,

Con havere determinato di presentare al Serenissimo Principe l'Occhiale et s'è per essere di giovamento inestimabile per ogni negozio et impresa marittima o terrestre stimo di tenere questo nuovo artifizio nel maggior segreto et solamente a disposizione di Vostra Serenità. L'Occhiale cavato dalle più recondite speculazioni di prospettiva ha il vantaggio di scoprire Legni et Vele dell'inimico due hore et più di tempo prima che egli scuopra noi et distinguendo il numero et la qualità dei Vasselli giudicare le sue forze pallestirsi alla caccia al combattimento o alla fuga, o pure ancora nella campagna aperta vedere et particolarmente distinguere ogni suo moto et preparamento.

Adì 7. di Gennaio

Giove si vedde così

Adì 8 così

era dunque diretto et non retrogrado

Adì 10. si vedde in tale costituzione

Il 13 si veddono vicinissime a Giove 4 stelle ... o meglio così

Adì 14 è nugolo

Il 15 ... la prossima a Giove era la minore la 4.a era distante dalla 3.a il doppio in circa

Lo spatio delle 3 occidentali non era maggiore del diametro di Giove et erano in linea retta.

[illegible]

萨耳维亚蒂： 昨天我们的插话太多，而且太长，不知道岔到什么地方去了。如果你们不帮助我回想一下昨天讨论的主题，我将不知道从何说起。

萨格利多： 你感觉弄得有点乱了，这并不稀奇，因为你既要盘算什么东西已经讲过了，又要盘算什么东西还没有讲过，脑子里忙不过来。可是我只是一个听众，只记得我听到的那些，所以也许我能够把昨天的讨论扼要地向你叙述一下，使你回到正题上来。

现在回想一下，昨天的讨论总括起来可以说是对下面两种意见的初步考察，看哪一种意见比较可靠和合理。第一种意见认为天体是不生、不灭、不变的，总之除了位置移动而外没有任何变化，因此是一种第五原质[①]，和我们的可生、可灭、可变的物体是迥然不同的。另一种意见则打破了这种物与物之间的悬殊，认为地球也和宇宙间其他主要天体同样完善。一句话，地球和月亮、木星、金星或其他行星一样，也是可以运动的运动天体。后来我们在地球和月亮之间作了许多详细的对比，也许是由于月亮离我们的距离不是那么遥远，拥有较多和较好的感觉证据的缘故。现在我们已经最后证明，这第二种意见比第一种意见较为可靠，我们下一步似乎应当考察一下，地球是否如许多人到目前为止所相信的那样，是不动的；还是如许多古代哲学家所相信的那样，以及晚近一些别的人所认为的那样，是在运动着；而且，如果地球是在运动着，它的运动将会是怎样的一种运动。

萨耳维亚蒂： 现在我总算看清我们一路走来的那些路标了。但是在我们重新开始和继续谈下去之前，我应当告诉你，我对你最后讲的那一点，说我们已经作出了结论，赞成地球和那些天体具有同样性质的说法，我是有意见的。因为我并没有作出这样结论，正如我对任何其他争论的问题不作决定一样。我的原意只是援引那些论据，并且回答那些到目前为止为别人所想到的问题和解决办法（包括我经过长期考虑所想起的几条），对双方都无所偏袒，然后让别人亲自来判断，来决定。

萨格利多： 我是受了自己感情的支配，以为我心里觉得没有错的，别人也会觉得没有错，所以把个别的结论说成是公认的结论。这的确是我的错误，特别是辛普里修就在我们面前，他是什么看法，我就不知道。

辛普里修： 我坦白告诉你们，昨晚我整夜都在盘算白天的那些讨论，的确发现这些讨论里面含有很多的妙论，既新奇又有力量。可是，我仍旧对

◀ 在这页手稿上，伽利略首次记录了对木星卫星的观察。木星卫星的发现颠覆了人们认为所有天体都必须围绕地球转的观点。

---

① 第五原质是土、水、气、火以外的一种天体原质，亚里士多德在《天论》中称这种原质为以太(aither)。

这许多伟大的学者深为钦佩，特别是……你摇头，萨格利多，而且笑了，好像我说了什么蠢话似的。

萨格利多：我不过笑一下，可是请相信我，我所以抑制不住自己要笑，是因为这使我想起没有多少年前我和几个朋友亲眼看见的一幕情景。在这件事情上，那些人的名字我都可以告诉你。

萨耳维亚蒂：也许你还是把这件事情讲出来吧，省得辛普里修一直认为你是针对着他而发笑的。

萨格利多：我很愿意如此。有一天我在威尼斯一位很有名的医生家里，看见有许多人都在看一个人进行人体解剖，那些人有些是为了学习而来的，有些则是偶然出于好奇心来的。这位解剖者不但是一个粗细和熟练的解剖学家，而且的确很有学问。那一天他刚巧在探索神经的起源，因为在这个问题上盖仑派[1]和逍遥学派医生之间争论得简直不可开交。那位解剖学家证明给大家看，那一大束神经离开脑部经过颈背，沿着脊椎骨向下伸展，然后分布到全身，而且只有一股像线一样细的神经接到心脏。他然后转向一个他知道是逍遥学派的哲学家（那天他就为了这个哲学家在座而把这次的种种表演和证明做得格外仔细），问这个人最后是不是满意了，是不是信服神经发源于脑部，而不是发源于心脏？那位哲学家考虑了一会之后回答说："这件事情你使我看得非常清楚，如果不是因为亚里士多德的课本上讲的和这相反，我将不得不承认它是事实。"

▶ 亚里士多德和医生们对神经起源的看法。

▶ 一个哲学家对于神经起源的可笑回答。

辛普里修：先生，你要知道这件关于神经起源的争论，并不如某些人主观想象的那样已经解决了。

萨格利多：当然，在那些反对者的头脑里，是永远不会解决的。但是你这样说，丝毫挽救不了这位逍遥学派回答的荒唐可笑；他为了抵制感觉经验，并不援引亚里士多德的实验或者论证，而是单靠他自己说了算。

辛普里修：亚里士多德所以拥有这样高的权威，只是因为他的证明非常有力，他的论证非常深刻。可是一个人必须懂得他，不但懂得他，而且要对他的那些著作非常熟悉，才能心中有数，把他的每一句话都印在脑子里。他的书并不是写给一般人看的，他也不是非得用那种琐细的平常方法把他的三段论法贯串起来。他用的是一种排列法[2]，有时候把某一命题的证明杂在好像谈论别的问题的文章里面。所以一个人必须对他的整个宏伟规划有所领会，而且能够把这一段话和那一段话合起来看，把这儿的一段文字和另一段离得老远的文字凑在一起看。毫无疑问，哪一个掌握了这套本领，将能从亚里士多德的著作中找到一切能够知道的证明，因为那里面什么都有了。

▶ 学好亚里士多德哲学的条件，必须懂得他的方法。

萨格利多：亲爱的辛普里修，既然你对把东西到处乱放不觉得厌恶，既然

① 盖仑(Claudius Galen)，希腊医学家(公元130—200?)。

② 辛普里修在这里故意卖弄数学名词，但不伦不类，相当可笑。

你相信把五花八门的片段文字集拢来就能够从中挤出精华，那么你和其他勇敢的哲学家处理亚里士多德文章的办法，我也同样可以用来处理维吉尔和奥维德[①]的诗歌，把他们的诗凑成许多集句体诗，用来解释人间万事万物和自然奥秘。可是为什么我要提到维吉尔或别的诗人呢？我有一本小书，比亚里士多德的书或者奥维德的诗集还要简单得多，里面包含有全部的科学，而且只要稍微学习一下就可以从它里面形成最完整的思想。这就是字母，敢说任何人只要能够把这个母音或那个母音，和这些辅音或那些辅音适当地相互连接和排列起来，就能从里面挖掘出对于任何问题的最正确的解答，并且从里面得到关于一切艺术和科学的教导。一个画家也正是这样做的，他在调色板上分别放着各种不同的单色颜料，把这种颜色弄一点，那种颜色弄一点，调一下色，又再蘸上少许别的颜色，就画出人物、草木、房屋、飞禽、虫鱼来，总之他的调色板上并不放什么眼睛，或者羽毛，或者鱼鳞，或者树叶，或者石头，就能画出任何眼睛看得见的东西。的确，在那些颜色里面实际上必不能含有那些要模仿的东西，或者它们的一部分，如果你要能够画出万事万物的话。举例说，如果颜色里面有羽毛，你就什么都画不了，只能画飞鸟或者鸡毛掸帚了。

◀ 有个聪明办法，可以使人从任何一本自己喜欢的书里学到哲学。

萨耳维亚蒂：还有某些现在还健在的先生们，有一次去听某博士在一所有名的学院里演讲。这位博士听见有人把望远镜形容了一番，可是自己还没有见过，就说这个发明是从亚里士多德那里学来的。他叫人把一本课本拿来，在书中某处找到关于天上的星星为什么白天可以在一口深井里看得见的理由。这时候那位博士就说："你们看，这里的井就代表管子，这里的浓厚气体就是发明玻璃镜片的根据，最后还谈到光线穿过比较浓厚和黑暗的透明液体使视力加强的道理。"

◀ 望远镜的发明是从亚里士多德那里学来的。

萨格利多：这种"包罗"一切可知事物的论调，和说一块大理石里面含有一座美丽雕像或者一千座雕像完全一样，但是整个关键在于能揭露这些。我们不妨说这种论调甚至更像乔基姆[②]的预言，或者异教里求神问卜所得到的答案。这些预言和答案只有在它们预示的事件发生之后才能懂得。

萨耳维亚蒂：你为什么不提到那些星相学家的预言呢？那也是在事情出现以后才在他们的占星图里（或者不如说星体分布图里）清清楚楚地看出来的。

萨格利多：那些炼金术士就这样由于狂热的驱使，发现世界上最伟大的天才写的那些作品，实际上都是谈的炼金术。但是，为了不使世俗人等觉察到，他们都想入非非地以各种伪装把这个问题掩饰起来，这个人用

◀ 炼金术士把诗人的无稽之谈理解为炼金的秘诀。

---

① 维吉尔，罗马诗人，史诗《伊尼德》的作者（公元前70—前19）；奥维德，罗马诗人，《变形记》的作者（公元前43—公元17）。

② 乔基姆(Joachim)，12世纪时一个主教，他的著作被认为带有预言性质。

这种方式,那个人用另外一种方式。听听他们怎样解释古代的诗人,揭示诗人讲的故事[①]里所蕴藏的重要奥秘,真是好笑——月神的爱指什么,她下凡来找恩底弥翁意味着什么,她为什么不喜欢阿克蒂昂;朱庇特自己化为一阵金雨或者一道火焰,意义何在? 墨丘利那个使者,普路托的绑架和金枝,这里面含有多么重要的炼金秘诀啊!

辛普里修: 我相信,而且多多少少也知道,世界上是不乏一些冲昏头脑的人的,但是他们的愚蠢不应当归咎于亚里士多德,而你们有时候讲起亚里士多德来好像太不尊敬了。单以年代久远而论,以及他在那许多煊赫的思想家中间所享有的崇高声誉,应当使他在所有学者中间得到足够的尊敬。

萨耳维亚蒂: 实际的情况并不完全如此,辛普里修。亚里士多德的信徒们有些过分胆小了,以至于给了我们低估亚里士多德的机会(或者说得更确切一点,如果我们相信他们的那些无聊的话,就给了我们以可乘之机)。你说说,难道你真的这样深信不疑,以至于不能理解到,如果亚里士多德当时在场,听见那位博士把他说成是望远镜的发明者,他是不是会比那些嘲笑那位博士和他那些解释的人,感到更加气愤呢? 你难道会怀疑,如果亚里士多德会看到天上的那些新发现,他将改变自己的意见,并修正他的著作,使其能包括那些最合理的学说吗? 那些浅薄到非要继续坚持他曾经说过的一切话的那些鄙陋的人,难道不会被他抛弃吗? 怎么说呢,如果亚里士多德是他们所想象的那种人,他将是顽固不化、头脑固执、不可理喻的人,一个专横的人,把一切别的人都当作笨牛,把他自己的意志当作命令,而凌驾在感觉、经验和自然界本身之上。给亚里士多德戴上权威的王冠的,是他的那些信徒,他自己并没有窃取这种权威地位,或者据为己有。由于披着别人的外衣藏起来比公开出头露面方便得多,他们变得非常胆怯,不敢越出亚里士多德一步。他们宁可随便地否定他们亲眼看见的天上那些变化,而不肯动亚里士多德的天界一根毫毛。

▶ 亚里士多德的信徒们,由于过分地想要抬高他的声誉,反而损害了他的声誉。

萨格利多: 这种人使我想起那个雕刻家来,他把一大块大理石雕刻成一座赫尔克里士[②]的像,或者一座发怒的裘夫[③]的像(我记不起是哪一个了),而且艺术手腕是那样精致,雕刻得那样栩栩如生,那样威武,使人人看见这座雕像都心怀畏惧,而他自己也变得害怕起来。虽然雕刻得这样生动有力完全出自他的亲手,但他怕得这样厉害,以致再也不敢加以斧削了。

▶ 某个雕刻家的可笑故事。

萨耳维亚蒂: 我时常弄不懂,那些坚持亚里士多德的一词一句的人,怎么

① 这里提到的均为希腊罗马神话中的诸神、人物以及一些故事。

② 赫尔克里士,希腊神话中最勇猛的英雄。

③ 裘夫,罗马主神。

会看不出他们对于亚氏的声望是多大的妨碍。他们越是想抬高他的权威地位，实际上就越贬低了他的权威性。有些命题我自己明明知道是错的，他们却顽固地予以支持，要说服我相信他们的这种做法是真正的哲学，连亚里士多德本人也会这样做。看到这种情形时，我反而深深怀疑到亚里士多德对那些我认为比较深奥难解的哲学问题，是否也讲得对头了。如果我看见他们对一些明显的真理让步并且改变自己的看法，我将会相信他们所坚持的那些哲学见解，那些我不懂的或者没有听见过的哲学见解，可能是掌握了充足的证据的。

萨格利多：的确，从另一方面说，如果他们认为承认别人发现的这种或那种结论是他们所不知道的，就大大危害了他们自己的和亚里士多德的声誉，是否还是采用辛普里修推荐的做法好些？那就是从亚氏的著作中把他关于这些问题的各种结论搜集到一起，其流毒将会少得多。因为如果一切可以知道的事情在这些著作中都有了，那么这里面肯定都找得到。

萨耳维亚蒂：萨格利多，你这个谦虚的建议，听上去好像带有讽刺口吻，但是可不要小看了它。因为不久以前一位有名的哲学家写了一本论灵魂灭与不灭的书，在讨论到亚里士多德在这方面的意见时，他除掉那些已经被亚历山大[①]引用过的亚氏原话外，还举出了许多别的亚氏原话。根据这些原话，他断定亚里士多德对灵魂灭与不灭问题连碰都没有碰到，更谈不上作出什么结论。他还举出另外一些亚氏的话，是他自己从亚氏一些最冷僻的文章里发现的，而这些都倾向于否定方面。有朋友劝他，说这样写恐怕会使这本书出版时不容易弄到许可证，他回信说没有关系。他仍将很快地获得出版许可证，原因是如果没有碰上其他障碍，他会毫无困难地改变亚里士多德的学说。因为根据一些别的亚里士多德的原话和别的阐释，他可以提出相反的意见，然而仍旧和亚里士多德的意思相合。

◀ 一位逍遥学派哲学家的方便决定。

萨格利多：啊，这位博士可了不起啊！我对他真是佩服得五体投地。因为他并不让自己受亚里士多德牵制，而是牵着亚里士多德的鼻子走，使亚里士多德的话适合自己的目的！你们看，懂得抓紧时机多么重要！在赫尔克里士受制于复仇女神并且发怒时，一个人是不应当出面和他打交道的，而是应当在他和吕地亚少女们一起讲故事时和他打交道。

啊，那些思想浅薄的人，他们的卑鄙真使人无法形容！甘心情愿做亚里士多德的奴隶，把他的什么话都奉为圣旨，一点不能违反。把亚里士多德看作是恩师，对那些他们自己都弄不懂其写作意图或者用来证明什么结论的论据，都称为非常"有力"，"理由十分明显"，自己深信不疑！可是在他们自己人中间，他们对亚里士多德本人究竟站在肯定方面还是否定方面，甚至都抱有怀疑，这岂不是到了更疯狂的地步吗？你们看，这

◀ 亚里士多德的某些信徒是胆小鬼。

① 亚历山大(Alexander)，公元2世纪末一位著名的亚里士多德派哲学家和注释者。

算是什么名堂，等于把一段木头奉为神圣，向木头寻求答案，向木头表示畏惧、尊敬和钦佩！

辛普里修：可是如果亚里士多德应当抛弃，试问我们在哲学上还有什么向导呢？你们提几个人看。

萨耳维亚蒂：我们在树林里，在陌生的地区需要向导，但是在平原，在开阔的地方，只有瞎子才需要向导。这种人还是待在家里的好，可是任何人只要长一双眼睛，有一个头脑，就足够做他们的向导了。我这样说，并不意味着一个人不应当倾听亚里士多德的话；老实说，我赞成看亚里士多德的著作，并精心进行研究；我只是责备那些使自己完全沦为亚氏奴隶的人，变得不管他讲的什么都盲目地赞成，并把他的话一律当作丝毫不能违抗的神旨一样，而不深究其他任何依据。这种坏学风还带来另一种很大的混乱，那就是使旁人也不想多花点气力来弄懂他的证明有没有力量。在公开辩论时，当有人正在讲述着一个可以证明的结论时，他的话却被一个反对者打断了，用一段亚氏原话堵着讲述者的嘴（这段原话时常是为了完全不同的目的而写的），试问还有比这种做法更引起人们反感的吗？倘使你当真要用这种方法进行研究，那就得把哲学家的名字放在一边，自称是历史学家或者记忆学家好了，因为一个人自己不研究哲学，就不配窃取哲学家的光荣称号。

▶ 对亚里士多德过分推崇，等于亵渎。

▶ 那些从来不研究哲学的人，就不配窃取“哲学家”的称号。

但是我们还是回到岸上来吧，否则的话，我们就会被卷进渺无边际的大洋里，整天也出不来了。所以，辛普里修，你还是提出论证和证明来吧（不论是你的或者亚里士多德的都行），可是不要只是引些原文和光杆子的权威，因为我们必须联系感觉世界来谈，而不能纸上谈兵。既然昨天讨论下来，地球已经被从黑暗中拎了出来，放在光天化日之下，而且那种要把地球列为天体之一的企图，看上去并不是那样一个无望的和无力的命题，一点生命的火花都没有，我们就应当接下去讨论另外一个命题，即认为地球就其整体而言可能是固定的，完全不动的，同时看看有什么法子使地球运动，而且是怎样的一种运动。

▶ 感觉世界。

现在因为我对这个问题还拿不定主意，而辛普里修则是和亚里士多德一样，决心站在地球不动说一面，他应当把他所以采取这种看法的理由一步一步地讲出来，而我则从相反的方面来回答并举出论据。萨格利多则应当告诉我们他自己有些什么想法，并且倾向于哪一方面。

萨格利多：这样对我很合适，但要让我保留根据常识随时提出意见的自由。

萨耳维亚蒂：这个当然，而且我特别请求你这样做。因为我相信关于这个问题的作者们，对于那些便当的和所谓比较踏实的理由简直没有漏掉什么，倒是那些我们期望的较为微妙和深奥的道理却付诸阙如。现在要钻研这些道理，还有比萨格利多的尖锐和精辟的才智更适合的呢？

萨格利多：萨耳维亚蒂，你要把我形容成怎样，是你的事，可是请不要把我们卷进另一种闲话——那就是客套一番。因为现在我是个哲学家，而且是在学校里，不是在宫廷里。

萨耳维亚蒂：那么让我们开始这样来考虑问题，就是任何可以归之于地球本身的运动，只要我们始终看着地球上的事物，必然是我们觉察不到的，就好像是不存在一样。因为作为地球上的居民，我们也同样地动着。但是另一方面，这种运动同样必然普遍地显示在一切其他看得见的物体和对象上，因为它们和地球是分开的，所以并不卷入地球的运动。因此要考察什么运动可以说是属于地球的，而且如果属于地球，会是怎样的一种运动，真正的方法就是观察和考虑那些和地球分离的天体，显示出什么属于一切天体的运动迹象。因为一种运动如果只在一个天体（比如说月亮）上面看得见，然而并不影响到金星、木星或其他星体，就只能算是月亮的运动，而绝不可能是地球的或其他星体的运动。现在有一种最最普遍的而且压倒一切的运动，就是日、月、一切其他行星和恒星——一句话，除地球以外整个宇宙都包括在内——看上去作为一个整体在二十四小时内从东到西地运动。这种运动，初看上去，从逻辑上说来，同样可以说是单独属于地球的运动，也可以说是地球以外整个宇宙的运动，原因是这种现象不论是在前一种情况下，或是后一种情况下，都同样地适合。亚里士多德和托勒密充分了解这个道理，所以在他们企图证明地球不动时，对这种周日运动以外的任何其他运动并不驳斥，虽然亚里士多德确曾对一个古代作家归之于地球的另一种运动暗示过不同意。这一点我们到时候再谈。

◀ 地球的运动是居住在地球上的人所不能觉察的。

◀ 除了我们看见的地球以外整个宇宙所共有的运动外，地球别无其他运动。

◀ 周日运动看来是除地球以外整个宇宙的最普遍运动。

萨格利多：我很信服你的有力论证，可是它引起了我的一个问题，使我不知道怎样解决才是。是这样的，哥白尼说地球除周日运动以外，还有另一种运动。根据刚才肯定了的法则，这种运动应当是地球上一切观察始终不能察觉的，但在宇宙的其余部分应当是看得见的。我觉得从这里可以推论说，或者哥白尼把一种并不普遍符合天界现象的运动，说成是地球的运动，那样的话，他就是大错特错了。如果不是这样，而是地球的确具有这种运动，那么托勒密当初没有像他反驳第一种运动那样，也反驳掉这种运动，就同样是错误的了。

萨耳维亚蒂：这一点问得非常有道理。当我们开始讨论这另一种运动时，你将会看出哥白尼头脑之精细和眼光之敏锐要大大超过托勒密，因为托勒密没有看到的，他却看到了——我的意思是说这种运动非常符合天界现象，是被地球以外一切天体都反映出来的。不过目前让我们把这个问题推迟一下，还是回到我们讨论的第一种运动吧。关于这个问题，我将从最一般的观察开始，举出那些好像有利于地动说的理由，然后再听听辛普里修怎样反驳。

首先，让我们单单想一下地球多么微小，而恒星宇宙和地球比起来是多么辽阔无垠，地球放在恒星宇宙里只能算沧海之一粟。如果我们想

◀ 为什么周日运动很可能是地球本身的运动，而不是地球以外的整个宇宙的运动。

想在一天一夜之间整个自转一下所需要的速度，我就没法使自己相信有什么人会认为是宇宙在转动着，而地球则始终处于静止状态。这样说是不合理的，不能令人置信的。

萨格利多：如果自然界中所有受这种运动影响的全部形形色色表象，不论在地球转动或者不动的情况下，所引起的后果全都一样，没有毫发的差别，我从这些表象所得到的总印象仍将是这样：我会觉得，如果有人认为，为了使地球保持静止状态，整个宇宙应当转动，是不合理的。试想有个人爬上你府上大厦的穹顶想要看一看全城和周围的景色，但是连转动一下自己的头都嫌麻烦，而要求整个城郊绕着他旋转一样，这两者比较起来，前者还要不近情理得多。这种新的地动说无疑有许多优点，而且有很大的优点，是地静说所没有的。地静说比起上述那个要求整个城郊围绕自己转动的例子，其荒谬程度有过之而无不及，所以地动说要比地静说可信得多。不过地静说如果有什么优点的话，亚里士多德、托勒密和辛普里修恐怕也应当把这些优点整理一下并提出来，向我们进行反驳。否则的话，那些优点就显然没有，而且不可能有。

▶ 对于具有相等运动的物体来说，运动是不存在的，它只是对没有这种运动的物体才起作用。

萨耳维亚蒂：尽管我对这个问题想了好久，我仍旧找不出有多大分别，因此我觉得不可能有什么差别，所以看起来再找也是徒然。试想，运动作为运动而言，并作为运动在起作用，只是对没有这种运动的物体才存在；在所有具有相等运动的物体中间，运动是不起作用的，而且看去就仿佛不存在似的。一条船装了货物离开威尼斯，经过科孚、克里特、塞浦路斯，开往阿勒颇，情形就是如此。威尼斯、科孚、克里特等等城市始终不动，并不跟着船走，但是船上装的一袋袋、一箱箱、一捆捆货色，与这条船相对而言，从威尼斯到叙利亚的运动是不存在的，而且丝毫不改变它们之间的关系。所以如此，是因为这种运动是它们所共有的，而且全都具有同等的运动。如果从全船货物中，把一只袋子从一只箱子移开一寸，这种移动对这袋货物说来，要比全船货物共同走过的两千海里行程的运动似乎更明显。

辛普里修：这种说法很好，很有道理，而且完全是逍遥学派的理论。

▶ 亚里士多德从古人那里采用了这个命题，但加以篡改。

萨耳维亚蒂：我敢说还要古老一点。而且我怀疑，亚里士多德当初从某一优秀学派的思想中挑选了这一条时，是否完全懂得它。他在自己的著作中把这条加以篡改，是不是在那些想要坚持他的一词一句的人们中间引起混乱的一个原因。当他写道，一切运动的东西都是在某种不动东西上面运动着的，我觉得他只是把那句原话改得模棱两可了，原话是一切运动着的东西都是相对于某些不动的东西而运动的，这条命题不存在丝毫困难，而亚里士多德修改的那条命题困难却很多。

▶ 证明周日运动是属于地球的运动：第一条证明。

萨格利多：请你不要把话头岔开，还是继续原先开始的论证吧。

萨耳维亚蒂：那么，许多运动着的物体共有的运动，对于它们之间的关系显然是不起作用的，无关紧要的，它们之间没有起一点变化。这种运动只是对其他没有这种运动的物体才有效，因为它们之间的位置改变了。现在，我们既然把宇宙分为两部分，一部分必然是运动的，另一部分必然是静止的，那么使地球单独运动和使宇宙的其他一切在运动，就这种运动可能产生的任何效果而言，是同一回事。因为这种运动的作用只表现在天体和地球之间，所改变的只是地球与天体的关系。如果不管地球在运动而宇宙的其他一切停止着，或者地球是固定的而整个宇宙都参与一种运动，所产生的效果恰恰是一样的，那么自然界只要使一个球体环绕自己的中心作适当的运动就可以达到目的了；谁会相信自然界会费那么大的事使无限巨大的天体以不可想象的速度运动呢？要知道一般都公认，自然界能通过少数东西起作用时，就不会通过许许多多的东西来起作用。

◀ 自然界能通过少数东西起作用时，就不会通过许多东西来起作用。

辛普里修：我不大懂得，怎么这样巨大的运动对于太阳、月亮、其他行星以及无数恒星，都等于不存在。你为什么说，太阳从这根子午线到那根子午线，从这条地平线升起又向那条地平线落下，一下带来白天，一下又带来黑夜，都像没有这回事似的？而且对于月亮、其他行星以及恒星也同样地不会引起任何变化。

萨耳维亚蒂：你向我叙述的这些变化，除掉对地球而言以外，都是不存在的。要看出情形确是如此，只要把地球拿开好了，这一来，宇宙内就再没有什么太阳和月亮的升起落下，什么地平线、子午线，什么白天和黑夜了，一句话，这种运动对于太阳、月亮以及任何你愿意挑选的恒星或行星，都不会产生什么变化。所有的变化都是联系地球而言的。所有的变化，除掉太阳有时候在中国上面，接着到了波斯上面，后来又到了埃及上面，希腊上面，法兰西上面，西班牙上面，美洲上面等等而外，都毫无意义可言。对于月亮和其余的天体说来，也同样是如此。因为如果我们不去惊动绝大部分的宇宙，而使地球自转，这种效果也同样地会发生，而且毫发不差。

◀ 所有天体都不会因地球自转发生什么变化，一切变化都可以归之于地球。

现在让我们举出另外一条更大的理由，使地静说碰上双倍的困难。是这样：如果要把这种巨大的运动说成是天体的运动，那么根据所有行星的特殊运动来看，这种运动应当是朝着相反方向的，因为每一颗行星都无可争辩地有它本身的由西向东的运动，虽然这种运动是很温和、很有节制的，但是地球如果不动的话，那些行星就得被赶得朝着相反的方向跑。这就是说，以这种非常快速的周日运动从东向西飞驰。而如果使地球自转的话，这两种运动的对立就取消了，而行星的由西到东的单独运动是符合所有的观察的，并对所有行星都完全适合。

◀ 周日运动是地球的运动：第二条证明。

辛普里修：关于行星的这种对立运动，那是无关紧要的，因为亚里士多德证明，圆周运动不是相互对立的，所以方向相反不能称为真正的对立。

◀ 在亚里士多德看来，圆周运动不是相互对立的。

萨耳维亚蒂：亚里士多德是证明了这一点，还是因为这样说适合他的某些企图呢？如果照他自己声称的那样，对立事物是相互摧毁的，我就看不出沿圆周运动的两个物体碰上时的冲突，比沿直线运动碰上时的冲突，会减轻到哪里去。

萨格利多：请等一下。辛普里修，你说说看，当两个将军在战场上交锋，或者两支舰队在海上碰到，要进攻、击毁和击沉对方的时候，他们的接触是不是可以称为对立的呢？

辛普里修：我要说是对立的。

萨格利多：那么为什么两个圆周运动不是对立的呢？这些运动既然是在陆上或者海上发生的，而海和陆你知道也是圆的，这些运动也就是圆周运动。辛普里修，你知道有什么圆周运动不是相互对立的呢？这是两个外部密切圆，一个转动起来，另一个自然地要向相反方向运动。但是如果一个圆在另一个圆里面，它们如果不是相互对抗的话，就不可能朝着相反方向运动。

▶ 周日运动是地球的运动：第三条证明。

萨耳维亚蒂："对立"或者"不对立"，这些都只是名词之争，但是我知道，就事实而言，任何东西使它保持一种运动状态，要比使它保持两种运动状态简单得多和自然得多，不管你称这里的两种运动是对立的或者相反的。但是我并不假定具有两种运动是不可能的，我也装作要从上述情况引出关于地动说的必要证明，而只是说地动说的可能性要大得多。地静说所以不大可能，可以从下面的事实第三次得到证明：即有些天体的运行不但是无可怀疑的，而且是十分肯定的。在那些天体中间，我们确实看出有一种秩序存在，而地球如果不动的话，这种秩序就相应地瓦解。这种秩序是，轨道越大，旋转一周的时间就越长；轨道越小，时间就越短。因此土星的轨道比其他行星的轨道都大，旋转一周要三十年；木星的轨道较小，旋转一周要十二年，火星旋转一周两年；月亮的轨道小得多，所以旋转一周只要一个月。而且我们看见木星的那些卫星[①]的情形也同样是如此，最接近木星的一个卫星旋转的时间很短，约为四十二小时；其次一个，旋转的时间是三天半；第三个需要七天，而最远的一个则要十六天。而且这种和谐的趋向，如果使地球以二十四小时自转的话，也不会有丝毫改变。可是如果要使地球静止不动的话，那么我们从月球的短短周期逐步过渡到行星的较大周期，最后到火星的两年周期，木星的很大的十二年周期，和土星的更大的三十年周期——那就必然要进一步过渡到另一个大得无可比拟的恒星，使它旋转一周的时间成为二十四小时。你看，这是一个人所能引起的最低限度的混乱，因为如果我们想要从土星过渡到一颗恒星，而后者的体积比土星大得多，对这颗恒星说来，在比例上就只有几千年周转一次的缓慢运动才算合适。从这颗恒星再过渡到另一颗更大的恒星，那就要求来一个更大的脱节，然后才能使这颗恒

▶ 轨道较大的，运行的时间就较长。

▶ 木星的几个卫星的运行时间。

▶ 使高级恒星运转一周的时间为二十四小时，会打乱行星周期的秩序。

① 伽利略发现木星有四个卫星，这个发现在推翻亚里士多德的学说和证明哥白尼的学说上，当时起过重要作用。现在天文学已发现，木星共有十二个卫星。

星在二十四小时内周转一次。但是如果我们假定地球是自转的，星体运行周期的秩序就变得井然了。我们从运行很慢的土星过渡到完全不动的恒星层，这就有法子避免因假定恒星运动所必然招致的第四项困难。这项困难表现在恒星运行速度之间的巨大悬殊，有些恒星将以极快的速度沿巨大的圆周运动着，另外一些恒星则在很小的圈子内缓慢地运动着，全视它们的位置和天球两极的距离远近而定。这的确是一件伤脑筋的事，因为正如我们看见的，所有那些星体的运动，无疑是沿着巨大的圆周在运动，然而那些恒星却被安排得离中心那么远在做圆周运动，而圆周又是那么小，这看上去总不能说考虑得妥善吧？

◀ 第四条证明。

◀ 如果假定恒星层运动，恒星运行就会显出巨大悬殊。

不但这些恒星的圆周大小，以及因此而导致的运动速度，将会和另外一些恒星的轨道以及运动速度相差悬殊，而且同一恒星将会不断改变其自身的轨道和速度（这将是第五项困难），原因是那些两千年前处于天球赤道并因此沿着巨大圆周运动着的恒星，在我们今天却发现离开天球赤道许多度了，这就必须使它们的运动慢下来，并且沿着较小的圆周运动。的确，某些恒星过去一直在运动，总有一天会逐渐接近天层的两极，终于进入全然不动状态，然后又重新开始运动起来，这种情形并不是不可能的。然而与此同时，那些肯定在运动着的行星，正如我说过的，却沿着它们的轨道环绕着很大的圆周，并保持在这些圆周里，位置毫无改变。

◀ 如果恒星是运动的，恒星的运动就有时加快，有时又会减慢〔第五条证明〕。

因为在任何一个明白事理的人看来，广大恒星天层的所谓“坚实性”是令人无法理解的。试想在这些深邃的天层里，牢固地嵌上这么多的恒星，它们相互之间的位置一点不变，然而却要以快慢极端悬殊的运动和谐一致地被带着周转，这岂不是更加不成话吗？这是第六项困难。可是如果恒星天层是流质的（如我们更加有理由可以相信的那样），而每一恒星都可以在其中自由遨游和周转，那么有什么规律可以操纵它们的运动，使其在地球上望去就像是一个天球一样呢？要能做到这样，我觉得假定恒星不动，要比假定它们周转运动有力得多，便当得多，这就像我们计算院子里铺的许许多多砖块，要比计算在砖地上兜着跑的一大堆儿童容易得多一样。

◀ 第六条证明。

最后是第七项困难：如果我们把周日运动说成是最高天层的运动，那么这种运动的力量就必须大到无法比拟，才能带动那数不清的恒星，因为恒星的体积全都非常庞大，比地球要大得多，同时还要带着那些行星运动，尽管行星的运动方向和恒星是相反的。不但如此，我们还得承认火元素和绝大部分的空气也同样被带着走，只有地球这个小小物体对这种力量始终蔑视和抗拒。在我看，这是最大的困难。地球既是一个悬空的球体，以它的轴心保持着平衡，对运动或静止都无所谓，而且上下左右都处在一种流质的包围中，我不懂得为什么它不应当受到上述力量的影响，并且同样地被带着转。如果我们把这种周日运动归之于地球的运动，我们就碰不到上述困难，因为地球和宇宙比起来是一个很小的、微不

◀ 第七条证明。

◀ 地球吊在一个流质体中并保持着平衡，显然抵抗不了周日运动的力量。

足道的物体，对宇宙是不会起什么破坏作用的。

萨格利多：我感到有些混乱的思想在我脑子里转，这是由于听了刚才的一系列论证而激发起来的。为了认真参加下面的讨论，只要有可能，我将试图把自己的这些思想好好理一下，并把它们适当地组织起来。也许，用提问的方式更容易表达些。因此我请问辛普里修，第一，他是否认为，同一个简单的运动体天然地具有各种不同的运动，还是只能有一种运动是它本身的天然运动呢？

辛普里修：一个简单的运动体只能有一种固有的天然运动，不能更多。它所具有的任何别的运动只能是附加的，是由参与而来的。例如当一个人坐船在甲板上走，他自己的运动就是走的运动，而使他进入港口的运动则是他所参与的运动。因为如果船不以其运动把他带进港口，光靠他走是决计不能到达的。

▶ 一个简单的运动体只有一种天然的运动，其他一切运动都是靠参与而来的。

萨格利多：第二，请告诉我：当物体不是因参与而是本身在运动时，这种由于参与而使物体所产生的运动，是否必定存在于某一主体之中，还是不需要任何主体而独立存在于自然界呢？

辛普里修：亚里士多德替你回答了所有这些问题。他说：正如一个运动体只有一种运动一样，一种运动也只有一个运动体。由此可见，除了物体本身所固有的运动外，既不存在，甚至也不能想象有任何运动。

▶ 没有运动的主体，运动就不存在。

萨格利多：现在讲第三点，我想请你告诉我，你是否相信月球和其他行星以及天体都有其本身的运动，而这些又是怎样的运动。

辛普里修：它们都有，就是在黄道带[①]内运行的那些运动——月球一个月运行一周，太阳一年，火星两年，恒星要好几千年。这些都是它们本身的天然运动。

萨格利多：但是，我们看到，恒星及所有其他行星都是东边升起，西边降落，并且每二十四小时又回到东边，你认为这种运动是怎样属于它们本身的呢？

辛普里修：这种运动都是由于参与而具有的。

萨格利多：这就是说，不存在于这些物体之中。可是，既然这种运动不存在于这些物体之中，而没有一个运动的主体，这种运动又不可能存在，那就必须使这一运动成为某个其他天层本身固有的自然运动了。

辛普里修：正因为如此，天文学家和哲学家们发现了另一种更高的天层，这种天层上面没有恒星，但以周日运动为其固有的天然运动。天文学家和哲学家们称它为“原动天”[②]，它带动一切低级的天层，使它们具有并且参与这种周日运动。

① 黄道带指以黄道（ecliptic）为中心向南北各宽九度的带，主要行星和月球都在这带内运动。

② 原动天”（Primum mobile），指古代宇宙哲学中的最高天层，存在于恒星的诸天层之外，过去认为它每二十四小时运转一周，带动着恒星（违反其天然倾向）、行星和月球。

萨格利多：但是，假如万物都能协调一致地运行，而不需要引进其他巨大的、未知的天层，也不需要什么别的运动；假如每一天层只有它本身的简单运动，不掺杂对立的运动，并且万物都朝同一方向运行（在一切都根据一个单一的原则下，情况必然是如此），为什么要排斥这种做法，却去赞同这样古怪的事物和这样勉强的条件呢？

辛普里修：关键在于要找到一个简单而现成的办法。

萨格利多：我看办法是有的，而且很爽快。把地球作为"原动天"，那就是使地球像所有其他天层自转一样，以二十四小时自转。这一来，地球的这一运动既不影响其他行星和恒星，而且所有其他行星和恒星都将照旧有它们自身的升降和其他一切现象。

辛普里修：问题在于要使地球运转而不引起无限麻烦。

萨耳维亚蒂：只要你把它们提出来，麻烦全都消除得了。谈到现在，我们还只是提到一些首要的和最一般的理由，这些理由表明，周日运动属于地球自身而不属于宇宙其他部分，这并不是完全不可能的。我也不是将这些作为神圣不可侵犯的法则，而仅仅作为讲得通的理由向你提出。因为我深深懂得，只要一次单独的实验或与此相反的确证，都足以推翻这些理由以及许多其他可能的论据。所以我认为不应到此为止，还是谈下去，听听辛普里修的回答，看他能否从反对的方面举出什么更大的可能性或更有力的论据。

◀ 一次实验或确证足以推翻所有可能的理由。

辛普里修：首先我要对以上各种看法总的讲一下，然后再谈一些具体细节。

看来，你始终是以更容易和更简单地产生同样的结果为基础的。从因果关系来看，你认为是地球单独在运转，还是地球除外的宇宙其他部分在运转是一样的，可是，从作用的角度来看，使前者运转比使后者运转容易得多。对于这一点，我的回答是，当我考虑到自己的各种能力既有限又薄弱时，我也只能认为是这样。但是讲到宇宙主宰的推动力时，那是无限的，对他说来，推动宇宙同推动地球，或者一根稻草都同样轻而易举。既然这个力量是无限的，为什么不使用大部分力量而只使用小部分力量呢？因此，我认为，这样笼统的论证还不够有力。

◀ 看来，从无限的力中使用大部分比使用小部分更合适。

萨耳维亚蒂：如果我曾说过，宇宙不运动是由于宇宙主宰的力量不够，那么我就错了，而你的纠正也就是及时的了。可以肯定，一个无限的力量要移动十万样东西和移动一个东西同样容易。不过我刚才讲的不是指宇宙主宰，而是指运动体；在运动体中也不是单指运动体的阻力而言，因为地球的阻力当然要比宇宙的阻力小。我指的是刚才讲到的其他具体细节。

◀ 在无限大中一部分不比另一部分大，虽然这两部分之间可以是不相等的。

其次，你谈到从无限力中使用大部分要比使用小部分更合适，我的回答是，对于无限大中的两个部分来说，当这两个部分都是有限时，其中一部分并不比另一部分大；在无限大的数中，不能说十万是比二更大的部分，虽然前者是后者的五万倍。假如使宇宙运转所需要的有限力比使地球单独运转所需要的力大得多，但并不因此就要使用到无限力的大部分，而未被使用到的部分就不成其为无限力。因此，对局部效果来说，力用得多一点或少一点是没有意义的。此外，这种力的作用并不单单只以周日运动为其目标和止境，因为宇宙间还有许多我们已经知道的其他运动，和许多我们还不知道的运动。

所以，如果我们着眼于运动体，不去怀疑假定地球运动比假定宇宙运动要简单得多，并且考虑到由此将获得其他许多简便之处，那么周日运动仅仅属于地球而不属于地球除外的宇宙，其可能性就要大得多。这种设想正符合亚里士多德那句至理名言："在用很少就可以完成的地方却用了很多，是无谓的。"

辛普里修：你在引用这一句话时，漏掉了一小句特别对我们目前讨论极其重要的话，漏掉的一小句是"同样好地"。所以必须考察，这两种假说能不能在各方面都"同样好地"适用。

萨耳维亚蒂：两种假说是否都同样好地适用，在详细考察它们必须适应的各种现象时就可以看出。因为到现在为止，我们已经进行的辩论和将要进行的辩论都是"假说"，假定两种运动都同样适用于解释这些现象。至于在你看来是被我漏掉的那一小句话，我觉得你加得有点多余。"同样好地"这一句话是说明一种关系，这种关系至少涉及两个对象，因为任何一个事物都不可能与这一事物本身发生关系。例如，不能说静止与静止同样好。因此，当我们说"在用很少就可以完成的地方却用了很多是无谓的"这一句话时，这意味着所完成的是同一件事，而不是两件不同的事。既然不能说同一件事同它本身同样好地完成，给一个对象加上"同样好地"这一小句就是多余的。

▶ 给"用很少就可以完成……"这一公理加上"同样好地"是多余的。

萨格利多：如果我们不想重复昨天发生的事情，那么请抓住要点，让辛普里修提出那些在他看来是同宇宙新秩序发生矛盾的事实吧。

辛普里修：这种秩序并不是新的，而是最古老的，在亚里士多德对这一秩序的驳斥中已经证明过了。他反驳的话是：

"第一，不论地球是位于中心自转，或不位于中心沿圆周运行，地球的这种运动都必须是由外力推动的，因为这种运动不是地球的天然运动。假如这种运动是地球本身的运动，那么地球上每一质点也都具有这种运动，然而地球上的每一质点，都是作向心的直线运动的。由于这种运动是由外力所推动，不是天然运动，所以这种运动不可能是永恒的，而宇宙秩序却是永恒的，如是类推。第二，所有做圆周运动的其他一切物体，除原动天以外，好像全都落在后面，并具有一种以上的运动。因此，地球也必然具有两种运动。如果真是这样的话，那么，在恒星中一定存着各种变差。但是我们却看不到这种变差，相反的是，每一星球总是在同一位置升落而没有任何变差。第三，各部分的运动和整个运动是相同

▶ 亚里士多德认为地球是静止的理由。

的，都是天然地向着宇宙的中心。这也证明，地球应处于宇宙中心。”接着，亚里士多德讨论了各部分的运动是向着宇宙的中心，还是仅仅向着地球的中心这个问题。他得到的结论是，它们固有的倾向是向着前者，而只是偶然向着后者，这个问题我们昨天已经详细地辩论过了。然后，他用重物实验作为第四个论据来进一步证实他的结论，即重物自上而下地落下时，垂直于地面；同样，垂直向上抛起的物体，即使被抛得很高，仍沿同一直线落下。这些论据都必然证明，物体向地球中心运动，而地球却完全不动地等待和接纳这些物体。

最后他指出，天文学家们引用了其他许多论据来证实同样的结论，即地球位于宇宙中心，而且是不动的。其中有一点谈到，在恒星运行中所观察到的一切现象，与地球位于宇宙中心这一结论是一致的，如果地球不位于中心，也就不存在这种一致性。托勒密和其他天文学家所引用的其余论据，如果你认为有必要，我现在就可以提出来，或者等你谈出了对亚里士多德的论据的看法以后再提。

萨耳维亚蒂：在这个问题上所提出的论据分为两类。有些属于与星球无关的地球上的事件，另一些则是从天空中的事物的现象和观察而得出来的。亚里士多德的论据大多数是从我们周围的事物中得出来的，他把其他论据留给天文学家了。因此，如果你同意的话，最好先考察那些从地球上实验得出来的论据。然后，我们再讨论另一类论据。由于托勒密以及其他天文学家和哲学家，除了接受、证实和支持亚里士多德的论据外，他们又引用了其他一些论据，为了避免重复相同或相似的回答起见，这些论据可以统统集中起来。所以，辛普里修，假如你愿意的话，请你把这些论据提出来，或者，假如你要我为你解除负担的话，我也可以效劳。

◀ 在地球是动是静的问题上的两类论据。

◀ 除亚里士多德的论据之外，托勒密、第谷和其他人的论据。

辛普里修：还是你提出这些论据来好些，因为你作了更多的研究，手头的论据是比较现成的，而且是大量的。

萨耳维亚蒂：人们都引用重物实验作为最有力的论据，即物体自高空落下时，沿着垂直于地球表面的直线进行，这被看作是地静说的无可辩驳的论据。如果地球具有周日运动的话，那么一块石头从高塔上落下，由于高塔被地球的旋转所带动，在石头落下的时间内，高塔会向东移动几百码，而石头也应该落在离高塔底同样距离的地方。

◀ 第一个论据是从重物自高处落下中得来的。

他们又用另一种实验来证实这一结果，这就是在船静止的状况下，从船的桅杆顶上抛下一只铅球，标记出它所落下的地方——即紧靠桅杆脚。但是如果船在运动，同一只铅球从同一个地方抛下来，它就落到离桅杆脚有一段距离的地方，这就是在铅球落下的这段时间内船行驶的那段距离。这是因为处在自由状态的铅球，它的天然运动是沿着向地球中心的直线进行的。同样的论据可以用向高空发射一颗炮弹的实验来进一步证明，即用大炮对准垂直于地平线的方向发射一颗炮弹。在炮弹上升和坠落所耗费的时间内，大炮和我们一起在纬线上会被地球向东带走

◀ 用物体自船桅顶上落下的实例加以证实。

◀ 第二个论据是从射向高空的发射物得来。

许多英里，因此炮弹决不会朝着大炮落下，而是落在大炮西面，相等于地球已经向前移动的那一段距离。

▶ 第三个论据是从大炮射向东方和西方得来。

他们还进一步做了第三种很有效的实验，这就是：向东发射一颗炮弹，然后按同样的仰角向西发射一颗同样重量的炮弹，这样，向西发射的炮弹应该比向东发射的远得多，因为当炮弹向西飞行时，大炮被地球带动而向东移动，炮弹落到地面的距离，应该相等于两个运动的总和，即一个是炮弹本身向西的路程，另一个是大炮被地球带动向东的路程。相反，向东发射炮弹的射程，必须减去大炮在炮弹飞行时移动的路程。举例来说，假定炮弹本身的行程是5英里，地球当炮弹飞行时在纬线上走了3英里，向西发射的炮弹会在距离大炮8英里的地方落地——即炮弹本身向西飞行的5英里加上大炮向东移动的3英里。但是向东发射的炮弹射程不会超过2英里，因为其射程就是从炮弹飞行的5英里中减去大炮向同一方向移动的3英里所剩下的全部距离。然而实验表明，炮弹的射程是相等的。由此可见，大炮是静止的，因而地球也是静止的。不仅如此，而且向南或向北发射炮弹也同样证实地球是不动的，不然的话，向南或向北发射，将永远打不中选定的目标，因为当炮弹在空中时，由于地球向东移动，炮弹始终向东（或向西）偏离。不单单沿着子午圈发射，甚至向东或向西发射也不会击中目标：向东发射会偏高，向西发射会偏低，即使都是平射。因为在这两种情况下发射的炮弹，都沿着与地平面平行的切线飞行，而且如果地球具有周日运动，地平线始终向东降落而向西升起（这就是为什么东方的星我们看来好像是上升的，而西方的是下降的缘故），那么，东面的目标将低于发射线，结果发射就会偏高，而西面的目标由于升高，就会使发射偏低。由此可见，不管向任何一个方向发射都不可能命中，可是实际经验却与此相反，所以应该说地球是不动的。

▶ 由向北和向南发射炮弹所证实的论据。

▶ 向东和向西的发射证实同样的论据。

辛普里修：噢，这些都是极妙的论据，对这些论据要找到强有力的反驳是不可能的。

萨耳维亚蒂：这些论据，对你来说好像都是新奇的吗？

辛普里修：确实如此，现在我才看出大自然以多少美妙的实验，仁慈为怀地想要帮助我们认识真理。一个真理和另一个真理配合得多么协调，它们结合得多么和谐，简直是无法反驳！

萨格利多：非常遗憾的是，在亚里士多德时代没有大炮。借助于大炮他就会击溃愚昧，并且毫不犹豫地说出有关宇宙的一切。

萨耳维亚蒂：使我感到十分愉快的是，这些论据对你来说都是新奇的，因为这样一来，你不再保留多数逍遥学派的见解，因为他们认为，背离亚里士多德学说的人都是由于不懂得和没有好好钻研他的论证。但是你一定可以看到更多的新事物，你可以从新体系的信徒们那里听到他们提出许多观察、实验和论据来反对新体系，要比亚里士多德、托勒密和其他对手提出的论据强有力得多。所以你慢慢就可以懂得，他们之所以努力坚

▶ 哥白尼的信徒们不是由于对对方论证的无知而得出自己的观点。

持这种新体系并不是出于无知或经验不足。

萨格利多：现在该我来告诉你们一些我亲身遇到的事情了，那是我第一次听到有人谈论这种学说的时候。当时我还是一个青年，才学完哲学课程，并为了致力于别的活动我放弃了这门研究。碰巧有一位来自罗斯托克的外国人，他的名字叫克里斯蒂安·沃斯泰森，一个哥白尼学说的拥护者，来到了我们这地方，在一个学院里作了二三次关于这个题目的演讲，他拥有一大群听众，我想，这并没有其他任何理由，只不过是由于讲题新奇而已。我没有去听演讲，因为我已经有了一个成见，即这一类见解只不过是夸夸其谈。以后我问起听过演讲的一些人，他们都说这完全是笑话，只有一个人告诉我，这个见解并不是完全可笑的。因为我认为这个人是聪明而审慎的，所以很惋惜自己没有去听讲。从那次以后，我每遇到持有哥白尼见解的人，总是问他是否一直深信不疑。在我问过的所有这些人中间，我没有发现过任何一个人不是这样告诉我，他长久以来是持相反见解的，但是由于受到使他信服的论据的有力影响，转而相信现在的见解。我于是对他们一一加以考问，看看他们掌握对方的论据究竟到什么程度，结果发现他们掌握得都很烂熟，因此我确实不能说，他们附和这种见解是由于无知或虚荣，或者是由于要卖弄聪明。相反，不管我问过多少个逍遥学派和托勒密派的人（由于好奇心，我问过他们许多人），他们有没有研究过哥白尼的著作，我发现只有极少数的人知道一些皮毛，敢说没有一个人是真正懂得的。我还进一步试图从逍遥学派学说的信徒中间去发现，是否有任何人曾经一度持有过相反的见解，结果同样地一个也没有找到。这就是为什么当我考虑到，在信奉哥白尼见解的人中间，没有一个人在开头不是持与哥白尼相反见解的，没有一个人对有关亚里士多德和托勒密的论据不是非常熟悉的；反之，在亚里士多德和托勒密的信徒中间，没有一个人以前曾持有哥白尼见解而以后抛弃这些见解，转变到亚里士多德方面来的。在考虑这些问题时，我就开始相信，那些人抛弃从吃奶时就被灌输的并为大众所信奉的见解，而接受另一种被所有学派排斥但只有少数人相信的见解（而且这种见解看来确实像是十足的悖论），这些人即使不是被迫承认，也必然是被最有力的论据打动的。因此，我感到非常好奇，非要摸清底细不可。我认为碰到你们两位是三生有幸，因为我能够毫不费事地从你们这里听到关于这个主题所已经谈到的一切，也许是能谈出的一切。我相信，你们的推论应当能消除我的怀疑，并使我坚定信心。

◀ 克里斯蒂安·沃斯泰森讲授哥白尼的学说和当时的情况。

◀ 哥白尼的所有信徒先前都是反对这种学说的。亚里士多德和托勒密的信徒们从来没有持相反的意见。

辛普里修：然而你的想法和愿望可能是错误的，因为最后你可能会发觉自己比以前更加糊涂。

萨格利多：看来这是不可能的事。

辛普里修：为什么不可能呢？我自己就是一个很好的例证。这问题讨论得愈深入，我就变得愈糊涂。

萨格利多：这表明，那些你觉得到现在为止好像理由十足，而且使你确信自己见解正确的论据，在你的心目中已经有点走样了。它们虽然不能使你转变过来，但至少会使你逐渐倒向相反的一面。而我，虽然一直犹豫不决，现在却很大把握说，我将达到满足和确信的地步。在这上面你自己和我也不会有什么不同，只要你听听使我产生希望的那些意见好了。

辛普里修：我很乐意恭听，而且我同样愿意那些意见对我产生同样的效果。

萨格利多：那就请回答几个问题。辛普里修，请首先告诉我：我们力求理解的结论，是否应该同亚里士多德和托勒密认为的一样，即只有地球固定在宇宙的中心，而所有天体都在运动。或者如另一种说法，认为以太阳为中心的恒星层是固定的，地球则位于别处，而以看来好像是太阳和恒星的运动为地球的运动。

辛普里修：这就是我们现在所争辩的两种结论。

萨格利多：这两个结论，是否一个必然是正确的，而另一个必然是错误的？

辛普里修：正是这样，我们必须二者择一，其中一个必然是正确的，而另一个必然是错误的。因为运动和静止是对立的，它们之间没有选择的余地（就像一个人说："地球既不运动，也不静止"，"太阳和星球既不运动，也不静止"一样）。

萨格利多：地球、太阳和恒星在自然界究竟是一种什么东西？它们是微不足道的，还是十分重要的？

辛普里修：它们是最主要的物体，最高贵的，宇宙中不可缺少的一部分，非常庞大，也极其重要。

萨格利多：那么，运动和静止，这是什么样的自然界特性呢？

辛普里修：运动和静止是那么伟大，那么基本，以致大自然本身都是靠它们来说明的。

▶ 运动和静止都是自然界最主要的特性。

萨格利多：所以，永恒运动和完全静止乃是自然界两种极为重要的状态，表示出最大的不同，也是宇宙中主要物体的主要属性。因而，由此只能产生截然不同的结果。

辛普里修：当然是这样。

萨格利多：现在请回答我另一个问题。你是否认为，在辩证法、修辞学、物理学、形而上学、数学中，或在一般推理中，总之，在一切学科中，存在着这样一些论证方法，它证明不正确的结论和证明正确的结论可以同样使人信服？

▶ 谬误不可能证实为真理。

辛普里修：不是这样，与此相反，我认为要证实一个正确和必然的结论，在自然界不仅只存在着一个而且存在着许多有力的论据。这种结论可以加以讨论、考察并经过成千次的比较，也绝不会陷入谬误，并且任何诡辩家愈是要遮掩它，它的正确性就愈益明显，这是肯定无疑的。反之，要把谬误说成真理，并使人信服，除了谬误、诡辩、谬理[①]、遁词以及站不住脚并充满了荒谬和矛盾的空泛推理之外，别无可以引证的了。

萨格利多：很好。永恒运动和永久静止，都是自然界中如此重要而又十分不同的特性，特别在用于宇宙中如此巨大而又重要的物体如太阳和地球时，它们可以导致种种截然不同的结果。同时，在两个对立的命题中，不可能有一个是不正确的，而另一个是错误的。更加不可能的是，在论证错误的命题时，除了谬论以外，没有别的可以引证，而在论证正确的命题时，却可以用各种各样明确的论据来加以证明。那么，你怎么能想象，你们中有人是在捍卫真理，而又不能使我信服呢？我该是一个头脑糊涂，判断歪曲，理解迟钝，推理盲目的人，以致光明和黑暗、金刚石和煤块、真理和谬误都不能识别了。

◀ 正确的结论有许多明确的论据，对谬误来说，就不是这样。

辛普里修：告诉你，我在别的时候也跟你说过，历来教导我们如何识别诡辩、逻辑上错误的推论和其他错误的最伟大的大师乃是亚里士多德。特别在这一点上，他是绝不会错的。

萨格利多：你生气的只是亚里士多德不会说话，然而我可以告诉你，如果亚里士多德今天在场的话，他或者会被我们说服，或者会把我们的论据驳得体无完肤，而用更好的论据来说服我们。瞧！你自己在听到上述用大炮所作的实验时，不就理解了而且称赞过这些实验，并承认这些实验比亚里士多德的论据更有力吗？萨耳维亚蒂提出了这些实验，并肯定对它们进行过研究和仔细探索，然而我没有听到他承认他信服这些实验，甚至也没有听到他承认他信服其他一些他表示即将告诉我们的更为有力的实验。我也不知道你有什么根据来责备大自然许多世纪以来就太老了、不中用了，以致它只能产生那些甘愿作亚里士多德的奴隶，并以亚里士多德的头脑来思考、以亚里士多德的眼睛来观察的那些人，而忘掉怎样产生深刻的思想家。

◀ 亚里士多德或者会阐明论据，或者会改变他的见解。

但是让我们听听有利于他的见解的其余论据，使我们可以着手检验这些论据，对它们进行严格的考查，并用试金者的天平来衡量它们。

萨耳维亚蒂：在深入讨论之前，我必须告诉萨格利多，在我们的论争中，我扮演的是哥白尼这个角色，并戴上哥白尼的面具。我希望你注意到我为他辩护而提出论据时对我内心产生的效果。你不要根据我们正在紧张演戏时我所说的那些话下判断，而要根据我在卸装以后所说的那些话来下判断，那时也许你会发现，我是不同于你所看到的舞台上的我的。

现在我们继续谈下去吧，托勒密和他的信徒提出另一个类似发射物的试验，它适用于像云和飞鸟那样能脱离地面而在空中停留一段时间的东西。就这些东西而言，不能说它们被地球所带动，因为它们并不附着在地球上，它们也因此看来不可能跟上地球的速度。说得更恰当点，我

◀ 以云和鸟为论据。

---

① 谬理，指不是故意违背逻辑规律而造成的谬误。

们应当觉得他们是飞快地向西方运动。如果我们在二十四小时内沿我们的纬线(它至少有一万六千英里长)被地球所带动的话,这些鸟儿怎么能跟上这样一个进程呢?然而我们看到的是,这些鸟儿照样向东或者向西,或者向别的方向飞行,没有任何差异。

▶ 从我们骑马时好像吹到身上的风而产生的论据。

此外,如果我们骑马奔驰时觉得吹在我们面上的风相当猛烈,那么,在地球的这样一个逆空气而行的飞速进程中,我们该感觉到一股多强劲的东风啊!然而却觉察不到这样的影响。

▶ 旋转运动能把东西抛出,由这一事实所产生的论据。

这里是另一个从某些经验中得来的非常巧妙的论据,即圆周运动有一个特性,能把运动体的各部分从运动中心抛出去,散开去,并且甩出去,只要这运动不是太慢,而物体的各部分也不是太牢固地附着在一起。举例来说,如果我们飞快地转动一辆大踏车[①]的轮子,由一个人或几个人用脚踩踏,以便搬运重物(诸如拖运压路用的大石块,或把驳船从一条水路通过陆地拖到另一条水路),如果这个飞快转动的轮子的各部分连接得不很结实,那么这个轮子的各部分就会完全散开来。如果许多石块和其他重物牢固地附着于轮子表面,它们就能经受得住这种冲力,否则冲力就会将石块等物抛离轮子,也就是抛离轮子的中心,向各个方向散开。如果地球以比这快得多的速度旋转,那么,有什么重量,什么石灰或胶泥的黏性可以保持山岩、房屋和整个城市不被这样急速的旋转抛向天空呢?而人和野兽并不是附着在地面上,又怎么能够抵抗得住这样巨大的冲力呢?相反,我们看到的是,许多小得多的物体,如石子、泥沙和树叶等都安然停在地上,甚至是以很慢的运动向地球落下。

辛普里修,这些最强有力的论据,可以说,都是取自地球上的一些现象。还有另一类与天体现象有关的论据,更表明地球处于宇宙的中心,所以就不存在哥白尼所说的地球环绕其中心的周年运动。这些论据属于完全不同的性质,让我们权衡了那些已经提出来的论据之后再提出来吧。

萨格利多:辛普里修,你以为怎样?你觉得萨耳维亚蒂了解并且懂得怎样解释托勒密和亚里士多德的论据吗?你以为任何逍遥学派的学者也能这样懂得哥白尼的证明吗?

辛普里修:我从过去的辩论中很佩服萨耳维亚蒂的学识渊博和萨格利多的才智敏锐。如果没有这种印象的话,我宁可在他们同意后退出,而不再听下去,因为我觉得,要反驳这些显而易见的经验是白费的。我宁愿什么也不听而坚持我原来的观点,因为依我看来,即使这个观点确实是错误的,坚持它也是可以谅解的,因为它已经有了这么多合乎情理的论据的支持。如果这些论据都是谬误的话,那么,还有什么正确的论据更美妙呢?

---

① 踏车(treadmill),从前监牢里罚犯人踩踏的踏车。

萨格利多：不过，还是让我们听听萨耳维亚蒂的回答吧。他的回答如果正确，那势必更为美妙，甚至无限美妙，而别的回答势必丑恶，甚至丑恶到极点。真和美是一回事，就跟假和丑是一回事一样，这一形而上学的命题是正确的。因此，萨耳维亚蒂，我们不要再白白地耽搁时间了。

◀ 真和美是一回事，假和丑也一样。

萨耳维亚蒂：如果我没有记错的话，辛普里修的第一个论据是这样的：地球不能做圆周运动，因为这样一种运动是强加的，所以不可能是永恒的。其所以是强加的理由在于：如果它是天然的运动，地球的各部分也会天然地旋转，然而这是不可能的，因为垂直向下的运动是地球各部分的特性。

我对这点的回答是，最好亚里士多德在说“地球各部分也会做圆周运动”时，把他的意思讲得更清楚一些。因为“做圆周运动”这话可以有两种理解：一种是从整体分离出来的每一个质点也会绕着它自己的中心做圆周运动，即描出小圆圈。另一种是，整个地球既然绕其中心每二十四小时运转一周，那么它的各部分也会绕同一中心每二十四小时运转一周。第一种理解完全不合情理，这等于说，圆周的第一部分必须是一个圆，或者等于说，既然地球是球形的，那么地球的每一部分必然是一个球，因为这是由“对全体用得上，对部分也用得上”这条原理所规定的。但是如果指的是第二种——各个部分和整体一样，每二十四小时天然地环绕地球中心一周——那么，我们肯定地说正是这样，而你作为亚里士多德的代表，理应由你来证明不是这样。

◀ 反驳亚里士多德的第一个论据。

辛普里修：亚里士多德已经证明过了，他说地球各部分的天然运动是向着宇宙中心的直线运动，所以圆周运动不可能是地球各部分天然具有的特性。

萨耳维亚蒂：但是你难道没有看出，这句话本身就否定了这个论点吗？

辛普里修：怎么样否定的？在哪里否定的？

萨耳维亚蒂：他不是说地球的圆周运动是强加的，因而不是永恒的吗？还说过这是荒谬的，因为世界秩序是永恒的，是不是？

◀ 凡是强加的不能是永恒的，凡不能是永恒的就不能是天然的。

辛普里修：这正是他说的。

萨耳维亚蒂：可是，如果强加的不能是永恒的，那么用逆命题来说，凡不能是永恒的，就不能是天然的了①。但地球的向下运动绝不是永恒的，因而，也不是而且不可能是天然的，这跟任何不是永恒的运动一样。但如果我们使地球做圆周运动，这个运动对地球本身和对它的各部分就可以是永恒的，因而也是天然的了。

辛普里修：直线运动对地球的各部分来说是最天然的，也是永恒的，在一

① 天然的：这里所提论据缺乏一个前提，即“所有天然运动都是(至少潜在的)永恒的”。萨耳维亚蒂看来是依据他上面所说的话的末一句作为前提，这是任何机敏的亚里士多德门徒所不会承认的；他在“永恒的”这词的用法上含糊其辞，当辛普里修(相当笨拙地)把它照亚里士多德用法来叙述的时候，他反而指责辛普里修含糊其词。

切阻碍都被排除的情况下，绝不会发生它们不作垂直运动的情况。

萨耳维亚蒂：你的说法模棱两可，辛普里修，我希望你不要含糊其辞。因此，请你告诉我，你是否认为，一只船从直布罗陀海峡向巴勒斯坦海岸航行，能永远沿着航道向巴勒斯坦作连续不断的航行吗？

辛普里修：当然不能。

萨耳维亚蒂：为什么不能？

辛普里修：因为那个航道被赫尔克里士大门[①]和巴勒斯坦海岸切断和限制了。距离既然有限制，航程就在一定的时间内走完，除非你愿意掉过头来，从相反的方向再重复同一航程。但这将是一个间断的而不是连续的运动。

萨耳维亚蒂：回答得完全正确。但是如果从麦哲伦海峡穿过太平洋航行，通过马鲁古海峡、好望角，再从好望角通过麦哲伦海峡，重复这一条航线，你认为就能够连续不断航行吗？

辛普里修：这是可能的，因为这样的航行将是一个回到原位的循环。重复无限次，就可以使航行毫不间断地持续下去。

萨耳维亚蒂：那么在这条航线上，一只船可以永远地航行下去了。

辛普里修：只要这只船不会坏，它就可以永远航行下去，但是一旦这只船坏了，航程也必定终止。

▶ 永恒的运动需要两个条件：无限的空间和不会坏的运动体。

萨耳维亚蒂：但是在地中海，即使船不会坏，它也不能因此永远向着巴基斯坦航行下去，因为这样的航程是受限制的。所以一个不断运动着的物体保持永恒运动有两个条件：第一，运动的本性是无限制的和无穷尽的；第二，运动体不会坏而是永恒的。

辛普里修：这都是必需的。

▶ 直线运动不可能是永恒的，因而也就不可能是地球所具有的本性。

萨耳维亚蒂：所以你自己不得不承认运动体永远做直线运动是不可能的。因为直线运动，无论向上或向下，你认为都受圆周和中心的限制。因此即使运动体（即地球）是永恒的，由于直线运动的本性不是永恒的，而是有一定限度的，直线运动也就不可能是地球所具有的本性了。所以，就像昨天说过的，亚里士多德本人也不得不把地球说成永远静止的。所以，当你说地球的各部分在没有障碍的情况下始终是向下运动时，你就大错了。相反，如果你要使地球各部分运动，就得妨碍它们，阻挠它们，可以说是强迫它们，因为一旦它们落了下来，就得强迫将它们抛向高处，才能再次落下。至于谈到障碍，这仅仅是阻止它们到达中心而已。因此，如果掘一条隧道，通往地球中心，那么连一块泥土都不会超过中心。除非由于泥块下坠时所获得的冲力使泥块越过中心，但仍会返回中心而终于停在那里。

所以，要宇宙保持完美秩序，而把直线运动说成是或者可能是地球

① 赫尔克里士大门指直布罗陀海峡两岸的悬岩所构成的峡道。

以及其他运动体所具有的本性,这种想法还是整个儿放弃的好。如果你不同意地球有圆周运动,那就竭力支持和捍卫地静说吧。

辛普里修: 关于地静说,亚里士多德的一些论据,尤其是你提出的那些论据,我觉得目前已作了明确的证明,我认为除非有天大的本领才能驳倒它们。

萨耳维亚蒂: 现在让我们转入第二个论据吧。这个论据说的是,那些我们肯定具有圆周运动的物体(除了最高天层即原动天外),都有一个以上的运动。因此,如果地球做圆周运动,它一定有两个运动,由此而出现恒星的升落变化,但是我们却看不见这种现象,如此等等。对这个反驳最简单最适合的回答就在这个论据的本身之中,而且是亚里士多德对我们这样讲的。辛普里修,你不可能看不到这一点。

◀ 反驳第二个论据。

辛普里修: 我过去没有看出,现在也没有看出。

萨耳维亚蒂: 怪了!论证是摆在那里的,是太显而易见了。

辛普里修: 请允许我看一看原书。

萨耳维亚蒂: 那就把原书立即拿出来。

辛普里修: 我总是把书放在口袋里的。就是这一段,我确切地知道它在《天论》第二卷,第十四章,第九十七节:"所有做圆周运动的物体,除原动天外,都可以观察到落后现象和多种运动。因此地球同样必定有两种运动,不管它是围绕中心运动还是处于中心之上。但如果是这样,那么恒星也就一定会出现超越和转向等运动。然而并没有观察到这些情况,同一个恒星总是在地球上同一个地方升,并在同一个地方落。"这里我丝毫看不出谬误之处,我觉得论据是十分明确的。

萨耳维亚蒂: 在我看来,这次重读证实了论据的谬误,并且又显示了另一谬误。因而请看:亚里士多德要想反驳两种见解,或者可说是两个结论。一个是那些认为地球处于宇宙中心并作自转的人的结论,另一个是那些认为地球远离中心并环绕这一中心做圆周运动的人的结论。他用同一论据同时反驳这两种见解。这样一来,我说他在两种反驳中都错了,第一种反驳错在自相矛盾和推理形式上,第二种反驳错在结论不正确。

◀ 亚里士多德反对地球运动的论据错在两方面。

让我们先讨论第一种见解,即认为地球处于中心,并绕其中心自转。我们把这种见解同亚里士多德的反驳来对照一下,亚里士多德说:"除了第一天层(也就是原动天)之外,做圆周运动的一切物体,看上去都有落在后面的时候,而且运动时含有不止一个运动。因而,作自转并处于中心的地球,应该具有两个运动,并且落在后面。但如果真是这种情况,那么,恒星升降的位置就会出现我们没有见到过的变差。因而地球是不动的,等等。"这里存在着推理形式上的错误,为了揭露它,我将和亚里士多德作如下的讨论:"亚里士多德,你说处于中心的地球不能自转,因为自转就必须使地球具有两个运动。所以,假如地球只需要有一个运动,不需要有更多的运动,你也就不会认为地球有这唯一的运动是不可能的了。理由是,既然地球连一个唯一的运动也不可能有,那么你限定你自己,提出地球不可能有几种运动的说法就毫无根据了。你认为在宇宙的一切运动体中,只有一个运动体是以一个运动运转,所有其他运动体都是以一个以上的运动运转。你把这个运动体称为第一天层,也就是能使一切固定的或游动的星球都一致呈现自东向西运动的运动体。既然如此,如果地球就是这第一天层,仅以一个运动运转,并使各星球呈现自东向西的运动,你就不该否认地球具有这种运动。但是,那些说地球位于中心作自转的人,除了使各种星球呈现自东向西运转的运动以外,并不认为地球具有什么别的运动。这无异于使地球成了你所承认的只有一个运动的第一天层。所以,亚里士多德,如果你要使我们信服,你就必须证明,位于中心的地球,即使有一个运动也不能运转,不然就证明即使是第一天层也不能仅仅只有一个运动。否则,你就在你的三段论中犯了同时既肯定又否定同一事物的错误。”

现在谈谈第二种见解,持这种见解的人认为,地球远离中心,并且绕这一中心运转,也就是把地球当作一颗行星或一个游动的星球。亚里士多德的论据是反对这种见解的,他的论据在形式上像有道理,但在内容上是错误的。事实上,如果假定地球这样运转,也就是具有两种运动,但并不能由此得出在这种情况下必将发生恒星升降变化的现象,这一点我将在适当的时候加以说明。在这里,我完全原谅亚里士多德的错误,甚至愿意给他以应得的赞扬,因为他在反对哥白尼的见解时,想到了可能找到的最精细的论据。还有,如果说亚里士多德的这种反驳极其尖锐、从外表上看非常令人信服,那么你将会看到,回答这种反驳就需要更加精细,更有才智。要能做到这样,除了像哥白尼那样富有洞察力的人是办不到的。理解这种回答已很困难,这表明第一个发现这种回答就更困难了。目前让我们慢点回答。等到适当的时候,当我们重复了亚里士多德的反驳,并且进一步为之提出各种辩护理由之后,你自然会听到答案的。

▶ 反驳第三个论据。

现在我们转到亚里士多德的第三个论据,对这一论据不需要再作进一步的回答了,因为昨天和今天我们已经对它作了充分的解答。亚里士多德指出,重物的天然运动是向着中心沿直线进行的,然后他探究重物的天然运动是向着地球的中心还是向着宇宙的中心,结论是它天然是向着宇宙的中心,只是偶然向着地球的中心。

▶ 反驳第四个论据。

所以我们可以接下去谈第四个论据,关于这个论据我们必须谈得详细点,因为它所依据的实验正是下面大部分论据借以汲取力量的实验。亚里士多德说,地静说最可靠的论据是:凡垂直向上抛出的东西,即使抛得极高,都从它们被抛出的地方沿原线回到原位。他论证说,如果地球在运动,这种情况就不可能发生。因为抛出物在向上和向下运动这一段时间内离开了地球;由于地球旋转,抛出点将会向东移动很长一段路,而这一段路就是抛出物的落地点与抛出点相隔的距离。所以，这里也可引用大炮向上发射炮弹的论据，以及亚里士多德和托勒密在观察重物自高空沿垂直于地球表面的直线落下时运用的其他一些论据。现在我请问辛普里修，要是有人不同意亚里士多德和托勒密这个论据的话，为了解决这个争执，他凭什么证明自由落体是沿垂直线向中心落下呢？

辛普里修：凭感觉，感觉使我们确信塔是垂直的，并向我们表明，落下的石子丝毫不差地在塔的边沿擦过，而且正好落在塔顶抛出点的下面。

萨耳维亚蒂：但如果碰巧地球转动着，当然也必然带动了塔身，而且如果落下去的石子同样地在塔的边沿擦过，那么它的运动又该是怎样呢？

辛普里修：如果这样，那就得说"它有两种运动"，因为一种是它的自上而下运动，另一种是它循着塔身路线的运动。

萨耳维亚蒂：那么这运动就是两种运动的混合了：一种运动沿着塔身，另一种运动跟着塔走。这种混合现象说明石子的运动并不是完全笔直的垂线，而是一道斜线，多半不是笔直的。

辛普里修：是否笔直我不知道，但我很清楚这该是一道斜线，并且不同于地球静止时石子所作的笔直的垂线。

萨耳维亚蒂：因此，单是看到落下的石子擦过塔身，你还不能确定地说它是一道笔直的垂线，除非你首先假定地球静止不动。

辛普里修：一点不错。因为如果地球运转的话，石子的运动就会倾斜而非垂直。

萨耳维亚蒂：对了，这就是你自己发现的亚里士多德和托勒密的显而易见的谬误，他们把需要加以证明的东西当作已知的东西。

◀ 亚里士多德和托勒密的谬误在于把需要加以证明的东西当作已知的。

辛普里修：怎么会呢？我觉得这是一种规规矩矩的三段论法，而不是"窃取论点"(petitio principii)。

萨耳维亚蒂：但是，他确实犯了"窃取论点"的错误，因为在他的证明中，他不是把结论当作未知的吗？

辛普里修：是未知的，否则就用不着来证明它了。

萨耳维亚蒂：还有中词[①]；他不是要求中词应该是已知的吗？

辛普里修：当然，否则这就犯了"以未知求未知"的(ignotum per aeque ignotum)错误了。

萨耳维亚蒂：我们的结论，现在是未知的，是有待于证明的。这未知的结论不就是地球的不动么？

辛普里修：正是这个。

萨耳维亚蒂：中词(这必须是已知的)不就是石子直线的、垂直的降落么？

辛普里修：正是这个中词。

萨耳维亚蒂：但刚才的结论不是说，除非预先知道地球是不动的，我们就

---

① 中词是指三段论法中，大前提和小前提内两次出现的名词，即把大前提和小前提两者联系起来的那个名词。

不可能知道石子的降落是垂直的么？因此在你的三段论中，中词的确实性是从结论的不确实性中得出来的。这样你就可以看出，这是地地道道的逻辑错误。

萨格利多：要是可能的话，我愿意代辛普里修来为亚里士多德辩护，或者至少能使你的推论具有更充分的说服力。你说，观察到石子擦过塔身不足以使我们确信石子的运动是垂直的（而这是三段论的中词），除非我们假定地球静止不动（这是有待证明的结论）。因为如果塔身随地球运动而石子擦过塔身的话，石子的运动就会是斜的，而不是垂直的了。但我的回答是，如果塔在运动的话，石子就不可能擦过塔身。因此，擦过塔身的降落表明了地球的静止不动。

辛普里修：正是这样。因为如果塔随地球运动，石子擦过塔身的降落，就需要石子具有两种天然运动；那就是，向着地心的直线运动和围绕地心的圆周运动，而这是不可能的。

萨耳维亚蒂：所以亚里士多德的答辩就在于这是不可能的，或至少由于他已经考虑到，石子作直线和圆周的混合运动是不可能的。因为如果他并不认为石子同时既向着地心又绕着地心运动是不可能的话，他就会弄明白石子落下时，不管这塔是动着还是不动，都会擦过塔身是不可能的，从而就能看出这种擦过的现象和地球在动或者不动是扯不上的。

虽说如此，这并不能为亚里士多德开脱，原因是，这是论证中很重要的一点，如果他确实有这个想法，他就应该说出来。尤其是，我们并不能肯定这种情形是不可能的，或者肯定亚里士多德认为这是不可能的。前面说不能肯定，是因为这不仅是可能的，而且也是必要的，这一点我将马上向你证明；后面说不能肯定，是因为亚里士多德本人就承认，火天然地沿直线向上运动并且随周日运动做圆周运动，而这种周日运动是天赋予整个火元素及大部分空气的。因此，如果他并不认为直线向上的运动不可能同赋予火及气的圆周运动相混合，而且直到月球层都是如此，他当然也不会认为石子的直线向下运动和圆周运动不可能混合的了。圆周运动是整个地球所固有的，而石子只是整个地球的一部分。

▶ 亚里士多德承认火天然地向上做直线运动，并由于参与而做圆周运动。

辛普里修：我觉得完全不是这样。如果火元素是随空气做圆周运动的话，这是因为火粒子从地球升高时，是在通过运动着的空气获得运动的，这样假定非常容易，甚至是必要的，因为火是这样稀薄轻巧的一种东西，而且很容易移动。但是一块重石或一颗炮弹任其自然地落下要说会受到空气或别的东西的带动，那就是不可思议的了。此外，还有石子从船的桅杆顶上落下来的非常切合的试验：当船停泊不动时，石子就落到桅杆脚下；当船行驶时，石子就落到离开原落点较远的地方，其距离相当于石子落下来这段时间内船所驶行的距离。要是船的行程快的话，这段距离就会有好几码远。

萨耳维亚蒂：船的情况和地球假定有周日运动的情况，是有相当大的不同的。因为正如船的运动并不是船的固有运动一样，所以船上一切事物的运动都是附加的，这是很清楚的。因此缚在桅杆顶上的这块石子一放掉就落下来，而不需要跟着船走，这是不足为奇的。但周日运动被认为是地球本身的天然运动，因之也是地球所有各部分的天然运动，这是大自然加给它们的不可消除的印记。因此，塔顶上的石子在二十四小时内绕地球中心一转是它天然的倾向，不管它放在什么地方，它永远表现出这个天然的倾向。为了确信这点，你只要改变一下在你心中所造成的过时的印象，而说："迄今为止，我曾以为，对于地心来说，静止不动是地球的本性，我也没有任何困难或障碍阻止我理解地球的每个质点也都自然而然地处在静止状态。正因为如此，如果地球的天然特性是在二十四小时内绕其中心旋转，那么，地球的每个质点的内在和天然的倾向，也应当是作同样的旋转而不是静止不动。"

◀ 石子从船的桅杆顶上落下来和从塔顶上落下来之间的不同。

这样一来，你就会毫无困难地得出结论，既然由桨的力给予船以及通过船给予船上所有物体的运动，对它们来说不是天然的，而是外来的，那么这块石子同船一分开，很可能就回复到它天然的状态，并且恢复它所固有的简单的倾向。

我还可以补充说，至少低于最高山峰的那部分空气一定会被地球粗糙不平的表面所带走，或一定会与地球上的大量水蒸气和发散物相混合，而天然地随地球作周日运动。但是用桨来推进的船体周围的空气并不是被桨带动的。所以从船到塔的论证在推理上是没有力量的。从桅杆顶上落下来的石子进入一个没有那只船的运动的介质中，而从塔顶上落下来的石子却处在具有与整个地球同样运动的介质中，以致石子不但不受空气的阻碍，反而借助于空气而随地球运动。

◀ 高山顶下的低层空气随地球的运行而运动。

辛普里修：我还是不相信，空气能够把它自己的运动加之于一块巨大的石头，或者比如说二百磅重的一只大铁球或铅球，如同空气把自己的运动加之于羽毛、雪花和其他非常轻的物体一样。相反，我看到的是，这类重物即使在最强烈的狂风之中也不会移动一寸。所以请想一想，单单空气怎么带得动它呢？

◀ 空气的运动能带动很轻的东西，但不能带动很重的东西。

萨耳维亚蒂：在你的这个经验和我们的例子之间有着极大的差异。你是使风吹到静止的石子上，我们却是在已经运动着的空气中，引进以同样速度运动着的石头，所以空气用不着把什么新的运动加在石头上，而仅仅是保持——或者不如说，不去阻碍——石头所已经有的运动。你要用一种外来的对之并非天然的运动来推动石头，而我们则要保持它固有的天然运动。如果你要提出一个更合适的试验，你应该说一只为风力所带动的老鹰用爪子投下一块石头，将产生怎样的观察结果。如果你不能实地观察，至少也得用想象的眼睛观察。由于这块石头抓在爪子里时已经与风同样在飞行着，落下时又进入一个以同样速度运动着的介质中，我敢肯定它不会垂直地落下来，而是随着风向，加上它本身的重量，沿斜线落下。

辛普里修：必须能够做这样的实验，然后再根据结果来作出决定。目前，船上的观察结果还是肯定了我的意见的。

萨耳维亚蒂：你说“目前”是不错的，因为也许在很短的时间内情形就会变了。为了免得你如俗语所说心儿吊着，辛普里修，请告诉我：你是否确信船台上的试验如此合我们的目的，以致人们可以合理地认为，在那里观察到的情况，也一定会在地球上发生吗？

辛普里修：到目前为止，是如此；尽管你提出了一些细微的差异，这些差异还不足以动摇我的信心。

萨耳维亚蒂：我倒希望你坚持你的信心，坚决主张地球上的现象一定会符合船上的现象，这样当发现后者不利于你的立场的时候，你就不会想到要改变你的见解。

你说，既然船停泊的时候，石子落到桅杆脚下，而当船在运动的时候，它就不掉在那里；那么反之，由于石子落在桅杆脚下，这就表明船是不动的，而当石子落在别的地方时，也可以推论船是在运动。而既然船上所发生的事也一定会同样发生在地球上，从石子落到塔底的事实，人们必然得出地球是静止不动的结论。你的论据就是这样的吗？

辛普里修：正是这样，讲得很扼要，很容易理解。

萨耳维亚蒂：现在请告诉我：如果石子从高速行驶的船桅顶上落下来，和船停泊时石子落下来是在同一地方，那么这样的降落实验，对你要决定船是不动的还是运动的，又有什么用处呢？

辛普里修：毫无用处；举例来说，正像你凭脉搏的跳动，不能知道人是睡着还是醒着一样；因为不论睡着或醒着，脉搏都在跳动。

萨耳维亚蒂：很好。请问你曾亲自做过船上的这种试验没有？

辛普里修：我从来没有做过，但我完全相信，引证这种试验的权威们曾经仔细地观察过。此外，造成差别的原因是非常清楚的，所以丝毫没有怀疑的余地。

萨耳维亚蒂：可能这些权威们没有做过试验就得出了结论；你自己就是很好的例子，因为你没有做过试验就肯定了它，并且对权威的教条深信不疑。同样地，他们不仅可能，而且肯定也是这样做的，这就是说，他们总是相信前人，并且一直相信下去而永远找不到一个做过试验的人。因为任何人只要做一次，就会发现试验的结果同书上写的恰恰相反；就是说，结果表明，不论船是静止的或以任何速度行驶，石子总是落在船上的同一地点。同样的情形也适用于地球，正如在船上一样，石子总是垂直地落到塔底下，因此你推论不出地球是运动的还是静止的。

▶ 石子从船的桅杆上落下来，不论船是运动着还是静止着，都落在同一地点。

辛普里修：如果你向我举的不是根据实验的而是其他理由，我们的争论恐怕一时不会结束；因为我觉得这种情形太想入非非了，以致令人无法置信或者承认其可能性。

萨耳维亚蒂：然而我认为不是无法，而是有法子的。

辛普里修：原来你并没有反复做过试验，甚至连一次也没有做过么？而你为什么这样信口开河地声称这是肯定无疑的呢？我将保留我的怀疑，并且确信，引用这个论点的重要作者们已经做过试验，而且试验证实了他们所说的结论。

萨耳维亚蒂：不靠试验，我也敢保证结果将和我告诉你的一样，因为它一定会是这样；我还可以补充说，你自己也知道一定会是这样，不管你怎样推脱你不知道——或给人以那种印象。但是我抓思想的本领很巧妙，所以不管你愿意与否，我终将使你不得不承认这点。

萨格利多很安静；我好像看见他打算说什么似的。

萨格利多：我本来打算随便说一点的，但是听到你这样猛烈地威胁辛普里修，使他吐露他竭力想要掩盖的知识时，我的兴趣就引起来了。现在我什么都不想说，只请求你把你夸下的海口变为现实。

萨耳维亚蒂：只要辛普里修愿意回答我的问题，我一定办到。

辛普里修：我将尽力来回答，相信没有多大的困难；因为我认为是假的事情，肯定我无法知道，理由是知识都是真的，而不是假的。

萨耳维亚蒂：我不要你陈述或回答你并不确实知道的事情。现在告诉我：假如有一个像镜子一样光滑的平面，是用钢那样的坚硬材料做成的。这个平面同地平线并不平行，而是有些倾斜。如果在这平面上放一个球，一个用铜那样又硬又重的材料做的圆球。你相信把球放开之后的情形会是怎样？是否同我一样，认为它将停在原地不动吗？

辛普里修：那个平面是斜的吗？

萨耳维亚蒂：是的，本来就假定这样。

辛普里修：我绝不相信它会在原地不动；相反，我肯定它会自发地沿斜面滚下来。

萨耳维亚蒂：请仔细考虑你说的话，辛普里修，因为我有把握说，不管你把它放在什么地方，它都是在原地不动的。

辛普里修：好吧，萨耳维亚蒂，只要你引用的是这种假定，那么你推论出这样错误的结论，也就不足为奇了。

萨耳维亚蒂：那你是肯定它会自发地沿着斜面向下运动吗？

辛普里修：这难道还有什么可以怀疑的吗？

萨耳维亚蒂：你认为这是理所当然，并不是受了我的影响——事实上，我是企图以相反的话来说服你——而全都是出于你自己，凭你自己的常识作出的判断。

辛普里修：哦，现在我看出你的诡计来了；你刚才这样说，正如俗语所说，目的是考考我，使我为难或者揭我的底，而不是因为你真的这样相信才说。

萨耳维亚蒂：正是这样。现在这个球会滚多久和多快呢？请记住我说过是一只滚圆的球和一个精光的平面，完全没有一切外部的和意外的阻碍。同样我要你排除任何由于空气阻力而产生的阻碍，以及其他可能发生的意外障碍。

辛普里修：我完全懂得你的意思，对你的问题，我的回答是：只要斜面延伸下去，球将无限地继续运动，而且在不断加速，因为运动着的重物的本性就是这样，重物“愈走愈有力”(vires acquirunt eundo)；斜面愈大，速度愈快。

萨耳维亚蒂：但如果有人要使球在这同一平面上向上运动，你以为行吗？

辛普里修：要它天然地向上运动，不行；但用力向上推或扔的话，是可以的。

萨耳维亚蒂：要是用强加于它的冲力把它推出去，它的运动将会怎样，有多久？

辛普里修：它的运动会不断地慢下来，速度减低，因为不是出于它的本性，运动的长短将决定于冲力的强弱和向上斜度的大小。

萨耳维亚蒂：很好；到现在为止，你对我说明了在两个不同平面上运动的结果。在向下倾斜的平面上，运动着的重物天然地下降并不断加速，需要用力才能使它静止。

在向上的斜面上，要推动它甚至要止住它都得用力，并且加于运动体的运动在不断减弱，最后完全消失。你还说，两种情况的差别是由于平面向上或向下的斜度大小而产生的，就是说向下斜度愈大，速度愈快，反过来，在向上的斜面上，以特定的力推动特定的运动体，斜度愈小，就滚得愈远。

现在请告诉我，同样的运动体放在一个既不向上也不向下的平面上，会是怎样。

辛普里修：这个我得想一想再回答。既然没有向下的斜度，就不会有运动的天然倾向；既然没有向上的斜度，就没有运动的阻力，所以对运动来说，没有倾向与阻力之间的差别。因此我觉得它天然是不动的。但我完全忘掉了；不久前萨格利多告诉过我，情况就是这样的。

萨耳维亚蒂：我相信如果把球放下不动，情况就是这样。但如果不论向哪个方向推它一下，那会怎样呢？

辛普里修：它一定会向那个方向滚过去。

萨耳维亚蒂：但是这像哪一种运动呢？是在向下平面上连续加速的运动呢？还是在向上平面上不断减速的运动呢？

辛普里修：我看不出有什么加速或减速的原因，因为平面既没有向上的斜度也没有向下的斜度。

萨耳维亚蒂：确实如此。但如果没有引起球体减速的原因，就更加没有球体停止不动的原因了；那么你认为球体会继续运动到多远呢？

辛普里修：只要平面不上升也不下降，平面多长，球体就运动多远。

萨耳维亚蒂：如果这样一个平面是无限的，那么，在这个平面上的运动同样是无限的了,[①]也就是说,永恒的了,是不是?

辛普里修:我觉得是这样,如果这运动体是用牢固的材料做成的。

萨耳维亚蒂:当然是用牢固材料做成的,因为我们说过,把所有外部的和意外的阻碍都排除掉,而运动体的毁坏就是一种意外的阻碍。

现在请告诉我,在向下的斜面上,圆球在天然地运动,而在向上的斜面上,圆球只由于外力才能运动,你认为其原因是什么呢?

辛普里修:我认为,重物的特性是向着地心运动,而从地球的圆周向上运动只有用外力;因为向下的表面接近地心,而向上的表面离地心较远。

萨耳维亚蒂:那么对一个既不向下也不向上的表面来说,它的各部分一定是和地心等距离的了。世界上有没有这样的平面呢?

辛普里修:这样的平面很多;我们地球上的表面如果是光滑的而不是如它目前这样粗糙和多山的话,就是这样的表面或平面。在风平浪静时,水面就是这样的表面或平面。

萨耳维亚蒂:那么在平静的海洋上航行的船只就是这样的一种运动体了,因为它是在一个既不向上也不向下的表面或平面上航行,要是排除一切外界的和意外的阻碍,它一旦获得冲力就会不停地以均速运动啦?

辛普里修:看来应当是这样。

萨耳维亚蒂:现在来谈谈桅杆顶上的那块石子;由于石子被船带着绕地心沿圆周航行,它不是在运动吗?只要一切外界的阻碍都被排除了,这种运动也就不会消失。而且这种运动不是同船的运动一样快吗?

辛普里修:这些都对,但是你下面还要问什么?

萨耳维亚蒂:如果你早已知道所有的前提,你继续推论下去,自己就会得出最后的结论来。

辛普里修:所谓最后结论,你的意思是说,由于一种不会消失的外加运动而运动着的石子,不会离开船,而是随着船运动,最后石子将落到船不动时它落下的同一地点。我也同样认为,在石子一放开以后,要是没有外来的阻碍干扰石子的运动,就会是这样的情形。然而这里有两种阻碍:一种是当运动体在桅杆上的时候,作为船的一部分而分享桨的冲力,在一旦失去桨的冲力时,单单靠它固有的冲力就不足以穿过空气;另一种是新的也就是向下的运动,它必然阻碍石子向前的运动。

萨耳维亚蒂:谈到空气的阻碍,我并不否认这点,要是落下来的物体是很轻的物质,如一根羽毛或一簇羊毛,其减速度将相当可观。但是对一块重石,阻力就微不足道,正如你前不久才说过的,最猛烈的风力也不足以吹动一块大石;现在请你想想看,平静的空气在遇到其移动速度不比船快的一块石头时,会起多大作用呢?然而如我所说,我仍旧向你承认这样一种阻碍会产生的微弱影响,正像我知道你会同意我,如果空气与船

---

① 这里完成了伽利略的惯性定律的陈述,它多少预示了牛顿的第一运动定律。

和石头以同样的速度运动，则这一阻碍将等于零。

至于另一种附加的运动，首先，这两种运动(我指的是绕地心的圆周运动和向着地心的直线运动)显然是并不矛盾的，它们彼此并不破坏而且并不是不相容的。就运动体来说，它对这样一种运动没有任何阻力，因为你自己承认过，阻力逆着离开地心的运动，而倾向则顺着趋向地心的运动。由此必然得出的结论是，对于并不趋向地心或离开地心的运动来说，运动体既没有阻力也没有倾向，所以也不存在减弱加于这一物体上的力的原因。要说在新的作用影响下运动理应减弱，那就不仅应归之于一种，而应归之于两种全然不同的原因，但是其中重力的原因只使运动体趋向地心，而加于这一物体上的力的原因则使它绕地心转动，所以没有任何障碍存在的根据。

辛普里修：这个论据表面上确很讲得通，但实际上却有难以克服的困难，使它不能成立。你所作的整个假设是逍遥学派不会轻易承认的，因为它直接违反亚里士多德的观点。你把下列情况当作众所周知和显而易见的，即抛射体离开抛者以后，由于抛者所给予的力而保持运动。这种外加的力，对逍遥学派哲学来说，就像把一个物体的偶性传给另一个物体一样，是很讨嫌的东西。我相信你也知道，他们的哲学认为，抛射体是由介质带动的，在目前情况下这介质就是空气。因此，如果从桅杆顶上落下的那块石子要跟着船运动的话，这应该归之于空气的作用，不应归之于外加的力；可是你却假定空气并不跟着船运动，并且是静止的。而且，使石子落下的人用不着以手臂扔它，或使劲推它，而只要松开手让它掉下来就行。这样一来，石子既不能靠抛者给予的力，也不能靠空气的帮助而跟着船运动，所以它将落在后面。

▶ 根据亚里士多德的观点，抛射体的运动不是由于加上去的力，而是由于介质的带动。

萨耳维亚蒂：看来你的意思是说，如果石子不是由手臂投掷的，那么，石子就不是抛出去的。

辛普里修：这个运动当然不能称为抛射体运动。

萨耳维亚蒂：那么，亚里士多德所说的关于抛射体的运动，关于抛射推动的物体，关于物体的推动者等等，对我们来说都和我们的讨论不相干了；既然不相干，那你又何必引证它呢？

辛普里修：我引证它，是因为你提出并命名的那种外加的力，但是这种外加的力在世界上是不存在的，完全不起作用，因为“不存在的东西不起任何作用”。所以运动的原因必须归之于介质，不仅对抛射体来说是如此，而且对所有其他不是天然的运动来说都是如此。这一点人们没有给予应有的注意，所以你直到目前所说的话仍然是无效的。

萨耳维亚蒂：耐心点，话都是说得清楚的。请告诉我：既然你的反驳完全是以外加的力不存在为依据，那么，要是我向你证明，在抛射体离开抛者以后，介质对抛射体的继续运动不起作用，你会同意外加力存在吗？还是会继续攻击，不承认外加力存在呢？

辛普里修：如果取消介质的作用，我就看不出除了推动体所赋予的力之外，还有什么东西可依赖的。

萨耳维亚蒂：为了尽量避免无休止地争论下去，最好还是让你彻底解释清楚，介质在维持抛射体的运动中究竟有什么作用。

辛普里修：抛者把石子握在手中，迅速而有力地挥动手臂抛出去，这就不仅使石子而且使周围的空气都开始运动，所以石子一脱手就处于被冲力推动的空气之中，并被空气带动。如果空气不起作用，石子就会从抛者手中落到他的脚旁。

◀ 介质在抛射体继续运动时的作用。

萨耳维亚蒂：这种胡扯单凭你自己的感觉就可以驳倒它，并学到真理，然而你竟如此地轻信它。你听着：照你刚才肯定的，最猛烈的风也吹不动桌子上的一块大石或一颗炮弹；如果代之以一个软木球或一团棉花，你认为风吹得动它吗？

◀ 许多实验和论据都否定亚里士多德为抛射体运动所假定的原因。

辛普里修：我肯定风会把它刮走，而且物质愈轻，就会刮得愈快。因为我们从云的浮行中看到了这种现象，云的速度同把云吹走的风的速度是相等的。

萨耳维亚蒂：风是一种什么东西呢？

辛普里修：按照定义，风不过是流动的空气。

萨耳维亚蒂：那么流动的空气带走轻物质比带走重物质要快得多、远得多是吗？

辛普里修：当然。

萨耳维亚蒂：但如果用你的手臂先扔一块石子，后扔一片棉花，哪一样运动得更快更远呢？

辛普里修：当然是石子，棉花会掉在我的脚边。

萨耳维亚蒂：好吧，如果脱手后的抛物的运动是手臂推动的空气造成的，并且如果流动的空气带动轻物质比重物质容易得多，那么棉花这样的抛物为什么并不比石子这样的抛物带动得更远更快呢？这就是说，除空气的运动外，石子本身必定保存着某种什么东西。此外，如果同样长的两根绳子悬在椽子上，一根绳子的一端缚一只铅球，另一根的一端缚一只棉花球，然后把两者拉到离垂直线同样距离的地方放手，毫无疑问，两者都会向垂直线运动，并由于其本身冲力的推进，超过垂直线到一定的距离，以后又回来。你认为，这两只摆在垂直地停下来前，哪一只的摆动持续得更持久些呢？

辛普里修：铅球会来回摆动许多次；棉花球最多两三次。

萨耳维亚蒂：因此，不论怎样的原因，冲力和运动性在重物质中比在轻物质中保存得更久些。现在讨论第二点，请问为什么空气不能把这桌子上的香橼吹走呢？

辛普里修：因为空气本身不在动。

萨耳维亚蒂：所以抛者必须给空气以运动，而空气就靠这种运动来使抛物移动。但既然这个力不会是外加的(因为你说过,不能把一个物体的偶性传给另一个物体),那么这个力又怎么能由手臂传给空气呢？难道手臂和空气不是不同的物体吗？

辛普里修：答案是,由于空气在其本身范围内既不重也不轻,空气非常容易接受任何冲力,并且也很容易保存它。

萨耳维亚蒂：嗯,如果刚才两只摆向我们表明,运动体重量愈小,就愈不易保持运动,那么,完全没有重量的空气怎么能这样保持已经得到的运动呢？我相信并且知道你目前也相信,手臂一停,手臂周围的空气也立即停止。让我们走进那间房间,挥起毛巾,尽可能地扇动空气,随后,放下毛巾,立即把一支点燃的小蜡烛拿进房间,或者使一小片极薄的金叶在房间内飘扬,你将从其中任何一件东西的平静飘动中看出,空气已立即恢复平静。我能给你作许多这样的实验,但如果这样一个实验还不够的话,那就毫无指望了。

萨格利多：当逆风发射一支箭的时候,被弓弦推动的一丝空气随着箭前进,这是多么不可思议啊！但是亚里士多德另外还有一点我很想了解,请辛普里修给我答复。

如果用同一支弓射出两支箭,一支照惯常方式射,而另一支横射——就是,把箭身横过来沿着弓弦发射出去——我想知道,哪一支射得更远些？请回答,尽管你会觉得这问题太可笑了;你看我有点像个傻瓜,我的思辨能力不能提得很高,这倒要请你原谅。

辛普里修：我从来没有看见过一支横射的箭,但我想它连照常规射出的另一支箭的射程的二十分之一都到不了。

萨格利多：这正是我原来的想法,这使我有理由怀疑亚里士多德的名言是否与经验相符。因为就经验而论,如果我在桌子上放着两支箭,当一股强风吹过时,一支顺着风向,另一支横放着,风会很快带走后者而留下前者。假如亚里士多德的学说是正确的,那么弓射出的两支箭也应该产生同样的结果。因为横射的箭会被弓弦推动的与箭的全长相应的大量空气带走,而另一支箭只是从与箭粗细相应的一小圈空气获得冲力。我不能想象产生这样差别的原因,很想知道它。

辛普里修：我觉得原因很清楚;这是因为箭头朝前的箭只要穿透少量的空气,而另一支箭则要穿透其全长那么多的空气。

萨格利多：噢,原来箭射出去时,应当穿过空气？如果空气同它们一起运动,或者不如说空气就是引导它们前进的东西,那还有什么穿透不穿透的问题呢？你有没有看到,照这样子,箭的速度会比空气更快吗？是什么使箭具有这种更快的速度呢？你难道认为空气使箭具有比其本身更快的速度吗？

▶ 介质不是引起而是阻碍抛射体的运动。

你完全知道,辛普里修,这事情整个儿与亚里士多德所说的完全相反,介质给予抛射体以运动是错误的,而介质阻碍了它则是正确的。你一旦懂得这点，将毫无困难地看出，当空气确实在流动时，它带动横的箭要比箭头向前的箭容易得多，因为前者有许多空气推动它，而后者却少得多。但是当箭从弓射出去时，由于空气是静止的，横射的箭碰到许多空气，因而受到很大的阻力，直射的箭很容易克服阻止它的小量空气的障碍。

萨耳维亚蒂：我已经注意到，亚里士多德有许多命题(我始终是指他在自然科学方面的命题)不仅是错的，而且错得非常厉害，以致完全相反的命题才是正确的，就像这个例子一样！不过还是言归正传，我相信辛普里修是由于看到石子总是落在同一地方，才认为不能从这上面推出船在动还是不动，如果前面说过的一切还不够充分，那么关于介质的这一经验当可弄清全部真相。从这一经验可以看出，落体如果是用轻物质做成的，它顶多落在后面，而且空气并不跟着船在运动；但如果空气以同样速度运动，那么，在这个实验中或在你愿意提出的任何其他实验中，都想象不出任何差别；这里的道理，我等会儿就将向你说明。既然在这种情况下没有出现任何差别，那么，怎么能希望在石子自塔顶落下的情况下看出这种差别呢？因为石子的圆周运动不是外来的和附加的，而是天然的和永恒的，而空气则是紧跟着地球的运动，就如塔紧跟着地球的运动一样。辛普里修，你对这个特殊问题还有什么话要说吗？

辛普里修：没有什么好说的，但我至今还没有看到地球的运动性是被证明了。

萨耳维亚蒂：我并不自称已经证明地球的运动性，我只是想表明，从反对派为了证明地球静止这一论据所提出的实验中并不能得出任何结论，而且我相信，其他论据也将表明是如此。

萨格利多：对不起，萨耳维亚蒂，在讨论其他论据之前，请允许我提出一项困难。当你非常耐心地同辛普里修详尽分析船上实验的时候，这个困难就在我脑子里转了。

萨耳维亚蒂：我们聚在这里为的是讨论问题，因之，每个人提出他想到的不同意见，都是好事情，是通向知识的道路。所以，请讲吧。

萨格利多：如果在石子离开桅杆后，船的运动的冲力确实是留在石子上，而且这一运动对石子的直线向下的自然运动也确实不造成障碍或减速，那么由此必定产生一种非常突出的现象。

假定船停着不动，石子从桅顶落下需要脉搏跳动二次的时间。然后使船运动，使同一石子从同一地方落下；根据上面所说，石子落到甲板上，仍然需要脉搏跳动二次的时间。在这段时间里，比如说船航行了二十码，石子的实际运动将是一条斜线，比第一条只有桅杆那么长的垂直线要长得多，然而石子通过这段距离的时间则是相同的。现在假定船的速度加快，以致石子在降落时必须通过一条比前一条长得多的斜线，最后船的速度可以增加到任何程度，而落下的石子所作的斜线总是愈来愈

◀ 抛物运动的突出现象。

长，但仍然在同样两次脉搏跳动的时间内通过。同样，如果在塔上安置一尊水平位置的炮，向地平线平射，那么，炮弹借助火药的多寡可以落到一千码、或四千码、或六千码、或一万码、或更远的地方，但所有炮弹飞行的时间总是相等的，每一次都相等于炮弹从炮口落到地面上所需要的时间，如果这炮弹没有任何其他冲力而任其直线下降的话。现在令人感到惊奇的是，在同样的短短时间内（比如说，从一百码高处向地面直线下降所需的时间），被火药推动的同样的炮弹一会儿能飞四百，一会儿一千，一会儿四千，甚至一万码，这样平射出去的炮弹在空中逗留的时间都是相等的。

萨耳维亚蒂：这种意见很新奇，很高明，如果结果确是如此，是值得注意的。我毫不怀疑它的正确性。除去空气的附带阻力，我认为，当一颗炮弹从大炮中射出，同时让另一颗炮弹从同一高度垂直落下，这两颗炮弹肯定会在同一瞬间到达地面，即使前者可能飞越一万码，而后者仅仅飞越一百码。当然我们假定地球表面是完全平的；为了保证这点，可以在湖面上发射。那时空气的阻力就是使炮弹的飞快速度减低的原因之一。

如果你们对此满意，就让我们着手解决其他论据，因为，就我所知，辛普里修已经相信，由物体自高处降落中得来的第一个论据是没用的。

辛普里修：我还没有完全消除所有的怀疑，但可能要怪我不能像萨格利多那么机灵和敏捷。我觉得，如果石子在船桅顶上参与的运动，如你所说，在石子离船以后同样保存在石子里，那么，在奔驰的马背上的骑师扔下一只球，也必然会循着马的奔驰方向前进，而不落在后面。我不相信会产生这一现象，除非骑师朝着马奔驰的方向把球使劲抛出，否则的话，我认为球将留在它落下的地方。

萨耳维亚蒂：我觉得你完全搞糊涂了，我相信经验会向你表明，恰恰相反，球一落地，除非道路凹凸不平阻碍着它，它肯定会同马一起奔驰而不会落在后面。理由我觉得很清楚，因为当你站着不动沿地面扔这个球的时候，在球离开你的手以后，不是也在继续运动吗？而且地面越是光滑，球就滚得越远；例如，在冰上，球就可以滚得很远。

辛普里修：这是毫无疑问的，只要我用手臂给球一个冲力就成；但在上述那个例子里，我们假定骑师只是放手让球落下去。

萨耳维亚蒂：那正是我指望发生的情况。当你用手臂扔球的时候，在球离开你的手臂以后，除去从你的手臂得到的运动仍保存着，并继续推动球前进以外，还有什么呢？给球以冲力的是你的手还是马，这里有什么区别呢？当你骑在马上的时候，你的手以及手中的球不是同马一样快地运动着吗？当然是这样，因此，手一松开，球就离开手而运动，不过这运动不是从你手臂本身的运动得到的，而是从马的运动得到的，它先是传给你，然后传给你的手臂，由此到你的手，最后传给了球。

我要补充的是：如果骑师把球向马的运动的相反方向扔出，当球落到地面时，它有时还是跟着马前进，有时在地面停住不动；只有当球从手臂获得的运动速度超过骑师的速度时，球才会朝相反方向运动。有些人说，骑士能朝自己运动的方向投出标枪，在马上追它并赶上它，而且把它抓回来，这是蠢话。我说这是蠢话，因为要使抛射体回到手中，他就得把它直线向上扔，就像他站着不动时那样。因为不管运动多快，只要运动是匀速的，而抛射体不是很轻，那么，不管它被扔得多么高，它总会回到抛者手里。

萨格利多：这一原则使我想起了关于抛射体的一些古怪问题；其中第一个问题一定会使辛普里修觉得非常惊奇。是这样的：我说一个人不管以什么方式飞速运动着，只要把球扔下来，当球着地以后，不但会跟着他前进，而且多少会超过这个速度。这个问题同下述事实有关，即在地平面上抛出去的运动体会获得一种比抛者赋予它的速度还要大得多的新速度。

◀ 有关抛射体运动的种种奇妙的问题。

当我看人们玩铁环[①]时，我常常观察到这一情况而感到惊讶。这些铁环一脱手，以一定速度进入空中，后来落到地面上的速度就大大加快了。如果它们在滚动中撞上什么障碍，又使它们跳到空中，速度就要慢好多；一落回地上，它们就会重新以更大的速度滚动。但最奇怪的是：我还发现铁环在地面运动时，不但总比在空中快，而且它们在地面上通过的两段途程中，第二段的运动有时也比第一段的快。现在辛普里修对这又怎么说呢？

辛普里修：首先我得说，我没有观察过这种玩意儿；其次，我不相信有这种情况；最后，如果你使我信服并把它们的证明拿给我看，那你就是一个十足的鬼精灵。

萨格利多：不过，这将是苏格拉底的鬼精灵[②]，而不是地狱里的魔鬼。可是，证明还是要靠你自己。我告诉你，如果一个人自己不知道真理，就不可能由别人来使他知道真理。我固然能向你指出一些事物，既非真的也非假的，但谈到真理——那是必然的，它不可能不如此——每一个智力平常的人，或者自己就知道，或者他永远不可能知道。我相信，萨耳维亚蒂也是同样看法。因此，我对你说，这些问题的原因，你是知道的，但可能没有被你看出罢了。

辛普里修：让我们不要争论这个吧；请允许我告诉你，你谈的这些事情，我既不知道，也不理解，因此，看你能否使我弄懂这些问题。

萨格利多：这第一个问题依赖于另一个问题，也就是：为什么铁环用一条绳索转动要比单单用手转动远得多，因此也就有力得多呢？

辛普里修：亚里士多德也提出过有关这类玩意儿的复杂问题。

① 铁环：不是普通的铁环，而是直径约六英寸，厚一英寸的木盘，或者用手或者用绕在这些木盘上的绳子使它们在地上滚动。

② 苏格拉底的鬼精灵：苏格拉底说，他灵感的来源是他的“鬼精灵”(daemon，即守护神)。萨格利多在他的机敏的回答中，运用苏格拉底的质问术，向辛普里修指出，这是灵感的来源。

萨耳维亚蒂：确实如此，而且是非常巧妙的问题，特别是那个关于圆盘为什么比方盘转动得更好的问题。

萨格利多：关于这里的原因，辛普里修，你能否不经过别人的教导，自己来下判断呢？

辛普里修：当然可以，当然可以，别再挖苦人了。

萨格利多：你也同样知道另一个问题的理由。请告诉我，你是否知道运动体在遇到障碍时会停下来呢？

辛普里修：我知道，如果这障碍是相当大的话，它就会停下来。

萨格利多：你是否知道，对运动体来说，在地面上运动的障碍要比在空中的来得大？因为地面粗而硬，空气柔而软。

辛普里修：因为我确实知道如此，所以我也知道铁环在空中比在地面上转得快，因此我的知识正好与你设想的相反。

萨格利多：别忙，辛普里修。你是否知道，作自转的运动体的各部分是向四面八方运动的吗？因此，有些部分向上，有些向下，有些向前，而有些则向后。

辛普里修：这我知道，亚里士多德就这样教导过我。

萨格利多：请告诉我，是靠哪一种方法来证明的。

辛普里修：凭感觉来证明。

萨格利多：那么，亚里士多德有没有使你看到没有他你就看不到的东西呢？他是不是连眼睛都借给了你？你的意思是亚里士多德给你讲了，使你注意，向你提醒，而不是教给了你。

好吧，那么当铁环在原地自转时，其位置与地平面不是平行而是垂直，它的某些部分向上，相反的部分向下；上面的部分朝一个方向，下面的部分朝另一方向。现在请你设想一下，一只铁环在原地不动作快速自转并悬在空中，而在这样转动时，它垂直地落到地上。你是否认为它落到地面以后，还会像原先那样在原地继续自转呢？

辛普里修：决计不会。

萨格利多：好吧，那它会怎样呢？

辛普里修：它会在地面上很快地滚过去。

萨格利多：朝什么方向滚呢？

辛普里修：朝着它向之旋转的那个方向滚。

萨格利多：它的旋转有两个部分：上面的和下面的，两者的运动互相矛盾。因此，你必须说明，它服从哪个部分。至于朝上和朝下的两个部分，它们是互不相让的；整个铁环不可能向下运动，因为有地面挡着，也不可能飞起来，因为有它自己的重量。

辛普里修：铁环将朝着它上面部分所指向的方向沿地面滚去。

萨格利多：为什么不朝着相反部分，即着地部分所指向的方向滚去呢？

辛普里修：因为与地面接触部分受到地面的阻碍，即接触面粗糙的阻碍。

但上面部分处在柔软的空气中间，受到的阻力很小或完全没有，因此铁环就朝它们的方向前进。

萨格利多： 所以，可以说，附着于地面的下面那些部分把它们挡着，只有上面那些部分推它前进。

萨耳维亚蒂： 因此，如果铁环落在冰上或别的光滑平面上，它就不能够向前滚得那么好，也许只会继续自转，而没有其他任何前进运动。

萨格利多： 这样的情况完全是可能的；至少铁环不会滚得像它落在有些粗糙的表面上那样快。但是请告诉我，辛普里修，当飞快地自转的铁环落下时，为什么它在空中不像落到地面以后那样会向前冲去？

辛普里修： 因为铁环周围上下都是空气，铁环的各部分都没有地方可以附着；不可能前进或后退，所以就垂直落下来了。

萨格利多： 所以说，不用别的冲力而单是这种自转，就能使着地的铁环飞快地向前推进。

现在谈其余的问题。转动铁环的人把绳的一端结在手臂上，把另一端绕在铁环上，然后用绳推进铁环，这样会引起铁环怎样地运动？

辛普里修： 这样会迫使铁环自转，以便脱离绳子。

萨格利多： 所以，铁环到达地面时，就借助于绳作自转。那么，这本身不就是使铁环在地上比在空中运动得更快的一个原因吗？

辛普里修： 当然是的，因为在空中除了抛者手臂的冲力以外，没有别的冲力，虽然它也在旋转，但是，刚才已经说过，这种旋转在空中根本不推动铁环。但是铁环落到地面以后，旋转的前进运动才加给手臂的运动，由此铁环的速度就加倍了。我已经完全懂得，铁环蹦进空中时，速度就要减低，因为它缺少旋转的助力；但落回地面后，它就恢复了这种旋转助力，并且重新比在空中运动得更快。现在我只想了解，为什么铁环第二次着地时的运动要比第一次来得快，因为这样它就会永远运动下去，并不断加速。

萨格利多： 我没有说第二次运动一定比第一次快，只是说有时可能更快。

辛普里修： 正是这一点我弄不明白，所以要请教。

萨格利多： 这一点你自己也知道。请告诉我，如果你不转动铁环而让它从手里掉下去，它落地以后将会怎样呢？

辛普里修： 没有怎样，它就停在那里。

萨格利多： 它会不会在着地时，获得一种运动？你想一想看。

辛普里修： 除非我们让铁环落在一块倾斜的石头上，就像孩子们滚弹子那样，斜着落在石头上，就会获得一种旋转运动，从而使它能沿地面继续滚动。否则的话，除停留在降落的地方外，我不知道还会有什么别的情况。

萨格利多： 它正是这样才获得新的旋转运动。当铁环跳得很高又落回来时，为什么它不会碰到固着在地上的、向自己运动方向倾斜的石头上？正是由于这样的降落而获得新的旋转，它的运动将会加强，并且比第一次落地时运动得更快。

辛普里修：现在我懂得这是很容易发生的。再想一想，如果铁环逆向旋转，它落地时就会产生相反的效果，这将减慢它从游戏者那里得到的运动。

萨格利多：会减慢的，如果旋转得相当快，有时会使它完全停止。这里就说明了网球[①]能手为打赢对手所采取的一种手法，他用所谓削球来欺骗对手。这种方法就是在回球时用拍斜打，这样会使球有同它的前进运动相反的旋转。于是，球着地时，好像是死球，球贴在地面，或者比平常弹得低，使对手无法回球，通常的情况球都弹起来，对手就有时间回球，因为球如果不因削球而产生旋转，球就会向对手飞去。这也足以说明滚球[②]的玩法，玩球者要使木球滚到预定目标去。当他们在充满障碍的石头路上滚球时，石头路上的障碍使球偏向无数次，而完全滚不到目标那里去。为了避免所有障碍，他们就使球在空中通过，像掷铁圈似的，而不是使球在地面滚。但因为投球时，当用手按通常方法在球下面把球握住时，球一离手就会旋转。他们常常玩弄握球的手法，用手在上面握，使球在下面。否则当球接近目标着地时，球会因为抛掷运动和旋转运动而远远超过目标；但是，用这种手法，当球抛出后，就会赋予相反的旋转，球在接近目标着地时，就会停止或者只向前跑一点点。

但是让我们回到主要问题上来，这问题会引起其他问题。我说，对于一个迅速运动着的人来说，从他手上落下的一个球着地时，不仅会跟着他运动，而且会更快地跑在他前面。为了看到这种效果，让我们设想一条马车道，在马车外面，一边钉上一块倾斜的板，低处朝向马，高处朝向后轮。现在，马车以全速前进，如果其中有一个人让一个球沿这块板的斜面落下，这个球滚下时就会得到它自己的旋转；这种旋转加上由马车得到的运动，会使球着地时比马车更快。如果有另外一块板，按相反方向倾斜，它就有可能按这样的方式来改变马车的运动，当球沿这块板滚下着地时，会停着不动，甚至会向马车的相反方向跑。

但是，我们已经离题太远了，如果辛普里修对于从垂直落体推出的反对地动说的第一个论据的解决已经满意，那就可以处理其他问题了。

萨耳维亚蒂：到现在为止我们所说的离题的话同手头的问题并不能说是完全无关的。而且，上述讨论会在我们的思想上产生一系列推论，不单提醒我们中的一个人，而是提醒我们三个人。此外，我们是为我们自己的兴趣而争论，因而不必太严格，只有那种由于职业上的缘故而有条不紊地处理一个问题，并且想把它发表的人，才有必要受这样严格的约束。

---

① 这种网球在伽利略时代流行于意大利。比现在的网球大得多，拍球人数双方相等，但不固定。球场很大，中间隔着布条，但没有球网。

② 滚球是意大利的一种游戏，球场很粗糙，也可在室内比赛。

我不希望我们这首叙事诗严格地拘泥于诗的格律，以致没有为插曲留下余地，要引进这种插曲只要有一点关联就够了。几乎就像我们碰在一起讲故事一样，应当允许我在听你讲时想到什么就讲什么。

萨格利多：这完全合乎我的要求；既然我们讨论的范围如此宽广，那么很好，我问你，萨耳维亚蒂，在接下去讨论其余问题以前，你是否想过，一个重物自塔顶向塔底自动降落，会划出怎样一条线路。如果你考虑过这个问题，那就请谈谈你的想法。

萨耳维亚蒂：我有时盘算这个问题，而且毫不怀疑，如果我们确信重物向地球中心降落这一运动的性质，并把这一运动同周日旋转的共同圆周运动相结合，那就会发现，运动体的重心所划出的那条线完全是由这两种运动合成的。

萨格利多：我想我们有绝对把握相信它是一条直线，正像地球不动时一样。

萨耳维亚蒂：就这方面来说，我们不但可以相信，而且经验也给以肯定。

萨格利多：但是，如果我们除了由圆周运动和向下运动所组成的运动以外，从来也没有看到过别的运动，经验又怎么能使我们确信这点呢？

萨耳维亚蒂：不如这样说，萨格利多，我们除了简单的向下运动外，从未见过其他任何运动。因为，地球、塔和我们自己共有的另一种圆周运动，始终是看不见的，就仿佛不存在似的。只有我们没有参与的石子运动是看得见的；关于这点我们的感觉表明，它总是沿着一条与塔平行的直线，而塔是垂直地建立在地面上的。

萨格利多：你讲得对，我是个笨蛋，这样简单的东西都没想到。现在这一点既然弄清楚了，关于这种向下运动的性质，你认为还有什么需要了解的？

萨耳维亚蒂：单了解它是直线还不够，还需要了解它是匀速的还是变动的，也就是，它是否总是保持同一速度，还是有减速或者有加速？

萨格利多：无疑是在不断地加速。

萨耳维亚蒂：这还不够，还必须知道，这种加速按照什么比例进行。这个问题，我敢说直到目前，还没有一个哲学家或数学家懂得；尽管哲学家们，特别是逍遥学派的学者们，曾经写了整部整部——而且是大部头的——论述运动的书。

辛普里修：哲学家们主要从事于一般概念的研究。他们提出定义和规范，而把某些微妙问题和细节留给数学家们，这些都是比较出奇出格的东西。亚里士多德只对一般运动下卓越的定义，和指出局部运动的主要属性，也就是说，运动有时是天然的，有时是强加的；有时是简单的，有时则是复合的；有时是匀速的，有时则是加速的；对加速运动，他只限于指出加速的原因，却让机械师或其他低级工匠去研究这种加速度的比例以及其他更具体的特征。

萨格利多：行啦，辛普里修。但是，萨耳维亚蒂，你有时从逍遥学派陛下的宝座走下来，有没有对落体运动的加速度比例研究着玩过呢？

萨耳维亚蒂：我没有必要想通这个问题，因为我们共同的朋友那位成员已经把他研究运动的论文①给我看过，这个问题以及其他许多问题都在论文中解决了。但是打断我们现在的讨论，那就离题太远了；因为，我们现在的讨论已经离了题；这就好比戏中有戏一样。

萨格利多：我赞成你暂时不引用这篇论文，但有一个条件，就是把它和其他一些命题保留下来，另外安排时间专门讨论，因为我非常需要这种知识。现在我们就来讨论重物从塔顶向塔底降落时所划出的线吧。

萨耳维亚蒂：如果向地球中心的直线运动是匀速的，同时，向东的圆周运动也是匀速的，那么这两种运动就会合成一种螺线；阿基米德在他的论螺线的著作中曾对阿基米德螺线下过定义。当一点沿一直线做匀速运动时，这直线绕它的一个固定端点匀速旋转，就构成螺线。但是因为落体运动是不断加速的，所以这两种运动合成的线，与始终留在塔上的石子的重心所作的圆周的距离，必须不断增加。这种距离开始时一定很小，极其微小，几乎微乎其微，因为落体从摆脱静止状态（也就是从没有向下运动）进入直线的向下运动，必须经历从静止到任何速度之间的缓慢度，这些缓慢度都是无限的，这些都已经详细讨论过并且解决了的。

▶ 假定地球自转，自由落体所作的线可能就是圆周。

由此可见，假定加速度就是这样进行的，落体倾向于以地球中心为终点也是正确的，这样，落体混合运动的线应当是以不断增加的比例离开塔顶。确切些说，这条线在离开塔顶那根因地球旋转而作的圆周时，如果运动体离开其原来地点的距离很小，它同那个圆周的距离也就很小，甚至是无限小。再就是，这条混合运动的线必须以地球中心为终点。从上述两个假设出发，我以A点为圆心，AB为半径，作圆周BI以表示地球。然后，延长AB至C点，以BC表示塔的高度，塔随地球沿着BI做圆周运动，塔顶描绘出CD弧线。

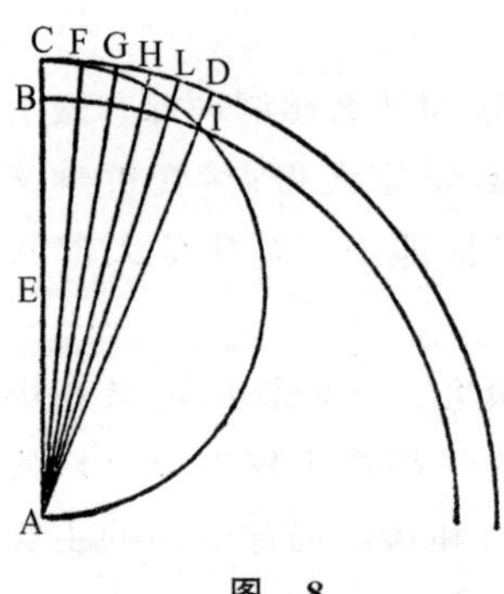

图　8

然后二等分CA线于中点E，以E为中点，EC为半径，作半圆CIA；我想，从塔顶C落下的石子，很可能沿半圆CIA作一般圆周运动和它自己的直线运动构成的混合运动。在CD圆周上分成相等的部分CF，FG，GH和HL，并从F点、G点和H点和L点向中心A引直线，而夹于CD和BI两圆周之间截取的部分始终代表同一座塔CB，它被地球带动向DI运动。这些直线与CA半圆上的弧线的交点，是落下的石子在不同时间所

① 指伽利略的著作 *De motu naturaliter accelerato*（《论自然的加速运动》）。

在的地点。这些点与塔顶的距离不断增大，这就使它沿着塔的直线运动越来越快。由于DC和CI两个圆周的交角无限小，石子离开CFD圆周（即从塔顶）的距离开始时是非常小，这就是说向下的运动很慢；事实上，越是接近C点，即越是接近静止状态，就越慢，直至无限小；最后人们就可以了解，为什么这样的运动终于会在地球中心终止。

萨格利多： 这一切我都十分清楚，不能想象落体的重心会划出另外什么线来。

萨耳维亚蒂： 别忙，萨格利多，我想再举出三点小小的看法，也许，不会使你不高兴。第一点是：如果仔细想一想，物体实际上只做圆周运动，就像它停在塔顶上所作的圆周运动一样。第二点甚至更有趣，石子的运动并不比石子继续停在塔上的运动多一点或少一点，因为石子始终停在塔上所通过的CF，FG，GH等弧线恰好等于CI圆周上同CF、FG、GH等对应的弧线。由此引出第三点惊奇结论是，石子的真正运动绝不是加速度的，而始终是匀速的，因为CD圆周上标出的那些弧线，及CI圆周上标出的各相应弧线，都在相等的时间内通过。所以我们就不需要找出加速度或其他运动的任何原因，因为运动体无论是处于塔顶或者下坠，总是以同样方式运动，也就是都作同样的均速圆周运动。

◀ 物体自塔顶沿圆周落下。

◀ 落体的运动不会大于或小于该物留在塔顶时的运动。

◀ 落体运动不是加速的，而是匀速的。

现在请你谈谈，对我这些古怪的结论怎样看法？

萨格利多： 说真话，我简直无法表达这些见解所引起我的钦佩；就我目前的智力所及，我就不相信情况会有什么两样。我衷心希望哲学家们的所有论据都具有这个证明的一半可能性。为了完全满足我的心愿，我希望能听听这些弧是怎么相等的证明。

萨耳维亚蒂： 证明很容易。假定从I到E画一条线；因为CD圆的半径是CA线，比CI圆的半径CE大一倍，所以，前者的圆周比后者的圆周也大一倍，而且大圆上所有的弧都比小圆上相似的弧大一倍。因此，小圆上的弧等于大圆上的弧的一半。既然在小圆圆心E上的对着CI弧的CEI角比在大圆圆心A上的对着CD弧CAD角大一倍，所以CD弧是大圆与CI弧相似的弧的二分之一。因此，CD和CI两弧相等；用同样方式可以证明所有其他部分也相等。但是我目前不想断言，重物下降的情况正是这样。我只打算说，落体所作的线即使不完全是这样，也很接近于这样。

萨格利多： 好，萨耳维亚蒂，我刚想到另一个值得注意的问题。那就是，根据这些理由，直线运动完全不存在，自然界从来也没有使用过它。甚至在你开始也承认它有的那种用处，即从整体分离出来的、已不在原来位置上的自然物体，借以恢复它们原来位置的直线运动，也被排除掉，而代之以圆周运动了。

◀ 直线运动在自然界里好像完全没有地位。

萨耳维亚蒂： 如果已经证明地球做圆周运动，结论就必然会是如此，但我并不认为，地球的圆周运动已经得到证明。到目前为止，我只在考虑，并将继续考虑，哲学家们提出的地静说的论据是否确切。其中第一条，即从垂直落体得出的论据，已碰到你所听到的那许多困难了。我不知道辛普里修对这些困难的重要性承认不承认，所以在考虑其他论据之前，最好听听他有什么不同意见。

辛普里修：关于第一个论据，老实说，我听到的那些微妙的论点都是我从未想到过的，由于这些对我说来都是新问题，我无法立即回答。但是，我从来没有把以垂直落体为根据的论据作为地静说的最有力的论据。对大炮射击的论据，尤其是与周日运动相反方向的射击的例子，我也弄不懂究竟对与不对。

萨格利多：我感到鸟的飞行比大炮和先前提过的所有实验更加麻烦，更加困难。鸟能前后任意飞翔，自由盘旋，尤其重要的是，这些鸟一次可以浮在空中好几个钟点，这简直把我的头脑搞糊涂了。我也不懂，鸟为什么在反复回翔中不会因地球运动而迷路？或者说，鸟为什么能追随这么高的地动速度，因为它毕竟超过鸟的飞行速度太多了。

萨耳维亚蒂：事实上你的论点很有道理。也许哥白尼本人对此也还没有获得圆满的解答，可能这就是他在这点上保持沉默的原因；虽然他在考查其他相反论据时，说话很简要；我想这是由于他的博大精深以及他一心致力于最深奥的原理，他就像一头狮子，对一些小犬的不断狂吠是不大听得见的。因此让我们把关于飞鸟的疑问搁到后面再谈，再在先设法满足辛普里修所提出的其他疑难，向他表明，答案像通常一样，就在他的手边，虽然他并没有注意到它们。

首先，谈谈炮弹的射程，用同一座大炮（装上同样的火药和炮弹），一次朝东射，一次朝西射。告诉我，辛普里修，你是根据什么理由相信，如果周日运动是地球的运动，向西发射会比向东发射要远得多呢？

▶ 为什么向西发射的炮弹比向东的要远。

辛普里修：我相信这点，是因为向东发射时，炮弹出了炮膛，大炮是跟着它走的。大炮被地球带动，朝着同一方向飞速前进；因而炮弹落地点离大炮不会很远。反之，向西发射时，在炮弹落地之前，大炮已向东移动得很远了，所以炮弹与大炮之间的距离，即射程，将显得比向东发射的射程要远，其长度等于两颗炮弹在空中飞行时大炮的行程（即地球的行程）。

萨耳维亚蒂：像在船上作落体运动实验一样，我很想找到安排这类抛射体运动的实验方法。我正在想怎么办好。

▶ 求出射程差距的马车运动实验。

萨格利多：我相信，这将是很合适的办法，即在敞篷马车上装一张弩弓，为了取得最远的射程，使弩弓的仰角保持45°，当马奔驰时，向马奔驰的方向射一箭，然后再向相反的方向射一箭，在每次发射后，仔细标出箭落地时马车的位置。就能确切地看到后一次比前一次远多少？

辛普里修：我觉得这个实验非常合适。箭落地时，马车所在的位置同箭之间的距离，即其射程，在它朝马车前进方向运动时比它朝相反方向运动时要小得多。我可以肯定，例如，假定射程本身是300码，而箭飞行时马车走的路程是 100 码,那么,朝马车前进方向发射时,马车将通过 300 码射程中的 100 码,因此在箭落地时箭与车的距离将只有 200 码。反之,朝马车运动相反方向发射时,当箭已飞行 300 码,马车朝相反方向加 100 码,中间的距离就是 400 码了。

萨耳维亚蒂: 有什么办法使两种射程相等?

辛普里修: 除了使马车停止外,没有别的法子。

萨耳维亚蒂: 那是当然的;但我指的是马车以全速前进时,该怎么办。

辛普里修: 那只有朝马车前进方向发射时,把弓拉紧些,而朝相反方向发射时,拉松些。

萨耳维亚蒂: 这样说来,还是有另外一种办法的,而办法就是这样。但是需要把弓拉得多紧,以后又放得多松呢?

辛普里修: 在我们的例子中,假设弓射 300 码,所以朝马车前进方向发射时,需要把弓拉紧到能射 400 码,而朝相反方向发射时,则松到只射 200 码。这样,每次发射对马车位置的距离都是 300 码,因为马车走的 100 码,要从 400 码那次发射中减去,并加到 200 码那次发射上去,从而使两次发射都是 300 码。

萨耳维亚蒂: 但是弓的松紧程度对箭会产生什么影响呢?

辛普里修: 强弓能使箭具有较高的速度,弱弓则使箭具有较低的速度。弓弦搭箭的部分射出快,箭就射得远;搭箭的部分射出慢,箭就射得近。

萨耳维亚蒂: 那么说,为了使两支向不同方向发射的箭都与运动着的马车的距离相等,就必须在第一次发射时比如说箭是以 4 级速度飞出,在另一次发射时只有 2 级速度。假如拉得同样强弱,箭速将总是 3 级。

辛普里修: 正是这样。这就是为什么当马车奔驰时,同样地拉弓,箭的射程不能相等的缘故。

萨耳维亚蒂: 我忘了问,在这一特定的实验中,马车奔驰的速度假定是多少?

辛普里修: 和弓的 3 级速度相比,马车的速度应假定为 1 级。

萨耳维亚蒂: 对了,这样就摆平了。但请告诉我,马车运动时,车上的一切东西是否也以相同的速度运动呢?

辛普里修: 这是无疑的。

萨耳维亚蒂: 弓、箭以及把弓拉紧的弦也都以相同的速度运动吗?

辛普里修: 对的。

萨耳维亚蒂: 那么,当箭朝马车前进方向发射时,弓使箭具有 3 级速度,由于车带着箭按其速度和方向运动,所以箭已经具有 1 级速度。箭脱弦后因此具有 4 级速度。反之,朝相反方向发射,上述弓同样使箭获得 3 级速度,而箭以 1 级速度向反方向运动,结果箭脱弦后只有 2 级速度了。但你自己已经声称,如使射程相等,那么在一种情况下要使箭有 4 级速度,在另一种情况下要有 2 级。因此,即使不换弓,马车本身的行程也能调整射程，这一实验给那些不愿和不能靠推理而信服的人解决了问题。

▶ 大炮向东和向西发射的论据的解答。

现在我们把这个论据用于大炮，你就会发现：无论地球是运动的或静止的，以同样的火力发射的炮弹，不管它们朝什么方向发射，其射程总是相等的。亚里士多德、托勒密、第谷和你，以及所有其他人的错误，其根子就在于地球是静止不动的这样一个根深蒂固的成见；甚至当你想要从地球是运动的假定出发，从哲学上来说明会发生什么情况时，你也不能或者不知道如何去摆脱这种成见。因此，在另一论据中，你并不考虑，当石子在塔上时，不管地球在运动与否，石子和地球是相同的。由于你心里一直认为地球是不动的，对于石子的降落，你总是争辩说，石子是在脱离静止状态。其实你应该说："如果地球是不动的，则石子是脱离静止状态而垂直下坠；但如果地球是运动的，由于石子也以与地球相等的速度在运动，它不是脱离静止状态，而是脱离与地球的运动相等的运动状态。它把这一运动与附加的向下运动混合起来，结果形成一种斜线运动。"

辛普里修：但是，天啊！如果石子作斜线运动，为什么我看到它作垂直运动呢？这是赤裸裸地否定明显的感觉；如果连感觉也不相信，那么我们还能靠什么可以进入哲学推理之门呢？

萨耳维亚蒂：地球、塔和我们自己，所有这一切连同石子都随着周日运动而运动，所以，周日运动好像并不存在似的；它是觉不到，看不见，仿佛一点效果也没有似的。唯一可以观察到的就是我们所没有的运动，那就是轻轻擦过塔旁的向下运动。你并不是第一个很不乐意承认这种事实的人，即在参与这种共同运动的诸物体间，这种运动对它们是不发生作用的。

▶ 萨格利多以突出的例子证明共同运动不起任何作用。

萨格利多：我刚想起，当我以我国领事身份前往阿勒颇的航行途中，一天，在我的头脑中曾产生过一种幻想。也许，我的幻想有助于说明这种共同运动何以不起作用，并且对于参与这一运动的一切事物来说，它仿佛是不存在的。如果辛普里修同意，我想把我当时的想法同他谈谈。

辛普里修：我听你谈的这些事情很新奇，不仅使我愿意听下去，而且引起了我的好奇心；因此，请谈下去吧。

萨格利多：在我从威尼斯到亚历山大港航行期间，如果船上有支笔能对整个行程留下明显标记，它会留下什么样的痕迹，什么样的标记，什么样的线呢？

辛普里修：它会留下从威尼斯到亚历山大港的一条线，不是完全直的，说得确切一点，不是完善的圆弧，而是随着船的摇摆多少有些波动的圆弧。但是在几百英里的长度里，在某几处左右上下相差一两码的这种弯曲，在全线范围来说，只会引起很小的变化。这些弯曲几乎觉察不到，可以大致无误地称为一个很圆的弧的一部分。

萨格利多：所以说，如果排除波浪的摆动，而船的运动又是平稳的，那么画笔描绘的这一真实运动就会是一个完善的圆弧。但是如果我始终把同一支笔握在手中，仅仅偶尔使笔朝这边或那边移动一点，我会给这条线的全长带来什么主要变化呢？

辛普里修：这种对绝对直度的偏离程度，比在一条1000码长的直线上只有跳蚤眼睛那么大的偏离程度还要小。

萨格利多：那么，如果一个画家当我们离港时就开始用这支笔在纸上面，直画到亚历山大港，他就会从笔的运动中得到一整套图形，从四面八方描绘下来的景物、建筑、动物和其他东西，然而笔尖所标出来的实在的、真正的、主要的运动却只是一条线；长固然长，但很简单。至于画家自身的动作，就像船静止不动时画出来的完全一样。画笔的漫长的运动，除了画在纸上的线条之外，没有留下别的痕迹，其原因就在于从威尼斯到亚历山大港的总运动，对于船上的纸笔以及一切事物来说是共同的。但是画家的手指传到笔上而不传到纸上的向后、向前、向右、向左的许多小运动只是笔所固有的，因此，能在纸上留下痕迹，而纸对这些运动来说是保持不动的。

同理，由于地球在运动，石子的下降运动实际上将有几百码或者甚至几千码；如果它能在静止的空气里或在其他的表面上来标明石子的行程，它就会留下一条很长的斜线。但是，石子、塔和我们自己所共同具有的那部分运动，是觉察不出来的，就仿佛不存在似的。可以观察到的只是塔和我们都不参与的那部分运动，归根到底也就是石子降落时擦过塔旁的那种运动。

萨耳维亚蒂：这在说明这个论点上确实很微妙，但是许多人是不大容易理解的。现在除非辛普里修有什么话要回答，我们就可以转到其他实验，而我们到现在为止解释过的那些东西对解释这些实验也有不少帮助。

辛普里修：我没有什么特别要说的。我在想，这些线条从四面八方，这里那里，上上下下，前前后后画了出来，加上许多转弯曲折，使它们更复杂化了，然而在本质上和实际上只是朝一个方向画出来的一条单纯的线条的各部分，除掉偶然有点向右或向左偏离直线行程以及笔尖运动或快或慢的极小参差外，没有别的变化；想到这里，这些画简单把我搅昏了。现在我在想，文字怎么也会以同样方式写出来，那些最优美的书法家，为了显示他们的手法熟练，笔不离纸，大笔一挥，就写出曲折美妙的花体字，当他们在快速的航船中时，笔的全部运动就转化为一个花体字，这个花体字实质上是一条单纯的线，朝同一方向画出来的，只比完全的直线稍微有些弯曲和倾斜罢了。我非常高兴，萨格利多启发了我的这种思想；但是让我们谈下去吧。我渴望听到，下面将是怎样，这太吸引我了。

萨格利多：如果你渴望听到这一类不是每个人都能听到的高明看法，我们这里就很多，特别是在航海这一问题上。在同一次航行中，我曾经产

▶ 讽刺地引证某一百科全书的非常幼稚的结论。

生过一种想法；我想到船的上桅，在不折断或不弯曲的情况下，桅顶比桅脚所走的航程更远，因为桅顶比桅脚离地球中心要远，所以桅顶所作的圆弧理应比桅脚所作的圆弧要大。你对这种想法是否感到惊异呢？

辛普里修： 那么，当一个人走路时，他的头要比他的脚走的路更远吗？

萨格利多： 你以自己的才智彻底看出了这点。但是我们还是别打断萨耳维亚蒂好。

萨耳维亚蒂： 我很高兴地看到辛普里修在动脑筋，如果这想法确实是他自己的，而不是从某一本结论性的手册中引来的，尽管其中也含有同样美妙和高明的见解。

▶ 以大炮垂直发射为依据反驳地球的周日运动。

让我们继续讨论垂直的大炮朝天发射的问题，不管在炮弹与大炮长久分离期间，地球已经把大炮向东带走了许多英里，炮弹还会沿原线回到大炮这里。看来炮弹似乎应当落在大炮以西相等的距离，但实际上却不是这样，就好像大炮等着炮弹不动似的。

▶ 答复反驳意见，指出其谬误。

这一问题的解答和石子从塔上落下的情况是相同的，所有混乱和错误的原因是总把未肯定的事情假定为肯定的。反对者总是坚信，从大炮射出的炮弹开始时是静止的。但是这种情形只有假定地球是静止时才会发生，而这个假定恰好是有问题的。

认为地球是运动的那些人对这点的回答是，地球上的大炮和炮弹都参与地球的运动，或者毋宁说，它们全具有相同的自然运动。因此，炮弹根本不是从静止开始，它的向上发射的运动是同它环绕中心的运动联在一起的，这种向上发射的运动既不消除也不阻碍它环绕中心的运动，就是这样，炮弹随着地球向东的运动，在上升和返回时，都始终保持在同一大炮的上空。在船上用弩炮向上垂直发射弹丸的实验中，你也可以看到同样的情形。无论船在行驶还是停着，弹丸总是返回原处。

▶ 对同一反驳意见的另一解答。

萨格利多： 这已使我完全满意。但是，我发现辛普里修喜欢乘人不备抓对方的小辫子，所以我想问问他：暂且假定地球是静止的，而地球上的大炮是朝天的，他在理解炮弹确实是垂直发射，而且炮弹在射出和返回时是沿着同一直线这些问题上，是否存在着困难？这里，我们始终假定任何外部的和附加的阻力都已排除。

辛普里修： 我理解到情况确确实实就是这样。

萨格利多： 但如果炮不是垂直的，而是有点倾斜，那么炮弹的运动该是怎样？炮弹是不是仍和上述情况一样，沿垂直线射出又沿同一垂直线落下呢？

▶ 抛射体沿着直线继续其运动，这条直线循着抛射体与抛射器在一起时所具有的那个运动方向进行。

辛普里修： 不是的；炮弹脱离大炮后，将沿着大炮的准线做直线运动，除非它本身的重量使它偏离而倾向地球方面。

萨格利多： 那么，操纵炮弹运动方向的，就是大炮的准线了。如果炮弹本身的重量不使炮弹向下倾斜，炮弹就不是或者说不会在那条线以外运动。所以，如果大炮垂直安放，炮弹向上发射，炮弹就将仍沿同一直线向下返回，因为炮弹的重量决定炮弹是沿这一垂直线向下运动的。所以，炮弹在炮外的行程，继续着它在炮内所作的那部分行程的准线，是不是这样？

辛普里修： 我看是这样。

萨格利多： 现在请你设想，大炮是垂直的，而地球以周日运动作自转，并带着大炮运动；请告诉我，炮弹发射时，它在炮筒内的运动是怎样的。

辛普里修： 炮弹作垂直的直线运动，因为大炮是朝天瞄准的。

萨格利多： 请你再仔细想想，因为我认为它根本不是垂直的。如果地球是静止的，炮弹将会作垂直运动，因为这时炮弹除火力推动给予的运动外，不会有任何运动。但如果地球在旋转，炮弹在炮内也有周日运动；所以，当开炮的冲力加在炮弹上面时，炮弹是以两种运动从炮底升到炮口[①]，两种运动混合的结果会使炮弹垂心的运动成为一条斜线。

◀假定地球在旋转，垂直发射的炮弹不是沿垂直线运动，而是沿一条斜线运动。

为了更明确地领会这一点，假设AC是竖放着的炮，B是筒内的炮弹。显然，假如炮不动，开炮后，炮弹将通过炮口A射出，炮弹重心沿炮筒作垂直线BA，炮弹在炮外将继续循此准线朝天运动。但假如地球在旋转，因此也就带动着大炮，那么当炮弹受火力驱使在炮筒内上升的时候，地球已使大炮移至DE的位置，炮弹B在出口时将在炮口D。炮弹重心的运动将沿着BD线——不再是垂直的，而是向东倾斜的。还有，正如前面已经指出的，炮弹在空中必须按照在炮筒内的运动方向继续前进，因而炮弹的运动将与BD线的斜度一致。这将不是垂直的，而是朝东倾斜，大炮也是朝这方向移动，所以炮弹能随着地球以及大炮的运动而运动。你看，辛普里修，这就证明，炮弹的发射看来是垂直的，而实际上完全不是这样。

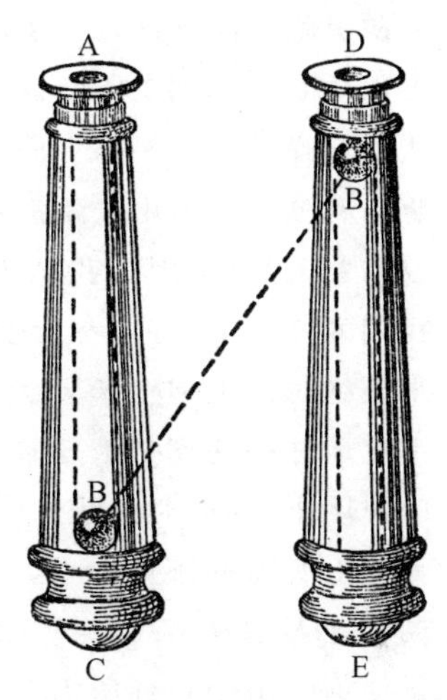

图 9

辛普里修： 关于这个问题，我并不完全信服。你呢，萨耳维亚蒂？

萨耳维亚蒂： 只是部分地信服，但是我感到还有些疑点，不知道怎样说好。我觉得依照刚才所说的，如果炮是垂直的，而地球在运动，那么，炮弹既不会像亚里士多德和第谷所设想的在大炮西面落下，也不会如我所希望的那样落在大炮上，而是落在大炮东面一点的地方。因为照你的解释，炮弹具有两种运动，这两种运动一致把它抛向这个方向；即把大炮和

① 这里代表物理思想的一大进步，即把几种运动区分开来，并发现可以把每一运动作为独立的对其他运动不起作用的来分析。当萨耳维亚蒂后来发表反对意见时，他只是表达了当时哲学家和物理学家中流行的思想。萨格利多的答辩体现了伽利略在物理学革命中的一个杰出论点。

炮弹自 CA 带到 ED 的地球的一般运动以及使炮弹沿斜线 BD 射出的火力的冲力，这两种运动都朝东，因此都超过地球的运动。

萨格利多：不，先生；把炮弹带向东面的运动完全来自地球，火力没有参与这一运动，使炮弹上升的运动完全来自火力，地球与此毫不相干。因为，肯定说，如果不开炮，炮弹决不会射出炮口，也决不会上升一丝一毫；同样，如果使地球静止，再开炮，炮弹将没有丝毫偏离地垂直上升。因此，虽然炮弹确有两种运动，一个向上，一个绕圆，这两者合成斜线 BD，但是向上的冲力完全来自火力，而圆周运动的冲力则完全来自地球，并与地球的运动相等。既然它与地球运动相等，炮弹将始终垂直地保持在炮口之上，最后回入炮口。而炮弹既然始终处在大炮的准线上，也将继续不断地处在大炮近旁的人的头顶上，因此这个人就会觉得炮弹恰好朝天形成直角。

辛普里修：我还有另一个疑问，即炮弹在炮筒内的运动既然极其迅速，在大炮从 CA 移到 ED 的这一瞬间，就能把这样一个倾角给予对角线 CD，从而炮弹单靠这一点，在空中不落后于地球的运动，这似乎是不可能的。

萨格利多：你在几方面都错了。第一，我认为对角线 CD 的倾角比你想象的要大得多，因为我认为地球运动的速度不仅在赤道上，而且即使在我们的纬度上，肯定都比炮弹在炮筒内运动时的速度要大；因此 CE 间的距离绝对比大炮全长要大，因而对角线的倾角一定大于半直角。但是，不论地球的速度是大于还是小于炮弹的速度，都无关紧要，因为倘若地球速度小，因而对角线的倾角也小，那么，要使炮弹在飞行中继续保持在大炮上所需的倾角也小。总之，如果你仔细想想，你就会理解，地球的运动在把大炮从 CA 移到 ED 时给予对角线 CD 的倾角不论是大是小，都是使炮弹击中目标所需要的。

你的第二个错误，在于你认为炮弹追随地球运动的性质来自开炮的冲力。这里你又陷进了萨耳维亚蒂刚才所犯的那个错误里去了。其实追随地球的运动，是炮弹作为地球上的一个物体所参与的原始的永恒的运动，而且是不能分割的，炮弹天然就具有这种运动，并且将永远具有这种运动。

萨耳维亚蒂：让我们认输吧，辛普里修，因为事实正是如他所说的。现在从这个论据我开始理解猎人的问题了[①]——那些用枪射死空中飞鸟的射手们的问题。我曾经以为，由于鸟在飞行，目标必须离鸟有一段距离，预先估计一定的间距，或多或少以鸟的飞行速度和距离为依据使子弹发射后沿瞄准的直线进行，与鸟同时到达同一地点，子弹才会命中。为此我问过一位猎人，他们的实践是否如此，猎人告诉我不是的，他们用的方法要简单得多，并且可靠得多。完全像射击不动的鸟那样，他们瞄准飞鸟，

▶ 猎人如何瞄准空中的飞鸟。

① 这里萨耳维亚蒂的错误是伽利略有意加进去的，因为他让萨格利多在以后的谈话中纠正这许多错误。

移动猎枪始终瞄准鸟身直到射击为止；他们就是这样像射击不动的鸟一样来射击飞鸟的。所以猎枪追踪飞鸟所作的运动，虽然很慢，也一定会传给子弹；而这一运动是同由火力产生的另一运动相结合的。这样，子弹就会由于火力的作用而具有直线向上的运动，并从枪筒获得以鸟的运动为依据的倾斜的运动。这和已经讲过的大炮射击的情况正好相同。炮弹因火力作用而朝天运动，又因地球运动而向东倾斜；由于这两个运动的混合，炮弹就跟着地球运动，但旁观者只觉得炮弹直线上升，以后沿原线下降。所以，必须把枪炮始终直接对准目标，才能射得准确。对于静止的目标，要瞄准它，枪筒必须保持不动；对于运动着的目标，枪筒应随目标移动。

对另一论据，即大炮向南方或北方的目标射击，其适当的解答也决定于这一点。反对的说法是：如果地球在运动，则一切炮弹都将歪向西方。因为炮弹离开大炮后在空中向目标飞行的这段时间里，目标已向东移动，而使炮弹留在西面。那么，我要反问：无论地球是动还是不动，大炮一旦瞄准了目标，并保持这一状态，它是不是将继续瞄准这同一目标？回答只能是瞄准没有任何变化；因为如果目标是固定的，大炮也是固定的；而如果目标因地球带动而运动，大炮同样也在运动。而如果使瞄准保持这一状态，射击总是可以命中目标的，这从上面的讨论中已经清楚看出了。

◀ 解决以向北或向南开炮为依据的反驳。

萨格利多：萨耳维亚蒂，请等一等，让我把我想起的关于这些猎人和飞鸟的某些问题提出来。我相信，他们的操作方法同你所说的一样，我也同样认为这方法是可以击中鸟的，但是我觉得，这种作用和开炮不完全一致。当炮和目标都在运动，或两者都静止不动时，开炮都能准确地命中。我看不同在于开炮时，炮和目标都因地球运动的带运而以等速运动着。虽然炮的位置有时比目标更接近地极，炮沿较小的圆周运动，因而运动较慢，但因为炮与目标的距离很小，这种差别是感觉不出来的。但是在猎人射击时，他用来瞄准飞鸟的猎枪的运动，同鸟的飞行速度相比是很慢的。我觉得，由此得出的结论是：由于枪筒转动给予子弹的很小的运动，在空中不可能增长到鸟的飞行速度，即子弹一旦射出，始终瞄准着鸟。我觉得，子弹必须会被超出而落在后面。应该补充的是，在这种情况下，子弹所通过的空气并没有假定有鸟的运动，然而，大炮、目标和介于其间的空气都同样参与周日运动，所以我相信，在猎人射中飞鸟的种种根据中，除他用枪筒追踪鸟的飞行外，还有一个把瞄准器放前一点，使之超过目标的理由。而且我相信，射鸟不是单用一颗子弹，而是用大量散弹，散弹在空中撒开时占很大的空间。加之，散弹离枪口向鸟飞去的速度非常大。

萨耳维亚蒂：瞧，萨格利多的才智多么敏捷，像我这个迟钝的头脑是望尘莫及的，我也会注意到这些差别，但要思考得很久。

现在回到正题，关于向东和向西平射的子弹的问题，还得讨论一下。如果地球在运动，那么，向东的发射应该总是高于目标，而向西的发射则低于目标；理由是地球的东面部分（因为周日运动的缘故），总是在与地平线平行的切线以下，由于这个原因，东边的星看来在上升；而地球的西面部分也在上升，所以西边的星看来是在下降。因此，沿这根切线对准东面目标（当炮弹沿切线飞行时，东面目标在下降）的射击应该高出目标，而向西的射击，因为炮弹沿切线飞行时目标在上升，则低于目标。解释和前面说过的一样：正如东面目标因为地球的运动，在不动的切线下是在不断地下降，大炮由于同样理由也在不断地下降，并能始终瞄准同一目标，因而射击也就命中目标①。

▶ 对根据向东和向西平射的论据的回答。

▶ 对根据向东和向西射击而产生的反对意见的解决。

▶ 哥白尼学派太随便地承认一些有问题的命题是正确的。

我觉得趁这个时候正好指出，哥白尼学派对他们的反对者相当宽大，也许是太随便了，竟承认他们的反对者从未做过的许多实验是真实而正确的。例如，船在运动时，物体自船桅落下的实验，以及许多其他的实验，其中之一我肯定错误的是大炮向东射击超出目标、向西射击低于目标的实验。因为我相信，这个实验从来没有做过，所以我很想他们能告诉我，在地球先处于静止然后处于运动的两种情况下，从同样射击中他们认为应当看出什么样的区别。请辛普里修代他们回答这个问题吧。

辛普里修：我不能自命能够像某些学识比我渊博的人回答得那样确切，但是我将把自己临时想到的谈一下：很可能，他们的回答是，事情就像所说过的那样，即如果地球在运动，那么向东的射击总是超出目标，如此等等，因为炮弹非得沿切线运动不可，这看上去可能性是相当大的。

萨耳维亚蒂：要是我说实际上确是这样，那你打算怎样来反驳我呢？

辛普里修：做一个实验就可以弄清楚了。

萨耳维亚蒂：但是你认为有这样的神炮手，能瞄准诸如五百码距离的目标而百发百中吗？

辛普里修：老天啊，不会的，不管一个人的技术如何高明，我想他都不能保证误差不超过一码。

萨耳维亚蒂：那我们怎么能以这样不确定的射击来解决我们的问题呢？

辛普里修：我们可以用两种办法来解决：一个是进行多次射击；另一个是，鉴于地球的惊人速度，击中目标的误差看来应该是很大的。

萨耳维亚蒂：很大的——这就是说，要远远超过一码；这样大的误差，甚至更大的误差，即使地球是静止的，通常也会发生。

辛普里修：我确信误差是非常大的。

萨耳维亚蒂：现在，如果你愿意，为了满足我们自己，让我们作一次粗略的计算，如果其结果同我预料的一样，它将提醒我们，将来不要上别人大

① 这里伽利略又应用了他的错误的圆周惯性的理论。子弹飞行的线因为是切线，射击的错误将按飞行时间的比例而产生。但是正如萨耳维亚蒂后面所要证明的，这一错误在当时所能采用的一切实验中是无从发觉的。

叫大喊的当，不要把仅仅是我们想象中的东西当作真理。此外，为了给逍遥学派和第谷学派以一切有利条件，让我们想象，我们是在赤道上，用大炮向西平射500码的目标。首先，让我们大体上计算一下，炮弹离炮口到命中目标，要经过多长时间。我们知道，这是很短的，肯定不会超过行人走两步路的时间，即不到一秒钟。因为，假定行人一小时走三英里，即九千码，而一小时有三千六百秒钟，因此，行人一秒钟走两步半。这就是说，炮弹运动的时间不到一秒钟。因为周日旋转需要24小时，西方的地平线每小时上升15度，或每分钟上升15弧分，或每秒钟上升15弧秒。现在既然射击需要一秒钟时间，那么西方地平线在这个时间内上升15弧秒，而目标也上升同样数目。因此它上升以500码为半径的圆周的15弧秒，这被认为是目标与大炮的距离。现在让我们来看，在这张弧和弦的表里（在这里，正好就是在哥白尼的著作里）半径为500码，15弧秒的弦是多少。你看，在这里，半径是100000，一分的弦小于三十部分，那么，对于同样的半径来说，一秒的弦就应当小于二分之一部分；这就是说，当半径是200000时，它就小于一部分；因此，在半径是200000时，十五秒的弦，就应当小于十五部分。但是，那在200000中不小于十五部分的弦，在500中就不会大于四个百分之一部分。所以，当地球在运动时，目标上升小于四个百分之一码，也就是二十五分之一码，或者一英寸光景。因此，如果地球在作周日运动，那么向西射击的全部变差恰恰是一英寸。

◀ 假定地球运动，计算炮弹偏离多少。

现在，如果我对你说，在所有射击中确实都会发生这种变差（我的意思是，如果地球不动，它们就会低一英寸）辛普里修，你将怎样说服我情形不是这样，并用实验证明，这不会发生？你是否看出，不首先找到一种精确的射击方法，使你不会错过一根头发丝，你就不能把我驳倒？因为，这种射击的变差事实上是按码变化的，我总可以告诉你，这些变差都包含着由地球运动引起的一英寸的变差。

萨格利多：请原谅，萨耳维亚蒂，但是你太大方了。我可以告诉逍遥学派的人，如果每次射击都击中目标的中心，它一点也不会同地球的运动相矛盾；炮手在瞄准目标时总有这样的经验，能熟练地把炮对准目标，射击才会打中目标，而不管地球的运动。我说，如果地球停下来，那么他们的射击就不会打中目标，向西的射击会太高，向东的射击会太低[①]。现在让辛普里修来反驳我吧。

◀ 一个很巧妙的论证，假定地球运动，大炮射击的变化也不会比地球静止时大。

萨耳维亚蒂：真不愧为萨格利多的精辟议论。但是，必须看到，由于地球静止或运动所造成的这种差别是很小的，就不能不被经常发生的其他因素所造成的较大的误差掩盖掉。而且这些话大部分是对辛普里修的进言，目的只在于警告我们当心那些从来没有做过实验，但在需要达到自

① 这里，"高"和"低"颠倒了。这个错误在伽利略原稿中没有改正。萨格利多的意思是，如果炮手在静止的地球上射击，他们的老习惯照样会不自觉地支配他们。

▶ 对于那些从来没有做过实验的人，在承认其实验的正确性时，必须非常谨慎。

▶ 当我们处于那些人的混淆论证的包围中，他们反对地球运动的实验和论据，就好像是理由十足的。

己目的时却会大胆提出许多实验的人；对那些实验的可靠性，我们必须步步留心，切勿轻信。我要说，这里还要顺带告诉辛普里修一点，因为，就这类射击的效果来说，无论地球动或不动，所产生的情况，必然是完全相同的，这是明明白白的真理。对于其他所有已经引用或可以引用的实验来说，也是这样的结局，尽管这些实验初看起来似乎是真实的，其实是因为地球不动这一古老的观念使我们变得彷徨无主了。

萨格利多：就我来说，我已感到十分满意，并完全理解，凡是把地球万物都参与周日运动这一点铭记在心的人（周日运动是万物所固有的，正如古老观念中认为对中心的静止是万物所固有的一样），将毫无困难地认出一些看来是明确的论据，实际上是谬误的、混淆的。

我只有一点疑问，即上面提到的关于鸟的飞行问题。既然鸟能任意作各种各样的运动，长久地保持在空中，离开地球并以最不规则的回旋到处飞，我就弄不太懂，在这样混杂的运动中，它们怎么能避免混乱而不失去固有的共同运动。它们一旦失去了这种运动，又怎么能以飞行来弥补或补偿这种运动，而不落后于以如此急剧的进程向东奔驰的塔和树呢。我说“急剧的”，因为在地球的最大圆周上，这种进程的时速将近一千英里，而燕子的飞行我相信不会超过五十英里。

萨耳维亚蒂：如果鸟必须靠双翅来跟上树的运动，它们很快就会落后；如果它们失去了共同的旋转，它们就会落得很后，而它们向西的极其剧烈的运动，谁要是看到的话，将会远远超过箭的速度。但是，我想我们是看不到的，正如看不见被开炮的能量推动的在空中飞驰的炮弹一样。现在的事实是，鸟本身的运动（我是指鸟的飞行）与共同的运动毫无关系，它从这一运动中既得不到助力，也受不到阻力。鸟在其中飞翔的空气本身使鸟的运动保持不变。空气天然地随着地球旋转，把鸟以及一切悬在空中的东西带动着走，正像它带动云一样。所以鸟不必为追随地球操心，就这方面来说，它们尽可以睡大觉。

萨格利多：我很容易相信空气能把云一起带走，因为云很轻，并且没有任何相反运动的倾向，是很容易支配的物质；老实说，云是分享地球的各种性质和特性的物质。但鸟是有生命的东西，也能够作与周日运动相反的运动；要说鸟一旦打断了周日运动，空气能够使它们恢复这种运动，我觉得这是有问题的，特别是因为鸟是有重量的固体。如前面所说，我们看到石头和其他有重量的物体能够反抗风的冲力，当它们被风吹动时，它们也决不会以推动它们的风速运动。

萨耳维亚蒂：萨格利多，别让我们假定空气流动的力量如此之小。空气飞速运动时，能推动重载的大船，连根拔掉大树，吹倒高塔，然而在如此猛烈的作用下，风的运动还远远赶不上周日运动那样快。

辛普里修：所以你看，运动着的空气也能保持抛物体的运动，这就符合亚里士多德的教导了。我本来感到奇怪，他怎么偏偏在这个问题上会弄错！

萨耳维亚蒂：如果空气能保持它自己的运动，它当然能这样做。但只要风力减弱，船就停止，树也不弯；同样，如果石子离手，手臂停止，空气的运动就不继续了。因此，除空气外还有某种东西使抛物运动，这话仍旧是对的。

辛普里修：你指的是，风减弱船就停止吗？人们常常看到，风已经停了，甚至风帆已经卷起，然而船仍继续地航行许多英里。

萨耳维亚蒂：如果吹在帆上推动大船的风停止后，没有任何介质的帮助，船仍能继续航行，辛普里修，这正是和你的论点相反啊！

辛普里修：也许可以说，水是推动大船并保持其运动的介质吧！

萨耳维亚蒂：啊，当然可以这样说，但这完全是与事实相反的。因为事实是水被船身分开时，有如此强大的阻力，它以汹涌的浪涛来阻挠船身分开水，并且不让船得到风给予船的大部分速度，而如果没有水的障碍，船将得到这种速度。辛普里修，你一定从来没有想过，船在静水中被桨或风快速推动前进时，水是多么猛烈地打在船上；如果你曾注意过这种效能，你现在就不会有这样愚蠢的想法。我看，迄今为止，你仍然属于这样一类人，他们为了弄明白这类事情是怎样发生的，并为了获得自然力的知识，不去研究船或弩弓或大炮，而钻进他们的书斋里去，翻翻目录，查查索引，看亚里士多德对这些问题有没有说过什么；并且，在弄明白了他的原话的真实含义后，就认为此外再也没有什么知识可以追求的了。

萨格利多：他们是幸福的，在这一点上很令人羡慕。因为，如果通晓万物是人们天然的愿望，如果有知识同因有知识而自以为了不起是一回事，那么，他们是有很多知识的。他们能使自己相信，他们知道并理解一切事物，而且极端蔑视那些承认自己不懂就不懂的人，后者了解他们只知道可知事物中极小的一部分，因而振作精神，彻底研究，用各种实验和观察来改正他们自己。

◀ 认为自己知道一切的人确实快活，足够令人羡慕。

但是，请让我们回到我们的鸟儿问题上来吧，关于鸟你曾说过，迅速流动的空气能使鸟恢复在飞行运动中可能失去的那一部分周日运动。对这点我的回答是，流动的空气看来不可能给予一种固体的重物以它本身那么大的速度，因为空气的速度就是地球的速度，所以空气就显得不足以弥补鸟在飞行中的损失。

萨耳维亚蒂：你的论据表面看来很有可能性，而你的疑问也不是普通才智的人所能提出的；然而，除去这论据的表面现象，我不相信它在实质上比那些已经考虑过和处理了的论据有更多的说服力。

萨格利多：毫无疑问，除非它是严密而明确的，它就是绝对无力的；因为只有当结论证明它是不可避免时，人们才提不出有分量的反对论据来。

萨耳维亚蒂：你所以对这个异议感到的困难比对其他异议来得多，好像是由于鸟有生命，因此，对地上事物固有的运动能任意抵抗。同样，我们看到鸟活着时，它们向上飞行；它们作为重物是不可能有这种运动的，所以，鸟死后，就只能向下坠落。由此你就假定适用于上述各种抛射体的那些理由，不适用于鸟。好的，情形正是如此，萨格利多，而且，正因为如此，所以我们看不到别的抛射体会像鸟那样飞；因为如果你从塔顶抛下一只死鸟和一只活鸟，死鸟就会像石子一样落下，也就是说，首先遵循一般的周日运动，然后由于重量而向下运动。至于活的鸟，周日运动在它是始终有的，有什么会阻止它振翅飞向它喜欢的任何地点去呢？而这一新的运动，是它自己的，我们并不参与，因而一定可以觉察到。如果鸟向西飞去，有什么来阻碍它同样振翅飞回塔顶呢？因为，归根到底，鸟向西方飞行，不过是从周日运动的诸如十级速度中减去一级速度，所以，当鸟飞行时，它还有九级速度，如果它降落到地上，就又回到十级，在向东方飞行时，则十级上又增加一级，即能以十一级速度飞回塔顶。总之，如果我们好好地看一下，仔细想一想，就懂得鸟的飞行效果同投向地球任何部分的抛射体的效果没有任何区别，所不同的只是，后者是由外力推动，而前者则是由内因推动的。

▶ 从鸟的飞行解决了反对地球运动的论据。

为了最后指出过去所列举的那些实验全然无效，在这里向你说明一个非常容易检验这些实验的方法，似乎是时候了。把你和一些朋友关在一条大船甲板下的主舱里，再让你们带几只苍蝇、蝴蝶和其他小飞虫。舱内放一只大水碗，其中放几条鱼。然后，挂上一个水瓶，让水一滴一滴地滴到下面的一个宽口罐里。船停着不动时，你留神观察，小虫都以等速向舱内各方面飞行，鱼向各个方向随便游动，水滴滴进下面的罐子中。你把任何东西扔给你的朋友时，只要距离相等，向这一方向不必比另一方向用更多的力，你双脚齐跳，无论向哪个方向跳过的距离都相等。当你仔细地观察这些事情后（虽然当船停止时，事情无疑一定是这样发生的），再使船以任何速度前进，只要运动是匀速的，也不忽左忽右地摆动。你将发现，所有上述现象丝毫没有变化，你也无法从其中任何一个现象来确定，船是在运动还是停着不动。即使船运动得相当快，在跳跃时，你将和以前一样，在船底板上跳过相同的距离，你跳向船尾也不会比跳向船头来得远，虽然你跳到空中时，脚下的船底板向着你跳的相反方向移动。你把不论什么东西扔给你的同伴时，不论他是在船头还是在船尾，只要你自己站在对面，你也并不需要用更多的力。水滴将像先前一样，滴进下面的罐子，一滴也不会滴向船尾，虽然水滴在空中时，船已行驶了许多拃[①]。鱼在水中游向水碗前部所用的力，不比游向水碗后部来得大；它们一样悠闲地游向放在水碗边缘任何地方的食饵。最后，蝴蝶和苍蝇将继续随便地到处飞行，它们也决不会向船尾集中，并不因为它们可能长时间留在空中，脱离了船的运动，为赶上船的运动显出累的样子。如

▶ 表明所有用来反对地球运动的那些实验全然无效的一个实验。

① 拃为大指尖至小指尖伸开之长，一拃通常为九英寸。

果点香冒烟，则将看到烟像一朵云一样向上升起，不向任何一边移动。所有这些一致的现象，其原因在于船的运动是船上一切事物所共有的，也是空气所共有的。这正是为什么我说，你应该在甲板下面的缘故；因为如果这实验是在露天进行，就不会跟上船的运动，那样上述某些现象就会发现或多或少的显著差别。毫无疑问，烟会同空气本身一样远远落在后面。至于苍蝇、蝴蝶，如果它们脱离船的运动有一段可观的距离，由于空气的阻力，就不能跟上船的运动。但如果它们靠近船，那么，由于船是完整的结构，带着附近的一部分空气，所以，它们既不费力，也没有阻碍地会跟上船的运动。由于同样的原因，在骑马时，我们有时看到苍蝇和马蝇死叮住马，有时飞向马的这一边，有时飞向那一边，但是，就落下的水滴来说差别是很小的，至于跳跃和扔东西，那就完全觉察不到差别了。

萨格利多：虽然在航行时我没想到去试验、去观察这些，但我确信，这些现象会像你所说的那样出现。为了证实这一点，我想起坐在舱里时，常常不晓得船是在行驶，还是停着不动；有时我幻想船朝某一个方向行驶，其实是向着相反的方向行驶。至今我还是确信，并且认为证明地球不动比地球运动的可能性来得大的所有实验都是毫无价值的。

现在剩下的反对论据是，根据观察，高速旋转能破坏和抛出附着在旋转结构上的物质。由于这个原因，许多人包括托勒密在内，都认为，如果地球以高速自转，则石块和动物必将被抛向其他星球，而用水泥附着在其基础之上的建筑物，也不会附着得这么牢固，而将受到同样的破坏。

萨耳维亚蒂：在着手解决这一反对论据之前，我不能不提到，我曾多次注意到并且感到好笑的一些情况。这几乎是每一个第一次听到地球运动的人都会有的情况。这种人坚决相信地球是不动的，以致不仅他们自己毫不怀疑地球是静止的，而且确信，别人也始终与他们一致认为，地球创造出来以后就是不动的，而且，在过去的一切年代都是如此。这个观点在他们头脑里是根深蒂固的，以致听到有人同意地球有运动时，他们就变得目瞪口呆，仿佛这个人一直认为地球不动，而只是在毕达哥拉斯（或不论什么人）首先谈到地球是运动的以后，而不是在此以前，才愚蠢地想象地球开始运动。这样一种极为愚蠢的想法，即假定那些承认地球运动的人，最初都相信地球不动，从地球创造出来到毕达哥拉斯时代都是这样，只是在毕达哥拉斯认为它是运动的以后，才使地球动起来，——这种想法会在普通人的昏聩头脑中占有地位，我并不觉得奇怪；但我觉得确实奇怪的是，亚里士多德和托勒密等人竟然也犯这样幼稚的错误，可以说头脑简单到不可原谅的地步。

◀ 某些人非常愚蠢，认为当毕达哥拉斯开始说地球运动时，地球才开始运动。

◀ 亚里士多德和托勒密驳斥地动说，好像是为了反对那些认为地球长期静止不动、到毕达哥拉斯时代才开始运动的人们。

萨格利多：这就是说，萨耳维亚蒂，你相信，托勒密认为有必要坚持地球是不动的论证，仅仅是用以反对这样的人，即承认直到毕达哥拉斯时代地球是不动的，并断言，只是在毕达哥拉斯宣称地球运动时，地球才开始运动起来的人，是不是？

萨耳维亚蒂： 当我们仔细研究他驳斥他们的主张时所采取的态度，我就不得不这样想。他的反驳就是建筑物要被破坏，石子、动物和人本身会被抛向天空，因为要不是大建筑物和动物先在地球上存在，这种破坏和毁灭就不可能降临，而且，如果地球不是静止的，人就不可能住在地球上，房屋也造不起来。显然，托勒密是在反对那些承认地球在一个时期内是静止的，即在这一时期内，动物、石子和泥水匠可以留在地球上，并建造宫殿和城市，后来，突然又使地球运动起来，以致建筑、动物等等都归于破坏和毁灭。因为，如果他是同那些认为地球从开天辟地时起就在旋转的人争论，他就会驳斥他们说，如果地球始终在运动，那么地球上就永远不可能有野兽、人或石子；更谈不上建筑房屋，建设城市等等了。

辛普里修： 我不相信亚里士多德或托勒密在这里有什么不妥的地方。

萨耳维亚蒂： 托勒密反对的，或者是那些认为地球是始终运动的人，或者是那些认为地球某一时期不动而以后才开始运动的人。如果反对的是前一种人，他就应该说："地球始终不运动，否则地球上决不会有人、动物和房屋，因为，地球的旋转不允许他们停留不动。"但是，因为他的论证是："地球是不动的，否则，地球上的人、野兽和房屋都会倒下来"，所以他假定：地球曾经处于让野兽和人停留在上面并建筑房屋的状态。由此得出结论，地球有一度是不动的，也就是适合于动物停留和建筑房屋。现在你懂得我的意思吗？

辛普里修： 懂得又不懂得，但这同这些理由的充足与否关系不大；如果地球是不动的，托勒密由于疏忽而造成的一点小错，也不足以使不动的地球运动起来。但是，玩笑归玩笑，还是让我们抓住这个论据的实质吧。我认为，这是无法反驳的。

▶ 快速旋转具有把东西抛出的特性。

萨耳维亚蒂： 而我，辛普里修，却想更切实地表明，重物绕一固定中心快速旋转时，即使重物有向心的自然倾向，也会获得离心运动的冲力，这是非常正确的，从而使这一论据更为严密，更有约束力。把一个盛水的瓶系在绳的一端，另一端紧握在手中（以你的肩关节为中心，以你的手臂和绳为半径），使这一容器迅速旋转，这样瓶子就沿圆周运行。不论圆周是与地平面平行的，还是垂直的，还是倾斜的，水无论怎样都不会从瓶中倒出来。说得更恰当一点，旋转瓶子的人始终会感到绳子从肩膀猛烈拉向远处去的拉力。如果在瓶底开个小洞，就会看到，水可以向天上，同向侧面，或向地上一样地喷出去。如果用小石子代替水，放在瓶里，同样地旋转，会感到绳子受到同样的拉力。最后，可以看到，小孩子们旋转着一端有石子的木棒，把石子扔到很远的距离。所有这些论据都证明这一结论的正确，即如果运动很快，旋转就给予运动体以向圆周的冲力。因为，如果地球自转，地球表面的运动（特别在赤道附近），比上述物体快得不能比拟，因此，地球必然会将一切东西抛向空中。

辛普里修：这一异议看来确实是很有根据的、很合适的，我认为，要排斥它或解决它将是一件难事。

萨耳维亚蒂：解决它要靠某些著名的、你我都相信的资料，但是，因为这些资料没有引起你的注意，你就看不出解决的办法。所以我用不着把这些资料教给你，因为你已经知道了，我只要你回忆一下，就可解决这个异议。

辛普里修：我经常研究你的论证方式，它使我产生这种印象，即你倾向于柏拉图的见解："我们的知识是一种回忆。"所以，还是请把你的这种想法告诉我，以消除我的一切疑惑。

◀ 据柏拉图说，我们的知识是一种回忆。

萨耳维亚蒂：我可以用语言和行动来向你说明，我对柏拉图的见解是怎么想的。在我先前的论证中，不止一次地用行动说明了我的想法。对我们手头的问题，我将采取同样的方法，拿它作为一个例子，使你更容易理解我对获得知识的看法，如果改天有时间的话，如果萨格利多不会因我们插入这样一段闲话而感到厌烦的话。

萨格利多：哪里，我将非常感谢，因为我记得，我学习逻辑时，从来也不能使自己相信，鼓吹得那样广泛的亚里士多德的论证方法有多大力量。

萨耳维亚蒂：那样我们就谈下去吧。辛普里修，请告诉我，当小孩挥动木棒要把小石子扔出一长段距离时，木棒凹槽里的石子作的是什么运动？

辛普里修：石子在凹槽里时，作的是圆周运动，也就是石子沿圆弧运动，它的固定中心是肩关节圆周的半径，是木棒加手臂。

萨耳维亚蒂：石子离木棒飞出时，作什么运动？它是继续以前的圆周运动，还是沿别的线运动？

辛普里修：它当然不是做圆周运动，因为那样它就不会从抛者的肩膀飞出去，而我们也看不到它飞得老远。

萨耳维亚蒂：那么它作什么运动呢？

辛普里修：这里让我想一想，因为我心里没有形成一个形象。

萨耳维亚蒂：萨格利多，你听听：这里肯定有"一种回忆"在起作用了。

怎么，辛普里修，你想了好久了。

辛普里修：就我所能想象的，从脱离凹槽得到的运动，只能是沿直线的运动。或者不如说，就外加的冲力而言，它必定是沿直线的运动。看到石子沿弧线进行，使我有点儿迷惑，但是，由于这种弧线始终向下，而不是向其他方向弯曲，我就看出这一倾向是由石子的重量产生的，因而自然地把石子向下拉。我说，外加的冲力，无疑是沿着一条直线。

◀ 抛者所加的运动只是沿着一条直线。

萨耳维亚蒂：但是怎样的直线呢？从凹槽和石子与木棒间的分离点，可以向四面八方画出无数直线。

辛普里修：它沿着石子与木棒一起所作的运动成整列线的一条直线。

萨耳维亚蒂：你刚才告诉我们，石子在凹槽里的运动是圆周运动，要知道圆周运动和整列线是相互排斥的，圆周上并没有直线部分。

辛普里修：我不是说抛物运动同整个圆周运动成整列线，而是同圆周运动终止点成整列线。我心里完全理解这一点，但我却不知道怎么来表达它。

萨耳维亚蒂：我也看出，你理解事物本身，但缺乏适当的措辞来表达它。怎样措辞我倒确实能教给你，也就是说我能教给你的是语言，而不是事物的真相。为了使你可以清楚地意识到，你了解事物，仅仅缺乏措辞来表达它，请你告诉我：当你用枪发射子弹时，子弹在哪一方向获得冲力而运动？

辛普里修：它获得沿直线运动的冲力，继续着枪筒的准线，既不偏右也不偏左，也不偏上或偏下。

萨耳维亚蒂：这就等于说，子弹同它通过枪筒而运动的直线不构成任何角度。

辛普里修：这正是我的意思。

萨耳维亚蒂：那么，如果抛射体运动的线必须如此延伸，即当它在抛者手中时，同圆周线不构成角度；而且如果那圆周运动必须变成直线运动，则这条直线就必须怎样？

辛普里修：它除了在脱离点与圆周接触的那条直线外不能有别的，因为我认为，其他引出来的线都会和圆周相交，因而就会与它构成一定角度。

萨耳维亚蒂：你推论得很好，并且证明你是半个几何学家。那么，请记在心里，你的真正概念就在这些话中泄露出来了。这就是，抛射体获得沿切线运动的冲力，这切线在抛射体与抛者分离点上，与抛射体运动所作的弧相切。

辛普里修：我完全理解，这正是我的意思。

萨耳维亚蒂：与圆周相切的直线上，哪一点离圆心最近呢？

辛普里修：毫无疑问，是接触点，因为它在圆周上，而别的点子都在圆周外面。而圆周上所有的点子与圆心都是等距离的。

萨耳维亚蒂：那么，运动体离开接触点并沿着切线做直线运动时，将不断远离切点，同时也不断远离圆心。

辛普里修：当然如此。

萨耳维亚蒂：现在，如果你记得你告诉我的所有命题，请把他们集中起来，并告诉我，你从中将推断出什么来？

▶ 抛射体在分离点上沿直线运动，这根直线与其先前运动的圆相切。

辛普里修：我并不认为自己如此健忘，会想不起它们来。我从已经说过的话推断出，由抛者快速旋转的抛射体脱离抛者时，保持着一种使它继续沿直线运动的冲力，这条直线与抛射体在分离点上所作的圆周运动相切。由于这一运动，抛射体离抛出它的运动所作的圆心总是愈来愈远。

萨耳维亚蒂：那么在快速旋转的轮子表面上的重物，从轮子周围被抛出后，总是离圆心愈来愈远，其原因你是知道的了。

辛普里修：我认为我当然知道，但是，这种新知识只增加了我的怀疑，即地球既能以这样高速旋转，为什么它不会把石块、动物等等抛到天上。

萨耳维亚蒂：你既然懂得已经讲过的东西，那么，以同样的方式也将懂得，或者毋宁说你已经懂得了其余的东西。你仔细想想，自己同样也就会想起来。但为了节省时间，我将帮助你来回忆。

到现在为止，你单靠你自己已经知道，抛射器的圆周运动加给抛射体一种冲力，当他们分离时，它沿着在分离点上与运动的圆周相切的直线运动，并继续这一运动，它离抛者总是愈来愈远。你说过，抛射体如果不因它自己的重量而向下倾斜，将沿这一直线继续运动，由于这个事实而使运动的线有所弯曲。我想，你自己也知道，这种弯曲始终倾向地球中心，因为所有重物都有这种倾向。

现在我稍为扯远一点，请问：运动体在分离后继续其直线运动时，是否始终均速地远离圆心（或远离圆周，如果你喜欢的话），它先前的运动就是这个圆的一部分。就是说，你是否相信，物体离开切点并沿着这切线运动，始终是匀速地离开这切点和这圆的圆周的？

辛普里修：不是，因为当切线接近接触点时，切线同圆周的距离很小，并构成一个极小的角度。但是，随着切线越离越远，与圆周的距离按不断增大的比例而增长。

萨耳维亚蒂：那么，抛射体最初离开它先前的圆周运动的圆周是很小的吗？

辛普里修：几乎觉察不到。

萨耳维亚蒂：现在请告诉我另外一点。抛射体由抛者的运动而获得沿切线做直线运动的冲力，如果它本身的重量不把它向下拉，它确会运动下去，但既然有重量，它在分离后，该多远才开始掉下来呢？

辛普里修：我想它马上会开始，因为没有东西支持它，它本身重量不能不起作用。

◀ 重的抛射体离开抛者时立即开始掉下。

萨耳维亚蒂：所以说，如果从快速旋转的轮子抛出的石块有向轮子中心运动的天然倾向，就像它有向地球中心运动的天然倾向一样；那就足够使它回到轮子，或者说决不会脱离轮子。因为，在石块开始分离时（由于切点锐角无限小）所通过的距离也极小，以致把石块向轮子中心拉回去的任何倾向无论怎么小，都足够使石块保持在圆周上。

辛普里修：我毫不怀疑，假定某物不是这样和不可能是这样（也就是假定重物的倾向是向轮子中心运动），那它就不会被甩出或抛出。

萨耳维亚蒂：我并没有假定，也不需要假定，它不是这样；因为我不想否定石块被抛出。我这样说，仅仅是作为假设，使你可以把其余的话告诉我。现在，请你把地球设想为一个以高速运动着的巨大轮子，它必然把石块抛出。你已经向我说过，抛射体的运动必然沿直线运动，这直线在分离点上与地球相切，这是怎样的切线呢？可以看出它离开地球的表面吗？

辛普里修：我敢说切线在一千码内也不会离地球表面一英寸。

萨耳维亚蒂：你不是说过，抛射体由于本身重量的吸引，要离开切线倾向地球中心吗？

辛普里修：这话我说过，现在我把其余的话说完。我完全了解，石子不会离开地球，因为它要离开的运动在开始时很小，而它趋向地球中心的倾向要强一千倍。在这个情况下，中心既是地球的中心，也是轮子的中心，所以，必须老实承认，石块、动物和其他重物都不能被抛出。

但是现在那些很轻的东西给我带来了新的困难。这些东西向中心落下的倾向非常微弱，而既然它们缺少拉回到表面的特性，我看不出为什么它们没有被抛出；如你所知，要反驳，一个例子就足够了。

萨耳维亚蒂：关于这点，你也将得到满意的解答。但首先请告诉我，你所谓的"轻东西"指的是什么。你是指轻得真是向上飞的物质，或者只是指并不绝对轻，而是重量很轻，虽然向下落，但落得非常之慢的物质。因为，假如你指的是绝对轻的东西，我就像你一样，毫不犹豫地承认它们会被抛出去。

辛普里修：我指的是后一种，例如羽毛，羊毛，棉花一类东西，用极小的力，就足以把它们举起来，然而，我们看到的是，它们却安静地留在地球上。

萨耳维亚蒂：既然这些羽毛确实有向地球中心下降的某种天然倾向，不管小得怎么样，我告诉你，这就是足以阻止它们被提起的原因所在了。这一点你不是不知道的。因此，请告诉我：如果羽毛由于地球旋转而被抛出，它会飞向何方？

辛普里修：在分离点上的切线方向。

萨耳维亚蒂：如果它被迫返回同地球会合，它会沿什么样的线运动？

辛普里修：沿着通向地球中心的那条线运动。

萨耳维亚蒂：这一来，我们就要考虑两种运动：一种是抛射的运动，于接触点开始，并沿着切线；另一种是向下的运动，于抛射体开始，并沿着向中心的割线。要有抛物运动出现，就要求沿切线的冲力超过沿割线的倾向，不是这样吗？

辛普里修：好像是这样。

萨耳维亚蒂：但是为了使抛物运动超过向下的倾向，使羽毛的抛出及其脱离地球的运动得以进行，你认为在抛物运动中必须存在什么呢？

辛普里修：我不知道。

萨耳维亚蒂：你怎么能不知道呢？这里运动体是同一个东西，也就是羽毛。而这同一个运动体，怎么能超过它自己的运动并压服它自己呢？

辛普里修：除非它运动得快些或慢些，看不出它怎么能在运动中超过或压服它自己。

萨耳维亚蒂：好啊；你瞧，你本来就知道是怎么回事。现在，假如要抛射羽毛，并且假如它沿切线的运动超过它沿割线的运动，那么这两种运动的速度应该是怎样的呢？

辛普里修：沿切线的运动必须快过沿割线的运动。但是，我多蠢啊！前者不是不仅比羽毛的向下运动而且比石子的向下运动大好几千倍吗？而我真是一个头脑简单的人，竟让自己相信，石子不会由于地球旋转而被抛出！所以，我现在收回我说过的话，并且声明，如果地球确实是运动的，那么石子、大象、高塔和城市都必然会飞向天空，但因为这样的事没有发生过，我断定地球是不动的。

萨耳维亚蒂：哦，辛普里修，你自己蹦得这样高，使我开始为你比为羽毛更加担心。且不要这样紧张，还是听我讲下去吧。

如果要使石子或羽毛保持在地球表面上，那就必须使它的下降运动大于或等于它沿切线的运动，那样的话，你说它沿割线向下的运动必须同沿切线向东的运动一样快或更快，才会是正确的。但是，你刚才不是告诉我，沿切线离接触点一千码处，离圆周几乎不到一英寸吗？所以，切线运动（就是周日运动）仅仅比沿割线的运动（就是羽毛向下的运动）快，是不够的。前者必须快到这样的程度，使羽毛沿切线运动一千码所需要的时间，小于它沿割线向下运动一英寸的时间；我告诉你，这是决不会有的，任凭你使后者运动得多么快而使前者运动得多么慢。

辛普里修：那为什么沿切线的运动不能快到这样的程度，使羽毛来不及到达地球的表面呢？

萨耳维亚蒂：你试行从数量上精确地说明你的问题，我再回答你。你说说看，你认为后一种运动该比前一种运动快多少才能满足需要？

辛普里修：我要说，譬如，后者比前者快一百万倍，羽毛（石子同样）就将被抛出。

萨耳维亚蒂：你这句话就错了。这不是由于在逻辑学，或者物理学，或者形而上学方面的不足，而仅仅是在几何学上的不足。因为，你只要懂得哪怕是几何学的一些初步原理，你就会知道，从圆心可以作一直线，与切线相交，使接触点与割线之间这一部分切线，等于切线与圆周之间那一部分割线的一百万，二百万或三百万倍；当割线逐渐接近接触点时，这一比例可无限增大。因此，不管旋转多么快，不管向下的运动多么慢，都不怕羽毛（或者即使更轻的东西）会升起来。因为向下的倾向总是超过抛物的速度。

萨格利多：我对这一点还不能完全信服。

萨耳维亚蒂：我将给你来一个很一般的然而很容易的证明。

◀ 关于地球旋转不可能抛出羽毛的一个几何学证明。

BA 和 C 之比是既定的，BA 比 C 大多少由你任意决定；有一个圆周，以 D 为中心，由 D 作一割线，使从这根割线所作的切线与此割线之比等于 C 与 BA 之比。按照 BA 和 C 的比例，取第三比例量 AI；照 BI 对 IA 之比，把直径 FE 延长到 EG。从 G 点作切线 GH，我说，这就是我们

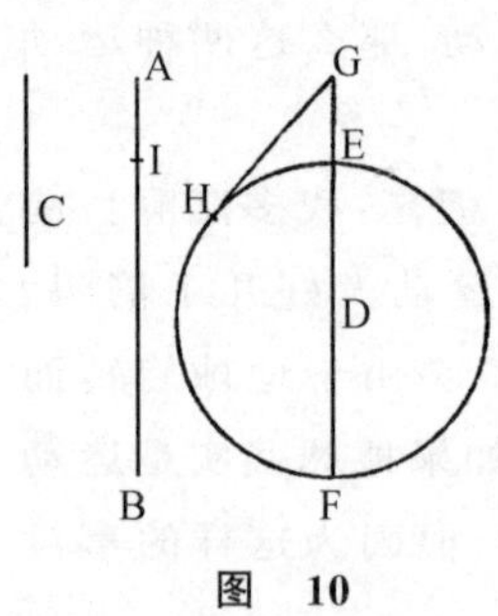

图 10

需要的，即 BA 对 C 之比，也就是 HG 对 GE 之比。因为 FE 比 EG 等于 BI 比 IA，加起来，FG 比 GE 就等于 BA 比 AI；由于 C 是 BA 和 AI 的比例中项，GH 就是 FG 和 GE 的比例中项。所以 BA 和 C 之比，也就是 FG 和 GH 之比；即 HG 对 GE 之比；这就是我们要做的。

萨格利多：我对这个证明是满意的，但是它仍旧不能完全消除我的疑惑。毋宁说，我发现脑子里搞得很混乱，就像笼罩着许多浓厚的乌云一样，使我看不出结论的必然性具有那种纯粹属于数学推理的明晰。把我搅糊涂的是：切线和圆周之间的空间固然随着接触点的方向在无限地缩小。但是另一方面，运动体下降的倾向，随着运动体逐渐接近降落的极限（primo termine），即静止状态，而一直在减低，这也是事实。这从你刚才说过的话，是很明显的，因为你曾表明落体离开静止状态一定要经过静止和任何指定速度之间各种程度的慢，而且可以无限地慢。

还可以补充一点，就是这种速度和这种运动倾向可以由于另一个原因而无限地减低，这个原因就是运动体的重量可以无限地减少。所以降低降落运动的倾向的原因有二（因而有利于物体的抛出）——即运动体是轻的和它接近静止点；这两者都可能无限地增大。但和这两个（有利于物体抛出）的原因相反的，只有一个原因，而我却不懂得这一个原因怎么样，尽管它同样可以无限地增大，能单独抵制得了另两个原因的联合力量，因为它们是两个，而且两者都可以无限地增大。

萨耳维亚蒂：你提的这点反对理由值得嘉奖，萨格利多，而为了澄清这一点，以便我们能够更明白它的道理（因为你也提到自己被这个主张搞糊涂了）让我们把这种情形画一张图来说明一下，也许可以比较容易找到答案。所以让我们这样向中心画一根垂直线 AC，再画一根地平线 AB 和 AC 形成直角；抛出的运动是沿着这根地平线进行的，而如果抛出物的重量不使它向下弯曲，则将以均速沿地平线继续运动。

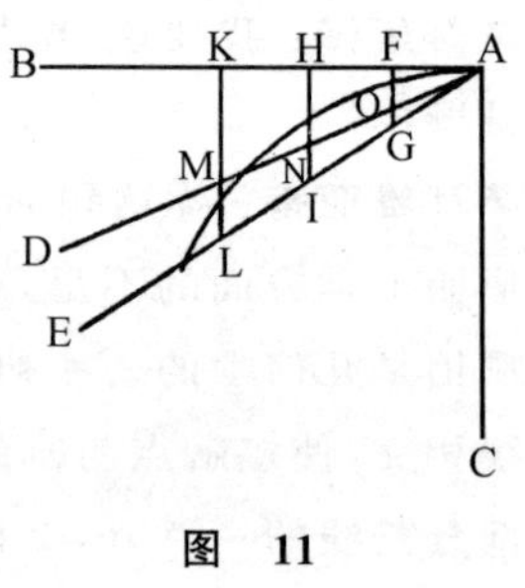

图 11

现在假定从 A 画一根直线 AE，和 AB 形成任何角度，让我们在 AB 线上标出几段同等的距离 AF，FH，HK，并从这些地方画几根垂直线 FG，HI，KL，到 AE 为止。由于我们在别的场合曾经说过，落体从静止开始，永远随着时间的增加具有越来越大的速度，所以随着时间的进展，我们可以想象 AF，FH，HK 这几段空间代表同等的时间过程，而垂直线

FG,HI,KL 则代表上述时间过程内落体所取得的速度。[①] 这样,在 AK 这段时间里获得的速度将由 KL 线表示,在 AH 时间获得的速度由 HI 表示,在 AF 时间里获得的速度由 FG 表示;速度 KL,HI,FG 显然和时间 KA,HA,FA 具有相等的比例。如果从 FA 线上任意一点画垂直线,我们就会找到愈来愈小的速度,直到无限小,而且总是在趋近于 A 点,而 A 点则代表时间的最初的一个瞬间和原来的静止状态。这种逐渐退向 A 点的情况代表原来的向下运动在无限减低,使运动体接近原来的静止状态;这种接近是可以无限增进的。

现在让我们用另一种削减物体重量的办法来无限地减低速度。从 A 点画另一根线,其角度比 BAE 小;这条线就是 AD。AD 和平行线 KL,HI,FG 相交于 M,N,O,它向我们表明在 AF,AH,AK 时间内所获得的速度 FO,HN 和 KM,比在同一时间里但由较重的物体所获得的速度小,而这个物体是较轻的。显然,把 EA 线拉向 AB,逐渐减小 EAB 角(这个角可以无限缩减,正如重量可以无限缩减一样),落体速度以及阻碍把它抛出的原因将同样无限地减低。因此看来由于同它相反的两个无限减弱的原因相结合,抛出是阻碍不了的。

现在把整个论证缩成几句话,让我们说:通过逐渐减小 EAB 角,速度 LK,IH,GF 就减低了。同样,把平行线 KL,HI,FG,逐渐拉向 A 角,这些速度也减低了,而且两种减低都可以无限地进行。所以向下运动的速度的确可以减低得很多,这双重的减低都可以是无限的,以致运动体已不足以回到轮子表面,因而已不足以妨碍或阻止运动体被抛出。

另一方面,为了防止发生抛射,抛射物回到轮子所经过的那些空间必须缩得很短,使运动体的降落不论多么慢,甚至无限地减慢,仍足以使运动体返回轮子。因此就有必要缩减这些空间,这种缩减不但是无限的,而且能压倒物体下降速度的减低所能达到的双倍无限性。但是,一个量的缩减怎么能比另一个加倍无限减缩的量更大呢?辛普里修,请你注意,如果没有几何学,而要对自然界进行很好的哲学探索,人们究竟能走多远呢?

这些速度,由于运动体重量的无限削减和逐渐接近运动的起点(即静止状态),总是确定的。它们在比例上相当于两条直线形成的角,如 BAE 或 BAD,或者其他锐角之间的那些平行线。但是运动体要回到轮子表面所必须经过的空间的缩减,则和另一种缩减成比例;这种缩减被包括在两根直线所形成的角之间,这种角比任何锐角更小。它是这样的:在垂直线上取一个 C 点,以 C 为中心,CA 为半径画一个弧 AM。这个弧将和那些决定速度的平行线相交,而不管这些平行线被压缩在多么小的锐角里。就这些平行线来说,那些介于弧和切线 AB 之间的部分,就

① 这在科学史上可能是第一次在图表上用横坐标和纵坐标来表示两种不同的量(时间和速度)。

是运动体回到轮子所要经过的空间。这些部分总比它们所属的那些平行线小，而且越接近接触点时，减削的比例就越大。

你看，夹在那些直线之间的平行线，当这些平行线退往角尖时，它们总是以同样的比例在减少；就是说，AH 被 F 一分为二，平行线 HI 将是 FG 的双倍；把 FA 一分为二，从中点作的平行线将等于 FG 的一半。这样无限地分下去，每一条紧接在后面的平行线将是前一条平行线的一半。但是切线和圆周所截出的一段线则并不如此；因为把 FA 同样一分为二，并假定通过 H 到弧线的平行线双倍于通过 F 的平行线为例，这后一根平行线将比下一根平行线不止大双倍。而当我们继续接近接触点 A 时，前一根平行线就会比后一根平行线大到三倍、四倍、十倍、百倍、千倍、十万倍、一亿倍，直到无限倍。因此这些线就变得愈来愈短，直到后来远远超过使不管多么轻的抛射物回到（或者停留在）圆周上所需要的短度。

萨格利多：我对这里的全部论证和它的说服力是很满意的。但是我觉得一个人如果想追问下去，他还可以提出一些困难来。他未始不可以说，关于使运动体的坠落愈来愈慢到无限度的两种原因，显然那个依靠接近坠落的第一点的原因是以一个常数比例增长的，正如那些平行线总是相互保持同样的比例一样，并由此类推，但是依靠物体重量减少——即第二个原因——而引起的速度削减，将也是按照同样的比例，却不是那样明显了。而且谁能够保证，这种削减不会按照切线和圆周之间那些截线的比例，或者更大的比例削减呢？

萨耳维亚蒂：过去我一直把天然落体的速度和它的重量成正比例看作是真实的[①]，我这样做是为了照顾到辛普里修和亚里士多德，因为他们在许多场合都宣称这是一条明显的命题。你现在站在我的对手方面提出疑问，说速度的增加说不定比重量的增加在比例上要大些，甚至可以无限大。这一来，上述的全部论证都瓦解了。现在为了支持上述论证，我只好告诉你速度的增加在比例上比重量的增加小得多，而且这样一说，就不仅支持了，而且大大加强了上述论证。

关于这一点，我可以举一个实验作为证明；它将向我们表明，一个物体比另一个物体重三十倍或四十倍（例如一个是铅球，另一个是软木球），坠落时顶多也快不了两倍。现在，如果落体的速度按照重量的比例减弱时不发生抛射现象，那么在重量大大减少而速度只减弱少许的情况下，就更加不会出现抛射现象了。

但即使我们假定速度的减弱率比重量的减弱率大得多，而且即使这

---

① 见亚里士多德《物理学》卷四，第八章，216a，12—16。据说伽利略曾经从比萨斜塔抛下两个重量悬殊的物体，以这个著名的实验来推翻亚里士多德的这条定理。他关于亚里士多德的这个错误的逻辑"证明"也同样是值得注意的。这项证明见《关于两门新科学的对话》。

种比例等于切线和圆周之间那些平行线缩减的比例，我也并不因此就一定相信甚至你能想象得到的那些最轻的材料就必然会抛射出去。老实说，我要公开声称它们是不会抛射出去的；当然，我的意思不是指那些在本质上属于轻的材料（即没有任何重量而且天然是上升的），而是指那些降落得很慢而且重量很小的材料。我所以相信如此，是因为重量按照切线和圆周之间那些平行线缩减的比例而缩减，最后必然以没有重量为其顶点，正如那些平行线缩减到最后恰恰是一个不可分的点一样。但是重量实际上是不会减少到最后使运动体成为没有重量；但是抛射物回到圆周上来的空间是可以减到最小限度的，这就是在运动体停留在圆周上的那个接触点上的时候，因此运动体回到圆周上来不需要任何空间。所以不管你使向下运动的倾向任意减少到什么程度，然而这种倾向总是足够使运动体回到它离开极短距离的圆周上而有余的，而这种极短距离是根本不存在的。

萨格利多：这个论证的确非常微妙，然而仍旧是令人信服的，而且我们必得承认，一个人想要解决物理学的问题，没有几何学是行不通的。

萨耳维亚蒂：辛普里修未见得这样说，不过我相信他不会像那些逍遥学派的人，反对他们的门徒学习数学，认为数学搅乱理性，阻碍理性进行哲学思维。

辛普里修：我不会拿这个去冤枉柏拉图，不过我却同意亚里士多德的话，说柏拉图沉溺于几何学太深了，对几何学太向往了。归根到底，萨耳维亚蒂，这些数学上的微妙论点抽象地说来是很不错的，但是应用到感觉的和物理的事件上就不成了。例如，数学家在理论上可以很顺利地证明球体和平面在一点上相切（sphaera tangit planum in puncto），一条和我们眼前讨论的类似的命题；但是碰到实际时，情况就不是如此了。我的意思是指这些接触的角度和比例，一碰到物质的和感觉的事件，就全都垮台了。

萨耳维亚蒂：那么你是不相信切线只和地球表面上的一点接触了？

辛普里修：不单单在一点；我相信一根直线甚至在离开水面以前，将会停留在水面上几十码和几百码远，更不要说陆地了。

萨耳维亚蒂：可是你难道看不出，如果我向你承认这一点，对你说来只有更加糟糕呢？因为即使我们假定切线和地面只在一点上接触，刚才已经证明，由于接触角度（如果真的能称作角度的话）异常地小，抛射物是不会离开地面的；如果是这样，那么当这个角度变得完全没有，而切线和地面合拢在一起之后，抛射物和地面分开的原因岂不是更小了吗？你难道看不出，这样一来，抛射运动将会沿着地面进行，这就等于根本没有抛射一样，是不是？所以你看，真理就是具备这样的力量，你越是想要攻击它，你的攻击就愈加充实了和证明了它。

◀ 真理有时愈受攻击，愈显示力量。

但是既然我替你改正了这个错误，我也不愿意听任你停留在另一个错误上，那就是认为一个物质的球和一个平面的接触点不仅仅是一个。我真诚地希望你跟一些懂得一点几何学的人谈几个钟点，这能使你在那些完全不懂几何学的人中间显得稍为内行一点。举个例子，那些不懂得几何学的人说，一个铜球和一块钢板不仅在一点上接触；现在为了使你看出他们多么错误，让我问问你，如果有人会说，并且顽固地坚持，圆球并不真正是个圆球，你将是怎样一个想法呢？

辛普里修：我将认为他完全丧失理智。

萨耳维亚蒂：那些说一个物质的球和一块物质的平面板不仅在一点上接触的人，也同样如此，因为这样说时无异于说一个圆球并不是一个圆球。而为了弄清楚确是这种情况，请你告诉我一个圆球的实质是什么；就是说一个圆球不同于一切其他立体的地方在哪里？

▶ 即使是一个物质的球和一个物质的平面也只在一点上接触。

辛普里修：我认为一个圆球的实质在于从它的中心向它的圆周所做的一切直线都是相等的。

▶ 圆球的定义。

萨耳维亚蒂：所以如果这些直线并不相等的话，这个立体根本就不是一个圆球。

辛普里修：对。

萨耳维亚蒂：其次，请你告诉我，你是否相信在两点之间作许多线，能有一根以上的直线吗？

辛普里修：当然不能。

萨耳维亚蒂：但是你仍旧懂得这根直线必然比两点之间所有其他的线要短。

辛普里修：这我懂得，而且关于这一点我有一个很明确的证明，是由一个伟大的逍遥学派哲学家提供的。在我看，如我的记忆没有错的话，他提出这个证明来是作为对阿基米德的一项责难，因为阿基米德假定这是已知的，但是他未始不可以证明一下。

萨耳维亚蒂：他既然能够证明阿基米德不知道怎样证明和不能够证明的东西，在当时一定是个伟大的数学家。如果你碰巧记得他的证明，我倒很想听听；我很清楚记得，阿基米德在他论球形和圆柱形的那些书中，把这条命题放在公设之中，所以我敢说他把这条命题看作是无法证明的。

辛普里修：我想我还记得，因为证明很短而且很简单。

萨耳维亚蒂：那么阿基米德就更加丢脸，而这位哲学家就更加光荣了。

辛普里修：我将给他的证明画一张图。

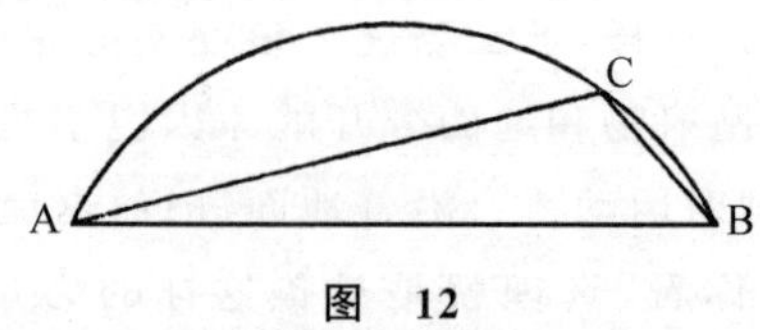

图 12

在A点和B点之间画一根直线AB和曲线ACB,要证明图中的直线比曲线短;证明是这样的。在曲线上取一点C,作两根直线AC和CB,这两根直线比AB线长;因为欧几里得曾经证明了这一点。但是曲线ACB比AC和CB线长;因此更不必说,曲线ACB将比直线AB长,这就是要证明的。

◀ 一个逍遥学派给直线是所有的线中最短的证明。

萨耳维亚蒂:如果你查遍世界上所有的谬论,我敢说也没有比这个更好的例子显得是谬论中最最荒乎其唐的了;这就是以更不知证不知(ignotum per ignotius)。

◀ 这位逍遥学派的谬论就是以更不知证不知。

辛普里修:这怎么说?

萨耳维亚蒂:你问"怎么说"是什么意思?这不是你要证明的未知结论吗,即曲线ACB比直线AB长?AC与CB两根线之和已知大于AB;而你认为已知的中项不就是曲线ACB大于AC与CB之和吗?既然我们不知道曲线ACB大于一根直线AB,那么它大于AC与CB两根直线岂不是更加不知道吗?而这两根线我们知道仅仅大于AB。然而你把这一条却当作已知的。

辛普里修:我仍旧看不出错误在哪里。

萨耳维亚蒂:既然这两根直线正如欧几里得知道的那样,是大于AB的,那么只要曲线大于这两根直线,它会不会就大于一根线AB呢?

辛普里修:当然。

萨耳维亚蒂:曲线ACB大于直线AB是结论。这比同一曲线大于两根直线AC与CB这一中项要清楚得多。既然中项不及结论清楚,你岂不是以更不知证不知吗?

现在回到我们的主题上来。只要你懂得直线是两点之间所能做的最短的线,这就够了。至于主要结论,你说一个物质的球和一个平面不仅在一点上接触。那么这个平面是怎样和圆球接触呢?

辛普里修:它将接触圆球的一部分表面。

萨耳维亚蒂:那么照这样说,这个球和另一个相等的球仍将在它的表面的同样部位接触了?

辛普里修:要说不是这样,那是没有理由的。

萨耳维亚蒂:那么两个圆球也将在它们表面的同样部位接触了,因为它们既然适应同一平面,必然也相互适应。

◀ 关于圆球和平面只在一点接触的证明。

现在设想两个接触的圆球,它们各自的中心是A和B。让我们在两个中心之间画一根直线并通过接触的地方。让这根直线通过C点,并在这个接触面上取另一点D,连接两个中心画两条直线AD和BD,形成三角形ADB。那么三角形的两边AD和DB将等于另一边ACB,因为两者都包含两个半径,而根据圆

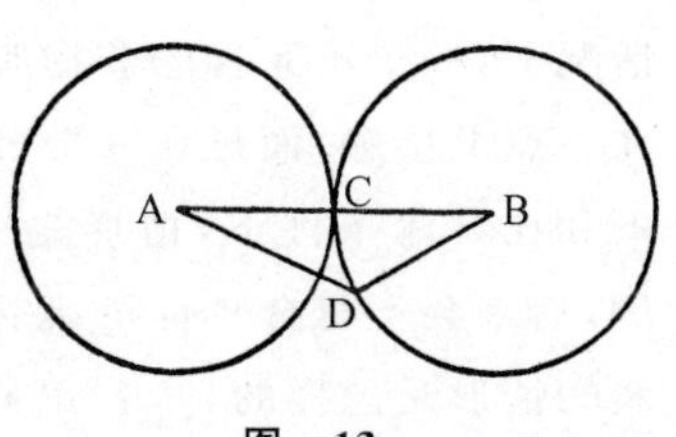

图 13

的定义，所有的半径都是相等的。这一来，连接两个中心的直线AB就不是最短的线了，原因是AD和DB加起来和它一样长；你说，这岂不是荒乎其唐吗？

辛普里修：这只能证明抽象的圆球是如此，不能证明物质的圆球是如此。

萨耳维亚蒂：那么你就指出我的论证的错误在哪里，为什么对非物质的和抽象的圆球用得上，但是对物质的圆球用不上？

▶ 为什么抽象地说来，圆球和平面只在一点上接触，而物质的圆球实际上并不如此。

辛普里修：物质的球会碰上许多非物质的球碰不上的意外事件。比如把一个金属球放在一个平面上，为什么球身的重量不会把平面压下去一点，或者在接触的地方把球压碎一点呢？还有，要找这样完完全全的平面是不容易的，因为物质总是有空隙的，也不容易找到一个所有半径全都一样长短的完善的球。

萨耳维亚蒂：噢，所有这些情形我都完全同意你的看法，但是这些都是题外的事。因为当你要向我证明一个物质的圆球和一个物质的平面不在一点接触时，你利用了一个并不是真正圆的圆球和一个并不是真正平的平面。根据你的说法，圆球和平面或者是世界上找不到的，或者即使找得到，但一拿来派这种用场，就被破坏了。所以对你说来，还是有条件地承认这个结论要错得好些；这就是，你应该说，假定有一个完善而且能保持完善的物质的球和平面，它们就会在一点接触，然后再否认这样的圆球和平面是不会有的。

辛普里修：我觉得对于这个哲学家的命题正应当这样来看，因为使具体事物不符合那些抽象事物情况的，无疑是由物质的不完善造成的。

萨耳维亚蒂：你这话是什么意思，不符合？怎么，你目前说的恰恰证明物质事物完全符合抽象事物的情况。

辛普里修：怎样完全符合？

萨耳维亚蒂：你不是说，由于物质并非完善，一个应当完全圆的物体和一个应当完全平的平面，在具体情况下并不能达到我们抽象地考虑时所想象的那种情况。

辛普里修：这就是我说的。

▶ 事物在抽象情况下和在具体情况下，恰恰具有同样要求。

萨耳维亚蒂：那么不管在什么时候，只要你在具体情况下使一个物质球和一个物质平面接触，你就是使一个不完善的球和一个不完善的平面接触，而你说这些相互间并不在一点接触。但是我告诉你，便是在抽象的情况下，一个不完善的非物质的球和一个不完善的非物质的平面也不是在一点上接触，而是在一部分表面上接触，因为到目前为止，在抽象条件下和在具体条件下，情形是一样的。如果用抽象数字作出的计算和比例，后来会不符合具体的金银币和货物，那倒真正的奇怪了。你知道事实的情形是怎样的，辛普里修！正如计数的人在计算糖、丝绸和羊毛时必须除掉箱子、桶和其他包装一样，数学家要在具体条件下看出他在抽象条件下所证明那些原理时，同样必须除掉那些物质的障碍，而且如果他能做到这样的话，我敢向你保证，事物是和计算的结果同样符合的。所以错误不系于抽象还是具体，也不系于几何学或者物理学，而系于计算者是否懂得进行正确的计算。因此，如果你能有一个完善的球和一个完善的平面，即使它们是物质的，你也可以肯定它们是在一点上接触；如果不可能找到这样完善的球和平面，那么说球与平面接触于一点，就完全是不相干的了。

但是我还有些别的话要说，辛普里修：就算我们找不到一个完善的球，也找不到一个完善的平面，你可相信会有两个物体，它们的表面会在有些地方弯曲得如你任意要它们弯曲的那样吗？

辛普里修：我相信这样的物体是不少的。

萨耳维亚蒂：如果有的话，那么它们也是在一点上接触；因为在一点上接触根本不是完善的球体和完善平面独有的特点。毋宁说，人们只要对这件事情根究一下，就会发现要找两个物体在一部分表面上接触，要比寻找在一点上接触的物体难得多。因为要两个表面很好地贴合在一起，或者两者都非常之平，或者如果一个是凸出的，另一个就必须是凹进去的，而且凹进的曲度和前者凸出的曲度必须完全一样。这种情况是很难找的，原因是先决条件太严格了，而那些形状不规则的物体则到处都碰得到。

◀ 在一点上接触并不只是完善球体的一个特点，而是所有曲线图形的特点。

◀ 在一部分表面上相互接触的物体，要比只在一点上接触的物体，难找得多。

辛普里修：那么你认为随便拣来的两块石头或者两块铁，放在一起时，在多数的情况下，将只在一点上接触吗？

萨耳维亚蒂：如果随随便便放在一起，我想是不会的，因为这些石头或者铁上面往往带有一点脏东西，总不是那么坚硬；还有就是人们把它们放在一起时，总不是那样小心地使它们相互不要撞上，而只要稍微撞击一下，就足够使一个表面让出一点地方给另一个表面，从而使它们相互都打上了对方的印记，至少有一小部分会是这种情形。但是如果把它们的表面洗刷干净，并把两个物体放在桌上，使它们相互不会压着，那么我敢说是可以使它们仅仅在一点上接触的。

萨格利多：我听见辛普里修说没法找到一个完全球形的物质的固体，而且萨耳维亚蒂并不反驳他，反而对这一点表示同意，我不禁想起一项困难；如果你允许的话，我非把它提出来不可。我现在想要知道的是，要形成某种别的形状的固体，是否也会碰到同样困难；或者，把我的意思说得更清楚一点，如果把一块大理石雕成一个完善的球或者金字塔形的角锥，或者一匹完善的马，或者蚱蜢，是不是会碰到更大的困难。

萨耳维亚蒂：我将回答你的第一个问题，但是首先让我向你道歉，因为我表面上同意了辛普里修的话。我同意他只是暂时的，因为在深入讨论这个问题以前，我心里早就想要提出一个可能和你的意见相同的意见，或者说，非常相似的意见。现在回答你的第一个问题，我要说如果我们能把一个固体做成什么形状的话，圆球是最容易做的，因为球形是最简单

◀ 球形比任何别的形状容易做。

的，而且在所有固体图中间的地位就和圆周在所有平面中间的地位一样——由于画圆周最容易，所以过去被数学家认为唯一值得作为其他一切作图的公设之一。要做一只圆球非常容易，我们只要在一块平平的金属板上钻一个圆洞，并把一个大致圆形的固体随便放在洞里旋转，就可以不需要任何其他加工把立体磨成一个非常圆的球，只要这个立体不小于一个可以穿过圆洞的球就行。更值得注意的是，在同一个圆洞里可以做出各种不同大小的圆球来。但是谈到要造一匹马，或者如你说的，一只蚱蜢的形状，我让你自己去决定吧，因为你知道世界上很少有什么雕刻家能胜任这件事的。我相信辛普里修在这件特殊事情上，将不会不同意我。

▶ 只有圆周形被数学家作为公设之一。

▶ 不同大小的圆球，只要用一件工具就可以做成。

辛普里修：我不知道为什么要不同意你。我的意见是，你们提到的所有那些形状，没有一个可以做得完善的，但是为了尽量做到接近完善的程度，我相信把一块固体做成圆球要比做成一匹马或者一只蚱蜢的形状，不知道要容易多少。

萨格利多：你是根据什么原因认为困难的程度比较大呢？

辛普里修：做一个圆球所以非常容易，是因为圆球的形状极端简单和匀称，根据同样理由，别的形状由于非常之不规则，所以做起来很困难。

▶ 不规则的形状，做起来很困难。

萨格利多：既然形状不规则是困难的原因，那么即使用锤子随便敲下一块石头，它的形状也是很不容易制造出来的，这恐怕比一匹马的形状更不规则。

辛普里修：应当如你所说。

萨格利多：但是请告诉我：不管这块石头具备什么形状，它这个形状是完善的呢，还是不完善的？

辛普里修：它是完善的；正因为它的形状非常完善，所以没有一个东西能够和它完全一样。

萨格利多：好，如果那些不规则的形状，因而很难做的形状，是数不尽的，然而又都是非常完善的，那么我们有什么理由能够说那个最简单的，因而最容易做的形状，不可能造出来呢？

萨耳维亚蒂：慢来，先生们，我觉得我们有点在故弄玄虚。既然我们的论争始终应当抓住正经的和重大的问题，那就不必在琐细的而且完全无足轻重的争议上再浪费时间了。让我们记住，考察宇宙的组成是自然界的许多最重大和最崇高的问题之一，而且面临另一个发现时，它就变得更加宏伟了；我说的另一发现，是指海水涨落的原因；这里的原因曾经为已往的许多最伟大的人物探索过，然而好像全都没有能找出来。那些人提出地球自转说的困难，是为了地球停止在中心不动的主张作最后的辩护；所以如果再没有什么理由可以举出来充分说明这种困难，那就让我们进一步来考察有关地球周年运动的赞成理由和反对理由吧。

▶ 宇宙的组成是最崇高的问题之一。

萨格利多：萨耳维亚蒂，我希望你不要拿你自己的标准来要求我们这些人。你自己过去一直从事于最高深的冥想，我们认为值得思索的事情，你都认为低级和不足道。可是有时候单是为了讨好我们，望你能迁就一下，谈一点东西来满足我们的好奇心吧。因此，拿反对地动说的最后一项理由来说，它是根据周日运动抛射物体的假定来的；而你提出的解释，即使比原来的少得多，也已经会使我满意了；然而便是你拿出的那些额外的资料在我看来也是非常有吸引力的；这些不但不使我感到厌倦，而且由于它们非常新奇，使我听来只会感到万分的喜悦。所以如果你还有什么别的意见要补充的话，那就提出来吧；拿我说，我听起来只有高兴。

萨耳维亚蒂：我对自己弄清的事情一直都感到莫大的喜悦，仅次于此的最大喜悦就是和了解这类事情并且喜爱这类事情的少数知己讨论它们。既然你属于这些少数里面的一个，我现在就对自己抑制着的雄心稍稍放纵一下（这种雄心在我发现自己显得比别的一些以敏锐著称的人更加精辟时最觉得称心），在前面的讨论之外再加上一条关于托勒密和亚里士多德那些信徒们所犯的谬误；这条谬误就是从刚才提出的论证里挑选出来的。

萨格利多：你应当能看出，我是多么急于要听啊。

萨耳维亚蒂：托勒密认为，石子抛出是由于轮子绕轴心自转的速度引起的，而转动的速度愈大，则抛出的力量愈大；根据这一点，人们就推论说，由于地球自转的速度比任何人工使其自转的机器轮子要大到不知多少倍，由此而产生的对石子、动物等等的抛射力就会极端猛烈。这一点托勒密认为是无可否认的事实，而我们迄今为止也没有提出过异议。

我现在注意到，当我们毫无甄别地把这两种速度绝对化并拿来作比较时，这里就包含着很大的错误。如果我是在把同一个轮子的两种速度，或者两个同样的轮子的速度作比较，那么轮子转动得愈快的确会以更大的冲力抛出石子，而且转动的速度愈大，抛射的力量也确然会按比例增加。可是现在假定速度的增加并不是由增加轮子的转动来的（即在同一时间增加轮子转动的次数），而是靠加长轮子的直径，亦即加大轮子来的，而大轮子每次转动的时间却和小轮子的转动时间一样。这样，大轮子转动的速度将仅仅是由于它的圆周加大方才加快。谁也不会因此假定抛射力将随着轮子边上速度的增加而比小轮子边上的抛射力有所增加；这样假定将是完全错误的，这可以用一个很现成的实验立刻就证明出来；其方法大致如下：我们可以用一码长的杆子把一块石子扔得很远，而用一根六码长的杆子扔同样一块石子，即使系着石子的长杆子的那一头比短杆子的尽头转动得双倍快，也不会扔得同样远——因为长杆子每转动一周，短杆子就要转动三周。

◀ 仅仅用加大轮子的方法来增加轮边转动的速度，轮子的抛射力并不随之增加。

萨格利多：萨耳维亚蒂，我完全懂得，实际发生的情况必然是如你告诉我的那样。但是我却一下子看不出，为什么同样的速度对于抛射体的作用却会两样，小轮子反而比大轮子抛射起来更有力量些。所以我请求你给我指明一下为什么会是这种情形。

辛普里修：啊，萨格利多，这一次你好像不大够得上你自己的水平了。平时你什么事情一眼就能看出来，可是这一次你在杆子的实验上却忽略了一个漏洞，然而却被我看出来了。这是由于你用短杆子扔石子和用长杆子扔石子时操作的方式有所不同的缘故。因为要使石子从凹槽里飞出去，你决不能均匀地继续转动，而只能在转动得最快时拉着你的胳臂，抑制着杆子的速度。这样一来，那个迅速转动的石子就会猛然飞了出去。现在你用一根长杆子就不能这样做，因为它又长又软，你胳臂朝后拉，它并不跟着你胳臂动，而是继续随着石子走一段距离，以一种温和的抑制和石子保持着接触，而不让石子像杆子碰上某个固体障碍时那样飞掉。而如果两根杆子都碰到某种抑制它们的约束力量，我相信即使两根杆子的速度相同，石子也会同样地飞出去，不管是长杆子还是短杆子。

萨格利多：萨耳维亚蒂，如果你同意的话，我将对辛普里修作一些答辩，因为他对我进行挑战。我说他的论证有好的地方，也有不好的地方；好的地方是他大部分都是讲得对的，不好的是，他的话完全与题无关。装载石子的快速运行的东西，在碰上一个摇撼不动的障碍，诚然会猛地冲出去。这和我们日常在一条行驶轻快的船上所看到的效果是一致的：那就是，当这条船搁浅或者触到什么障碍物时，船上所有的人都会出其不意地突然跌跤并且向船头跌去。如果地球碰上什么障碍物使它的自转突然全部停止，我敢说在这样一个时候，即使地球本身不会瓦解的话，不但鸟兽、建筑、城市，而且山岭、湖沼、海洋全都会搅得天翻地覆。但是这一切都和我们的主题无关。我们现在谈的是，地球在均匀地、平静地自转时，不管它的转动速度多大，将会发生怎样的情形。

▶ 假定周日运动是地球的转动，当地球碰到什么障碍或阻碍突然停下来时，那么一切建筑、山岭、甚至整个地球都会崩溃。

同样，你讲的关于杆子的那些话，也有一部分是对的，但是萨耳维亚蒂并没有把这个提出来作为和我们所讨论的情况完全符合的一个例子。它只是一个大致的比拟，以便启发我们的心智更加准确地探讨，不管速度以哪一种方式增加，是否以同一比例增加转动物体的抛射力。例如，一个直径十码的轮子转动起来，使轮子边上的任何一点每分钟都能走一百码远，因而具有抛出一块石子的冲力，这种冲力会不会因轮子的直径是一百万码，而增加十万倍呢？萨耳维亚蒂是否定的，我也倾向于同意他的意见；但是我不懂得理由何在。我问过他根据什么理由，现在我很乐意地等待他把理由告诉我。

萨耳维亚蒂：我参加这场讨论，目的是就我的能力所及尽量地满足你们；虽说我在探索的一些事情，你们开头可能觉得我探索的和我们的主题无关，可是我仍然相信，当我们的讨论深入下去时，就发现情况全然不是如此。但是让萨格利多先告诉我，他从一个运动体的阻力观察到这种阻力究竟是什么。

萨格利多：目前，我从一个运动体所观察到的唯一的对运动的内在阻力，是运动体对相反运动的一种天然趋势或者倾向。因此，一个重物体具有向下运动的倾向时，它对向上运动就存在着阻力。

我说“内在阻力”，因为我相信你的意思指的就是这个，而不是外来阻力，因为外来阻力很多而且是无法预料的。

萨耳维亚蒂：我的意思是这样，我的一点狡狯竟被你的颖悟拆穿了。可是如果我在提问题时稍加保留的话，我不知道萨格利多在回答我的问题时是否能回答得那样完全恰当，换一句话说，运动体除掉对相反方向具有一种天然的抵抗倾向之外，是否还具有另一种抵抗运动的内在的天然属性。所以请你再一次回答我：你是否相信，比如说，重物体向下运动的倾向和它向上的阻力相等呢？

萨格利多：我相信它是完全相等的，而且就因为这个缘故，所以天平上两个一样重的物体看上去很稳而且保持平衡；这一个以它下坠的重量要把另一个抬起来，而另一个则以其本身的重量抵抗被抬起来。

◀ 重物体向下运动的倾向等于它对向上运动的阻力。

萨耳维亚蒂：很好。所以要使这一头把另一个头抬起来，就必须在这一头增加重量，或者在另一头减少重量。可是对向上运动的阻力只是由于物体本身的重量，那么在一个两头杠杆不一样长的天平里（如在一具秤里），一个重一百磅的物体的下坠压力可能不够用来提起抵拒它的四磅重的秤锤，而这个四磅重的秤锤让它落下去，却可能提起一百磅的东西，这是怎么一回事呢？因为这就是秤的平衡锤对于我们所要秤的重物体产生的作用。如果对运动的阻力仅仅是由于物体本身的重量，那么秤的仅仅四磅重的秤锤又怎样能抵抗得了一包重八百磅或者一千磅的羊毛或者生丝呢，又怎样能以其动量（momento）甚至克服这包羊毛或者生丝的重量并把它提起来呢？所以，萨格利多，我们必须承认，这里牵涉到的一定是单纯的重量之外的另一种阻力和另一种力（forza）。

萨格利多：这是无可否认的，但是请告诉我，这个第二种力（virtù）是什么呢？

萨耳维亚蒂：这种力在两头杠杆一样长的天平上是不存在的。你想想秤上面有什么新的地方，那么这种新的作用必然地就是从这上面产生的了。

萨格利多：我敢说你的探索使我的脑子隐隐约约地有点动了起来。这两样器具都牵涉到重量和运动；在天平上，运动是相等的，因此一个重量要能动的话必须重过另一个。在秤上，重量小的能提起重量大的，只是在重量大的走动得很少的时候，因为它离开秤心较近，而重量小的则离开较远并要走动很长一段。所以我们不得不说，重量小的靠走动得较多而克服了走动得很少但是重量大的东西。

萨耳维亚蒂：这就是说，不大重的物体以它的速度克服了更重的而且运动迟缓的重量。

萨格利多：但是你相信，这种速度完全抵消了重量吗？也就是说，只要一

▶ 更大的速度完全抵消了增加的重量。

个四磅的运动体有一百单位的速度，而一个重一百磅的运动体只有四个单位的速度，前者的力矩和力就和后者的力矩和力完全相等。

萨耳维亚蒂： 当然，因为我可以用许多实验来向你证明这一点。但是目前这个秤的单独证明对你说来也就差不离了。你看在这项证明里，当秤锤离开悬挂秤的中心并且围绕这个中心转动的距离和一包羊毛离开秤中心的短距离的比例，恰好等于这包羊毛的重量和秤锤的比例时，这个轻秤锤就足够抵挡和平衡得了那包重羊毛。从这一大包羊毛没法以它的重量抬起比它轻得多的秤锤这件事上，我们可以看出这里的原因除掉走动距离上的悬殊外，更没有别的原因，理由是那包羊毛向下运动一英寸就得使秤锤向上走动一百英寸。这里假定的是那包羊毛比秤锤重一百倍，而秤锤离开秤心的距离则是那包羊毛悬挂点离开同一秤心距离的一百倍。因为说那包羊毛运动一英寸时秤锤运动一百英寸，等于说秤锤的运动速度是那包羊毛运动速度的一百倍。

现在让我们谨记这是一条真实而且众所周知的原则，即来自运动速度的阻力抵消另一个运动体重量所产生的阻力，因此一个重一磅而以一百单位速度运动的物体，和一个重一百磅而速度只有一个单位的物体，其抵拒牵引的力量是相等的。而两个同样运动的物体，如果使它们的运动速度相等，则将同样地抗拒外来的推动。但是如果一个物体比另一个物体运动得快，它的抗拒力就将根据它所获得的较大速度而有所增加。

这些事情既经肯定，就让我们着手来解释我们当前的问题吧。为了更容易领会起见，让我们画一张小小的图来说明它。

假定有两个大小不同的轮子环绕同一中心 A 转，BG 是在小轮的圆周上，CEH 是在大轮子的圆周上，半径 ABC 是和地平线垂直的。通过 B 点和 C 点，我们将画两条切线 BF 和 CD，在 BG 和 CE 两条弧上，我们将截取两段同样长的弧 BG 和 CE。这两个轮子假定以同样速度围绕其中心转，使沿圆周 BG 和 CE 上的两个物体以同一速度运动。假定这两个物体，比如说两个石块吧，是放在 B 点和 C 点上，所以在同一时间内 B 石块走过 BG 这一段弧时，C 石块将走过 CE 的一段弧。

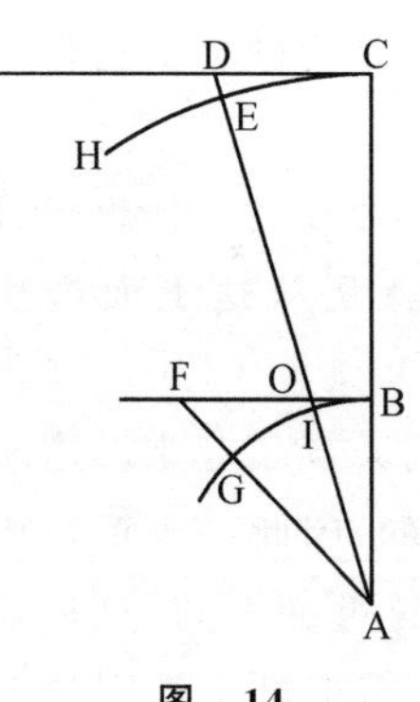

图 14

现在我说，小轮转动时抛射 B 石块的力量要比大轮转动时抛射 C 石块的力量大得多。而且如我们已经解释过的，抛射出去的方向将是沿着切线的，所以如果 B 石块和 C 石块离开轮子开始从 B 点和 C 点投射出去时，它们将以从轮子转动所获得的冲力沿切线 BF 和 CD 扔出去。因此这两个石块将以同样的冲力沿切线 BF 和 CD 运动，而且如果没有别的力量使它们偏斜出去，它们的运动将是沿着这两根切线的方向。萨格利多，是不是这样？

萨格利多：好像情形将会是这样。

萨耳维亚蒂：轮子的转动的确是把石块沿切线抛射出去的，你想有什么力量能使石块离切线偏斜出去呢？

萨格利多：要么是石块本身的重量，要么是什么胶质可能把石块粘在轮子上什么地方。

萨耳维亚蒂：但是要使运动体偏离它受到冲力所引起的运动，是不是需要根据偏离的大小对运动体施加或大或小的力呢？这就是说，依照运动体偏离时在一定时间内通过多少空间而定，是不是？

萨格利多：是的。因为我们前面已经证实，物体运动时，要使它运动得越快，推动力就越要大。

萨耳维亚蒂：那么，你想想，为了使小轮子上的石块偏离沿切线 BF 的抛射运动，并使石块附着在轮子上，石块的重量就会把它从割线 FG 拉回来，或者毋宁说沿着从 G 点到 BF 线所作的垂直线拉回来；而在大轮子上，只需要沿着割线 DE 拉回来，或者毋宁说沿着从 E 点到切线 DC 的垂直线拉回来。割线 DE 比割线 FG 要短得多，而且轮子越大就越短。由于这两个石块必须在相等时间里拉回来(即通过相等的弧 BG 和 CE)，拉回石块 B(即沿 FG 撤回)必须比沿 DE 拉回其他石块要快得多。因此要使 B 石块留在小轮子上比使 C 石块留在大轮子上，需要更大的力，这无异于说，要阻止大轮子上的石块被抛射出去，比阻止小轮子上的石块被抛射出去所需要的力较小。由此可知，轮子越大，抛射物体出去的力就越少。[①]

萨格利多：多亏了你的一大段分析，根据我现在的理解，我觉得我可以用很扼要的论证来满足我自己的思想。这就是说，两个轮子转得一样快，使两个石块沿轮子切线的方向受到同样的冲力；由于大轮的圆周离切线较短，就多少有利于，或者说容易用几口美食就可以满足石块离开轮子圆周的所谓胃口；因此，任何一点小小的拉力，不论是来自石块本身的倾向，或者来自什么胶质，都足够使石块附着在轮子上面。这在小轮子上要能同样做到，是简直不可能的，因为小轮子很不喜欢切线的方向，总是非常贪恋地要保留石块(而胶质又并不比把石块粘在大轮子上的黏合力更强)，所以石块就摆脱控制而沿切线射出去了。

与此同时，我不但深信对这一切都搞错了，这是由于过去我相信抛射力是随着轮子转动的速度增加而增加的；我现在开始考虑下列问题。既然抛射力随着轮子的加大而减弱，那么要使大轮子像小轮子一样排斥物体，大轮子的速度就必须随着轮子的直径的加长而增加，这想来也是

---

① 这个结论是正确的，但证明存在问题。伽利略虽然正确地描述了离心力与半径的反比关系，但错误地认为力随线的速度变化，而不是随线的速度的平方变化。

对的；而当两个轮子在同一时间内都转动一周时，情形正是如此；因此我们不妨假定地球的转动并不比任何其他轮子更足以抛射物体，不管轮子如你想象的多么小，因为地球转动得非常之慢，每二十四小时才转动一周。

萨耳维亚蒂：目前我们在这个问题上暂且不要多谈；我们已经大量地表明（除非我错得非常厉害），那个初看上去好像很有道理而且为许多大人物认为有道理的论据，其实是没有说服力的，这已经够了。如果我能够在说服辛普里修方面也取得一些进展，我就认为我们的时间和谈话不是白费；我不是指说服辛普里修承认地球的运动，但是至少那些真正相信地球在运动的人的信念，并不是像那些庸庸碌碌的哲学家们认为的那样可笑和愚蠢。

辛普里修：到现在为止，对于那些反对地球周日运动的理由的解答（即重物体从塔顶坠落，物体垂直地向上抛射或者向东西南北方面斜射出去等实验），使我对古代攻击这种地动说的信心多少是有些削弱了。但是现在我的脑子又在盘算着另外一些更大的困难，而这些肯定说将是我永远无法摆脱的。我敢说你自己也未见得能解决，可能你听都没有听见过，因为这些都是新近提出来的。这些反对理由是由两位公开反对哥白尼的作者提出来的。第一条反对意见可以在一本科学论文的小册子中读到，而另外一些反对意见则见诸一位伟大的哲学家兼数学家写的一部拥护亚里士多德关于天不变的著作中。在这部著作里，他证明不但那些彗星，而且那两颗新星（即 1572 年在仙后座和在 1604 年在人马座出现的）根本都不是在行星层外面，而是确确实实在月球层下面亦即属于原素世界范围。他而且是针对着第谷、开普勒和其他许多天文观测者提出反证的，以他们的矛攻他们自己的盾；也就是说，根据视差来反驳他们。你如果不嫌的话，我可以从两位作者的书里把他们的论据提出来，因为两本书我都用心读过，而且读了不止一遍，所以你可以考察一下这些论据的力量并谈谈你自己的看法。

▶ 两位现代作者对哥白尼学说进一步提出反对。

萨耳维亚蒂：我们的主要目的就是提出并考虑关于托勒密体系和哥白尼体系的一切赞成的和反对的理由，所以任何关于这方面的论述都不容忽视。

辛普里修：那么我就从那本科学论文小册子里面提出的那些反对理由开始，然后再谈其他反对理由。首先，那位作者很聪明地计算了地球赤道表面上一点每小时走多少英里，和在别的纬度上的一点每小时走多少英里。他不仅以考察每小时的运动速度为满足，还计算了每分钟的速度，然而仍旧不满足，还计算了每一秒钟的速度。此外，他接着又准确地表明，放在月球层上的一颗炮弹，在这个时间内将走多少英里，假定月球层就像哥白尼计算的那么大，从而使他的论敌无法找任何借口。在作了这些极其精辟和漂亮的计算之后，作者指出一个重物体从月球层上落下来

▶ 那位现代作者在小册子中所提出的第一项反对理由。

需要六天以上的时间才能到达地球中心，而一切重的东西天然地都是趋向地球中心的。

◀ 根据这位现代作者的意见，一颗炮弹要从月球层落到地球中心，需要六天以上。

现在，如果靠神的法力，或者什么天使的手法，把一颗很大的炮弹像奇迹一样地搬到月球层上，而且笔直地放在我们头顶上，然后让它落下来，要说炮弹的降落会永远保持在我们的垂直线上，继续跟着地球环绕地球中心转上这么多天，在赤道的圆圈平面上画一条螺旋形的线，并在一切其他纬度上环绕圆锥划出许多螺旋线，而在南北极沿一根简单的直线落下，在他和我看来这简直是使人无法相信的事。

他接着又通过他的质问方式，提出许多使哥白尼的信徒无法解决的困难，来确定并证实上述情形是不可能出现的；如果我的记忆没有错的话，那些困难是……

萨耳维亚蒂：请你等一下，辛普里修。你总不愿意一下子提出这么多的新论点来把我搞糊涂；我的记性很差，只能一步一步地来。由于我记得过去曾经计算过，这样一个重的东西从月球层上落下来需要多长时间才能达到地球中心，而且根据我的记忆好像不需要这么长，你最好解释一下这位作者是运用什么方法来计算的。

辛普里修：为了更有力地证明他的论点，他把情形讲得对于对方非常有利，假定物体沿垂直线落到地球中心的速度等于物体环绕月球层的大圆周的运行速度，即等于每小时一万二千六百德里[①]——这种情形其实看上去是不可能的。虽说如此，但是为了特别小心，并给予对方一切有利条件起见，他假定这种情形属实，而且总结说不管是什么情形，降落时间将要在六天以上。

萨耳维亚蒂：难道他的方法就是这么多吗？他这样假定可曾证明降落时间一定要在六天以上呢？

萨格利多：我觉得他的做法未免过分小心谨慎了，因为他可以任意给予这种落体以任何速度，所以他可以使物体以六个月的时间或者六年的时间到达地球，然而他仅仅规定六天时间就满足了。可是，萨耳维亚蒂，既然你说你曾经计算过，那就请你谈谈你是用什么方法计算的，让我平平气吧，因为我有把握说，如果这个问题不需要人们进行卓越的研究的话，你是不会把精力花在上面的。

萨耳维亚蒂：萨格利多，单单要求一个结论高明和伟大是不够的，要紧的是把结论处理得很高明。谁不知道在解剖一个动物的某些器官时，人们会发现无数含有深意和最聪明的奇迹？然而在解剖学家解剖了一只动物的同时，屠夫却要宰割一千只。现在为了满足你的要求，我不知道究竟穿哪一件服装上台，是穿解剖学家的服装呢，还是穿屠夫的服装；不过看见辛普里修的这位作者的派头，我的勇气不禁鼓起来了，所以我将对

① 一德里是赤道的1/5400。在伽利略时代，这是一种计算方法。

你毫不隐瞒——如果我能记得的话——我是采用什么方法计算的。

但是在开始叙述我的方法之前，我忍不住要说，我非常怀疑辛普里修是否忠实地描述了这位作者用来找出炮弹需要六天以上时间从月球层落到地球中心的方法。因为如果他假定炮弹降落的速度等于炮弹沿月球层进行的速度——而辛普里修说他正是这样假定的——他就是连几何学最起码、最简单的知识都不懂了。使我觉得奇怪的是，辛普里修本人在承认他告诉我们的这一假定时，并没有看出它的内容是多么荒唐。

辛普里修：我在叙述时可能搞错了，但是我没有看出它的谬误所在却是肯定的。

萨耳维亚蒂：也许我没有完全理解你叙述的那些内容。你是不是说过，这位作者把炮弹降落的速度说成和炮弹沿月球层运行的速度相等，而且以这种速度降落时将用六天到达地球中心？

辛普里修：好像他就是这样写的。

萨耳维亚蒂：然而你对这样荒唐的错误还看不出来吗？不过当然你是假装看不出，因为你不可能不知道圆周的半径比圆周的六分之一还小，因此运动体通过半径的时间，将比运动体以同样速度环绕圆周所需时间的六分之一还少。所以炮弹以它沿曲线运行的速度降落，将在四小时不到的时间内到达地球中心；这就是说，假定炮弹沿圆周运动一周的时间是二十四小时，为使炮弹始终保持在同一条垂直线上，也非要这样假定不可。

▶ 根据炮弹从月球层降落的论据含有极其荒谬的错误。

辛普里修：现在我完全懂得错误在哪里了，不过我不愿意把错误随随便便推在他身上。一定是我在叙述他的论据时弄错了，因此为了避免对其他错误承担责任，我想还是把他的书找出来吧。有哪一位肯去把这本书取来，我将感谢不尽。

萨格利多：我可以派一个佣人赶快去取来，而且根本不需要把时间等掉；在取书的时候，萨耳维亚蒂将会慨然把他的计算告诉我们。

辛普里修：让佣人去取吧，书就摊在我的书桌上，还有另外那本反对哥白尼的书也放在书桌上。

萨格利多：叫他把那一本也给我们带来，免得搞错。

现在萨耳维亚蒂可以讲讲他的计算方法；我已经打发一个佣人去了。

萨耳维亚蒂：首先我们必须想一想，落体的运动并不是均匀的，而是从静止开始不断地在加速。这是所有的人都知道而且观察到的事实，只有刚才提到的那位现代作者一点不提到加速运动，而把运动说成均匀的。但是除非我们知道落体运动以什么比例加速，这种众所周知的知识是没有价值的，而这种加速的比例直到我们的时代为止，是所有哲学家都不知道的。我们的成员朋友第一个发现了这个比例；他在自己的一些未发表

▶ 炮弹从月球层落到地球中心的精确计算。

的论文里[1]很有把握地指给我和他的另外几个朋友看,证明了下列的情况。

重物体直线运动的加速度是按照从一开始的奇数进行的。就是说,随便你把时间分为若干相等的段落,那么在第一段时间内物体从静止到运动经过一厄尔[2]长的距离,那么在第二段时间内它将通过三厄尔的距离;在第三段时间内通过五厄尔的距离;在第四段时间内通过七厄尔的距离,并且根据奇数的顺序继续这样加速下去。总之,这等于说,物体从静止开始所经过的距离,同经过这段距离所需要的时间的平方成比例。也可以说,经过的距离与时间的平方成比例。

◀ 重物体的天然运动的加速度以从一开始的奇数为比例。

萨格利多: 你讲的这件事听来真是了不起。这个论断有没有数学证明呢?

◀ 重物体降落的距离等于时间的平方。

萨耳维亚蒂: 多数都纯粹是数学证明,而且不仅证明了这一点,还证明了属于天然运动和抛物体的许多其他美妙属性,所有这一切都是我们的成员朋友发现和证明了的。这一切我都看到了并且研究了,感到极端喜悦和惊奇,因为我看到在这个问题上过去人们曾经写过千百本书讨论它,可是现在一门新科学却在这个问题上建立起来了;而这门新科学里的无数令人钦佩的结论,其中没有一个曾经为我们成员朋友以前的人观察到过和理解过。

◀ 那位成员关于局部运动建立的一门新科学。

萨格利多: 单是为了听听你提示到的那些证明,我本来想继续刚才开始的讨论的念头,现在都被你打消了。所以请你立刻把那些证明告诉我吧,否则至少请你答应我,另外安排一个时间专门来讲这些证明,辛普里修假如愿意知道自然界最基本的作用的性质和属性,也可以参加。

辛普里修: 我确实愿意;不过关于物理学究竟应当包括哪些内容,我认为没有必要把什么细枝末节都研究到。只要有一个关于运动的定义,以及天然运动和强迫运动的区别,均速运动和加速运动等等,也就够了。因为如果这些还不够的话,我敢说亚里士多德决不会忘记把这些缺漏的地方补全,并教给我们。

萨耳维亚蒂: 可能如此。但是别让我们在这上面多费口舌了,因为我答应你们用半天的时间单独谈这些证明,使你们能够满意。现在回到我们原先开始的论题,即计算一个重物体从月球层一直落到地球中心的时间,而且为了避免信口雌黄,而采用一种严格的计算方式,让我们首先设法弄清楚,比如说,一只铁球从一百码的高度落到地面上来所需要的时间,这已经由实验多次证明过了。

萨格利多: 而且为了解决目前的问题起见,让我们把铁球的具体重量和计算铁球从月球上落下来的时间时的重量定为一样。

---

① 见伽利略著:《关于两门新科学的对话》。

② 古尺名,等于四十五英寸。

萨耳维亚蒂：这根本没有关系，因为一磅重的铁球，和十磅重的或者一百磅重的或者一千磅重的铁球，都以同一时间从一百码的高度落到地面。

辛普里修：啊，这我可不信，而且亚里士多德也不相信；因为他在书里说过，落体的速度是和它们的重量成比例的。

▶ 亚里士多德说重的落体的速度和它们的重量成比例，这是错误的。

萨耳维亚蒂：辛普里修，既然你要承认这一点，那你也就必须相信以同样材料制成的一个一百磅重的球和一个一磅重的球，同时从一百码高度落下来时，大球落地，小球只落下一码远。现在请你，如果你能够的话，在脑子里试行想象一下当大球落地时，小球离塔顶还不到一码的情形。

萨格利多：我丝毫不怀疑这条定理是完全错误的，但是我也不完全信服你的话就完全对；不过我还是相信你，因为你的语气是这样肯定，而如果你没有具体的实验或者严格的证据作为依据的话，我敢说你是不会这样说的。

萨耳维亚蒂：两种根据我都有；在我们分别谈到运动问题的时候，我将把这些根据告诉你们。目前，为了不使我们的讨论重新打断起见，让我们假定，一只重一百磅的铁球从一百码高度落下来的时间，经反复实验后算出来是五秒①。既然如我以前告诉你们的，落体落下的距离是依照降落时间的平方增加的，而一分钟是五秒的十二倍，如果我们以 12 的平方，即 144 乘一百码，我们将得到 14400 码，这就是运动体在一分钟内落下的距离。根据同一法则，由于一小时是六十分钟，我们以 60 的平方乘 14400 码（即落体在一分钟内降落的距离），那么落体在一小时内降落的距离将是 51840000 码，亦即 17280 英里。如果我们想知道落体在四小时内落下多少距离，可以用 16，即 4 的平方，乘 17280 英里，而得到 276480 英里，这要比从月球到地球中心的距离大得多。后者只有 196000 英里，即把月球层到地球中心的距离作为地球半径的 56 倍（如这位现代作者计算的那样），因为地球的半径是 3500 英里，每英里是 3000 码，这里的英里都是按照我们意大利英里计算的。

所以，辛普里修，你看，你那位计算者说，从月球层到地球中心，六天都到不了，但是，当我们根据实验而不是根据约略估计来计算时，那就连四小时都要不了。把计算说得准确些，它将是三小时二十二分零四秒。

萨格利多：我亲爱的朋友，请你不要拿这种准确的计算来愚弄我，因为这件事做起来一定要非常精细才行。

萨耳维亚蒂：确是非常精细的。所以，如我刚才说过的，经过慎重的实验观测到这样的一个运动体从一百码高度落下来是五秒之后，让我们看看，如果降落 100 码要五秒，那么 588000000 码（因为这就是地球半径的 56 倍）将需要多少秒？这里的计算程序是以第二个数的平方乘第三个

---

① 按 5 秒计算，引力加速度将不是 9.8 米/秒^2，而是 4.67 米/秒^2。这种误差的原因在于，当时的实验条件很难排除大气阻力的影响。

数;得到的结果是 14700000000,然后再以第一个数除它,即以 100 除它,而所得的商的平方根 12124 就是所求的数。这就是 12124 秒,亦即三小时二十二分四秒。

萨格利多: 现在我看见这里的计算程序了,但是我一点不懂得这样做的理由是什么,而且目前好像也不是问这些理由的时候。

```
 100      5        588000000
   A       B         C      25
-----------------------------------
     1           14700000000
    22             35956
   241              10
  2422
 24244

          60⁄ 12124
               202
                3
```

萨耳维亚蒂: 老实说,就是你不问起,我也想要告诉你,因为讲起来并不难。让我们把第一个数称作 A,第二个数称作 B,第三个数称作 C;A 和 C 是距离的数,B 是时间数;第四个数是我们所要求的,也是时间的数。

我们知道,不管距离 A 和距离 C 的比例如何,时间 B 的平方和我们所求的时间的平方一定也是同样的比例。因此根据第三条法则,以 B 数的平方乘 C 数,再把乘积除以 A 数,所得的商就是所求数的平方,它的平方根就是我们求的数。所以你看,道理是很容易理解的。

萨格利多: 所有的真理,一旦被人们发现之后,都是这样;困难就在于发现这些真理。我现在完全信服了,而且非常感谢你。如果在这个问题上还存在什么珍奇事情的话,我请你不吝赐教。因为我可以坦白地说,如果辛普里修不见怪的话,我从你的讨论里总学到一些新的和美妙的东西,而从辛普里修那样一些哲学家那里,我觉得从来就没有学到什么重要的东西。

萨耳维亚蒂: 关于这些局部运动,还有许多话要说,不过根据我们的约定,我们将留待另一次机会单独讨论。目前我想针对辛普里修抬出来的这位作者讲几句话;在这位作者看来,炮弹从月球层上降落时,同炮弹留在月球层上参与周日运动时一样,将以同样的速度运动,从而使他的那些反对地动说的人处于非常有利的地位。现在我要告诉这位作者,这颗炮弹从月球层落到地球中心时获得的速度要比它在月球层参与周日运动的速度快二倍以上,而且我将以完全正确的而不是任意的假设来证明这一点。

根据上面所说的,你们该懂得,落体一直在以我们提到过的比例获得新速度,所以不论它落在哪一点上,它将具有这样一种速度,即如果它以这种速度继续均匀地运动,那么,在等于以前降落的第二段时间里将

▶ 落体用以前获得的速度做匀速运动，在同等时间中经过的距离，将双倍于落体在加速运动中所经过的距离。

越过已经经过的双倍距离。因此，举例来说，如果炮弹从月球层落到地球中心花了三小时二十二分四秒，那么我说在它到达中心之后，它的速度将达到这样的程度，即如果以这种速度继续均匀地运动，并不加速的话，它将在三小时二十二分四秒的时间内越过双倍的距离；这将是月球层的整个直径。

由于从月球层到地球中心的距离是196000英里，而炮弹经过这段距离需要三小时二十二分零四秒的时间，所以根据上面的叙述，如果炮弹继续以到达地球中心之后的速度运转，它就会在第二个三小时二十二分零四秒的时间内经过双倍的距离，即392000英里。但是同一炮弹留在月球层上（这个圆周是1232000英里），并以周日运动的速度运动，将在三小时二十二分零四秒的时间内经过172880英里的距离，即不到392000英里的一半。所以你们看，在月球层上的运动速度并不是如这位现代作者所说的那样；也就是说，这种速度是炮弹无法参与的。

萨格利多： 你在这段论证里讲到，落体经过了一段距离，再在同样的时间内继续以坠落时取得的最大速度均匀地运动，将会经过双倍的距离；这一点如果肯定得了的话，你这段论证就完全没有问题，而我也就满意了；因为这条定理曾经被你一度假定为正确的，但没有加以证明。

萨耳维亚蒂： 这就是我们的成员朋友证明了的许多定理之一，到适当时候你将会看到这项证明。在目前，我打算提出一些揣测，目的并不是为了教给你什么新的东西，而是为了消除掉你头脑里的某种相反的信念，并使你看出实际上是怎样一种情况。你有没有看到过，从天花板上用一根又长又细的线吊着的铅球，在我们将它拉离垂直线并放开之后，将会自动地以差不多同等幅度越过那根垂直线呢？

萨格利多： 这个我的确看到过，我并且看出（特别是很重的铅球）它的上升幅度比它的下降幅度相差很少，以至于我有时候想到它的上升弧度可能等于它的下降弧度，并且盘算它本身会不会永远这样摆动下去。我而且相信，如果能把空气的阻力去掉的话，它就会永远这样摆动下去，因为空气抗拒被铅球分开，将会向后拉一点，从而阻碍摆的运动。不过阻碍的确是很小的，所以摆动要往返许多次，铅球才会完全停止，道理就在这里。

▶ 悬挂着的重物体，如果去掉其阻碍，将会永远摆动下去。

萨耳维亚蒂： 萨格利多，即使完全去掉空气的阻力，铅球还是不会永远摆动下去的，因为这里还有一个更隐秘得多的阻力。

萨格利多： 那是什么阻力？我从没有想到还有什么别的阻力。

萨耳维亚蒂： 这种阻力你如果知道，将会感到非常高兴，不过我以后再告诉你；目前，让我们继续谈下去。我提出关于摆的运动的观察，是为了使你了解摆在下降弧度中所获得的冲力（这时运动是天然的），将能靠冲力本身以一种强迫运动使同一个摆上升到同样弧度；所以靠冲力本身，是指去掉一切外来阻力而言。我而且相信，你会很容易看出，正如在下降的弧线中，摆的速度在到达垂直线最低点前不断增加一样，同样在上升的弧线中，它的速度将不断减少直到最高点为止。后一速度的减慢和前一速度的加快，在比例上是相等的，因此两个速度在和最低点距离相等的地点，其快慢程度也是一样的。根据这一点，我觉得(在一定限度以内)我们可以信得过，如果把地球穿个洞通过地球的中心，一颗炮弹从洞里落下去，将会在到达地球中心获得这样的冲力，使它越过地球中心，并上升到它降落时经过的同等距离，它的速度在越过中心之后将会愈来愈慢，而减慢的程度和降落时加速的程度将是一样的；我而且相信，这种再度上升所花费的时间也将等于降落时所花费的时间。你看，如果速度不断减弱，直到完全消失，那么，炮弹在中心时将获得最高速度，——从静止到最高速度——并使它在同样的时间里通过同样的距离，如果它一直以这种最高速度运动，将在同样的时间内通过双倍的距离，这看来肯定是合理的。因为如果我们在想象中把这里的速度分为若干加速度和减慢度——如右边一些数字所标出的那样——使第一个速度增加到十，而其余的又逐渐减到一；这样一来，如果把前者（下降的时间）和后者(上升的时间)加在一起，人们就可以看出它们的总和就好像是这两个部分的任何一个部分始终是以最高速度形成的。因此以各种不同速度，包括加速的和减慢的速度，所通过的总距离(而在这里就是整个的地球直径)一定相等于最高速度在整个加速度和减慢度的半数时间内通过的距离。我知道我把这里的道理讲得很不清楚，只希望你们能够懂得。

◀如果把地球穿个洞，一个重物体将会越过地心，并上升到它降落时经过的同等距离。

萨格利多：我觉得我相当懂得你说的道理；的确，我可以用几句话来表明我懂得你的意思。你是说，从静止开始，然后以同等程度逐渐增加速度，即从一开始，或者毋宁说从零开始（零代表静止）的一连串整数，并把这些整数排成这样，任意连续地排列到多少，使最低的速度是零而最高的速度，比如说，是五吧，那么所有这些使物体运动的速度加起来的总数就是十五。如果物体以这种最高速度按照这里的时数运动，那么所有这些速度的总和将是上述的两倍，即三十。因此，如果物体在同等时间内以这里的最高速度做匀速运动的话，它将经过原来由静止开始到它加速到五的时间内经过距离的双倍。

1
2
3
4
5
6
7
8
9
10
10
9
8
7
6
5
4
3
2
1
0
1
2
3
4
5

萨耳维亚蒂：你根据自己的迅速而精细的体会，把整个问题表达得比我清楚得多，你而且使我想起补充另外一些事情。因为加速度的增加是连续不断的，我们没有法子把这种不断在增长的速度分为任何具体数字；这种加速度时时刻刻在改变着，要分是永远分不完的。所以我们最好设想一个三角形做例子，来表达我们的意思，这个三角形就叫作 ABC 吧。把 AC 边分为若干相等部分 AD，DE，EF，FG，并从 D，E，F，G 点画四根

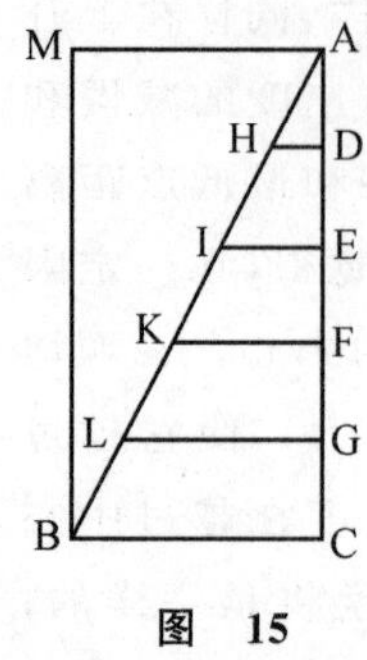

图 15

和底边平行的直线；我要你想象那些沿 AC 的各个部分都代表时间。这样，那些通过 D,E,F,G 画的平行线就代表速度，在相等的时间内加速也是相等的。现在 A 代表静止状态，运动体从 A 开始在 AD 时间内获得的速度为 DH，而在下一段时间内将会从 DH 的速度增加到 EI，而且在以后的时间内逐步按照 FK,GL 等线的加长而增加速度。但是由于加速是时刻连续地进行的，而不是不连续地从这一时刻到另一时刻进行的，而且 A 点是假定为最低速度（即静止状态和下一段时间 AD 的最初瞬间），我们可以看出，在运动体于 AD 时间内获得 DH 速度之前，它已经经过无限更低、更低的速度。这些速度是在 AD 时间内无限瞬间中获得的，相当于 DA 线上的无数个点。所以为了表现到达 DH 速度之前的无数较低的速度，我们必须懂得这里有无数愈来愈短的和 DH 平行的线，并且都是从 DA 的无数个点上画出的。这些线最后就表现为三角形 AHD 这个面。因此，我们可以懂得，运动体从静止开始，并以均匀的加速度连续运动，不管它经过多少距离，必然要用到无数的速度，相当于无数条线，而这些线根据我们的理解是和 HD 平行的，如果你随意使运动继续下去，就和 IE,KF,LG,BC 平行。

▶ 重物体天然坠落时的加速是时时刻刻地在增加着。

现在让我们加上两笔，把这个三角形画成平方形 AMBC，而且不但把三角形上画出来的那些平行线延伸到 BM，并把从 AC 边上所有的点画出来的无数平行线都延长到 BM。那么正如 BC 是三角形中无数平行线最长的一根，代表运动体在加速过程中所获得的最大速度，而三角形的整个面积则代表在 AC 时间内以所有不同速度经过的距离，所以平方形就成为所有这些速度的总和，但是每一速度都相等于最大速度 BC。这些速度的总和是三角形中加速度总和的双倍，正如平方形是三角形的双倍一样。所以如果落体使用相当于三角形 ABC 中的加速度在一定时间内经过一定距离，那么它使用相当于平方形中的均速运动，将在同样时间内经过它用加速度运动时所经过的距离的双倍，这样论证确是合理而且可能的。

萨格利多：我完全信服，但是你说这是可能的论证，难道还有什么谨严的证明不成？我真巴不得在我们通常称作的整个哲学中，能找到有一条这样证据十足的证明！

辛普里修：在物理学上，是难得找到像数学那样准确的证据的。

▶ 在自然科学上，人们用不着寻求数学的证明。

萨格利多：啊，难道这个运动问题不是物理学的吗？然而我却看不到亚里士多德拿出什么证明给我看过，便是运动的最琐细性质他也没有证明过。可是让我们不要再扯得太远了。萨耳维亚蒂，你刚才提到的排除掉被它分开的空气阻力之外，另外还有一种阻力能使它停止，这一点望你不弃，能予以告我。

萨耳维亚蒂：你说说：两个长度不一的摆，长线吊的摆的振动次数是不是比较少呢？

◀ 用长线吊的摆比用短线吊的摆，其振动频率较小。

萨格利多：是较少，如果它们离开垂直线的弧度是一样的话。

萨耳维亚蒂：啊，这没有关系，因为同一个摆不管弧度大小（即不管它离开垂直线多远或者多近），其振动次数都是一样的。[①] 或者说，即使不完全一样，差别也是不大看得出的，这一点你从实验上就可以看出。但即使频率相差很大，这也无碍我的论证，反而对我有利。现在让我们画一根垂直线AB，从A点在AC线上挂一个摆C，再在同一根线上较高的一段另外挂一个摆，这将是E点。把AC线拉离垂直线并把它放开，两个摆C和E将经过弧线CBD和EGF，摆E由于挂离顶点较近而且如你所说，拉出去较少，将会较快地回来，并且比摆C的振动次数较多。所以它就会阻碍摆C自由振动时那样回到D点那么远；由于每一次振动时，它对摆C都是一种阻碍，所以最后就会使C停止下来。

◀ 用一个摆，不管其振动幅度的大小，振动频率都一样。

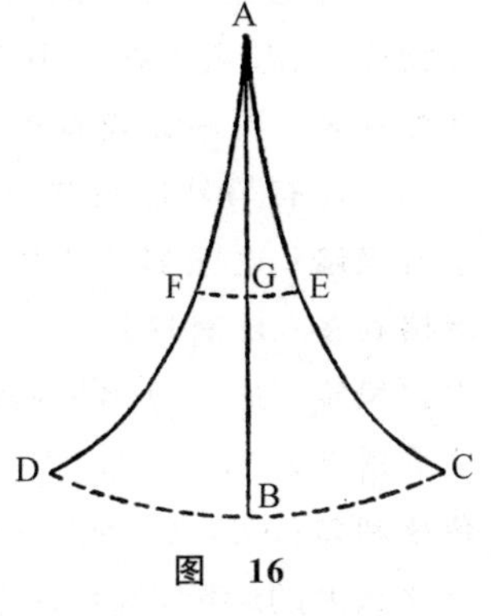

图 16

现在这根吊摆的绳子，即使把中间那个摆拿掉以后，其本身也是许多摆的合成体；这就是说，绳子的每一部分恰恰都是一个摆，从离A点较远到逐渐接近A点，因此这些摆的振动频率就愈来愈快，从而使绳子的每一部分对于摆C都是一种持续的阻碍。关于这一点，我们看一下绳子AC就可以知道，因为绳子拉得并不很紧而是拉成一根弧线；如果不用绳子而用一根链条吊着，那么这种效果就看得更明显了，特别是在摆C离开垂直线AB很远时效果最明显。因为链条是许多环节组成的，每一节都有重量，所以AEC和AFD两条弧线看去弯曲得非常显著。由于链条的组成部分离A点愈近，振动频率愈大，链条的最低部分就不能够像它自然振动时振动得那样大了。这样不断地阻碍C的振动，所以即使除掉空气的阻力，振动最后也会停止下来。

◀ 阻碍摆振动并使它停止下来的原因。

◀ 悬挂摆的绳子或者链条，在摆动时并不拉成直线，而是弯成一条弧线。

萨格利多：啊，两本书都取来了。辛普里修，你接过去，把书里的有关部分找出来。

辛普里修：在这里——作者先反驳了地球的周年运动，然后开始反驳地球的周日运动。"哥白尼派的人由于肯定地球的周年运动，就迫使他们不得不肯定地球有周日运动，否则的话，地球的一半将永远朝着太阳，而另外一半则将永远处在黑暗之中。"这就是说，地球的半边将永远见不到太阳。

萨耳维亚蒂：在我看来，从他开头的几句话说明这个人对哥白尼的论点

① 正如伽利略自己觉察到的，这句话只是近似的正确，所以后来在第四天的讨论中又加以修正。

并没有搞清楚；因为倘若他注意到地轴在绕日时永远是平行的，他就不会说半个地球永远见不到太阳，而会说一年将等于一昼夜。也就是说，地球上的任何地方都将是六个月的白天，六个月的夜晚，正如居住在南北极附近的人所见到的一样。可是让我们在这一点上放过他吧，再听听他下面讲些什么。

辛普里修：他接着说："地球的这种旋转之所以不可能，我们是这样证明的。"接着他就解释下面的附图，图里面画了许多下降的重物体和上升的轻物体，以及禽鸟在空中飞行等等。

萨格利多：请你让我看看。天哪，画得多漂亮啊；多美丽的鸟儿，多美丽的球！还有另外这些漂亮东西是什么？

辛普里修：这些都是从月球层上落下来的球。

萨格利多：还有这是什么，在这儿？

辛普里修：是一只蜗牛，就是这儿威尼斯人叫作布沃里[①]的；它也是从月亮上落下来的。

萨格利多：噢，真的吗！原来月亮对于这些我们称作甲鱼的甲壳类动物有这么大的影响，就是这个道理。

辛普里修：下面是我跟你谈到的那项计算，关于地球赤道上的一点以及其在北纬 48 度上一天之内和一小时、一分钟、一秒钟之内所走的路程。接着是这样一段，我不知道过去复述时弄错了没有，所以还是让我们读原文吧："这些假定既然成立，如果地球是做圆周运动的话，那么空气中的所有东西都必然同样地在做圆周运动，如是类推。所以如果我们假定这些球都是同样大小和轻重，并且放在月球层的孔洞里，听其自由降落，而且如果我们使球的向下运动等于球的环行运动（但情形并不如此，因为 A 球等等为了向我们的论敌多多让步起见），至少要降落六天之久，而在这一段时间内，它们将环绕地球六次，如此等等。"

萨耳维亚蒂：你把这个家伙的反对理由复述得非常忠实。从这一段，辛普里修，你也可以看出，一个人要使别人相信连他自己也不大相信的事情，该如何地小心翼翼啊！一个圆的直径在数学家们看来，只抵圆周的三分之一弱，而这位作者却想象一个圆的直径比圆周的十二倍还要长；这个错误使原来不到一倍的计算增加到三十六倍还要多些。我绝没有想到他连这一点都没有看出。

萨格利多：也许这些数学比例抽象地说是正确的，但在具体应用于物理的圆周时，就不完全符合了。不过一个箍桶匠在决定桶底的半径时，好像的确也采用数学家的这些抽象原则，尽管这些桶底都是物质的和具体的东西。可是让辛普里修借这位作者的话为他自己解脱，告诉我们，他是不是认为物理学和数学之间的差别真的有这样大吗？

---

① 布沃里 buovoli，现代意大利语叫 bovoli；一种食用蜗牛。

辛普里修：这里的差距太大了，所以这个借口对我说来是没有用的；眼前我只能说这是“千虑之一失”，但是就算萨耳维亚蒂的计算是比较正确的，而且炮弹降落的时间不到三小时，可是从月球层上落到地球上来，中间的距离是这样长，要说炮弹具有一种天然倾向，始终保持在它离开月球时地球上空的某一点，而不落后一大截，这在我看来不管怎样说都是奇闻。

萨耳维亚蒂：这里发生的情况也可以说是奇闻，也可以说根本不是奇闻，而是很自然的，很普通的现象，一切要看以前的情况而定。如果按照这位作者的假定，炮弹留在月球层上的运动是每二十四小时绕地球一周，包括地球以及一切处在月球层之内的东西，那么那个使炮弹降落前环行的动力，将在炮弹降落时使它也继续这样运动。而且炮弹远远不会跟不上地球的运动并因此落在地球后面，它甚至会跑到地球前面去，原因是当炮弹向地球降落时，如果它仍旧保持原来在月球层上的速度但是兜的圈子却愈来愈小了，它就将如我说的跑到地球转动的前面去了。

但是如果炮弹在月球层上时本来就不转动，它在降落过程中就不会停留在它开始降落时和地球形成的那根垂直线的一个点上。哥白尼和他的任何信徒都没有说过这样的话。

辛普里修：可是你看，作者会反对的，他要问这些有轻有重的各个物体的圆周运动，靠的是什么原因——是靠内在的原因呢，还是外在的原因。

萨耳维亚蒂：就眼前的这个问题来讲，我要说那个使炮弹在月球层上运转的原因，也就是使炮弹降落时继续运转的原因。至于这是内在原因，还是外在原因，让这位作者决定，随他高兴。

辛普里修：作者将要证明它不可能是内在的，或者是外在的。

萨耳维亚蒂：而我将回答，炮弹在月球层上并不运动，因此我就没有任何责任要解释，为什么炮弹在降落时要停留在原来那根垂直线上，因为它不会这样停留下去。

辛普里修：很好，但是既然重物体和轻物体都没有一个内在原因或者一个外在原因使它们做圆周运动，那么地球也同样不能做圆周运动了。根据这样的讨论，作者的意思就是如此。

萨耳维亚蒂：我并没有说地球的圆周运动既没有一个内在原因，也没有一个外在原因；我是说我不知道是哪一个原因使它做圆周运动。我不知道这个原因，并不使我有权力排除这个原因。

但是如果这位作者知道别的天体靠什么原因做旋转运动，而且它们确是在运动，那么我说那个使地球运动的原因，不管它是什么，也就是那个使火星和木星运动的原因，而且他也相信，这也是使恒星层运动的原因。如果他肯告诉我，这些运动天体之一的推动力是什么，我敢保证我就能告诉他，使地球运动的是什么原因。还有，如果他能够教给我什么使地上万物落下来的原因，我也就可以告诉他地球运动的原因。

辛普里修：这里的原因是众所周知的；谁都知道它是引力[①]。

萨耳维亚蒂：你错了，辛普里修；你应当说谁都知道它叫作"引力"。我问你的不是它叫什么名字，而是它的本质，而你对它的本质和使星体运动的原因，同样地毫无所知。我只知道它的名字叫什么，而这个名字是由于不断的日常接触而变得家喻户晓的。但是我们并不真正知道是什么原因或者什么力量使石头降落，正如同我们并不懂得石头离开抛掷者的手之后使它向上飞，或者什么使月亮周转。我刚才说过，我们只是对第一种情况给它一个比较特殊而具体的名称"引力"，而对第二种情况给它一个比较一般的名称"压力"，对最后一种情况则称之为"神力"，或者"助力"，或者"内在力"；[②]正如我们把此外无数运动的原因归之于"自然"一样。

▶ 我们对使重物体下降的原因和使星体运转的原因，同样地不知道；我们对这些原因和对我们给它们起的名字一样陌生。

辛普里修：在我看来，这位作者要求的比你拒绝回答的要少得多。他并不问你那个使轻重物体运动的原因叫什么，以及它的详细内容是什么；这都不必去管它，他只问你是否认为这个原因是物体所固有的，还是外加的。按照这个要求来说，像我虽然不知道引力是什么东西，而泥土是靠引力下降的，但我却知道这是个内在原因，因为泥土如果没有阻碍，就会自发地运动。相反，我知道那个使泥土上升的原因则是外来的，虽然我不知道扔泥块的人传给泥块的是一种什么力量。

萨耳维亚蒂：倘若我们想解决所有联在一起的困难，解决一个再解决一个，那我们将要岔到多少问题上去！你称那个使重物向上抛出的原因是外在的，反常的，强迫的，但是也许它和那个使物体降落的原因同样是内在的，自然的。当抛物和抛者联在一起时，这种力量也许可以称作自来的和强加的；但是一旦和抛者分开以后，还剩下什么外在的东西可以认为是一支箭或者一只球的抛射者呢？必须承认，那个使箭或者球上升的力量和使这些降落的力量同样是内在的。我就是这样认为，重物体由于受到冲力的上升运动和它们依靠引力的下降运动，一样地自然。

▶ 使重物体朝上扔出的力量和使物体降落的重量，同样是自然的。

辛普里修：这一点我决不承认，因为后者有一个天然的和永久的内在原因，而前者则是受到一个有限的和强加的外来冲力。

萨耳维亚蒂：如果你害怕承认重物体的向下运动原因和向上运动原因同样是内在的和自然的，那么倘若我告诉你这两个原理也可能是同一个东西，你将怎么办呢？

辛普里修：怎么办我让你去决定。

▶ 对立的原理不能天然地存在于同一对象之中。

萨耳维亚蒂：我偏要你来决定。你说说看，你可相信相互矛盾的内在原则能在同一天然体中存在吗？

辛普里修：绝对不能。

---

① 这里所说的引力，还不是牛顿所说的引力。

② 把引力和这些莫名其妙的术语相提并论，表明引力这个字在当时含意义是不明确的。

萨耳维亚蒂：你认为泥土、铅和金子，总之一切很重的材料的天然内在倾向是什么？也就是说，你认为它们的内在原因将把它们引向哪一种运动？

辛普里修：引向一种趋向重物中心的运动；就是说；趋向宇宙的和地球的中心；如果没有阻碍的话，它们就会被引到那里。

萨耳维亚蒂：这样说来，如果把地球打个洞，穿过地球的中心，再把一颗炮弹从洞里扔下去，它就会靠它自身的天然和内在原因到达地球的中心，而且所有这些运动都是自动地作出而且是依靠一个内在原因来的。这样说对不对？

辛普里修：我认为这样说肯定是对的。

萨耳维亚蒂：但是到达中心之后，你相信炮弹会越过中心，还是在中心突然停止不动呢？

辛普里修：我想它还会继续走很长一段路。

萨耳维亚蒂：那么这种越过中心的运动是不是向上的运动呢，而且根据你刚才讲过的话，是不是一种异常的和强迫的运动呢？但是除掉那个使炮弹降落到地球中心的原因，而且是你刚才称作的内在和天然的原因之外，这种向上运动又依靠什么呢？我看你能不能找到一个外在的抛者重又追上炮弹把它朝上面扔出去。

◀天然运动本身能转变成所谓异常的和强迫的运动。

而且我们讲的通过地球中心的运动情况，在这儿地面上也是看得到的。例如有一个斜面在下面的一端扳得向上弯，一个重物体的内在冲力使物体沿斜面滚下去，在到达尽头时就会使物体也向上滚去，丝毫不会阻挡它的运动。一根绳子吊着的铅球，当它离开垂直线而自动地向下降落时，是靠它的内在倾向；但是在到达最低点时，它并不停止，而且不靠什么外加力量就向上甩去。我知道你不会否认那些使重物体向下运动的原因，和使轻物体向上运动的原因，对于这些物体说来都同样是自然的和内在的。因此我要请你考虑一下：一只木球从很高的地方通过空气落下，是靠一种自然倾向降落的；这只木球在碰到深水时将继续下降，而且不靠什么别的推动力就会沉下去很深一段距离，但是这种在水里的下降运动对木球说来却是一种异常的倾向。尽管如此，这种运动所依靠的仍旧是一种内在原因而不是外在的。由此可见，同一个内在原因是可以使运动体向相反方向运动的。

辛普里修：我相信你提出的所有这些反对理由都可以找到答案，不过我一时想不起来了。不管怎样说，作者继续问道，这种重物体和轻物体的圆周运动依靠的是什么原因；也就是说是靠一种内在的原因呢，还是靠一种外在的原因；接着他就证明这既不能是内在原因，也不能是外在原因，他说，"如果靠的是外在原因，那么是不是上帝以一连串的奇迹来发动它们呢？抑或是一个天使呢？或者空气呢？的确，不少人都是这样地规定它的原因。但这是不对的……"

萨耳维亚蒂：他的反对理由犯不着去读了，因为我并不是把这儿的原则归之于周围空气的那种人。至于奇迹或者天使的说法，我倒倾向于这样看，因为任何一件由神的奇迹或者天使的安排发动的事情，比如说把炮弹送上月球层的举动，也未尝不可以通过同一原因来发动任何一件事情。但是单以空气而论，我只觉得它是阻止不了所谓通过空气运行的物体的圆周运动的。关于这一点，我只需要指出空气是以同样的运动周转就够了（也不需要寻求更多的理由），而且空气的运动和地球的旋转一样是以同样的速度运动的。

辛普里修：作者也同样反对这种说法，他问使空气运动的是什么；是天然的倾向呢，还是强迫它这样的？他接着就驳斥自然倾向是其原因，说这是和真理、经验和哥白尼本人的说法都矛盾的。

萨耳维亚蒂：这种说法肯定和哥白尼的说法没有矛盾；哥白尼从来没有说过这样的话，这位作者说跟哥白尼有矛盾，只是由于他对哥白尼过分客气的缘故。哥白尼只是说（而且我觉得他这样说很中肯）空气接近地球的部分比较容易吸收地气，说不定具有地球同样的性质，因而很自然地跟着地球运动。或者说，由于和地球接触，空气说不定像逍遥学派说的火元素上层跟随月球层运动一样，随着地球运动。所以这类运动究竟是一种天然倾向还是强迫的，要由逍遥学派来解释。

辛普里修：作者将会回答说，如果哥白尼只使下层空气运动，而上层空气则缺乏这种运动，那么静止的空气就没有理由能够带动重物体，并使它们随着地球运动。

▶ 元素物体随着地球运动的倾向，只在有限范围内有效。

萨耳维亚蒂：哥白尼将会说，元素物体的这种随着地球运动的天然倾向，其活动范围是有限的；超出范围之外，这种天然倾向就停止了。再者，如我曾经说过的，运动体离开地球而随着地球运动，并不是由空气带动的。因此这位作者所列举的空气不能是导致这些效果的证明，都是没有价值的。

辛普里修：那样的话，如果空气带动的说法不符合事实，我们将不得不承认导致这些效果的是内在原因了；面对着这种情况，“一些极其困难的，甚至无法解决的次要问题就产生了”，这些问题是：“这种内在原因要么是一种偶然的性质，要么是一种物质。如果是偶然性质，它是什么性质呢？到目前为止，还没有任何人承认看出物体环绕一个中心运动有这种性质。”

萨耳维亚蒂：他这话是什么意思，没有任何人看出过；是没有被我们看出吗？所有这些一同随着地球运转的元素物质没有被我们看出吗？看，这位作者多么大胆，随便把些没有肯定的事情就假定为事实了！

辛普里修：他是说这些事没有被人看出过，我觉得他在这方面还是对的。

萨耳维亚蒂：没有被我们看出，是因为我们也跟着这些东西一同运转。

辛普里修：你听听这儿的另一条反对理由：“即使是被人看出过，这种性质怎么能在那些全然相反的东西里面存在呢？火里有，水里也有？空气里有，泥土里也有？生物里有，没有生命的东西里也有？”

萨耳维亚蒂： 目前姑且假定水与火是相反的东西，空气和泥土也是相反的东西(可是在这个问题上还有许多话要说)，根据这一点我们至多只能说，它们不能共同具有相互对立的运动。例如，上升的运动天然是属于火的，就不能属于水，而且正由于水的性质和火是相反的，属于水的运动和属于火的运动就天然是相反的；所以水的运动是下降的。但是圆周运动和上升运动、下降运动都不是相反的；说实在话，圆周运动可以和这两种运动的任何一个混合在一起，正如亚里士多德本人曾经肯定过的那样。所以为什么圆周运动不能同样地属于重物体和轻物体呢？

其次，活的东西和死的东西不能共有的，至多只是那些与灵魂有关的东西。单就躯体是元素组成的，因而共同具有元素性质而言，这躯体难道不是尸体和活体所共有的吗？所以，如果圆周运动是属于元素的运动，这种运动一定也是元素合成体的共有的运动。

萨格利多： 这位作者一定相信，如果死猫从窗子里掉下去，活猫就不可能也掉下去，因为适合于活体的性质，对于尸体来说，并不是它所固有的性质。

萨耳维亚蒂： 因此这位作者的论证是站不住脚的，他反对人们说，重物体和轻物体的圆周运动原因是某种内在事件。

我不知道他说这不能是一种物质，究竟拿出了多少证据。

辛普里修： 关于这一点，他提出了许多论据，他的第一条论据是这样说的：“如果属于后者(即如果你说这个原因是一种物质)，那么它或者是物质，或者是形式，或者是两者的混合。但是这些东西的本性是如此的多种多样，是人们所接受不了的；像鸟雀、蜗牛、石头、箭、雪、烟、冰雹、鱼等等；所有这些，尽管品种迥异，然而出于本性都能做圆周运动，但它们的本性又是如此地多种多样，等等。”

萨耳维亚蒂： 如果上述的这些东西天然是多种多样的，而天生是多种多样的东西不可能具有共同的运动，那么为了使它们各得其所，就必须给它们规定出许多不同的运动，不能仅仅是上升和下降两种运动。而如果你要给箭规定一种运动，给蜗牛规定另一种运动，给石头规定又是一种运动，给鱼类更是另一种运动，那么你也得考虑到虫豸、黄石英和菌类，因为这些东西的本性和冰雹、雪一样，都是各个不同的。

辛普里修： 你好像把这条论据当作开玩笑似的。

萨耳维亚蒂： 丝毫不然，辛普里修；但是我对这条论据在以前已经答复过了。就是说，如果上升或下降的运动适合于上述的这些东西，那么圆周运动也能适合上述这些东西。你既然是逍遥学派的信徒，你是不是认为一个属于元素物体的彗星和一个天体的差异，比一条鱼和一只鸟的差异要大呢？然而彗星和天体都是做圆周运动的。

现在你谈谈他的第二条论据。

辛普里修：如果地球因上帝的意旨而停止下来，那么其余的这些东西会不会转动呢？如果不转动，那么说它们天然地转动就是错的。如果转动，那么早先提出的那些问题就又一次出现了；试想想海鸥不能在小鱼上面盘旋，云雀不能在自己的巢上面飞，乌鸦不能在蜗牛和岩石上飞翔，就是想要这样做也做不到，这岂不是天大的怪事吗？

萨耳维亚蒂：要我说，我只能作一般性的回答：如果地球因上帝的意旨而停止它的周日运动，那么那些鸟儿将根据同一的上帝意旨，要它们怎样就怎样。但如果这位作者要我比较详细地回答，那么我要说，如果地球因上帝的意旨出其不意地作出极其猛烈的运动，而所有上述的那些东西都离开地球而悬在半空，那么它们就会作出和它们原来会做的相反动作来。至于这一来将会出现怎样的情形，那要由这位作者告诉你了。

萨格利多：萨耳维亚蒂，我请求你同意这位作者的说法，即地球如果因上帝的意旨而停止的话，那些离开地面的东西将照旧依照它们的天然倾向继续运行，并且看看这样一来之后，将会产生怎样的异常情况或者不方便的情况。因为我自己就想象不出，还有什么比这位作者所引起的更大混乱了；你看，云雀尽管想要停留在自己的小窝上，也不能做到，乌鸦也不能停留在蜗牛和岩石的上空，弄得乌鸦不得不抑制着它们喜吃蜗牛的倾向，而云雀由于不再能喂小云雀或者抚养它们，小云雀就会死于饥寒，所以根据这位作者的立论，我可以推论出这么多的破坏。辛普里修，你看看还有什么更大的乱子会惹出来？

辛普里修：我也发现不出什么更大的乱子，不过可以肯定作者由于他对大自然的崇高敬仰，即使发现大自然会产生其他的混乱，也不愿意罗列出来。

我现在继续讲他的第三条反对理由："再者，这些东西既然这样地五花八门，怎么全都只能从西向东地沿着和赤道平行的方向运动？而且为什么总是运动着，永不停止？"

萨耳维亚蒂：它们沿着和赤道平行的方向从西向东地运动，永不停止，就如同你相信恒星沿着和赤道平行的方向从东向西地运动，永不停止一样。

辛普里修：为什么越高就运动得越快，越低就运动得越慢？

萨耳维亚蒂：因为在一个以自己的中心环转的圆球或者圆上面，那些较远的部分比较近的部分在同一时间内兜的圆周要大。

辛普里修：为什么那些离昼夜平分线的平面较近的东西兜的圈子要大些，而离开较远的东西兜的圈子要小些？

萨耳维亚蒂：这是为了模仿恒星天层，因为在恒星天层里，那些离昼夜平分线平面较近的比离开较远的兜的圈子大。

辛普里修：为什么同一个球在昼夜平分线平面上以令人不能置信的速度

环绕地球的中心兜着很大的圈子，但是在两极只环绕自己的中心转，既不环行，而且慢得不能再慢呢？

萨耳维亚蒂： 这也是模仿恒星天层的，如果周日运动属于恒星天层时，那就会是这种情形。

辛普里修： 为什么同一个东西，比如说一只铅球吧，一旦沿着大圆周环绕地球之后，不是到处都兜着同一的大圆周，而是在它离开昼夜平分线平面之后，兜的圆周越来越小？

萨耳维亚蒂： 因为某些恒星就会是这样的（或者说，根据托勒密的学说），的确就是这样的；这些恒星先前离昼夜平分线平面很近，兜的是大圆周，而现在它们离开昼夜平分线平面远了，就兜着小圆周运行。

萨格利多： 啊，我如果能把这些妙论都铭记在脑中，我将认为自己取得很大的成绩了！辛普里修，你非把这本小书借给我不可，因为这里面一定有许多稀奇古怪的议论。

辛普里修： 我把这书送给你好了。

萨格利多： 啊，不要，不是这个意思；我决不夺人所好。可是他的那些提问完了没有？

辛普里修： 没有。你听听这一条："如果圆周运动对重物体和轻物体说来，都是天然运动，那么那些走直线的物体是怎样的运动呢？如果是天然运动，那么环绕一个中心的运动又怎么能是天然的呢，因为圆周运动和直线运动在性质上是完全不同的？如果直线运动是强加的，为什么一支向上发射的火箭离开地面一段距离在我们头上闪烁着，而不旋转呢？如是等等。"

萨耳维亚蒂： 我们已经讲过许多次了，圆周运动对于整体，或者对处于最好情况下的各个部分，都是天然的运动；直线运动是使被打乱了的部分恢复秩序的运动。不过我们还是这样说好些，即这些部分不管是在有秩序的情况或者在被打乱了的情况下，从来都不是走直线的，而是处在一种混合运动的状态，甚至说不定是一个简简单单的圆。但是这种混合运动只有一部分被我们看到和观察到，那就是直线的部分；剩下的圆周部分，因为我们也参与这种运动，所以觉察不到。火箭就是这种情形，它既向上射出，同时又在兜圈子，但是由于我们和火箭一同都参与圆周运动，所以区别不出火箭的这种圆周运动。不过我不相信这位作者理解这种混合运动，你看他多么肯定地说火箭是走的直线，根本不旋转。

◀ 我们看不见混合运动的圆周部分，因为我们也参与这种圆周运动。

辛普里修： "为什么一个降落的球体的中心在赤道线的平面上走的是一根螺旋线，而在其他纬度上走的则是一根圆锥形的螺旋线？为什么它沿南北极的轴下降时，走的是一条绕圆柱表面的旋转线呢？"

萨耳维亚蒂： 因为在重物体下降的线路中，即从球心向圆周画出的许多线中，那根通过赤道平面的线是一个圆周，那些通过其他与赤道平行的面的是圆锥形的面，而球轴则始终停留在原处。如果非要我告诉你我的真正想法，我要说所有这些要取消地动说的质问，都是我没法解释的。因为如果我请问这位作者（就算地球不动吧），倘若地球是按照哥白尼说的那样是在运动着，上面所举的那些事例将会出现怎样的情况，那么我敢肯定他会说所有这些效果将会照旧发生，然而他却急于把这些效果作为反对地球运动的困难提了出来。所以在这个家伙的眼中，必然的后果都被他说成是荒谬的事情了。

不过如果他还有什么反对理由的话，就请你赶快提出来，好让我们结束这种腻烦的讨论。

辛普里修：下面这一条是反对哥白尼和他的信徒的，他们认为，部分脱离整体时，部分的运动只能使部分与其整体重新结合，而圆周运动在周日转动中则是绝对自然的。在反对这种说法时，作者指出，在这些人看来，“如果整个地球，包括海洋在内，都消灭掉，那就不会有冰雹或者雨雪从云上落下来，而只能天然地被带着转；也不会有什么火或者燃烧的东西会升上天，因为按照他们的好像有理但不正确的说法，天上是没有火的。”

萨耳维亚蒂：这位哲学家的谨慎小心真使人佩服，值得我们大大赞扬一番，因为他不但以想象一些自然界可能发生的事情为满足，而且还预防到一些人们绝对肯定从未发生的事情，在什么情况下会出现。好吧，为了听到一些精辟的论点，我愿意向他承认，如果地球和海洋都消灭掉，就不会再有雨雪冰雹降下来，也不会有燃烧的东西升上天，而只能继续转动着。就算如此，会怎么样呢？这位哲学家对我有什么回答呢？

辛普里修：下面紧接着就是他的反对理由。在这里：“可这是经验和理性都不能承认的。”

萨耳维亚蒂：这一来我只好放弃了，因为他比我有利得多；我没有他的那些经验，因为到现在为止，我从来没有看见过地球和一切江湖海洋消灭掉，因此也无从看见雨雪冰雹在这场小小灾祸中会是什么情形。但是为了增加我们的见闻，他至少会告诉我们雨雪冰雹将会怎么样吧？

辛普里修：他下面再没有提了。

萨耳维亚蒂：我真巴不得能够和这个家伙面谈一下，因为我想问问他在地球消灭以后，引力的共同中心是不是也消失了，而在我想来，它是会消失的。那样的话，雨雪冰雹就会留在那些云层中间，不知所措。也可能是这样，由于地球跑掉后留下这么大的空间，地球周围的一切物质将变得稀薄起来，特别是空气，因为空气是最容易打乱的；这些全会以最大的速度急急忙忙把这个空间重新装满。也许那些比较坚实的东西，像鸟类（因为我们有理由相信空中会有不少鸟儿），将会更加趋向这个庞大空间的中心，因为体积不大但包含物质较多的物体很可能会被集中在比较有限的空间里；这些鸟儿集中在一起之后，终于因饥饿而死并化为尘土，将会形成一个新的小小地球，而这个地球上的水将如当时云层所含的水分一样，是非常之少的。

也可能是这样，由于同样的物质对光线没有感觉，这些将不会发现地球跑掉，而会盲目地照旧降落，指望可以碰到地球；这样一步一步地降落下去，它们就会到达中心，也就是它们目前在没有地球阻挡之下所要去的地方。

最后，为了给这位作者一个比较肯定的回答，我要告诉他，我知道地球消灭后将会发生的情况，和他早该知道地球没有创造之前地球上面和地球周围将会发生的情况一样多。由于我肯定他会说，既然只有经验能使他知道地球消灭后会是什么情况，说他连想象这下面会是什么情形都无法想象，那么他就只能原谅我了；他有的经验，我没有，所以在这个地球消灭之后，他应当原谅我不像他那样知道以后会是什么情形。

现在你告诉我还有什么别的吗？

辛普里修：这里有张图，图的中心是一个大凹洞，充满空气，代表地球。为了证明重物体并不如哥白尼说的，为了和地球联合而向下降落，他把这里的一块石头放在中心，并且问把这块石头放手以后，它会怎样。他又在这个大凹洞的这儿凹面上放上另一块石头，并且提出和第一块石头同样的问题："放在中心的石头或者上升到地球的某一点，或者不上升。如果不上升，那么部分脱离整体将会回到整体的说法，就是错的。如果上升到某一点，那就是和所有的理性和经验都是格格不入的，而且重物体停留在引力中心也是不对的了。如果悬空的那块石头放手之后下降到中心，它就会脱离它的整体，也就是和哥白尼的说法相反；如果放手之后仍旧悬在空中，这就和所有的经验都相反，因为我们看见整个的弧形都垮掉了。"

萨耳维亚蒂：我可以回答，不过我处的地位非常不利，因为这个人从他的经验里知道这些石头在这个大空洞里会是什么情形，而这件事是我从来没有见过的；我是落在他手掌心里。不过我要说，重物体在有共同引力中心之前就存在了；因此它不是一个能吸引重物体的中心（它只是一个不可分的点，所以不能起任何作用），而只是这些物质自然而然地共同趋向一个接合地点，从而产生一个共同中心，而同等动量的那些部分就是环绕这个中心安排的。根据这一点，我就设想，由重物体积成的大块物质一经移动到任何地点，那些脱离整体的碎块就会跟上去；而且如果不碰到障碍的话，只要碰到比它们本身轻的东西，就会钻了进去。但是碰到比它们重的东西之后，它们就不会再降落下去。所以我觉得，在这个充满空气的空洞里，整个的洞顶将会朝里面压，而且只要洞顶的硬度不会被空气的重量克服和压破，它就会用力顶住空气。但是我相信分离的石块将会降至中心，而不会浮在空气上面。也不能因此就说这些石块不向它们的整体移动，因为一切属于部分的东西如果不碰到障碍，都会朝着整体所去的地方移动。

◀ 重物体在有引力中心之前就已存在。

◀ 重物体积成的大块物质移动之后，它的分散碎块也会跟着去。

辛普里修：现在还有一点要提，就是他看出哥白尼的一个信徒犯了个错误，因为这人把地球的周年运动和周日运动，说成就像一个车轮沿着地球的圆周转又同时自转；这一来就使地球变得太大了，或者使地球的轨道变得太小了，因为赤道转动365次比地球轨道的圆周要小得多。

萨耳维亚蒂：请你注意不要含糊其辞，把小册子里的话说反了。小册子里一定是说，这位作者把地球变得太小了，否则就是把地球轨道变得太大了；而不是把地球变得太大了，把周年运动的轨道变得太小了。

辛普里修：我没有说错；你看书里面是这样写的："他没有看出，要么他使地球的公转轨道比正常的小了，要么他就是使地球变得过分大了。"

萨耳维亚蒂：我无从知道原作者是不是搞错了，因为这本小册子的作者并没有点他的名；但是不管原来那位哥白尼的信徒搞错没有，小册子的错误确实很明显而且是不可原谅的；因为小册子的作者对这样一个重要错误都没有觉察到或者改正。[①] 不过让我们把这看作只是一种疏忽，而不必责备他吧。再者，我还可以证明，使一个像车轮一样大的圆，不是自转365次而是自转不到二十次，也可以用来描绘或者测量地球轨道的周长，甚至比地球轨道大一千倍的周长，这样做并不是不可能的；不过我对纠缠在所有这些琐细的诡辩里，已经感到厌倦了，觉得把时间浪费在这些上面真是无聊。我说这话是为了表明，除掉这位作者看出哥白尼的这点错误外，还有不少细致的论点比他指出的重要得多。现在我请求你，让我们喘口气吧，然后再看看那另一位反对哥白尼的哲学家讲些什么。

▶ 用一个小圆转动许多次来测量或者描绘一个不管多么大的圆周，是完全办得到的。

萨格利多：的确，我也想松口气，不过对我说来只是耳朵听得腻烦了。要是我认为从这另一位哲学家那里听不到什么比较高明的话，我真想拔脚走掉，坐条小船出去透透空气。

辛普里修：我敢说你会听到更有力的论辩，因为这位作者是个很渊博的科学家，也是一个大数学家。他在彗星和新星的问题上就驳斥过第谷。

萨耳维亚蒂：难道他就是《反第谷论》的同一作者吗？

辛普里修：正是同一个人。不过他反驳第谷关于那些新星的话不在《反第谷论》里；在《反第谷论》里，他只是证明这些新星并不能推翻天层不变、不生、不灭的说法，这在先前我已告诉过你了。他写了《反第谷论》之后，后来又根据视差发现有法子证明这些新星的构成都属于元素物质，而且都处于月球层之内，就写了另一本书，《三颗新星的比较》[②]；在这本书里，他也插进了一些反对哥白尼学说的论证。我以前告诉你的，是他在《反第谷论》里面讲的关于那些新星的话；在那本书里，他并不否认这些新星是属于恒星层的，但是证明这些新星的产生并不影响恒星层的不

---

① 这里把错误说成是小册子的作者的，其实不是他的。——原注

② 作者是斯西比欧·齐亚拉蒙蒂。

变性。他的证明纯粹用的哲学论证方法，这我已经向你叙述过了；当时我就没有想起要告诉你，后来他又找到一种方法把这些新星从天上拉下来。由于他在驳斥时采用了计算和视差的办法，而我对这些事情都懂得很少或简直不懂，所以没有看，而只看了那些反对地动说的论证，因为这些都纯粹是物理学的。

萨耳维亚蒂：我完全懂得；在我们听了他反对哥白尼的那些议论之后，我们应当可以断定，或者至少看出，他是怎样用视差来证明这些新星属于元素物质。有那么多的大名鼎鼎的天文学家都把这些新星列入天层最高的恒星之间，所以如果这位作者遏制这种企图，把这些新星从天上一直拉到元素空间里来，他的确是值得大大表扬的，甚至值得把他捧得和恒星那样高，至少使他的名字在恒星中间永垂不朽。

但是让我们继续谈这第一部分，看他怎样反对哥白尼的意见；先提出他的反对论点。

辛普里修：这些反对论点很啰嗦，用不着逐字逐句地读。我已经用心读过许多次，而且你看，我把那些要紧的地方都在边上做了记号，所以只要读一下这些地方就够了。

第一条论证是从这里开始的："首先，如果我们接受哥白尼的意见，那么科学本身的标准即使不完全推翻，也会动摇得很厉害。"所谓标准，他是指感觉和经验应当是我们治哲学时的向导，因为这是各派哲学家都一致同意的。但是根据哥白尼的学说，尽管我们清楚看见，就在我们眼面前而且在非常清澈的介质中，重物体是沿着垂直线降落的，感觉仍旧深深地蒙蔽了我们。在哥白尼看来，不管你怎样说，在这样明显的事例上，视觉仍旧使我们上了当，而真正的运动根本不是一条直线，而是直线和圆周的混合运动。

◀ 哥白尼的学说破坏了哲学的标准。

萨耳维亚蒂：这是亚里士多德、托勒密和他们的所有信徒举出的第一条论证；对于这一点我们已经作了充分的答复，证明它是一种悖论。我们已经解释得很清楚，这类为我们大家和运动体共有的运动，看上去就好像不存在似的。但是由于正确的结论可以从许多事例得到支持，我愿意再举出几条来说服这位哲学家。你，辛普里修，应当站在他的一边，并且代表他回答我的问题。

◀ 共有的运动看上去就好像不存在似的。

请你首先告诉我，石子从塔顶掉下来对你产生什么效果，以及你是怎样看出石子的运动的。因为如果石子落下时并不比它停在塔顶上时对你产生什么新的或者不同的影响，你肯定不会看出石子降落，或者辨别出石子在运动，而不是处于停止状态。

辛普里修：我是联系塔身才觉察到石子的下降的，因为我一会儿看见石子在塔身某一个标记旁边，一会儿看见在下面一个标记旁边，这样连续下去，最后发现它和地面连在一起了。

◀ 根据垂直落体的论证又一次作了反驳。

萨耳维亚蒂：那么如果石子是从飞鹰的爪子里并且穿过眼睛看不见的空

气落下，你就没有什么看得见的、稳定的东西可以比较了；这样，你该觉察不到石子的运动了，是不是？

辛普里修：就是这样，我也会觉察到；石子很高时，我得抬起头来望它，在石子落下时，我就得低头望它；总之，我得不断地使我的头（或者眼睛）跟着石子动。

▶ 怎样看出落体运动。

萨耳维亚蒂：你这个回答是对的。这就是说，当你的眼睛一点不动而能看见石子永远在你面前时，你就知道石子处在停止状态。当你必须移动你的视觉器官，即你的眼睛，才能看见石子在你面前，你就知道石子在动。因此，不管在什么时候，只要你不用移动眼睛，而能继续看见物体的同一面，你就总是认为物体不动了。

▶ 眼睛的动作使我们意识到观察对象的运动。

辛普里修：我相信情形必然是这样的。

萨耳维亚蒂：现在想象你坐在船上，眼睛盯着帆上的一点，你觉得由于船走得非常轻快，你为了盯着帆樯上那个点并且追随着它的运动，你必须移动你的眼睛。

辛普里修：我敢肯定我丝毫用不着移动眼睛；不但不用移动眼睛，而且不管船怎样走动，如果我在船上用一根长枪瞄准时，我也不需要移动分毫。

萨耳维亚蒂：其所以如此，是因为船速赋予帆樯的运动，也赋予你和你的眼睛，因此你盯着樯顶瞧时，你的眼睛不用移动分毫；这一来樯顶在你看上去就是不动的了。［而那根从你的眼睛到樯顶的视线，就像是从船头到船尾拴的一根绳子一样。像这样在不同固定点之间拴的绳子可以有上百根之多，而且每一根绳子不管船在行驶或是停止，都会留在原处。］

现在让我们把这项论证用到地球的转动和放在塔顶上的石子上来；你看不出石子的运动，是因为你和石子一样从地球获得那必须跟随塔身移动的运动；你用不着移动你的眼睛。其次，如果你给石子加上一个对石子说来是特殊的而且是你不参与的向下运动，这种运动就会和圆周运动混合起来，但圆周运动是石子和你的眼睛所共有的，因此你仍旧觉察不到。你觉察到的只是石子的直线运动，因为你必须使眼睛向下移动才能跟上石子。

我真想能告诉这位哲学家，为了使他免于错误，等哪一天他坐船时给他带上一只高罐子，里面装满了水；事先还准备好一只蜡制的或者什么别的材料制成的球，放在水里可以沉得很慢，就是说在一分钟里面连一码深都沉不下去。这样准备好，就把船飞快地开出去，最好能每分钟走一百码远，再叫他把蜡球放在水罐里，让它自动地沉下去，同时小心观察蜡球的动作。他从一开头就会看出蜡球直接落到罐底的地方，也就是船停止不动时蜡球会落到的地方。在他的眼中，而且联系罐子来看，蜡球的运动是笔直的和垂直的，然而谁都不能否认蜡球的运动是直线运动（即下降运动）和圆周运动（即环绕水面的运动）的混合。

▶ 实验证明共同运动是不能觉察的。

你看，在运动中发生的这些情况是不自然的，我们所能用作实验的材料也处于静止状态或以相反方向运动，然而我们从表面上却看不出一点差别；所以看上去我们的感觉是受了欺骗的。既然如此，我们又能觉察到地球有什么差异呢，因为地球不论在运动或者停止，都永远处于同一状态。而且既然地球永远处于两种状态之一，或者永远运动着，或者永远静止，我们从这些局部运动的不同状态，即运动与静止的不同状态中，又几时能够发现这中间有什么差别呢？

萨格利多：我的胃口老早被那些鱼和蜗牛弄得有点作呕，现在这些论证总算使我感到好受些了。这第一条论证使我想起过去我的一个错误，它看上去非常之像真理，几乎一千个人里面没有一个会怀疑到它。那次我坐船上叙利亚去，刚巧我们的成员朋友给了我一具望远镜，是他没有多少天前设计出来的；我向那些海员们建议，利用望远镜在前桅楼窥测和识别遥远的船舶，对航海会有很大好处。他们赞同我的建议，但是争辩说由于船身不断颠簸，用起来有困难，特别是在桅顶上，因为颠簸更厉害；最好还是在桅脚使用，因为这儿比船上任何地方都颠簸得小些。我同意他们的看法（因为我不想掩盖我自己的错误），而且好些时没有回答，我不知道怎样告诉你我究竟是为了什么原因老是盘算这个问题。最后我发现我当时把错的认作对的是愚蠢的（因此是可以原谅的）。我的意思是说，认为前桅楼比桅脚颠簸得厉害，用起望远镜来必然不容易发现目标，这个看法是错误的。

◀ 详论在桅顶使用望远镜和在桅脚使用望远镜是否同样生效。

萨耳维亚蒂：我如果在场的话，就会赞成海员们和你的最初看法。

辛普里修：我也会这样做，而且现在仍会如此；而且就算我把这个问题考虑它一百年，我敢说也不会有不同的意见。

萨格利多：那么这一次我总算能够使你们学到一点东西了。我觉得提问的方法最能阐明事情，而且有意思的是，你可以用提问把你的伙伴肚子里的东西像抽水一样抽出来，使他讲出自己从来不知道自己知道的事情，所以我现在就要利用这一手法。首先让我假定，你要发现和识别的那些帆船、木船或者其他船舶都离得很远，比如说，在四英里、六英里、十英里或者二十英里外。因为识别靠近的船是不需要望远镜的。但是在四英里或者六英里这样远或者更远的距离，一只望远镜将能很容易看到整个的船身。现在我问你们，船身的颠簸会使前桅楼发生多少种以及哪一种动作？

萨耳维亚蒂：我自己在想象一只向东行驶的船。首先，在波平浪静时，船除掉行驶外就没有其他动作。加上波浪的干扰，就会产生一种使船头和船尾此起彼落的运动，并且使前桅楼前倾后仰。别的波浪使船身偏斜，将使帆樯左右摇摆。还有别的波浪说不定有时候使船身转向，使帆桁歪出去，比如说从正东方向有时候指向东北，有时候又指向东南。更有一些波浪从下面把龙骨顶起来，可能使船忽起忽落而并不改变航向。总之，我觉得这里将会产生两种动作，一种是改变望远镜角度的动作，一种

◀ 按照船身的动荡而产生不同的动作。

◀ 船身的摆动会使望远镜产生两种变化。

不妨说成是改变望远镜的校正而不改变其角度的动作——这就是说，使望远镜的管子永远和望远镜本身是平行的。

萨格利多：再请你告诉我，如果我们先把前桅楼上的望远镜对准大约六英里外的布兰诺塔，然后使望远镜向左或者向右，向上或者向下，移动指甲这样大的一个角度，这对我们瞭望那座塔会有什么影响呢？

萨耳维亚蒂：那会使塔立刻从视野中消失，因为这一点点偏斜在六英里外就会歪出好多码远。

萨格利多：但如果角度不改变，（使镜管始终和望远镜本身平行），而只是向左或者向右，向上或者向下，移动十码或十二码远，这对所瞭望的塔来说，会有什么影响？

萨耳维亚蒂：这种影响是绝对看不出的，因为船上的空间和布兰诺那边的空间都介于平行的光线之间，所以船上的变动和塔那边的变动，大小是一样的；而由于望远镜在布兰诺那边所能瞭望到的空间可以包含许多座这样的塔，这座塔就根本不会从我们视野中消失。

萨格利多：现在回来谈这只船，我们可以毫不踌躇地断言，望远镜不论向左或者向右，向上或者向下，向前或者向后，移动二十码或者二十五码，只要保持望远镜管子的方向始终和原来的方向平行，我们的视线和瞭望对象之间的差距就顶多只有这二十五码远。而且由于在八英里或者十英里之外，望远镜的视野所及要比那只木桨船或者别的船只的体积大得多，这样的一点点变动就不会使船只在望远镜的视野中失去。这样看来，瞭望对象的消失只能由镜管角度的改变引起；而船身的上升或下降，或者左右摇摆，都不会超出多少码远。

现在假定我们有两只望远镜，一只放在船桅的下半部，另一只也不是系在桅顶的平台上，而是放在大桅楼上，甚至放在挂长旒的主中桅上；两只望远镜都对准着十英里外的一只帆船。现在请你告诉我，你是否相信，不管船身怎样地簸动，上面的镜管是不是比下面的镜管在角度上的变动就要大些。当一个波浪把船头抬了起来，船桅的最高点可能比桅脚向后移动三十码或者四十码之多，但是上面的望远镜和下面的望远镜在角度上的变动则是一样的。同样，一个从侧面打来的浪将会使上面的望远镜比下面的望远镜向左或向右斜出一百倍，但是两只望远镜的角度则或者没有改变，或者改变得一样多。所以你看，尽管角度改变给瞭望带来很大的障碍，船身的左右、前后、上下的簸动在瞭望辽远的事物上并不造成什么明显的障碍。因为我们必须承认，在桅顶上使用望远镜和在桅脚使用望远镜并不更加困难些，因为角度的变动不论在桅顶或者桅脚都是一样。

萨耳维亚蒂：我们在肯定或者否定一条陈述之前，该多么小心从事啊！我要再重复一遍，任何人听见有人坚决地声称，由于桅顶上动得比桅脚厉害，在桅顶上使用望远镜要比在桅脚下困难得多，都会相信的。有鉴于此，有些人对于一颗炮弹明明沿一根直线坠落，却不愿意承认炮弹绝对走这条路线，而要把炮弹的运动说成是弧形的，甚至斜得更加厉害，斜成对角线，但是有些哲学家们却认为这些人不可救药，甚至感到发火，我对这些哲学家们也不想计较了。

好了，那些人就让他们尴尬去吧，让我们听听眼前这位作者对哥白尼还提出什么反对论点。

辛普里修：这位作者继续指出，根据哥白尼的学说，感觉必须被否定；甚至最起码的感觉也要被否定掉。例如，当我们感到一阵微风吹来时，但是并不因此感到一阵速度为每小时 2,529 英里的狂风的冲击，[①]那就要否定我们的感觉。因为根据他精心测算的结果，这就是地球中心沿着它的最大圆周公转时每小时走过的距离；然而，正如他说的，在哥白尼看来就是如此。“周围的空气是随着地球在动；然而空气的这种运动尽管比最迅速的风还要快，却是我们觉察不到的，而是被我们认为是很平静的，除非空气发生其他运动。如果这不是感觉受到欺骗，那是什么欺骗呢？”

◀ 地球的周年运动必然会引起持续的、猛烈的大风。

萨耳维亚蒂：这位哲学家一定相信，哥白尼说的绕着它的轨道圆周，并且带动其周围空气运转的地球，不是我们生息其上的地球，而是另外一个单独的地球；因为我们这个地球以它的速度运转时，也带着我们和周围的空气一起运转。一个人在后面想要追击我们，但是我们在前面跑得和他一样快，试问我们怎么会感到他的冲击呢？这位先生忘记掉我们也被带着转动，并不仅是地球和空气在转动；因此接触到我们的总是同一部分的空气，又怎么能刮到我们身上呢！

◀ 空气永远以同一部分碰到我们，就不会刮到我们身上。

辛普里修：根本不会；试看紧接着下面这句话：“再者，由于地球在转动等等，我们因此也被带着转。”

萨耳维亚蒂：现在我既没法帮助他，也没法放过他了。辛普里修，你得原谅他这一点，并且帮助他解决困难。

辛普里修：目前我可替他想不出什么满意的辩护来。

萨耳维亚蒂：那么，你今天晚上想想，明天来替他辩护这一点。现在让我们听听他的其他反对理由。

辛普里修：他还是继续谈同样的反对理由，即按照哥白尼的看法，一个人必须否定自己的感觉。因为我们据以跟随地球环转的这个原因，或者是我们所固有的，或者是外加给我们的，即我们是被地球带着走的。如果是后一种情况，那么既然我们并不感觉到是被带着走，那就不能不说我们的触觉并不感觉到它的有关对象，而且我们的意识里也没有这种印象。但如果这个原因是我们所固有的，那么我们将不会感到我们自己发出一种局部运动来，而且我们将永远不会觉察到我们身上一直附带着有一种倾向。

◀ 依照哥白尼的方法，一个人必须否定自己的感觉。

---

① 实际的速度要大二十倍，但当时对所有天体的速度估计，除了月亮以外，都是低的。

萨耳维亚蒂：原来这位作者的反对理由就是强调我们借以和地球一同转动的原因，不管这个原因是我们所固有的或者外加的，都不应当被我们感觉到；而且既然不为我们感觉到，那就既不是我们所固有的，也不是外加的。因此我们既不动，地球也不动。而我要说的是，不论是固有的或者是外加的，我们都不会感觉到。关于运动是外加的可能性，船上的实验足够排除任何困难了。因为我们能够随意使船驶动，或者不动，而且能够非常精确地观察我们是否能在触觉上感到有什么差别，从而辨认出船在走动。既然我们至今还没有能发现什么差别，那么地球转动与否至今不为我们所知，又有什么奇怪呢？地球可能一直就带着我们转动，因而我们从来就没有能够设计出什么地球在停止状态下的实验过。

▶ 我们的运动可以是固有的，也可以是外加的，但我们仍不会知道，也不会觉察到。

我知道，辛普里修，你曾经从帕都亚坐船坐过好多次，而且，如果你承认事实的话，你从来就没有在内心感到参与船的运动，除非船因为搁浅或者碰上什么障碍物时停止下来，你和其他乘客没有提防，狼狈地跌跤时，才会有所觉察。地球也只有在碰上什么障碍物时才会停下来，而且我可以向你保证，当你被你身体内的冲力抛向天上星体时，你就会感到这种冲力了。

▶ 船内的人不能从触觉感到船身的运动。

诚然，你可以凭借别的感觉，例如视觉，再加上推理，来觉察船的运动；你可以从观察田里的竿子和房屋来知道，因为这些和船是分开的，所以看上去朝相反的方向移动。如果你要靠这种经验来证实地球在运动，我可以告诉你去瞭望一下那些恒星，因为这些由于同样原因在你眼中看上去也是朝相反的方向运动的。

▶ 船的运动是靠视觉加上推理得知的。

其次，对于感觉不到这里的原因是我们所固有的，而觉得诧异，更讲不过去；如果我们感觉不到这种外来的而且时常不在我们身上的同样运动，为什么这种运动永不改变地继续存在于我们身上时，我们应当感觉到呢？

▶ 地球的运动可以从星体的运动得知。

现在，他关于这第一项论证还有什么说的吗？

辛普里修：有这么一点点怨言："根据这种意见，我们不得不认为我们的感官在判断近在手边的感觉事物上，完全是不可靠的，或者是愚蠢的。而我们根据的既然是这种靠不住的能力，我们又怎么能指望找到什么真理呢？"

萨耳维亚蒂：哦，我还指望从这种能力引申出更加有用的和更加肯定的法则来呢，不过我们要学会更慎重些，不要对感官传给我们的第一个印象过分相信，因为我们很容易上感官的当。我还希望这位作者不要费那么大的事，企图使我们根据感官来理解这种落体运动，只是简单的直线运动，而不是任何别的运动；也不要因为有人对这样明显的事情提出怀疑就要发火或者埋怨。因为这一来他就暗示他认为那些说落体运动根本不是直线，而是比较圆的人，好像真正看见石头走一道弧线似的；其所以造成这种印象，正由于他要求人们运用感官而不运用推理来弄清真相的缘故。辛普里修，问题并不在这里；我从来没有看见，也不指望看见，石头除掉垂直地坠落之外，会以别的方式坠落，同样，我也不指望石头的坠落在别人的眼睛里会有两样（在这两种意见之间，我是无所偏袒的，我不过是作为我们这些戏剧中的一个角色来扮演哥白尼的）。所以还是把那些我们全都没有异议的表象放在一边，而运用理智的能力来证实这种学说的正确，或者揭露其错误吧。

萨格利多：我如果有机会碰见这位哲学家的话（因为我觉得他比他那些学说的多数信徒要高出一筹），我将告诉他一件事例来表示我对他的尊敬；这件事他肯定碰见过许多次，从这件事上我们可以懂得（道理和我们讲的完全吻合），一个人是多么容易受到简单的表象，或者不妨说我们感官印象的欺骗。是这样的事情，那些夜晚在街上行走的人，看见月亮仿佛跟着他们走似的，月亮沿着屋檐一路随着他们，快慢也和他们一样。月亮在屋顶上望去就像是一只猫真在沿着屋瓦在跑，想要跑到他们前头去一样；这种表象如果没有理智插进来，很显然是会使感觉受到蒙蔽的。

辛普里修：当然，有许多经验都清楚地表明，简单的感觉是错的。所以暂时把这些感觉放在一边，让我们听听他下面的论证，这些都不妨说是根据事物的本性（ex rerum natura）提出的。

第一个论证是说，地球要按照三种全然不同的方式运动，根据地球的本性，要不真正和许多明显的公设发生矛盾，是不可能的。这些公设的第一条是，一切效果都是由某些原因导致的；第二条是，没有一样东西是自身创造出来的；根据这两条又引申出一条，引起运动的事物和被引起运动的事物，不能是同一个东西。这一条不但对于那些受一个外来的而且明显的推动者推动的东西来说是如此，而且上述这些原则还意味着，对于依据内在原因的自然运动也是如此。否则的话，既然推动者作为推动者是因，而被动者作为被动者是果，那么因与果就将从各方面看来都是一样的了。因此一个物体的运动不能全部发自它本身，以致它作为一个整体既是引起运动者，又是被运动者；相反的，被运动者必须有某些地方使我们能借以区别运动的决定原因和被赋予这种运动的东西。

◀ 根据事物的本性而提出的反对地动说的论证。

◀ 三条公设被假定为自明的。

第三条公设是，对于那些属于感觉对象的东西说来，一个东西既然作为一个东西而言，就只能产生一种效果，诚然，在一个动物身上，灵魂的确制造出种种不同的功能，如视、听、嗅觉、生育等等，但是这是通过不同的器官才达到的；总之一句话，我们可以看出，有感觉的东西的不同动作是由原因上存在着不同引起的。

现在，如果我们把这些公设综合在一起，就会清楚看出，像地球这样的简单物体，按照它的本性，是不可能同时具有三种迥然不同的运动的。因为根据刚才作的假定，整体是不能完全依靠其本身来运动的。所以地球的三种运动必须分别由三种原因所造成；不这样的话，那么同一原因就会产生一个以上的运动。但是一个物体如果本身含有三种不同的天

◀ 像地球这样的简单物体不可能具有三种迥然不同的运动。

然运动原因，再加上它的被运动部分，它就不会是一个简单物体，而是一个由三种运动原因加上被运动部分组成的物体。由于这些缘故，如果地球是一个简单物体，它就不能具有三种运动。

▶ 地球不能具有哥白尼归之于它的任何一种运动。

再说，地球既然只能有一种运动，它就不能具有哥白尼归之于它的任何一种运动；理由很明显（这些理由都是亚里士多德提供的），就是地球的确是向它的中心运动；这从土的颗粒可以得到证明，因为这些颗粒都是以直角的角度向地球的球面降落的。

▶ 对根据事物的本性提出的反对地动说论据的答复。

萨耳维亚蒂： 关于这一条论证的立论方式，有许多地方都可以有非议和考虑。不过我们可以用几句话就解决它，所以目前我也不想在它上面多费口舌；尤其是这里的回答已经由作者本人交在我手里了，因为他说一个动物可以根据一个单独原因产生不同的功能。既然如此，我现在就回答他，地球也是同样地根据一个单独原因而产生各种不同的运动的。

▶ 反对地动说的第四条公设。

▶ 动物身上的各种关节对于动物的各种动作都是少不了的。

▶ 反对地球有三重运动的又一论证。

辛普里修： 你这个回答丝毫不能使这位反对者满意；下面你将会听到，你这个回答，事实上在他进一步充实他的反驳时所作的补充里，已经全部被他推翻了。我是指，他又提出一条公设来支持他的论证，这条公设是：天生万物除掉必要时，在做法上决不会过头或者不及。这从天生的各种事物，特别是动物身上，可以很明显地看出来；由于动物要作种种动作，大自然就给它们造了许多关节，例如在膝部和臀部，并把各部分接合起来使其适于运动，使动物能够随意走动或者躺下。还有，大自然给人的肘部和手部也造了许多关节和经络，使这些关节和经络能作许多动作。他反对地球有三重运动的论证就是从这些事情上引申出来的。一个身体或者是一个连续的整体，没有一处连接起来，然而能做出各种动作；或者有许多关节和接合的地方才能作各种动作。如果没有关节和接合的地方就能作许多动作，那么大自然给动物造许多关节，就是白做的了，也就是违背这条公设了。如果没有关节和接合地方就不能作许多动作，那么地球（由于地球是一个连续的整体，没有关节和经络）根据它的本性，就不能具有一种以上的运动。你看他多么精辟地反驳了你的回答，就好像他已经预见到似的。

萨耳维亚蒂： 你这话是当真，还是仅仅为了挖苦人？

辛普里修： 我完全是从心里说出的老实话。

萨耳维亚蒂： 那么你一定认为自己比这位哲学家本人能想出更多的理由来对付那些反击，并为他辩护了。现在这位哲学家既然不在场，那就请你不吝代表他回答我的问题。

▶ 动物的各种关节不是为了作不同动作的。

首先你承认动物天生有许多关节、经络和肌肉，是为了使动物能作各种不同的动作，这你认为是对的。我否认这个论点，而且要告诉你，使动物具有这些关节是为了动物能挪动身体的一个部分或几个部分，并使其余部分不动；至于这些动作的性质和种类，则只有一种，即圆周运动。你看所有能动作的骨头的尽头都是凸出来或者凹进去，而且有些是圆的，道理就在这里；也就是说，那些必须向任何方向挪动的骨头，例如旗手在挥舞军旗，或者放鹰者招呼老鹰下来食饵时，他们肩部的骨节就必须是这样。肘部的关节也必须这样，因为手就是凭着这个关节来转动螺丝钻的。另外一些骨节只能向一个方向作出圆周动作，而且几乎是圆筒形的，原因是这些只是被肢体用来作一种动作；指头的几个部分，这一节接在那一节上面，就是如此，余者可以类推。但是我们用不着举出更多的详细事例来反证，这里的真理可以用一条普遍的理由来说明它。就是如果一个坚硬的物体动了起来，而它的某一头则保持在原处不动，这种动作就只能是圆周运动。而且动物动作起来，这些动物的肢体并不带动其他和它衔接的肢体一起动，这种动作就必然是圆周式的。

◀ 动物的动作全然一样。

◀ 所有作动作的骨头，其尽头都是圆的。

◀ 一切能挪动的骨头，其尽头必然是圆的；一切动物的动作必然是圆周式的。

辛普里修：我不是这样看法，因为我看到动物能作上百种的非圆周式的动作，而且各个不同；跑啊，跳啊，爬上爬下啊，游泳啊，其他等等。

萨耳维亚蒂：一点不错；但是这些都是第二步的动作，而第二步的动作是离不开身体的关节和接笋处的第一步动作的。由于小腿在膝部和大腿在臀部都弯了起来，这些都是圆周动作，动物才会做出跳跃和奔跑的全身性的非圆周动作。地球由于不需要保持它的一个部分不动而使另一部分转动，由于它的运动都是整个地球的运动，当然不需要什么关节。

◀ 动物的第二步动作离不开肢体的第一步动作。

◀ 地球的运动不需要有关节。

辛普里修：对方会说，如果问题是一种运动的话，情形说不定是如此；但是这里有三种全然不同的运动，要把这三种运动安置在一个没有关节的物体上，是不可能的。

萨耳维亚蒂：我的确相信这位哲学家就会这样回答。我现在从另一方面来攻他；我问你是否认为地球有了关节和接笋之后，就适宜于参与三种不同的圆周运动吗？

怎么，没有回答？既然你始终不开口，我就替你那位哲学家回答吧。他肯定会说对的，因为不这样回答的话，他提出大自然造出接笋是为了使运动体能作种种动作，而地球由于没有接笋，就不会具备三种运动，这些讨论都成了多余和不相干的了。你看，如果他认为便是有了接笋也不能使地球做出这种动作，他就不会一口咬定地球不能有三种运动了。

现在既然是这样，我要请求你（而且如果有可能的话，我要通过你请求提出这条论证的这位哲学家兼作家）不吝赐教，即这些关节究竟是怎样安排法，才能使地球很方便地同时做出三种运动；为了使你能够答复，我将容许你四个月——不，六个月的时间来考虑。目前在我看来，一个单一原因就能使地球不仅具有一种运动；这情形和我刚才告诉你的，单一原因依靠各种不同的器官，能使动物作出各种不同的运动，是一样的，至于关节，这是不需要的，因为这里要求产生的运动是整个地球的运动，而不仅仅是部分地球的运动。而且由于这些运动必然都是圆周式的，单是地球的圆形就是我们所能要求的最美妙的关节了。

◀ 现在要知道的是，地球靠什么样的关节才能做出三种不同方式的运动。

◀ 一个单一原因能使地球不仅具有一种运动。

辛普里修：我顶多只能向你承认，地球可能产生一种运动。但是三种不同的运动，在我看来，或者在这位作者看来，是不可能的；而且为了继续支持他的反对理由，他有下面的一段话："让我们和哥白尼一起想象，地球依靠它本身的一种属性和一种内在原因，在黄道的平面上由西向东运动，而且还依靠一个内在原因环绕它自己的中心由东向西运动；另外还靠它本身的一种倾向由北向南又由南向北更替着作一种倾斜的运动，亦即第三种运动。"试问一个不由许多关节和部分连接起来的整块物体，单靠一种模糊的天然原因（即一种单一的倾向）会分裂为许多不同的，而且几乎是相互对立的运动，你教我们的感情和理智有什么法子能接受呢？我不相信世界上有任何人会说出这样的话来，除非他不顾一切，拼死也要为自己的立场辩护。

▶ 另一条反对地球具有三重运动的反对论点。

萨耳维亚蒂： 等一等。你把书里这一段找出来给我看看（读原文）。辛普里修，我本来还疑惑你在引用作者的原话时弄错了；现在我看出他本人就错了，而且错得很厉害。遗憾的是，我发现他还没有弄懂人家的论点就跳了出来争辩，因为这些并不是哥白尼归之于地球的那些运动。他怎么想到说，哥白尼把地球沿黄道面的周年运动说成是和地球环绕其中心的运动相反的呢？他一定从来没有读过哥白尼的书，因为哥白尼的书里总有一百处提到——甚至在开头几章里就提到——这两种运动都是向着同一方向的；即都是由西向东的。但是就算他没有听到别人讲起，难道他自己看不出，那些归之于地球的运动，一个是来自太阳，一个是来自原动天的，必不可免地都是朝着同一方向的吗？

▶ 哥白尼的攻击者的严重错误。

辛普里修： 当心你自己弄错，并且把哥白尼也带错了。难道原动天的周日运动不是由东向西的吗？再谈另一方面，难道太阳沿黄道面的运动不是恰恰相反的由西向东的运动吗？所以当你把这些运动转嫁给地球之后，你怎样使这些相反的运动变成相成的运动呢？

▶ 一条反对哥白尼的聪明而简单的论点。

萨格利多： 我敢说，辛普里修已经揭出了这位哲学家的错误根源，因为这位作者无疑会提出同样的论点。

萨耳维亚蒂： 如果能做到这样，那就让我们至少使辛普里修免于错误了。既然星体是从东方地平线升起，他将不难理解到，如果这种运动不属于星体的运动，地平线就不得不认为是向相反的方向沉下去，这一来地球就将是朝着星体的表面运动的相反方向自转；也就是说，按照黄道十二宫[①]的次序由西向东转动。其次，关于地球的另一运动，太阳既然处在黄道带的中心不动，而地球则环绕黄道带的圆周运转，为了使太阳看上去好像是通过黄道十二宫的次序运转，地球就必须按照同一的次序运转；理由是太阳看上去永远处在和地球所处的那一宫相反的宫上。所以地球通过白羊宫时，太阳看上去就好像在通过天秤宫；地球通过金牛宫时，

▶ 关于周年运动和周日运动属于地球的运动时，为什么向着同一方向，而不是相反方向的说明，从而揭出反对者的错误。

① 古人为了表示太阳在黄道上的位置，把黄道分为十二等分，叫作黄道十二宫。从春分点起，依次为白羊、金牛、双子、巨蟹、狮子、室女、天秤、天蝎、人马、摩羯、宝瓶和双鱼等宫。

太阳就好像是在天蝎宫；地球在双子宫时，太阳就像在人马宫。这等于说两者都朝着同一方向运动；也就是说，循着十二宫的次序，正如地球环绕自己的中心转动时也循着这个次序一样。

辛普里修：我完全懂得，而我对这样的错误真不知道怎样说是好。

萨耳维亚蒂：慢点儿，辛普里修，因为还有一个错误，比原来的错误还要糟糕；那就是使地球环绕其中心的周日运动是由东到西的运动。他不懂得，这样一来宇宙在二十四小时内的运动看上去就将是由西到东的运动了，和我们看见的恰好相反。

◀ 另一个更严重的错误表明这位反对者对哥白尼很少研究。

辛普里修：怎么，我尽管对球面天文学的起码知识都一窍不通，但也不至于弄出这样严重的错误。

萨耳维亚蒂：那么你想想这位反对者对哥白尼的书究竟下了多少研究功夫呢，因为他连这条基本的而且是主要的假设都弄颠倒了，而哥白尼和亚里士多德与托勒密的学说的所有争论都是以这条假设为根据的。

至于作者把他归之于地球的第三种运动，说成是哥白尼的主张，我不懂得他这话是什么意思。肯定说，这并不是哥白尼拿来和另外两种运动（周年的和周日的运动）归之于地球的第三种运动，因为这种运动和地球向南倾斜或向北倾斜根本没有关系，只是为了使地球周日运动的轴心继续保持与其自身平行而已。所以我们只能说对方或者不懂得这一点，或者假装不懂。这一严重的缺点就足以使我们不需要再花什么功夫去考虑他那些反对意见；虽说如此，我仍然愿意看一看他那些反对意见，因为他那些论点比起其他许多愚蠢的反对者的论点来，的确值得我们多多考虑。

◀ 很难说反对者理解哥白尼归之于地球的第三种运动。

现在回到他的反对论点，我说周年运动和周日运动根本不是两种相反的运动。毋宁说，这两种运动是朝着同一方向的，因此可以归之于同一原因。第三种运动是周年运动主动地而且单独产生的后果，因此你不需要为它的出现寻求什么内在的或外来的规律作为它的原因（这一点我以后再证明）。

萨格利多：我以常识作为向导，也想向这位反对者讲几句话。如果我不能当场解决他的所有疑难，并且回答他提出的所有反对理由，他就要转而责备哥白尼——好像我的无知必然要归咎到哥白尼学说的错误。可是如果他认为用这样的方法来责备一位作者是公正的话，那么我不赞成亚里士多德和托勒密，他也不应当认为我不讲道理了，因为我向他指出亚里士多德和托勒密学说同样有许多困难和缺点，而他能为我解决的顶多也不过如此而已。

他问我地球根据什么原因通过黄道带作周年运动，又通过什么原因环绕赤道作自转的周日运动。我跟他说，土星每三十年绕黄道带一周，而且以短得多的时间在二分面环绕自己的中心自转一周，这是从土星附带的那些卫星的隐现昭示给我们的；地球的这些运动和土星的这些运动

◀ 以其他星体的类似运动为例，来答复同样的反对论点。

恰恰是一样的。这种情况和他认为没有问题的某种天体现象是一样的;例如太阳以一年的时间环绕黄道一周,并以一个月不到的时间和赤道平行转动一周,这是太阳黑子显示给我们的。木星的卫星每十二年环绕黄道带一周,而这些卫星本身则以很小的圆周和很短的时间环绕木星一周,这些运动所根据的原因也是相同的。

辛普里修: 这位作者将会否定所有这些现象,认为是望远镜的镜片造成的视觉上的幻象。

萨耳维亚蒂: 啊,这本来对他要求过高了,因为他坚持我们肉眼在判断重落体的直线运动时,不会上当,但是当我们的视力变得更完善了,而且增强了三十倍之后,我们在理解这些其他的运动时却会产生幻觉。既然如此,让我们告诉他,一枚指南针作为重物体具有向下的运动,另外还有两种圆周运动——一个是沿地平面的运动,一个是沿子午线的垂直运动,而地球也是类似地,也许同样地,具备这三种运动。

现在还有什么呢?辛普里修,你说说看这位作者会认为直线运动和圆周运动之间的悬殊大呢,还是运动与停止之间的悬殊大呢?

辛普里修: 当然运动和静止之间的悬殊大,这是显而易见的。因为对亚里士多德说来,圆周运动和直线运动并不是对立的;他甚至承认圆周运动和直线运动可以混合,而运动和静止是混合不了的。

▶ 运动和静止的差别,比直线运动和圆周运动的差别大。

萨格利多: 那么使一个天然物体具有两种内在原因,一种是走直线运动的原因,一种是走圆周运动的原因,比起使物体同时具有一种运动的原因和另一种静止的原因,这样做并不是怎样不合理了。但是地球的一部分,在强行使其和整体分开后存在着一种回到整体的天然倾向;而上述两种情况和这种天然倾向都是融洽的。所不同的只是就地球整体的作用而言;在前一种情况下,地球根据其内在原因始终停止不动,在后一种情况下则使地球做圆周运动。但是根据你的主张,以及这位哲学家所主张的,两种原因,一种运动的原因,一种静止的原因,是不能调和的,正如其产生的效果不能调和一样;然而这对直线运动和圆周运动说来并不是如此,这两种运动并不相互排斥。

▶ 使地球具有两种内在原因,一种做直线运动,一种做圆周运动,要比使地球具有运动的和静止的两种原因,较为合理。

萨耳维亚蒂: 还有一点要指出,即地球的一个分离部分,在回到其整体时,很可能也是做圆周运动,这我们在前面已经解释过了。所以不管怎样,单就这一条反对论据来说,运动看上去要比静止更加说得通些。

▶ 地球的一部分回到整体时,可能做的是圆周运动。

现在,辛普里修,其余的还有什么,你只管朝下讲吧。

辛普里修: 作者又指出另一条谬误以支持他的反对论点,就是同一运动怎样一来就会适用于性质非常不同的事物,然而我们的观察所得是,不同性质的事物,其动作和运动也是各个不同的。而且理性也证实了这一点,否则的话,事物如果不靠它们的各个特殊动作和运动向我们的理性揭示它们的实质,我们将无从理解和区别它们各自的性质了。

▶ 我们从各种不同的运动认识到事物的各种不同性质。

萨格利多: 我从这位作者的那些论证有两三次注意到,他为了要证明事物是如是这般的情况，就利用这样一句话，说事物就是以这种方式使它们本身配合我们的理解力，否则的话，我们对这一点或那一点细节就会毫无所知，而哲学推理的标准也就垮台了；就好像自然界先造了人类的脑子，然后再安排万事万物来适合人类的理解力的。但是我却认为自然界先按自己的方式创造万物，然后使人类理性具有相当的机智足以理解自然的一部分秘密，不过要费很大的劲才能做到。

◀ 自然界先按照它自己的方式制造万物，然后建立人类理性使其能理解万物。

萨耳维亚蒂：我也是这样看法。可是辛普里修，你说说，哥白尼违反观察和理性，给那些本质不同的事物指定具有同一运动和作用的，是些什么事物呢？

辛普里修：是这些：水和空气（这些在本质上仍然和泥土有别），以及一切在这些元素中所能找到的东西，因为这里每一样东西都得具有哥白尼给予地球的三种运动。作者接着又用几何学证明，的确在哥白尼看来，一朵云悬在空中，并且长久地在我们头上盘旋而不改位置，必然不可避免地具有地球所具有的三种运动。证明就在这里，你可以自己看，因为我背不出来了。

◀ 哥白尼错误地认为本质各异的事物具有同一运动和作用。

萨耳维亚蒂：我并不急于要看它；我甚至认为把他的证明写下来是多余的，因为我敢肯定任何主张地动说的人都不会不同意他。所以就算他的证明没有错，让我们看看他的反对理由是什么。在我看来，他持以反对哥白尼立场的理由并没有多大力量，原因是我们没法从这些运动和作用汲取什么来辨别事物的本质等等。辛普里修，我请问你，我们能不能通过某些事物的完全相符的性质而认识到这些事物的各自不同的本质呢？

辛普里修：当然不能；而是恰恰相反，因为作用和性质相同，只能说明其本质是相同的。

◀ 事物各自不同的本质，不能从共同事件上认识到。

萨耳维亚蒂：所以水、泥土、空气以及其他存在于这些元素中的东西，你并不是从这些元素以及和这些有联系的东西的共同一致的作用，推论出它们的各自不同的本质，而是从其他作用推论出的。这样说对不对？

辛普里修：是这样。

萨耳维亚蒂：那么尽管我们除掉这些元素的那些联合一致的作用，亦即在区别它们本质上没有用处的那些作用，只要还保留借以区别它们各自本质的一切运动、作用及其他性质，就不会使我们丧失认识这些元素的能力，是不是？

辛普里修：我觉得这个道理完全正确。

萨耳维亚蒂：可是你不是认为泥土、水、空气都具有同一本质，其性质都是环绕地球中心不动的吗？而且这不单是你的看法，也是亚里士多德、托勒密和他们所有信徒的看法。

辛普里修：这是被看作是颠扑不破的真理的。

萨耳维亚蒂：这样说来，我们关于这些元素以及元素物体不同本质的论证，就不是根据这种共同的环绕地球中心的天然静止状态来的了，而一定是从看出它们非共同的其他属性获知的了。所以任何人如果仅仅考虑到这些元素的共同静止状态，而把它们所有其他的作用都撇开不问，这对于我们察觉它们实质的过程，就该不会产生任何障碍。

▶ 四大元素适应于一种共同运动，和四大元素同处于共同静止，理由恰恰是一样。

你看，哥白尼只考虑这些元素的共同静止状态，其余的如轻和重、上升和下降、快和慢、密与稀、冷与热、干与湿，总之一切别的性质他都撇开不管。因此，哥白尼的立场并不如这位作者所想象的那样存在着任何谬误。单以本质有分歧或无分歧而论，在同一运动上的一致和在同一静止状态的一致，道理是完全一样的。现在请告诉我，他还有什么别的反对理由吗？

▶ 同一类的物体具有同一类的运动。

▶ 反对哥白尼的又一论据。

辛普里修：下面是他的第四条反对理由，仍旧是从观察自然界而来的。就是同一类的物体具有同一类的运动，不然就处于同一静止状态。但是根据哥白尼的学说，同类的物体而且非常相似的物体运动起来，却会有很大的差异，甚至方向完全相反。因为星体都是很近似的，然而它们的运动却是这样地不同，像六大行星[①]就是一直在周转着，而太阳和那些恒星则永远停止不动。

萨耳维亚蒂：这样论证的形式我看是正确的，但是我认为内容错了，或者说用得不得当，而且如果作者坚持这样的假设，其结果将会直接和他的论点相反。论证的方法是这样的：

▶ 由于地球天然是不发光的，而太阳和恒星是发光的，可以推论前者在动，而后者是不动的。

在天体中，有六个天体经常在运动；这就是六个行星。其他的（即地球、太阳和恒星）则要看哪些在动，哪些停止不动。如果地球是静止的，太阳和恒星就必然在动着；也可以是太阳和恒星不动，而地球在动着。问题既然在这里，我们就可以问哪些比较适合于运动，哪些比较适合于静止。

根据常识，运动应当属于那些在类别和实质上比较接近那些肯定在运动着的物体，而静止应当属于那些和它们最不相似的物体。永恒的静止和持续的运动既是完全不同的两种状态，一个一直处于运动中的物体，其本质显然和一个永远处于静止的物体，在本质上迥然不同。所以当我们对运动和静止产生疑问时，让我们看一看是否可以依靠一些别的有关情况来考察那些星体，如地球、太阳或者恒星，比较类似哪些已知的运动星体。

现在你看，大自然为了照顾我们的需要和愿望，是怎样为我们提供并不亚于运动和静止的两种显著情况的——这就是光与暗，亦即天然是发光的，或者天然是黑暗的，缺乏光线的。所以从内部和外表发出光辉的天体和不发光的天体在本质上是完全不同的。现在地球就是不发光的，而太阳本身则非常光辉灿烂，那些恒星也同样如此。和地球一样，那六个行星也是一点不发光的；所以这些行星的实质很像地球，而不同于

---

① 当时，月亮被认为是最近的行星，比土星远的行星还不知道。

太阳和恒星。由此可见,地球是在运动,而太阳和恒星天层则是不动的。

辛普里修:但是这位作者不会承认六大行星是黑暗无光的,而且在这一点上他将坚持否定的态度;如果不是这样,他也会联系光与暗以外的情况,争辩说这六个行星和太阳与恒星本质上非常相似,同时指出太阳与恒星和地球在本质上的悬殊。的确,我现在就从他下面接着讲到的第五条反对理由里看到,他已经提出地球和天体之间的巨大区别来了。他写道,按照哥白尼的假设,在宇宙体系内及其各部分之间将会产生巨大的混乱和纷扰,因为这个假设在天体(依照亚里士多德、第谷和别的一些人的说法,是不变和不朽的)之间,亦即在这样尊贵的星体之间,把什么东西都收容进来了(连哥白尼本人也声称这些天体是秩序井然的,是按照最完善的方式排列的,而且不承认它们的力量存在着任何易变的情况);因为我敢说,这个假设在金星和火星这类纯粹的天体之间插进这样一个所有腐朽物的藏垢纳污之所,即地球,连同地球上的水、空气和所有水与空气的混合物!

◀ 从纯与不纯来看地球与天体的另一差别。

现在如果按照所有其他学派的教导,把纯洁的和不纯洁的分开,把腐朽的和不朽的分开,使我们清楚看见不纯洁和腐朽的东西全被禁锢在月层的狭窄范围里,而天体则以一种连绵不断的程序高悬于月层之上,这是多么美妙的一种安排,而且对大自然——的确对上帝这个宇宙巨匠说来,是多么的适当啊!

萨耳维亚蒂:的确,哥白尼的体系在亚里士多德的宇宙里引起了骚动,但是我们谈的是我们自己真正的、实在的宇宙。

◀ 哥白尼在亚里士多德的宇宙里引起了骚动。

如果这位作者按照亚里士多德的说法,从天体的不朽和地球的腐朽性推论出两者之间在本质上存在着区别,并且根据这种区别而作出太阳和恒星在运动着而地球不动的结论,那么他就是迷失在谬误里,并且把有问题的东西都肯定下来了。因为亚里士多德想要从天体的运动推论出天体的不朽性,而现在争论的问题是究竟是天体还是地球在运动。关于这种修辞性推论的愚妄,我们已经讲了不少了。试问把地球和四大元素从天界中驱逐出去并且孤立起来,而把它们限制在月层之内,还有比这种说法更乏味的吗?难道月层不是一个天层吗?而且根据它们的共同性,不是恰恰处于一切天层的中心吗?这的确是一种把不纯洁和病态的东西和健全的东西区别开来的新办法——使传染病在城市中心占据一个地位!我原来的想法是,麻风医院应当离开城市中心愈远愈好。

◀《反第谷论》作者的谬误。

◀ 说地球处于天界之外,看来是愚蠢的。

哥白尼钦佩宇宙的各部分安排得这样好,是因为上帝把最光亮的天体放在宇宙的中心,而不是偏在一边,因为这样它就会以它的巨大光辉照亮整个庙宇。至于地球是介于金星和火星之间,请容许我讲一句话。你自己为了代表这位作者,可能打算把地球移开,但是我们还是不要拿这些修辞上的野草闲花来纠缠严峻的逻辑论证吧。这些琐碎事情不妨留给那些雄辩家,或者留给那些诗人更好些,因为他们最善于运用他们的风雅辞藻来吹捧那些最卑下，甚至最有害的东西。好了，如果还有什么问题需要解决，那你就谈下去吧。

▶ 根据动物的情况提出的反对论证，因为动物的动作尽管是自然动作，但需要休息。

辛普里修：这里是第六条也是最后的一条反对论点；他指出一个可毁灭的和无常的物体不可能具有持久的经常运动。他以动物为例来支持他的论点，因为动物虽然能做自然动作，却会感到疲倦，必须经过休息才能恢复体力。而动物的动作和地球的运动比起来要相差得不可以道里计。可是地球却要作出三种不可协调的和方式上弄得人们莫名其妙的运动！除掉一个人死心塌地要为这种见解辩护外，试问谁能够坚持这样的看法呢？

碰到这种情形，即使哥白尼说这种运动由于是地球的天然运动，而不是强加的，它起的作用和强迫运动所起的作用相反；而且事物凡是受到冲力，都注定要分化解体而不能持久，但那些天生的事物则能保持其安排得最适当的地位——即使哥白尼这样说，也无济于事。这样的回答，我说是没有用的；在我们没有开口以前，它已经站不住了。因为动物也是一个天然体，而不是人工制造的；动物的行动是天然的动作，发自动物的灵魂；这就是说，是出于内在的原因，而那种出于外在原因而且被动者毫不参与的运动，而是强加的。然而如果动物长时间运动下去，它就会弄得筋疲力尽；如果它顽固地企图坚持下去，甚至会死掉。

所以你看，自然界到处都能找到和哥白尼学说相反的迹象，而永远看不到什么对他有利的迹象。现在为了使我不要再勉强扮演这位反对者讲话，让我们听听他对开普勒[①]作了哪些反驳（他是不同意开普勒的）；是这样，有人觉得像哥白尼学说所要求的那样把恒星天层加以扩大，好像是不合适的，甚至是不可能的，但是这位开普勒却加以反对。开普勒的反对理由是这样的："把物体的性质延伸到其本身规格以外，比扩大物体本身而不具备这种性质要难。哥白尼扩大恒星的球体但是恒星是停止不动的，托勒密则给恒星的运动加上巨大的速度，所以哥白尼是比较可靠的。"作者回答了这条反对理由，对开普勒会糊涂到说托勒密的假设把运动扩大到物体的规格以外，感到惊异，因为在他看来，运动只是按照规格的比例增加的，而且运动速度的增加是随着规格的扩大来的。他的证明是，设想一块磨石每二十四小时转一圈，这种运动可以说是非常之慢了。下一步他设想磨石的半径一直延长到太阳那么远；这个半径顶点的速度就将等于太阳的速度；再把半径延长到恒星天层，顶点的速度就将等于恒星的速度。然而处在磨石的圆周上，顶点的速度将是很慢的。下一步是把这种关于磨石的想法用在恒星天层上，让我们设想这个恒星天层半径上某一点和天层中心的距离就和磨石的半径一样长。这样的

▶ 开普勒的论证赞成哥白尼的学说。

▶《反第谷论》的作者反对开普勒所持的论点。

▶ 圆周运动的速度是随圆周直径的加长而增加的。

① 开普勒（1571—1630），德国天文学家，第谷的学生，他用第谷积累的观测资料发现了行星运动三定律，为牛顿发现万有引力定律打下了基础。

话，原来属于恒星天层的同一快速运动，在这一点上的速度就会变得很慢了。物体由慢变快是由它的体积大小决定的，所以速度并不超出物体的规格，而毋宁说是按照其规格和大小增加的，和开普勒设想的完全两样。

萨耳维亚蒂：我不相信这位作者把开普勒看得这样低，竟会相信开普勒连这点道理都不懂得，即从星球中心引申出的最远一点的速度，要比离中心两码远的一点快得多。所以他一定早已看到而且完全理解开普勒的意思是说，把一个固定不动物体的体积变得非常庞大，要比给一个已经很庞大的物体加上非常快的速度较为适当；他这样说是由于注意到其他天然物体的规格，亦即标准和典型，就是这样的，因为谁都看出离开中心愈远，速度就越慢，亦即这些东西的周转期需要较长的时间。但是在静止状态下，由于静止不可能有多少之分，体积的大小就不会产生任何差别。所以如果这位作者的回答对开普勒的论证有什么意义可言的话，他就得相信，既然速度的增加是体积增加的直接后果，那么不管一个很小的物体或者一个很庞大的物体以同一时间运动，对于运动原则说来都是无所谓的。但是根据我们从典型的小星球所观察到的情况，正如我们看到行星中体积较小的环行时间较短（而以木星的那些卫星最为明显），这是和自然界的设计法则相违反的。由于这个原因，土星的周转时间是三十年，比任何较小行星的周转时间都要长。现在从土星过渡到一个要大得多的星球，而使它的周转时间短到二十四小时，可以肯定说是违反典型星体的法则的。所以如果我们慎重考虑一下问题，作者的回答并没有触及开普勒论证的内容和意义，而只是涉及他的表达方式。而即使在这一点上，作者也是错的，他也无法否认为了给开普勒套上荒谬无知的帽子，在某种方式上故意歪曲了开普勒的原话。可是他这种作风太粗暴了，所以尽管他那样谴责备至，也丝毫抹杀不了开普勒的学说在学术界所造成的印象。

◀ 解释开普勒原话的真正意义，并为之辩护。

◀ 物体的体积或大小在运动上会显出差别，但在静止时不会。

◀ 自然界的秩序安排是，小轨道在较短的时间内走完，大轨道在较长的时间内走完。

至于作者反对地球能作持续运动，他的理由是地球这样一直运动着，不可能不感到疲倦，因为动物出于自然倾向和内在原因，运动一段时间之后就会觉得疲倦，需要休息，使肢体松弛一下……

萨格利多：我好像能听到开普勒回答他说，也有些动物在地上打滚来消除疲劳，所以我们用不着担心地球会变得疲劳；我们甚至有理由可以说，地球永远保持其自转，正是使自己能得到长远的、安静的休息。

◀ 开普勒的假定回答，理由很带点风趣。

萨耳维亚蒂：萨格利多，你太苛刻，太讥刺了。让我们什么玩笑都不要开，因为我们在谈正经事情。

萨格利多：对不起，萨耳维亚蒂，不过我觉得自己刚才说的话，可能并不如你认为的那样离题太远。因为某些动作有助于休息和消除身体因旅途劳顿所带来的疲乏，其效果是很显著的，正如预防性措施比医疗性措施有时更为显著一样。我有把握说，如果动物的动作方式就像我们归之

◀ 动物的运动方式如果像我们归之于地球的运动那样，就不会感到疲倦。

于地球的这种运动一样，它们就根本不会感到疲倦。因为照我的想法，动物的身体所以感到疲乏，是因为只运用身体的一部分来带动其本身和身体的其余部分；例如，在走路时，只运用大腿和小腿使腿部和其余的身体前进，但是另一方面，你们看，心的跳动就不感到疲倦，因为心只管它本身的运动。

▶ 动物感到疲乏的原因。

还有，我不懂得运动的动作究竟是真正的天然运动，还是强迫运动。我比较认为，根据实际情况来说，应当是灵魂加给动物肢体的一种超出常理的运动。因为如果重物体的上升运动是一种超出常理的运动的话，那么抬动大腿和小腿这些重物体走路，要说不带有强迫性是做不到的，也因此不可能使运动者不感到疲倦。爬梯子就是违反身体的天然倾向使它上升，从而产生疲倦，之所以如此就是由于重量对这种运动天然是抗拒的。但是如果运动体对这种运动没有任何抗拒性，那么运动体本身又何必害怕疲劳或者力气减退呢？既然根本用不到力量，为什么会有力量消耗呢？

▶ 动物的动作应当称作强迫的运动，而不是天然的运动。

▶ 力量一点用不上时，就不会消耗。

辛普里修：作者的反对论点是针对人们设想地球转动时的那些对立的运动而言的。

萨格利多：前面已经讲过，这些运动根本不是对立的，而且作者在这个问题上思想很糊涂，以至于他的那些火力反而回过来针对着他自己，原因是他坚称原动天带领着所有下层天层一起运动，和这些天层同时在继续着的运动恰恰相反。所以感到疲倦的应当是原动天，因为它不但要保持本身运动，还要带领许多别的天层运动，而这些天层的本身运动又是和它的运动相反的。由此可见，作者所作的最后结论，说什么遍观自然界的各种迹象，到处都能找到有利于亚里士多德和托勒密见解的事例，而永远找不到支持哥白尼学说的事例，这话就需要慎重加以考虑。还是这样说好些：如果这两种观点之一是正确的，而另一个必然是错误的，那就不可能找到什么理由、实验或正确的论据来支持错误的观点，因为上述的这些没有一个是和正确的观点抵触的。所以双方为了维护自己的观点和反对对方的观点，他们所列举的理由和论据之间必然存在着很大的分歧；究竟哪一方的论证比较有力，辛普里修，我看还是让你自己去判断吧。

▶ 齐亚拉蒙蒂的反对论点反击了他自己。

▶ 正确的定理可以有十足的论证，错误的定理则没有。

萨耳维亚蒂：我正打算讲几句话来回答作者最后提出的反对理由，可是，萨格利多，你的敏捷才思把我听呆了，我的一些话你已经先我而言了；可是尽管你的回答理由称得上充足而又充足，我仍想补充一点我自己想到的理由。

作者断言像地球这样一个无常的、会毁坏的物体要说永远保持一种常规运动，那是完全做不到的事，特别是动物的运动最后总会弄得筋疲力尽，需要休息，可以看出这个道理。而地球的运动比起动物的运动来要大得无可比拟，所以在作者看来这种不可能性就更加大了。我现在弄不懂的是，恒星的运动要比地球的运动快得多，而他看待这些恒星就和他看待一块每二十四小时才转动一周的石磨一样无动于衷；既然如此，为什么现在对地球的运动速度要这样大惊小怪呢？如果地球转动的速度和石磨的速度都属于同一典型，和那些更大的速度比起来实在算不了什么，那么作者就不可不必担心地球会疲倦，因为连最懒散、最迟缓的动物，像变色蜥蜴，每二十四小时走动五六码远，也不会感到疲倦。可是如果他打算绝对化地看待速度，而不根据石磨的典型例子来考虑，那么正如地球这个运动体要在二十四小时内经过巨大的空间一样，他在把这种速度归之于恒星天层时，就应当表现得更加勉强得多，因为恒星天层的运动速度比地球的速度大得不可比拟，而且要带着千万颗比地球大得多的星球一同转动。

◀ 恒星天层比地球恐怕更容易疲倦。

现在剩下来的就是看看这位作者根据什么证明来判定1572年和1604年那两颗新星的位置是在月层下面，而不属于天界，正如当时的那些天文学家所公认的那样；这的确是一个大问题。不过这些著作我都没有看过，而且还包括许多计算在内，弄得非常之长，我想还是趁今晚和明天早晨尽快看一遍，对我说来要合适些；那样的话，明天回到我们的经常讨论，我将告诉你我对这些书的看法。那时候，如果来得及，我们将讨论这种归之于地球的周年运动。

目前，这个关于地球的周日运动问题已经由我阐述得很长久了；如果你们另外还有什么话要说，特别是你，辛普里修，那就抓着现在还剩下的一点时间谈一下吧。

辛普里修：我也没有什么要说的；只是今天的讨论站在哥白尼的一方支持地动说的议论好像非常之多，而且非常尖锐，非常精辟。不过我还没有感到完全信服；因为归根结底，所有那些讲过的道理都没有证明什么，只是指出那些主张地球不动的理由都不是必然的理由。但是对方并没有从这里提出什么证据，使人们不得不相信并且证明地球在动。

萨耳维亚蒂：辛普里修，我从来就没有指望我能改变你的想法；更谈不上在这样重要的诉讼上作出具体的判断。我原来只打算，而且在我们下一次的辩论中也不过打算使你明白到，那些人相信这种每二十四小时的飞快周转速度仅仅属于地球，而不属于除地球以外的整个宇宙，并不是盲目地相信这种学说的可能性和必然性。不妨说，他们对持相反意见的那些人的理由是经过一番认真观察、听取和考核的，并不是随随便便地就撇开不管。根据这样的打算，如果这也是你和萨格利多的愿望，我们就可以进一步考察那归之于地球的另一种运动；这首先是萨摩斯岛的亚里斯塔克[①]，后来又为尼古拉·哥白尼所提出来的，其内容我相信你们全都

① 萨摩斯岛的阿里斯塔克，古希腊天文学家和数学家，早在公元前270年就已经提出关于太阳系以太阳为中心的假说，因测定从地球到月亮和太阳的距离闻名。哥白尼青年时代在意大利学习时，就受到他的观点的启发。

知道了，即地球在一年的时间内沿黄道带绕太阳一周，而太阳则处于黄道带的中心不动。

辛普里修：这个问题非常之大而且非常有价值，我将抱着极大的兴趣来听两位讨论，希望能听到关于这个问题的一切看法和意见。这样讨论以后，我将继续在空闲时深深考虑过去听到过的以及还会听到的各种意见。这样，即使我毫无别的收获，单是使我能够在比较可靠的基础上进行推理，已经受益匪浅了。

萨格利多：那么为了使萨耳维亚蒂不再劳神，今天的讨论就这样结束吧；明天我们将照常讨论，希望能听到许多伟大的新事物。

辛普里修：我把这本关于新星的书留下来，但是我要把这本论文小册子带回去，好重看一遍那里面写了些什么反对周年运动的话，因为这是我们明天讨论的主题。

（第二天完）

1632年版《关于托勒密和哥白尼两大世界体系的对话》的卷首插画。画中左边是亚里士多德，中间是手持地心说浑天仪的托勒密，右边是拿着日心说宇宙模型、穿着教士长袍的哥白尼。

作者在《关于托勒密和哥白尼两大世界体系的对话》中虚构了三个人物：辛普里修，代表托勒密；菲利普·萨耳维亚蒂，代表哥白尼；萨格利多，实际上代表伽利略自己对前两人的讨论作出判断。

对话分四天进行。

第一天

第一天主要讨论了天体的组成及性质。作者对天不变,天地之间有根本区别等宗教教义的批判是以观察到的一系列自然现象为依据的。1572年和1604年,人们发现了两颗新星。后来,伽利略用望远镜又观察到了太阳黑子的产生和消失。这些事实都证明天体和地球一样是变化的,不是永恒不变的。

1609年,伽利略向威尼斯官员演示自己制作的望远镜。

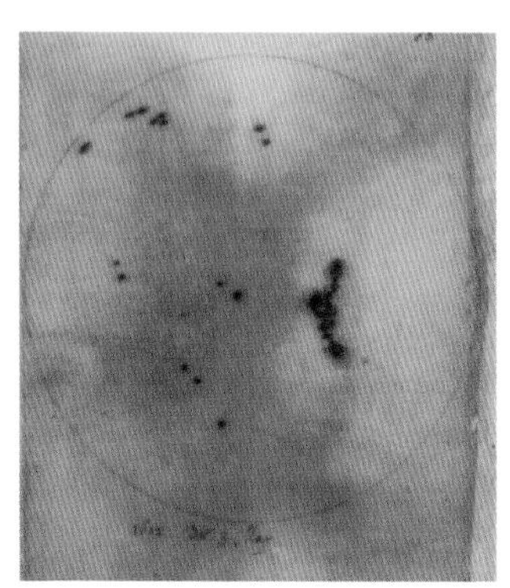

伽利略手绘的太阳黑子图,上面的日期是1612年5月3日。

亚里士多德在《天论》一书中指出,自然界可以从本质上分为两种迥然不同的物质:天上的物质和作为元素的物质。前者是不变的、永恒的、高贵的,后者是暂时的、可破坏的、低贱的。

经典对话

辛普里修: 萨耳维亚蒂,请你在谈到亚里士多德时稍微放尊重些。他既然是第一个人,是唯一的人,令人钦佩地阐述了三段论法、论证、反证,发现诡辩和谬误的方式——总之一句话,阐述了全部逻辑的人,你怎么能使人相信,他因此反而会那样地颠倒黑白,把有问题的东西肯定下来呢?……

萨耳维亚蒂: 辛普里修……正如一个匠人可能在制造风琴上很出色,然而却不懂得演奏风琴一样,一个人也有可能是很伟大的逻辑学家,然而在运用逻辑上并不在行。同样,有许多人在理论上完全理解整套的诗歌艺术,然而连一首四行诗也写不出来。

辛普里修: 在地球上我不断地看见禽兽生长和腐朽;风雨和风暴不断地发生;一句话,地球的面貌一直在改变着。这些变化在天体中间从没有被觉察过,天体的位置同分布和人们所能记得的一切情况完全相符,新的既没有产生出来,旧的也没有被消灭掉。因此地球上的一切都是变化的,而天体都是不变和不朽的。

萨耳维亚蒂: 可是如果你非得满足于这些看得见的,或者毋宁说,这些视力所及的经验,你就必须承认中国和美洲都是天体,因为你肯定没有看见过这些地方产生过你在意大利看见的那些变化。所以,照你的意思,这些地方必然是不变的。

第二天主要讨论了亚里士多德的运动学说。伽利略从地上所经验到的种种现象论证了地球的周日运动（自转），驳斥了地球不动的观点。伽利略在证明地球的周日运动时，广泛地运用了他在力学领域里的研究成果。他对落体运动、抛物体运动、摆的振动以及惯性运动等自然现象进行了分析。

伽利略画像（1624年在佛罗伦萨）。

伽利略发明的军用圆规可以代替计算尺。

经典对话

萨耳维亚蒂：……这种运动，初看上去，从逻辑上说来，同样可以说是单独属于地球的运动，也可以说是地球以外整个宇宙的运动，这种现象不论是在前一种情况下，或是后一种情况下，都同样地适合。

萨格利多：……我会觉得如果有人认为，为了使地球保持静止状态，整个宇宙应当转动，是不合理的。试想有个人爬上你府上大厦的穹顶想要看一看全城和周围的景色，但是连转动一下自己的头都嫌麻烦，而要求整个城郊绕着他旋转一样；这两者比较起来，前者还要不近情理得多。

辛普里修：然后，他（亚里士多德）用重物实验作为第四个论据来进一步证实他的结论，即重物自上而下地落下时，垂直于地面；同样，垂直向上抛起的物体，即使被抛得很高，仍沿同一直线落下。这些论据都必然证明，物体向地球中心运动，而地球却完全不动地等待和接纳这些物体。

萨格利多：要是可能的话，我愿意代辛普里修来为亚里士多德辩护，或者至少能使你的推论具有更充分的说服力。你说，观察到石子擦过塔身不足以使我们确信石子的运动是垂直的（而这是三段论中的词），除非我们假定地球静止不动（这是有待证明的结论）。

第三天

第三天主要讨论了地球绕日运动(周年运动)。通过观察木星的公转、金星的位相变化等,伽利略揭露了托勒密体系的矛盾,进而证明了日心说的优越性。

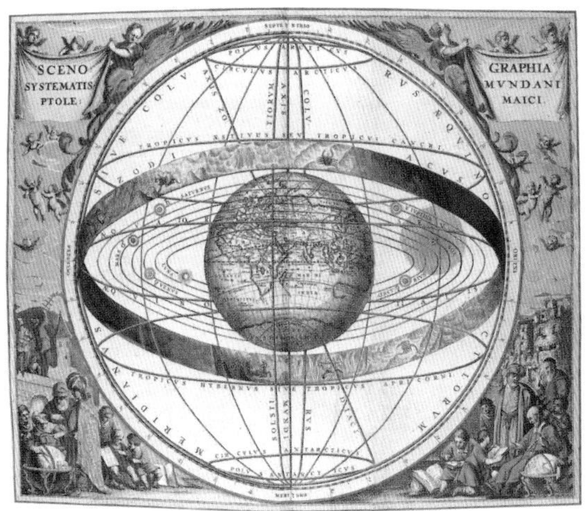

托勒密的世界体系。

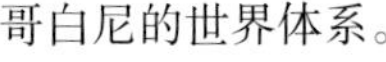

哥白尼的世界体系。

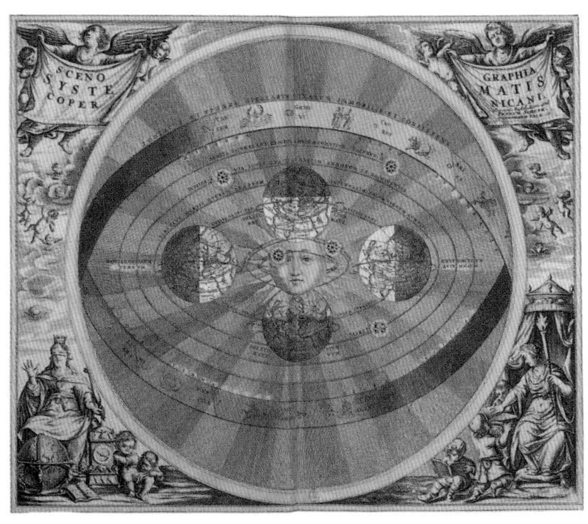

经典对话

萨耳维亚蒂: 不久前我给你勾画了哥白尼体系的一个简单的轮廓,可是火星却对这个体系的正确性发动了猛烈的攻击。……当火星最靠近我们时,它的圆盘望上去应当比它离开我们最远时大六十倍。但是火星望上去并没有显示出这样大的差别(金星也存在同样的问题)。……还有另外一个困难:因为如果金星本身是不发光的,就像月亮一样是靠日照才发亮的,那么当它处于我们和太阳之间时,望上去应当像月亮一样显出钩形,就像月亮靠近太阳时所显示的那样,然而这一现象在金星上面并不显现出来。……

现在来解答我们提到的那三项严重的困难。我要说这头两项困难不但和哥白尼体系互不抵触,而且对哥白尼体系绝对有利,大大有利。因为火星在大小上的变化的确显出和预计的比例一样,而且金星在太阳和地球之间时的确现出钩形,它的形状的改变完全和月亮一样。

萨格利多: 可是这一点如果当初哥白尼看不出来,你是怎样看出来的呢?

萨耳维亚蒂: ……上帝忽然高兴容许人类的才智发明一种神妙的仪器,把我们的视力增加四倍、六倍、十倍、二十倍、三十倍和四十倍,因而无数过去由于太远或者太小导致我们看不见的东西,现在靠望远镜都可以看见了。

第四天

第四天主要讨论了潮汐问题。伽利略认为潮汐是支持哥白尼日心地动说的有力证据。如果地球是静止不动的,那有什么力量可以使地球上如此大量的海水汹涌来去、定期涨落呢?事实上,伽利略也需要利用潮汐来支持哥白尼的学说,因为此时他所有的天文学发现都不能证明地球的运动,而潮汐恰好能够做到这一点。

地中海。伽利略在第四天多次以地中海为例,反驳月球引起潮汐的观点。

伽利略关于潮汐的理论虽然是精心之作,而且合乎常理,却是错误的。终其一生,伽利略都没有了解潮汐的真正成因,即潮水的涨落是由月球的引力造成的。他不明白一个如此遥远的物体会产生如此巨大的力量。

经典对话

辛普里修:一位伟大的逍遥学派哲学家最近从亚里士多德的一篇文章中,发掘出一条关于潮汐的原因……这些运动的真实原因来自海洋的不同深度……

还有许多人把潮汐的原因归之于月亮,说月亮对海洋有一种特殊的控制。最近某主教出版了一本小册子。他在小册子中说,月球在天空游荡时,吸住一大堆海水跟着它走,因此大海总是在月亮下面那一部分最高。

萨耳维亚蒂:你不妨告诉这个主教,月球天天在地中海上遨游,但潮水仅仅在它的东端升起,对我们来说,则只是在威尼斯升起。

如果潮水是从海峡进来的,就碰上另一个困难,它怎么会在这样遥远的地方升得这么高,而不首先在较近的地方以相似的或较大的程度升起来?

萨耳维亚蒂:只要使容器动起来,我就能根本不用任何人工设计,使你看到在海洋中看见的那些变化……

辛普里修:除非你不采用海水容器的运动而用其他自然原因来说明潮汐,你就阻止不了我乞灵于奇迹。因为我知道海洋这个容器并不动,原因是整个地球天然是不动的。

萨耳维亚蒂:难道你不相信通过上帝的绝对威力,能够超自然地使地球转动吗?

伽利略面对宗教裁判所的审判(油画)。

尽管《对话》获得了罗马教廷的出版许可证,伽利略也在书中声明只是将哥白尼的学说当作一种假设,但是明眼人都能通过该书看出哥白尼与托勒密的学说谁对谁错。1633年6月22日,宗教法庭宣布《关于托勒密和哥白尼两大世界体系的对话》为禁书,判处伽利略终身监禁,并逼迫伽利略宣誓放弃哥白尼学说。

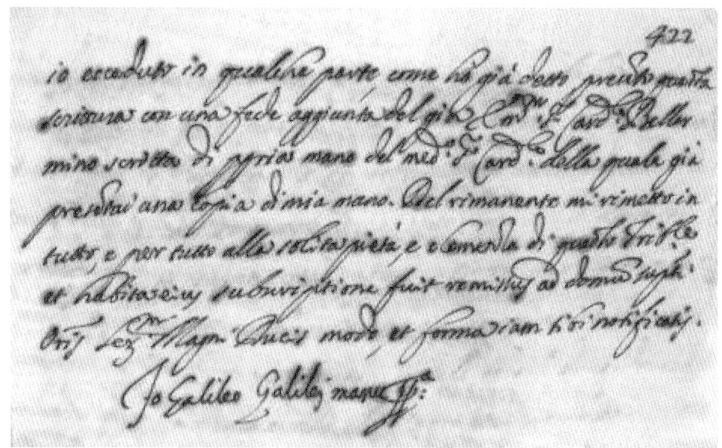

422

io escuder in qualche parte come ho già detto presento questa
scrittura con una fede aggiunta del già Ill.mo et R.mo Card.e Bellar
mino scritta di propria mano del med.o S.r Card. della quale già
presentai una copia di mia mano. Del rimanente mi rimetto in
tutto, e per tutto alla solita pietà, e clemenza di questo Trib.le
et habita eius subscriptione fuit remissus ad domum supr.
Oratoris Leg.mi Magn. Ducis modo, et forma iam sibi notificatis.
Io Galileo Galilei manu pp.a

1633年,伽利略宣誓放弃哥白尼学说的誓词的最后一部分。

宗教裁判所对异端进行折磨。

宗教裁判所焚烧禁书时的情景。

伽利略被判终身监禁，后来改在自己家中服刑。因此，伽利略回到了自己位于阿切特里的别墅。别墅位于山上，中间有个院子，从窗户可以看到整个佛罗伦萨。伽利略在这里度过了一生中的最后时光。

伽利略晚年自由虽然受到限制，但他仍然可以在家中继续自己的研究和写作，并接受各种拜访。在最后的岁月里，伽利略完成了另一部巨著《关于两门新科学的对话》。

右图是伽利略的大女儿、修女玛丽亚·切莱斯特。

玛丽亚·切莱斯特多年来一直尽可能地照顾伽利略的生活。不幸的是，她于1634年先于伽利略去世，这使伽利略的晚年生活更显凄凉。

左图是伽利略晚年在家中指导自己最后一个得意门生维维安尼（V Viviani，1622—1703）时的情景。维维安尼在1643年和伽利略的另一个学生托里拆利（E. Torricelli，1608—1647）提出气压概念，发明了水银气压计。维维安尼还撰写了伽利略的传记，正是他在伽利略传记中提到了著名的比萨斜塔实验。

佛罗伦萨圣十字教堂内景。圣十字教堂是伽利略、米开朗琪罗、罗西尼等名人的墓地，以“意大利先贤祠”著称于世。1642年1月8日伽利略去世后，根据遗嘱将他葬在这所教堂内。为了避免引起罗马教会的注意，伽利略的遗体被葬在一个不起眼的房间的角落里。1737年，佛罗伦萨重新为伽利略举行了隆重的葬礼。

佛罗伦萨圣十字教堂内的伽利略墓。1980年罗马教廷宣布取消对伽利略的审判。

第　三　天

· The Third Day ·

哥白尼发现，毕达哥拉斯学的某些人曾经特地把周日运动归之于地球，另外一些则连周年运动也归之于地球，所以他就开始根据这两条新的假设来考察行星运动的现象和特点，而所有这些材料他都是非常熟悉的。这样一来之后，他看出整体和部分之间的关系显得异常简单，所以他拥护这样的宇宙秩序，并由此而感到心安理得。

GALILEO GALILEI LINCEO FILOSOFO E MATEMATICO DEL SER.MO GRAN DUCA DI TOSCA

萨格利多：我急于等待你大驾光临，以便能听到关于我们这个地球的周年运动的许多新奇见解。这使我感到昨天晚上和今天早晨过得特别长，虽则我并没有把时间虚掷掉。相反，我有大半夜都醒在床上，脑子里回溯昨天的那些争论，并且盘算着对立的双方各自提出来支持其立场的理由。这两个立场，一个代表亚里士多德和托勒密的早先立场，一个代表阿里斯塔克和哥白尼的立场。而且我的确感觉到，不管哪一方错了，只要我们始终不越出原来创立这种学说的渊博学者所提出的理由，那些辩护理由都非常言之成理，因此也是可以原谅的。但是逍遥学派的见解由于年代悠远，拥护的人很多，而另一种见解的拥护者则寥寥无几，这一部分是由于它比较深奥，一部分是由于它很新奇。而在那些偏袒逍遥学派见解的人们中间，特别是晚近的那些人中间，我好像觉察到有些人为了坚持他们认为是正确的见解时，提出了一些不但可笑，而且是很幼稚的理由。

萨耳维亚蒂：我和你的感受一样，甚至比你的感受还要深。我曾经听到许多奇谈怪论，连重复一遍都感到脸红——这倒不是为了避免使那些人出乖露丑（因为总有法子不提起他们的名字），而是为了免得人类的声誉蒙上这样大的不光彩。久而久之，我冷眼旁观的结果使我肯定某些人的推理太不像话了；他们在头脑里先下了某种结论，这种结论或者是他们自己的，或者是从他们完全信任的某个人那里得来的，在他们头脑里留的印象非常之深，使你简直没有法子为他们驱除掉。只要他们自己想到，或者听见别人提出什么支持他们成见的论证，不管这种论证多么简单、多么愚蠢，他们就会立刻接受和拥戴。在另一方面，只要有人提出什么反对的见解来，不管这些见解多么精辟，多么理由充足，他们都要加以蔑视或者火冒三丈——老实说，不气出一场病来已经很好了，他们不但感到气愤，有些人甚至进一步阴谋策划压制他们的论敌，使对方不敢讲话。我就有过这种经验。

◀ 有些人在头脑里先下了他们相信的结论，然后再配合这种结论来进行推理。

萨格利多：我知道；这种人并不从前提推出结论，或者靠推理得出结论，而是使他们的前提和理由适应（我应该说，加以篡改和歪曲）一个对他们说来已经确定和钉死了的结论。跟这种人打交道是没有好处的，特别是和他们在一起不但会造成不愉快，而且会惹祸。所以我们还是和好心的辛普里修继续讨论这类事情吧；我和他相交已久，他这人不但富有才智，而且心地非常忠厚。还有，他对逍遥学派的学说是极其熟悉，我敢说如果有什么支持亚里士多德见解的理由是他想不到的，别的人也不可能想得到。

◀ 1613年，伽利略出版了一本关于太阳黑子的著作，这是卷首页。在伽利略肖像上方有两个天使，一个手中拿着伽利略发明的军事圆规，另一个手中则拿着伽利略制作的望远镜。

可是现在我们今天盼望了这么久的这位老兄来了，跑得上气不接下气的。——我们刚才还在骂你呢！

辛普里修： 请不要骂我；要怪海神把我耽误了这么久。因为今天早晨落潮时，他把河流都抽干了，弄得我坐的那只小船进入了离这里不远的一条没有堤坝的小河之后，就搁浅了。我只好在船里待了一个多小时等待涨潮。当我待在船中的时候（那船差不多一转眼之间就搁浅了），我见识到一件在我看来是很异常的现象。当河水低落时，人们可以看见河水通过各种各样的渠道迅速地流失，有许多地方连泥土都露出来。当我正在注视这种现象时，我看见河水沿着一条沟渠的流动突然停了下来，而且一刻也不停留，就开始回升了，所以海水从落潮转为涨潮，中间并没有一刻停留。这种现象是我以前来威尼斯期间从来没有见过的。

▶ 河水的涨落运动，中间不存在停顿。

萨格利多： 那么你过去不可能时常碰到在小沟渠里搁浅的事。这些沟渠的河流由于简直没有什么倾斜，所以大海的起落只要有一纸之差，就足以使这类小河里的水流出或者返流一段很长的距离。在某些海边，海水只要升到几码高，就可以淹没几千亩的平原。

辛普里修： 这我完全懂得，不过我总觉得在落潮的最低点和涨潮的最初一瞬之间，一定可以看得出隔开一段停留时间。

萨格利多： 当你心里想的是一堵墙或者一堆砖瓦木料时，你是会这样看的，因为这里的变化是垂直的。但是实际上并不存在什么停止状态。

辛普里修： 在我看来，这些既然是两种相反的运动，按照亚里士多德的学说证明，“在恢复时中间隔着停止”，所以这两种运动之间总该有某种停止的中间状态存在。

萨格利多： 这一段话我记得很清楚，而且我还记得当初我学哲学时，对亚里士多德的这项证明并不信服。老实说，我就有过许多与此相反的经验。这些我现在也不妨提出来，不过我不想使大家再跌进更多的深渊中去。我们在这里碰头是为了讨论我们的主题，而且尽可能地不要像前两天那样打断我们的讨论。

辛普里修： 打断固然不行，不过把讨论的范围稍许扩大一点也还是不错的。因为昨天晚上我回家之后，我把那本小册子又重读了一遍，发现有些很令人信服的证据都是反对这种归之于地球的周年运动的。而且由于我拿不准自己引用原话时没有差错，所以我把这小册子也带来了。

萨格利多： 你做得对。可是如果我们真的要按照昨天的约定，继续我们的讨论，我们必须先听听萨耳维亚蒂对于那本论新星的书有什么话要说。这样谈了以后，我们就可以接着讨论周年运动的问题，不要再岔到别的方面去了。

现在，萨耳维亚蒂，你对于那些新星有什么要说的呢？难道它们真是因为辛普里修提出的这位作者做了那些计算，从天上被拉到这些卑下区域里来吗？

萨耳维亚蒂：昨天晚上我着手研究他的计算是怎样进行的，今天早上我又重看了一下，有点不相信我头一天晚上看到的是不是真的写在上面，还是受到鬼迷和夜间荒诞想象的欺骗。使我感到非常遗憾的是，这些都的确印在书上，而为了顾惜这位哲学家的名誉起见，我真盼望这些没有印出来。我觉得非常奇怪，作者竟体会不到他从事的这项工作是徒劳无功的，因为这是一望而知的，而且我记得我们那位成员朋友曾经称许过他。我简直相信不了，他为了迁就别人，会轻信到那样低估自己的声誉，弄得在人家怂恿之下出版这样一本只会受到学者们声斥的书。

萨格利多：你不妨加上一句，有许多人将会把他歌颂和吹捧得比古往今来一切最有学问的人都要高，而这些学者里面能够抵消这些人的影响的恐怕百分之一还不到。看，一个人竟能对抗一大堆天文学家坚持逍遥学派天体不变学说，而且能运用他们自己的武器和他们作战，使他们大丢其脸！就算每一个省份里有这么半打的人能看出他的鄙陋见解，这一点人和那些数不尽的大群无知的人比起来又算得什么呢？那些人（既发现不了也无法理解这些鄙陋见解）被那么多的呼声搅昏了，而且越是不懂，就越吹捧得厉害。便是那些少数真正懂得的人，对这种毫无价值、内容空洞的粗制滥造作品，也不屑回答。而且有他们的道理，因为真正懂得的人不需要看它，而对那些不懂的人说来则白费力气。

萨耳维亚蒂：沉默的确是对待他们的鄙陋的最合适的谴责，如果不是为了别的实际理由逼使人们不得不排斥他们。一个理由是我们意大利人使自己在外国人眼中就像不学无术的人，而且成为笑柄，特别是对于那些和我们的宗教断绝关系的人；我可以指给你看某些很有名望的人嘲笑我们的成员朋友和意大利的许多数学家，说他们听任一个叫劳伦西尼(Lorenzini)的人把他那些胡说八道的东西印出来，认为代表我们成员朋友的意见而不去驳斥他。但是这件事也不妨淡然处之，因为和它比较起来还可以提到另一件更加令人好笑的事情，那就是有一类反对者对自己不懂的东西讲了些无聊的话，而我们的学术界却以一种虚伪态度对待他们。

萨格利多：我觉得再没有比这个例子更能说明他们的别扭和哥白尼的艰苦处境了；这些人对他们所攻击的观点连最起码的知识都不懂，然而偏要对哥白尼那样吹毛求疵。

萨耳维亚蒂：使你吃惊的还不限于这些；他们对天文学家们宣称那些新星高出行星轨道之上，而且可能属于恒星天层，也同样死命反对。

萨格利多：可是你怎么能在这样短短的时间内就把全书读完呢？那肯定是一部很大的书，而且里面一定有无数的证明。

萨耳维亚蒂：我看了他的第一项反驳，就看不下去了；在这第一项反驳里，他谈到一五七二年的新星（那是在仙后座出现的）；有十二个天文学家根据观测，认为新星属于恒星天层，他却根据这十二个天文学家的观测提出十二条相反的证明,说新星是在月层下面。为了证明这一点,他把不同的观测者在不同的纬度所测量的子午圈高度,一对一对地拿来比较;他采用的方式下面你就会懂得。我的感觉是,在考察他所采取的最初步骤时,我已经发现这位作者根本没有能力提出什么证据来反对这些天文学家,或者为逍遥学派哲学家辩护,老实说,他只能更加肯定那些天文学家的正确。因此我就不想同样耐心地去考察他的其他方法了;只要大略看一下,我已经肯定他的初步反驳既然这样地不通,其他的反驳也就可想而知了。事实是(而且你很快就会看到),只要用寥寥几句话就足够驳倒这部著作,尽管你看它积累了那么多的艰苦计算。

▶ 齐亚拉蒙蒂用以反驳那些天文学家的方法,和萨耳维亚蒂反驳齐亚拉蒙蒂的方法。

现在我告诉你我是怎样着手的。是这样,这位作者为了用对方的武器来攻击对方,采用对方自己所作的大量观测结果,这些人有十二三个。他依赖这些观测的一部分并根据自己的计算,引申出这些新星是在月层下面。由于我很喜欢用提问的方式进行,而且作者本人又不在场,辛普里修,我就要你来回答我下面提出的问题,而且你认为他会怎样说就怎样说。

假定我们是在讨论一五七二年在仙后座出现的那颗新星,辛普里修你说,你认为它同时会在不同的地点出现吗?这就是说,它能不能同时处在地球范围之内,又在行星层之内,还能够高出行星层之上介于恒星之间,而且比恒星还要高出很多呢?

辛普里修: 毫无疑问,我们只能说它是处在单一地点,亦即离开地球一定的距离,而且唯一的距离。

萨耳维亚蒂: 那么,如果这些天文学家所作的测算是正确的,而且如果这位作者所作的计算也没有错的话,前者的计算和后者的计算将必然得出完全同样的距离,你说是不是?

辛普里修: 依我看来,结果必然是如此,而且我相信这位作者也不会有不同意见。

萨耳维亚蒂: 可是如果眼前有许多计算,其中没有两个是相同的,你将怎么看呢?

辛普里修: 我将认为这些计算全都是错的,或者是计算仪器出了毛病,或者是测算者本人弄错了。我顶多只能说其中有一个计算可能是对的,但只能有一个;而且我也说不出究竟哪一个对。

萨耳维亚蒂: 可是你愿不愿意在错误的基础上引申出一个有问题的结论来,并且把它看作是正确的呢?当然不会。现在这位作者的计算就是这样相互间没有一个吻合的;所以你看,你对这些计算能抱多大信心呢?

辛普里修: 如果情况是这样的话,那的确是一个严重的缺点。

萨格利多: 为了替辛普里修和他那位作者解围,我要跟你说,萨耳维亚蒂,如果这位作者的企图是计算新星离开地球究竟有多远,那么你的论点的确是站得住脚的。但是我不相信这是他的企图;他只打算表明新星是在月层下面。所以，如果根据上述所有观测，以及由这些观测所作出的所有计算，都能推算出新星的高度达不到月亮的高度，这对作者说来就已经足够了；他就可以指摘所有那些天文学家是极端愚昧的人，因为不管他们是在几何学上还是在算术上弄错了，他们总之不能从自己的观测中推出正确的结论来。

萨耳维亚蒂：萨格利多，既然你这样狡猾地为作者的学说辩护，那我就把话头针对着你吧。而且让我们看看能否也说服辛普里修（尽管他在计算和证明上都不行），就是这位作者的许多证明不管怎样说都是站不住的。你们首先要弄清楚，作者以及所有和他意见不合的天文学家都一致同意，这颗新星本身是不动的，而只是随着原动天的周日运动运转。但是他们对于新星的方位却有不同的意见，那些天文学家们把它放在恒星层（也就是在月层之上），而且可能在恒星中间，而这位作者则断定它靠近地球；就是说，在月层的圆弧下面。由于我们谈论的这颗新星的位置靠近北方，而且离北极没有多远，所以在我们北方人看来，它是从来不沉落的，也因此用天文仪器来测算它在子午圈上的平纬度就比较简单易举——最低值低于天极的平纬度多少，最高值高过天极的平纬度多少。当我们在地球上的不同地点，并且离天极不同距离（就是说在极仰角各自不同的地点）作了观测之后，再把这些观测合并起来，新星的距离就可以推算出来了。因为如果新星的地点是在恒星层，处在许多恒星之间，它们在不同的极仰角所测算出来的子午圈平纬度之间的差异，将会和这些极仰角之间的差异一样。因此，举例来说，如果在极仰角是 45 度的地点测算出新星在地平线上面的平纬度是 30 度，那么在天极高出四度或五度的更北地点测算出来的新星平纬度也应当增加四度或五度。但是如果新星离地球的距离比恒星层离地球的距离小得多的话，那么观测地点越接近极点，它的平纬度就应当比极仰角显著地增大。根据这种增大——就是说根据新星平纬度的增长超过极仰角的增长，即我们称作视差的差异——新星离开地球中心的距离就可以用一种明显而可靠的方法很快地计算出来。

◀ 如果新星是在恒星层，它的平纬度的最小值和最大值之间的差异，将和极仰角的差异没有分别。

现在这位作者把十三位天文学家在不同的极仰角所作的观测拿来，并（经过挑选）把其中一部分分为十二对，计算出新星的高度总是在月层下面。但是他敢于这样做，是由于他指望凡是拿到这本书的人对于天文学都是一窍不通，所以我看了真要呕出来。我简直不懂别的一些天文学家怎么忍得住不说话。特别是开普勒，作者对他的攻击最厉害；开普勒不是那种不敢讲话的人，除非他认为这件事不值得一提。

现在为了使你明了真相起见，我把作者根据他的十二次考察所推算出来的结论都抄在这几张纸上。这些结论的第一条是：

1\. 根据毛罗里克斯和哈因席尔的测算，他从这两项测算推出

新星离地球中心的距离是地球的三个半径，视差相差 4°

42′30″ ………………………………………………………… 3 半径；

2. 他又从哈因席尔和苏勒的测算，和 8′30″的视差，推算新星离地球中心的距离大于 ………………………………………… 25 半径；
3. 又根据第谷和哈因席尔的推算，和 10 分的视差，推论出新星离地心的距离略小于 ………………………………………… 19 半径；
4. 又根据第谷和赫斯方伯的测算，和 14 分的视差，把离中心的距离说成约等于 ………………………………………… 10 半径；
5. 又根据哈因席尔和盖马的测算，和 42′30″的视差，把距离计算为相当于 ………………………………………… 4 半径；
6. 又根据赫斯方伯和卡买拉里斯的测算，和 8 分的视差，发现新星的距离约为 ………………………………………… 4 半径；
7. 又根据第谷和哈扎克的测算，和 6 分的视差，推算出其距离是 ………………………………………… 32 半径；
8. 又根据哈扎克和欧辛诺斯的测算，和 43 分的视差，推论出新星和地面的距离是 ………………………………………… 1/2 半径；
9. 又根据赫斯方伯和布西的测算，和 15 分的视差，说新星离地面的距离是 ………………………………………… 1/48 半径；
10. 又根据毛罗里克斯和蒙奴司的测算，和 4°30′的视差，得出新星离地面的距离是 ………………………………………… 1/5 半径；
11. 又根据蒙奴司和盖马的测算，和 55 分的视差，算出新星离地心的距离约为 ………………………………………… 13 半径；
12. 又根据蒙奴司和欧辛诺斯的测算，和 1°36′的视差，找出新星离地心的距离小于 ………………………………………… 7 半径。

这些就是作者所作的十二次考察，据他自称，是他从这十二个天文观测者的测算可能作出的一大堆组合中挑选出来的十二对；我们可以肯定，这十二对都是对他的立论有利的。

萨格利多： 可是我很想知道，在作者所略去的那些别的考察中，是否有些对他不利；就是说，是不是有些测算可以推论出新星是处在月层之上。我觉得人们一眼就可以看出，这样问是合理的。原因是这些结论看得出它们相互间的差别就非常之大，其中有些计算把新星和地球的距离说成比别的一些计算大四倍、六倍、十倍、一百倍、一千倍和一千五百倍，这就使我不得不怀疑在那些他没有计算的观测中，是不是有些对对方有利。我看这类计算也不是从世界上什么最深奥的事理来的，这些天文观测家不可能连这点聪明和技巧都没有，所以我的怀疑就更加有道理了。说实在话，仅仅在十二项考察里面，有些会把新星的位置放在离地球只有几里的高度，另外一些则使它稍次于月亮的高度，要说没有一个观测会有利于对方，算出新星高出月层至少有二十码远，这在我看来简直是神秘不可思议的事。尤其是，有这么多的天文学家，对他们自己的这样明显的错误竟然全都看不出来，这岂不是荒唐之至吗？

萨耳维亚蒂：那么你就准备听着并准备万分吃惊吧，一个人存心要和别人争论并且要显得比别人高明，他在这种心情驱使下就会过分地相信自己的权威和别人的愚蠢。

在被这位作者所抹杀的那些考察里面，有些不但把新星的方位放在月层之上，甚至放在恒星之上。而且作出这样结论的并不是少数几个人，而是大多数；这你可以从我这一页的记载上就可以看出。

萨格利多：可是这位作者对这些怎么说呢？还是他可能没有考虑到这些呢？

萨耳维亚蒂：他考虑得太过头了；他说这些观测都是错误的，因此根据这些观测所作的计算就会使新星的距离成为无限远，所以这些观测是无法调和的。

辛普里修：哦，这话在我看来肯定是一种遁词，一点力量没有，因为对方也可以同样有理由说他据以推算出新星在元素世界范围之内的那些观测，也是错误的。

萨耳维亚蒂：啊，辛普里修，但愿我能够说服你，使你看出这位作者的伎俩——虽则并不是怎样高明的伎俩。他利用你的天真和其他不懂天文学的哲学家的天真，为自己的诡谲打掩护，企图博取你的欢心。他把那些想要攻击逍遥学派天界的不可动摇性和一成不变性的天文学家说成毫不足道，并自命已经驳倒他们，使他们无辞以答；不但如此，还自命用他们自己的武器驳得他们哑口无言，无力还击。他就是用这种伎俩使你觉得娓娓动听，并鼓起你的无名勇气。如果你一旦发现他是怎样做到这样的，我会引起你的惶惑，并且使你感到愤慨。我将尽一切力量做到这一点。同时，萨格利多，我要请你原谅我和辛普里修，因为有些事情最好帮他搞清楚，不应当让他始终蒙在鼓里，毫无所知；而当我竭力这样继续向他讲清楚时，我们两人将会唠唠叨叨讲上一大堆话（我是指以你才智之敏捷，将会觉得唠叨），没来由地使你感到厌烦。

萨格利多：我不但不会感到厌烦，而且很乐意倾听你们的讨论。那些逍遥学派的哲学家如果全都肯这样倾听下去，从而发现他们对这位逍遥学派的保护人应当怎样地感恩戴德，那该多么好啊！

萨耳维亚蒂：辛普里修，你说说看，假定新星是在北方，而且处在子午圈内，如果新星真是处在恒星中间，你是否真正相信，一个人朝着北极星走上半天，新星将会和北极星高出地平线一样多。另一方面，如果新星比恒星层低得多，就是说比较接近地球，它就会望上去比北极星升得更高，而且越接近地球，升得就越高。

辛普里修：我觉得这里的道理我完全懂得；为了表明这一点，我将试行画一张图从数学上证明它。

在这个大圆周上，我把北极星标作 P，而在下面的两个圆周上，我将

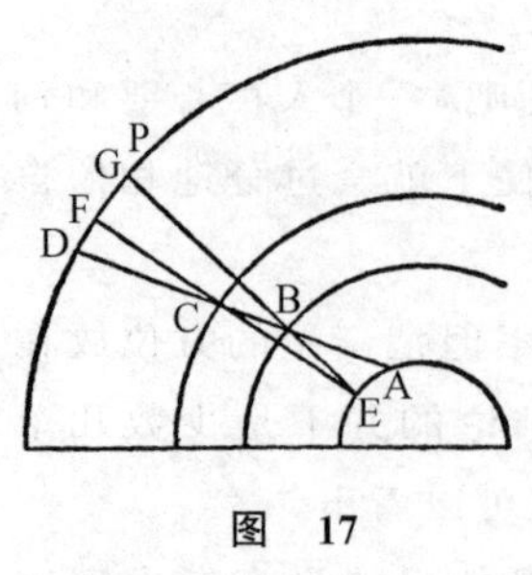

图 17

标出从地球的A点望出去的两颗星B和C,而沿ABC这根直线望出去,将会看见一颗恒星D。这样,当我沿着地球从A点向E点移动时,那两颗星望上去就会和恒星分开而向北极星P靠拢——较低的一颗星B移动得较多,从我眼中看去将是在G点;C星移动得较少,望去将是在F点。但是恒星D则仍将保持它离开北极星的距离。

萨耳维亚蒂:我看出你很懂得。想来你也懂得,B星由于比C星低,从A点和E点望见C星射来的两条光线所形成的角(即ACE角)要比AB和EB两条光线与B星形成的角小。

辛普里修:这是一望而知的。

萨耳维亚蒂:还有,由于地球对恒星层说来非常之小,也可以说几乎是看不出的,所以我们在地球上所能走过的这段AE距离,同地球离恒星层的庞大距离EG和EF比起来,也是非常之小的;由此你可以懂得当C星升得愈来愈高时,我们从A点和E点望见C星的那两条光线和C星形成的角,就会变得非常之小,就好像绝对看不出或者不存在任何角度似的。

辛普里修:这个我也完全懂得。

萨耳维亚蒂:辛普里修,现在你一定知道天文学家和数学家曾经发现一些几何学的和算术的必然法则,并且根据这些法则,计算了B角和C角的大小和两个角差,再计算A点和E点之间的距离,只要这些距离和角测量得准确,就可以算出星体的距离,任凭是最高天体的距离连一尺也错不了。

辛普里修:这样说来,如果根据几何学和算术所制定的规则是正确的话,那么我们在测算新星或者彗星或者诸如此类星体的高度时,一切可能产生的错误和误差就将归咎于AE的距离,或者B和C的角度没有测量得准确了。由此可见,前面提到的那十二项测算之间的差别,并不是由于计算方式有什么毛病,而是由于用仪器测量这些角和距离时发生差错。

萨耳维亚蒂:完全就是这样;丝毫没有怀疑的余地。现在你一定要密切注意,在星体由B移到C,从而使角度变得更加小时,光线EBG将不断地离开光线ABD处于角下面的那一部分愈来愈远。这从ECF线上可以看得出来,它的下面一部分EC就比EB离开AC部分更远。但是AD和EF两根线不管怎样延长,也决不会完全分开,因为最后它们总要在星上碰在一起。只有无限地延长下去,这两根线才可以说是分开成为平行的两根线,而这是不可能的。可是你要紧记着,由于恒星层的距离是那样地远而地球(如我们早先已经提过的)又是这样地小,我们不妨把从A点和E点起到恒星为止两条光线之间的角度看作是零,并把这类光线看作是平行的。因此我们可以作出这样的结论，即我们在不同地点对新星作了观测并加以比较，而计算的结果显示其角度几乎等于零，而且光线几乎是平行时，我们就可以宣称新星是处于恒星之间。但是如果它的角度是可以觉察得到的，新星就必然处于恒星下面；甚至在月亮下面——如果 ABE 的角大于 AE 和月球中心形成的角的话。

辛普里修：那么月亮的距离就不是那样大到使这个角度觉察不到了？

萨耳维亚蒂：对，确是这样；不但月亮的这个角度是可以觉察到的，连太阳的这个角度也是可觉察到的。

辛普里修：那样的话，新星的角度要能为我们觉察到，就不一定要在太阳下面，更用不着在月亮下面了。

萨耳维亚蒂：本来不一定要在太阳下面，或者月亮下面，而当前的这个事例就是这样。这一点你到时候自会看到——也就是说，当我扫清我们前进路上的障碍，使你这样一个不懂天文测算的人也能从心里更加觉察到这位作者的狡猾；看出他为了取悦逍遥学派，宁可遮盖和歪曲种种事实，而不肯为了建立真理，坦率地、赤裸裸地把事实摆出来。所以我们还是讲下去吧。

到目前为止，根据我们的谈论，我相信你会懂得新星的距离决不能大到使我们提到多次的那个角度完全消失掉，从而使在 A 点和 E 点的观测者看到的光线成为平行线。这无异于你已经完全懂得，如果计算的结果意味着角度等于零，或者两条线真正是平行线，那么我们就该有把握认为这些观测至少在某种轻微程度上是有错误的。而如果测算的如果显示这两条线不但离开同等距离(就是说，成为平行的)，而且超出了这个限度，变得上宽下窄，那么我们可以肯定地说，这些观测做得一点不准确，是完全错误的，而且会导致我们作出明显的错误结论。

其次，你必须相信我，并且承认这是确定的事实，即从一根直线上的两点引出的两根直线，如果上宽下窄的话，这两根直线和前面一根直线所形成的两个角之和将大于两直角；如果等于两直角，这两根线就是平行的；如果小于两直角，这两根线就会逐渐靠拢，而且延长下去必然形成一个三角形。

辛普里修：这一点我用不着听你讲也知道。我对几何学还不至于无知到连亚里士多德在书里讲了上千遍的那条定理都不知道！这条定理是任何三角形的三个角之和等于二直角。所以拿我这张图上的 ABE 三角形来说，假定 AE 是一根直线，我就肯定知道它的三个角 A、E、B 之和等于二直角，因此单是 E 角和 A 角加起来就小于两直角，或两直角减去 B 角。由此可见，当我们增加 AB 和 EB 两线之间的距离时(同时保持它们的另一头固定在 A 点和 E 点不动)，直到它们之间所形成的 B 角消失掉，这两根线和底线所形成的两个角之和就将等于二直角，而这两根线也就成为平行的了。如果两根线之间的距离继续扩大，E 角和 A 角之和就会大于二直角。

萨耳维亚蒂：你简直是个阿基米德，而且省掉我许多唇舌向你解释，只要测算的结果得出A角和E角的和大于两直角时，这些观测应当认为是肯定错误的。我急于想使你充分理解的就是这一点，而且很担心自己没法解释得清楚，使一个纯粹的哲学家兼逍遥学派的人能牢牢地掌握这一点。现在我们谈其余的吧。

你不久以前曾经同意我的说法，即新星不能同时处在两个方位，现在从这个共同点出发，我们可以说，只要根据这些天文学家的观测计算出来的新星方位不在一处，这些观测就一定包含着错误；这就是说，或者把北极星的仰角计算错了，或者把新星的平纬度计算错了，或者两者都错了。由于许多测算每次都是把两种观测合并起来的结果，这些测算只有寥寥几个把新星放在同一方位的，所以只有这少数的几个观测可以认为没有错；其余的都肯定是错误的。

萨格利多：那么我们就只能信赖这少数几个测算，而把其余的全都否定掉了。而且既然你说这些测算里只有寥寥几个是一致的，而且在这十二项测算中，我看出只有两项都把新星离开地球中心的距离定为四半径（即其中第五项和第六项），那么新星很可能属于地球范围，而不属于恒星层了。

萨耳维亚蒂：不然，因为如果你仔细看一下的话，这两项测算并没有说新星的距离恰好是四半径，而是约略为四半径。所以你看这两个距离之间就相差有几百英里。看这儿：这个第五项计算，你看它是13389英里，比第六项的13100英里超出近300英里的距离。

萨格利多：那么这些计算里哪几个算是把新星测定在同一位置上的呢？

萨耳维亚蒂：说起来这位作者应当感到惭愧，这里有五项观测都把新星的位置测定在恒星的距离，你可以看看我在另一张纸上还摘录了更多的综合计算。不过我打算向这位作者承认一点，而这一点也许是他不会向我提出责问的——用一句话来说，就是这些观测的每一项综合计算都多少有点错误。我认为这是绝对无法避免的，因为每一项计算都要用到四次观测结果（即根据不同观测者用不同的仪器，在不同的地点所测算出的两个北极星的不同仰角，和两个新星的不同平纬度）；任何人只要稍微懂得这里的道理，将会说这四项测算中要说不发生一点差错，是不可能的。特别是当我们知道，同一个观测者在同一地点用同一仪器单单测算一个北极星的仰角（他可能已经作过许多次测算）就可以有一分左右的出入，甚至几分的出入；这个你在这同一本书中就可以找到好多处。

▶ 天文仪器很容易产生误差。

这些情况既经确定，现在我要问你，辛普里修，你是否认为这位作者把这十三位天文观测者看作是有头脑的、明智的而且能熟练使用那些天文仪器的人呢，还是笨手笨脚的外行呢？

辛普里修：他一定把这些人看作是很敏锐、很有头脑的人，因为如果他认为这些人不能胜任这类工作,他就无异于贬低他自己这本书的价值,因为它所根据的材料都是充满错误的。而且他这样利用人家的外行,以为就可以说服我们把错误的论断当作正确的论断,也把我们看得太简单了。

萨耳维亚蒂: 这样说来,这些人是很内行的了,但尽管很内行,还不免弄错,而我们为了从他们的观测中尽可能取得最可靠的知识,就得校正他们的那些错误;对我们说来,修改和改正的地方应当尽量做得愈少愈好;只要能去除那些观测所包含的不可能性,恢复其可能性,也就够了。举例来说,如果这些观测之一摆明是错误的,而且包含有一种不可能性,而我们只要给它添上或减去两三分,就可以纠正它由不可能成为可能,那就不应当给它加上或减去十五或者二十或者三十分才算纠正过来。

辛普里修: 我相信作者将会同意这种做法,因为既然承认这些观测者都是才智之士而且内行,就得相信他们的错误绝不会大到哪里去。

萨耳维亚蒂: 其次请注意这一点。关于新星所处的位置,有些显然是不可能的,另外一些则是可能的。把它的位置说成比恒星高出很多,是绝对不可能的,因为宇宙间就没有这样一个地方;即使有这样一个地方,一颗星放在这样高的地方,也是我们望不见的。还有,新星也不可能沿着地面运行,更说不上在地球内部。拿一颗眼睛望得见的类似星体的天体来说,它的可能位置,包括那些可疑的在内,只有在月亮上面和在月亮下面才不会引起我们的反感。

现在当我们通过人力所能做到的最精密的观测和计算,企图推算出新星的位置时,我们发现这些计算的大部分都把新星的位置放在恒星之上的无限远处,而另外一些则把它定在靠近地面,更有一些甚至定在地面以下。而另外一些测算虽然给它定的位置并不是不可能的,但相互之间却没有一个相同的。因此我们有理由把所有这些观测都称为错误的,也因此如果我们希望这一切工作不是白做,并能取得一点成果的话,我们就不得不从事修改和校正所有的观测。

辛普里修: 但是作者将要说,我们根本不应当利用那些暗示新星处在不可能地点的观测,因为这些观测都错得太离奇了;他将说我们只应当接受那些把新星的位置放在可能地点的观测。他会说我们只有从后面提的那些观测,选用其中最可靠的和出现次数最多的资料,来找出新星的位置,即使不是最准确、最具体的位置(即它离地球中心的真正距离),至少要弄清楚它究竟是属于元素范围,还是属于天体范围。

萨耳维亚蒂: 你刚才提出的理由恰恰就是这位作者提出的理由,这样说对他自己的主张很有利,而对他的对方则很不利,不利到不近情理的地步;而且我特别感到惊奇的就在于作者对自己这样满怀信心,而把那些天文学家看作是盲目的和粗枝大叶的。现在我就来谈我的看法,并请你代表作者回答。

首先我问你,天文学家们用他们的仪器观测并测算诸如新星在地平线上的仰角时,是否会测算得过头一点,或测算得不够一点;这就是说,有时候把角度推算得比正确的角度高些,有时候低些?还是推算的错误总是朝一边倒,以致只要发生误差,总是过头了一点;或者总是不够,而永远不会过头?

辛普里修:毫无疑问,过与不及的两种倾向都同样地存在。

萨耳维亚蒂:我敢说作者也会如此说。你看,这两种误差既然是相反的,而且是新星的观测者同样都会犯的,那么根据一种误差测算出来的新星的高度将会高于新星应有的高度,而根据另一种误差测算出来的高度则将会低于新星应有的高度。既然如此,既然我们已经同意所有这些观测都是错误的,那么作者有什么理由要我们承认,那些显示新星接近地球的观测比那些显示新星离我们非常辽远的观测更加符合事实呢?

辛普里修:根据我们直到目前为止的一切讨论,我的体会是,作者并没有排除掉那些有可能把新星的距离定为高过月亮,甚至高过太阳的观测;他排除掉的,正如你说的那样,只是那些会把新星的距离定为比无限远更远的观测。这种距离,你也是斥为不可能的,因此他肯定这些观测错得太离奇了,所以略而不谈。在我看来,你如果要驳倒这位作者,就应当拿出更准确的观测结果来,或者更多的这类观测,或者更细心的天文观测者所测定的新星位置,究竟新星高过月亮或者高过太阳多少多少,证明它所处的这个地点是完全有可能的——就如同作者拿出的这十二项观测一样,它们都把新星的位置定在月层下面,亦即都在宇宙范围之内,因而对新星说来是可能的。

萨耳维亚蒂:啊呀,辛普里修,你就是在这种地方,和作者一样,遮遮掩掩的,不过你的遮遮掩掩和他的遮遮掩掩有所不同。我从你的讲话听得出你有一种成见,认为在测算新星距离时出现的近点角是和观测时仪器产生的误差成正比例的,反之从近点角的大小也可以推算出误差的大小。由于你是这样看的,所以如果有人说,根据这些观测,新星的距离推算出来将是无限远,你就认为观测上的误差也必然是无限大的,因此不值得改正,而只能抛弃掉。亲爱的辛普里修,情形恰恰是相反的。对你这样不了解实际情况,我是原谅的,因为你在天文观测上本来不内行,但是我不能以同样的理由为作者的错误打掩护。他是假装不懂,而且自欺欺人,以为我们也不会真正懂得,企图利用我们的无知在广大的不明真相的群众中推销他那些学说上的陈货。所以为了使那些没有弄清楚便轻信的人明了真相,并帮助你改正错误起见,我要你知道,如果一个天文观测告诉你新星处在诸如土星的距离,只要仪器测算出来的仰角增加或者减少一分之微,就会使新星的距离变为无限远,这一来就会使新星的位置由可能变为不可能。反过来,在这些根据观测使新星成为无限远的计算上,我们只要增加或减少一分,往往会使新星恢复到一个可能的位置。

而且虽则我说的是一分，其实只要改正一分的一半，或者六分之一，或者更少些，也就够了。

其次，你要切记，在测算诸如土星或者恒星那样极其遥远的距离时，观测者在使用天文仪器上只要产生一点最最微不足道的误差，就会使定位由可能的有限远变为不可能的无限远。在测算月层以下和靠近地球的距离时，就不会出现这种情况，例如当我们观测到距离是四半径时，我们的测算不但可以增加一分，而且可以增加到十分，或者一百分，甚至更多，而计算的结果仍然不会使新星的位置距离太远，不但不会变为无限远，而且连月亮的距离也达不到。从这种地方你可以看出，所谓仪器测算上的误差决不能从计算结果上来决定其误差的大小，而必须根据仪器实际测量出的度和分的数目来定。那些只要增加或者减少最少一点度数就能使新星的位置成为可能的观测，就应当算作比较准确的，或者说，误差最小的观测。而在那些可能的许多位置中，真正的位置必须认为是根据最准确的观测计算出来的、距离绝大多数都吻合的。

辛普里修：你讲的这些我还不大敢相信，而且我也不懂得怎么会在测算最大距离时，一分的误差就可以使近点角相差很大，而在测算短距离时，十分或者一百分的误差都算不了什么。不过我很愿意领教。

萨耳维亚蒂：我把所有的综合计算，以及被作者删去的那些估计都摘录下来，自己计算过并写在同一张纸上；所以你即使在理论上搞不通，至少看了这张摘要可以从实践上弄懂一点。

萨格利多：那么你从昨天起一直到现在的短短十八小时之内，一定寝食俱废，只顾做这些计算了。

萨耳维亚蒂：并不，我吃也吃了，睡也睡了。这些计算我做得很快，而且实际的情况是，作者考察的这个问题丝毫不需要来上这么一大堆计算，然而他却费了那么大的气力，这太使我诧异了。现在为了充分理解这一点，同时为了使我们很快就能看出，从作者所引用的那些天文学家的测算，可以推论出新星有更大的可能性处于月层之上（甚至高出行星之上，处于恒星之间，或者更高些），我把作者记下来的所有十三个天文学家的观测都抄录在这张纸上，列出北极星的仰角和新星的两种在子午圈上的平纬度，即处于极点之下的最低平纬度和处于极点之上的最高平纬度。下面就是这些测算：

第　谷

极平纬度	55°58′
新星的平纬度	84°0′最大值
	27°57′最小值

这些是从第一篇文章上抄来的，但第二篇文章上的第

二项的最小值则是　27°45′

哈因席尔

极平纬度	48°22′	
新星的平纬度	76°34′	20°9′40″
	76°33′45″	20°9′30″
	76°35′	20°9′20″

保伊塞和苏勒		赫斯方伯	
极平纬度	51°54′	极平纬度	51°18′
新星的平纬度	79°56′	新星的平纬度	79°30′
	23°33′		23°3′

卡买拉里斯

极平纬度	52°24′	
新星的平纬度	80°30′	24°28′
	80°27′	24°20′
	80°26′	24°17′

哈扎克		欧辛诺斯	
极平纬度	48°22′	极平纬度	49°24′
新星的平纬度	20°15′	新星的平纬度	79°
			22°

蒙奴司		毛罗里克斯	
极平纬度	39°30′	极平纬度	38°30′
新星的平纬度	67°30′	新星的平纬度	62°
	11°30′		

盖　马		布　西	
极平纬度	50°50′	极平纬度	51°10′
新星的平纬度	79°45′	新星的平纬度	79°20′
			22°40′

莱因荷尔德

极平纬度	51°18′
新星的平纬度	79°30′
	23° 2′

现在，为了使你看到我的整个计算方式，让我们从作者删去的这五项观测开始——所以删去，也许是由于这些观测对他不利，因此这些都把新星的位置定得比月层高出好多个地球半径。这里是第一个，是根据赫斯方伯和第谷的观测计算出来的；这两个人，作者自己也承认，所作的天文观测是最最精确的。在这第一项计算中，我将说明我在研究中所采用的程序，使你懂得这个程序也适用于其他一切的计算，因为计算都是根据同一法则，只是素材的数字上有所不同而已。我采用的素材是极仰

角的度数和新星在地平线上的平纬度，根据这些我们求出新星高出地球中心多少地球半径。在这件事情上，多少英里的问题是牵涉不上的；像这位作者所做的，一定要求出两个观测地点之间的距离相隔多少英里，完全是浪费时间和精力。我不懂得为什么他要这样做，尤其是他最后又把英里数恢复为地球半径。

辛普里修：也许他这样做是为了把新星的距离测算在尺度上定得更小些，甚至小到几英寸上下。我们这些不懂得你的算术法则的人，读到你计算出来的结果，例如："因此彗星或新星离开地球中心三十七万三千八百零七英里，又四千零九十七分之二百十一英里$\left(373807\frac{211}{4097}\right)$，"听上去总有点怪。从你花上这么大的力气做到这样精确，连最微小的数目都记下来，我们得到的印象是，看你在计算上连一英寸都不漏掉，你到最后简直连瞒掉一百英里都不可能做到。

萨耳维亚蒂：如果就几千英里的距离而言，多一码或者少一码都关系匪浅，而且如果我们认为是正确的那些假设非常之可靠，准定会使我们最后引申出一个无可争辩的真理来，那么你举的理由和你为作者所作的开脱，就是合适的了。但是你从这里作者做的十二项计算可以看出，他推算出来的新星的这些距离会相差到几百英里甚至几千英里（也因此离开事实很远）。然而我敢断定我要找寻的距离必然要和正确的距离相差到几百英里之多，所以我又何必在计算上为一英寸的差错而劳神呢？

但是，让我们仔细地研究一下我用下述方法完成的运算。如笔记所示，第谷观察到新星在55°58′平纬度上，赫斯方伯的平纬度是51°18′。新星在子午圈上的高度，第谷认为是27°45′；赫斯方伯断定是23°3′。我把这些平纬度并列如下：

第谷	极	55°58′	新星	27°45′
赫斯方伯	极	51°18′	新星	23° 3′

这样做好以后，

我从较大的减去较小的，剩下的差额如下：

	4°40′	4°42′
视差	2′	

那儿极平纬度的差额4°40′，比新星平纬度的差额4°42′小，因此有视差2′。

从作者的图上来看，B点是赫斯方伯的位置，D是第谷的位置，C是新星的位置，A是地球的中心，ABE是在赫斯方伯观测站上的垂直线，ADF是在第谷观测站上的垂直线。BCD角是视差。

因为BAD角在两条垂直线之间，等于极平纬度之差，因而是4°40′，我把它单独记录在这里。然后，我从弧和弦的表上找出它的弦，并把它写在下面；它是8142部分，半径AB是100000。于是，我很容易找出BDC角，因为，BAD角的一半是2°20′，加在一直角上就得到BDF角，它是92°20′。在这个角上加CDF角，就得到BDC角的大小，在这种情况

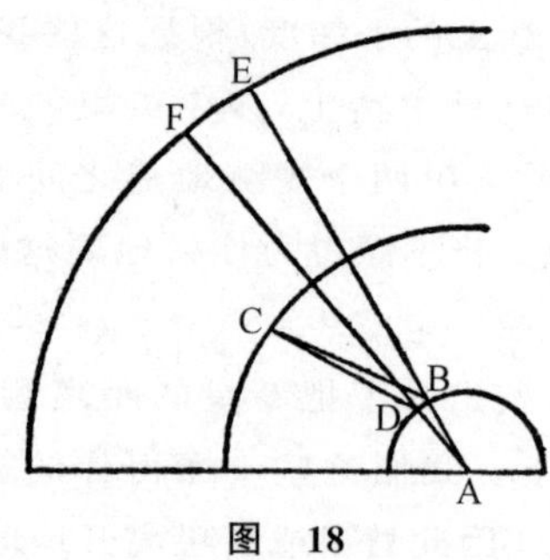

图 18

下，CDF 角偏离新星的较大平纬度的垂直线 62°15′，因此，BDC 角是 154°45′。① 我从表上找到这个角的正弦是 42657，把它们一起写下，并在下面写上视差 BCD 的角 2 分，及其正弦 58。

```
BDF    92°20′
BDC   154°45′ }        42657
BCD     0° 2′ } 正弦      58
-----------------------------
58      42657        8142
         8142
       ------
        85314
       170628
       42657
      341256
   ----------
58) 347313294 (59
      571
      5②
```

角 BAD 4°40′，它的弦 8142 部分，半径 AB 是 100000。

在三角形 BCD 中，DB 边与 BC 边之比，就是对角 BCD 的正弦同另一个对角 BDC 的正弦之比，因此，如果 BD 线是 58，BC 就是 42657。既然当半径是 100000 时，DB 弦是 8142，我们试图找出 BC 由多少同样的 100000 部分组成，按照比例：如果，当 BD 是 58 时，BC 是 42657，那么，如果 DB 是 8142，BC 将是多少？

因此，我把第二项乘第三项，得到 347313294；再除第一项，或 58；其商就是半径为 100000 部分时，BC 线的部分。这个商再除 100000，就会找出 BC 线包含多少半径 BA，我们就得到了 BC 中包含的半径数。347313294 除 58 是 5988160$^{1/4}$，下面可以看到：

```
       5988160¹/₄
58) 347313294
      5717941
       54 3
```

① 显然这里应是 154°35′。

② 这种算法在伽利略时代是通行的。乘积的最后五位数字忽略不计，因而用\号删去。58 首先乘 5，乘积是 2903473 的前面三位数字减去这个 290，余数是 57。下一步，573 除 58，商是 9，58 乘 9，乘积是 522；573－522＝51。1 写在第二行 57 之后，5 写在第三行 7 下面。如果继续要除下去，下一步，就用 511 除 58。

这个数再除 100000，我们得到 59 $\frac{88160}{100000}$：

1|100000　|　59|88160。

我们可以把过程多少缩短一下，把第一个乘积（那就是，347313294）除 58 和 100000 这两个数的积，于是我们同样

5800000 ）3473 13294（59
571
5

可以得到 59 $\frac{5113294}{5800000}$。在 BC 线中就有这么多半径，再加上 AB 线一半径，我们就得到两条线 ABC 略小于 61 个半径。因此，从中心 A 到新星 C 的距离在 60 半径以上，为托勒密计算，它在月球上面 27 半径以上，按照哥白尼计算，8 半径以上，如作者所说，假定从地球中心到月球的距离，按哥白尼自己的计算，是 52 半径。

按照这种研究，我发现，据卡买拉里斯和蒙奴司的观察，新星处在同样的距离，这就是说，60 半径以上。这就是他们的观察和计算。

	极平纬度		新星的平纬度
卡买拉里斯	52°24′		24°28′
蒙奴司	39°30′		11°30′
差	12°54′	差	12°58′
			12°54′
	视差（BCD 角）		0° 4′

角		及其弦 / 正弦	
BAD	12°54′	及其弦	22466
BDC	161°59′	正弦	30930
BCD	0° 4′	正弦	116

比　　例

116	30930	22466

22466
30930
673980
202194
67398

116）694873380（59　　BC 的距离 59 半径，几乎是 60
1140
10

下面的研究是以第谷和蒙奴司的观察为依据的，按他们的计算，新星与地球中心的距离有 478 或更多的半径。

	极平纬度	新星的平纬度
第谷	55°58′	84° 0′
蒙奴司	39°30′	67°30′

差　　16°28′　　差　　16°30′

16°28′

视差（BCD角）0° 2′

角	BAD 16°28′	及其弦	28640
	BDC 104°14′	正弦	96930
	BCD 0° 2′		58

比　例

```
58          96930          28640
            28640
        3877200
        58158
       77544
      19386
58）2776075200（478
        4506
         53
```

下面的研究得到的新星与地球中心的距离在358半径以上。

极平纬度	普瑟	51°54′	新星平纬度	79°56′
	蒙奴司	39°30′		67°30′
		12°24′		12°26′
				12°24′
				0° 2′

角	BAD 12°24′	弦	21600
	BDC 106°16′	正弦	95996
	BCD 0° 2′		58

比　例

```
58          95996          21600
            21600
        57597600
        95996
      191992
58）20735136000（357
        3339
         42
```

根据其他研究，新星与地球中心的距离超过716半径。

	极平纬度	新星平纬度
赫斯方伯	51°18′	79°30′
哈因席尔	48°22′	76°33′45″
	2°56′	2°56′15″
		2°56′ 0″
		0° 0′15″

角	BAD 2°56′	弦	5120
	BDC 101°58′	正弦	97845
	BCD 0° 0′15″		7

比 例

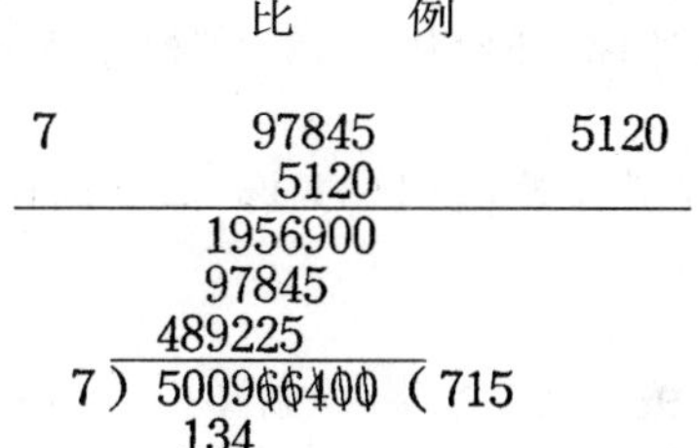

从上面可以看到,这五种研究把新星排在月球之上。现在我要你考虑一下我刚才告诉你的情况;这就是说,在距离很远的情况下,几分变化就会使新星移过很大一段距离。例如,在上述研究的第一例中,据计算,新星离地球中心60半径,视差是2分,那些想坚持新星在恒星之间的人们,只要把他们的观察校正2分或者更小一些,视差就会消失,或者变得很小,并把新星放在很远的距离上,就像人们认为天空距离很远一样。在第二例中,修正不到4分,结果也一样。在第三和第四例中,像第一例中一样,校正2分,也将把新星放在恒星之间。在最后一例中,四分之一分——15秒——将得到同样的结果。

但是,对月层下的平纬度来说,你就会发现,情况不是如此。你可以想象任何距离,并试图校正作者所做的研究,使它们全都符合于确定的距离,这样一来你就会发现,你必须做的校正要大多少。

萨格利多: 如果我们检查一下你所说的例子,对于完全理解你讲的这些道理,将不会有任何害处。

萨耳维亚蒂: 随你决定把新星放在月层下的什么距离上,因为我们毫不费力就可以发现,我们认为足以使新星回到恒星中间的那点校正,能否使新星移到你们决定的方位上来。

萨格利多: 为了选择最有利于作者的距离,让我们假定这距离是他所有的十二个研究中最大的。因为,关于这个问题在他和天文学家们之间是有争论的,天文学家们断定,新星必须在月层之上,而他却把新星放在月层之下,因此,他只要证明新星在月层之下即使是最小的距离,他就会取得胜利。

萨耳维亚蒂: 因此让我们根据第谷和哈扎克的观察所做的第七个研究,按照这个研究,作者发现,新星离地球中心的距离是32半径,这距离是最有利于他那方面的。为了有利于他,我希望我们把新星放在不利于天文学家们的距离上,也就是把新星放在恒星层以外。

这些事情假定以后,让我们找出,为了把新星的距离提高到32半径,用来平衡他的十一个研究所必需的校正。我们从第一例开始,根据哈因席尔和毛罗里克斯的观察计算,作者发现,离地球中心的距离大约是3半径,视差是4°42′30″;现在让我们来看,如果把视差只缩减20分,其距离是否会转移到32半径。运算很简明而且相当准确。我把BDC角的正弦乘上BD弦,并把这乘积(略去最后5位数字)除以视差的正弦。

这就得到 28 $\frac{1}{2}$ 半径；所以，即使从 4°42′30″校正为 4°22′30″，新星也不能提高到 32 半径。就辛普里修的理解来说，这种校正等于 262 $\frac{1}{2}$ 分。

哈因席尔	极	48°22′	新星	76°34′30″
毛罗里克斯	极	38°30′	新星	62°
		9°52′		14°34′30″
				9°52′
			视差	4°42′30″

```
          94910
          17200
      ---------
       18982000
      66437
      9491
     ----------------
582 ) 1632452000 ( 28
      4688
       2
```

BAD	9°52′	弦	17200
BDC	108°21′30″	正弦	94910
BCD	0°20′	正弦	582

在第二例中，根据哈因度尔和苏勒的观察计算，视差是 8′30″时，新星的高度大约是 25 半径，其运算如下：

BD	弦	6166
BDC	正弦	97987
BCD	正弦	247

```
           97987
            6166
         -------
          587922
         587922
         97987
        587922
      -----------
247 ) 604187842 ( 24
      1103
       11
```

视差 8′30″缩减到 7′，其正弦是 204，新星就提高到约 30 半径。因此，校正 1′30″是不够的。

```
204 ) 604187842 ( 29
      1965
       12
```

现在让我们来看，根据哈因席尔和第谷的观察所做的第三个研究，需要校正多少。第三例把新星放在约 19 半径高，视差是 10 分。作者发现，那几个角及其正弦和弦是已知的，正如作者的计算所示，它们表示，新星的距离大约是 19 半径。因此，为了把新星提高，视差也必须按他在第九例的计算中看到的规则缩减。同时，让我们假定视差是 6 分，其正弦是 175。除了以后，我们发现新星的距离不到 31 半径。因此，4 分的校正对作者的需要来说是太小了。

角	BAD	7°36′	弦	13254
	BDC	155°52′	正弦	40886
	BCD	0°10′	正弦	291

```
          13254
          40886
         ------
          79524
        106032
       106032
      53016
      -----------
291 )541903044 （18        175）5419（30
       2501                      16
        18
```

让我们用同样的规则接下去看第四个研究和其余的研究，并用作者自己找到的弦和正弦。在第四例中，视差是 14 分，确定的高度不到 10 半径。视差从 14 分缩减到 4 分，你可以看到，新星是无论如何也不会提高到 31 半径的，所以从 14 分校正 10 分是不够的。

BD	弦	8142
BDC	正弦	43235
BCD	正弦	407

```
           43235
            8142
           ------
           86470
         172940
         43235
       345880
      -----------
116）352019370（30
         4
```

在作者的第五个计算中，其正弦及弦如下：

BD	弦	4034[①]
BDC	正弦	97998
BCD	正弦	1236

① 此弦应为 4304。

```
         97998
          4034
        391992
      293994
     391992
145) 395323932 (27
     1058
       3
```

视差是 42′30″，它表示新星的高度大约是 4 半径。校正视差，使它从 42′30″缩减到只有 5′，仍不足以把它提高到 28 半径，所以 37′30″的校正是太小了。

这儿是第六个计算中的弦、正弦及视差：

BD	弦	1920
BDC	正弦	40248
BCD 8′	正弦	233

```
         40248
          1920
        804960
      362232
     40248
29)  77276160 (26
     198
       1
```

新星大约在地球之上 4 半径。让我们来看，视差从 8 分缩减为 1 分时，距离如何。请看计算，新星不会提高到 27 半径，因此，把 8 分视差校正 7 分是不够的。

像你所看到的，在第八个计算中，弦、正弦和视差如下：

BD	弦	1804
BDC	正弦	36643[①]
BCD	正弦	29

```
         36643
          1804
        146572
      293144
     36643
29)  66103972 (22
     83
      2
```

作者由此算出新星的高度在 $1\frac{1}{2}$ 半径，视差是 43 分，当视差缩减为 1 分时，新星的距离仍不到 24 半径。所以 42 分的校正是不够的。

现在，让我们来看第九例。这儿是弦、正弦和视差——15 分。作者

① 此弦应为 36623。

由这些数据算出，新星离地面不到四十七分之一半径。但这是一个计算错误，因为，我们立刻可以看到，它事实上被证明大于五分之一。这儿可以看到：它大约是$\frac{90}{436}$，大于$\frac{1}{5}$。

BD	弦	232
BDC	正弦	39046
BCD	正弦	436

```
      39046
        232
      78092
    117138
    78092
436) 9058672
```

作者后来补充的意见是完全正确的，把视差缩减到一分，或者甚至缩减到八分之一分，都不足以校正观察。但是，我可以告诉你，差小于十分之一分，就会使新星的高度恢复到 32 半径；因为十分之一分（即 6 秒）的正弦是 3。如果按照我们的规则，用 90 来除，或者我们用 9058762 除以 300000，这个距离就是 30 $\frac{58672}{100000}$；略大于 30 $\frac{1}{2}$半径。

第十个例子以这些角和正弦以及 4°30′的视差，所得到的新星高度是半径的五分之一。我看，视差可以从 4 $\frac{1}{2}$度缩减到 2 分，并不会使新星上升到 29 半径。

BD		弦	1746
BDC		正弦	92050
BCD	4°30′	正弦	7846

因此，你可以看出（正像我立刻就要指出的），如果作者决定要取 32 半径的距离作为新星的真正高度，那么为了使他们把新星全都移到这样的距离，在校正上述十个计算时（我说十个计算，因为，第二个计算也很高，而且把高度移到 32 半径时，只校正 2 分），就需要缩小视差，使减去的总数在 756 分以上。但是，在我计算过的五种情况中，都表明新星在月层之上，只要校正 10 $\frac{1}{4}$分，就足以使他们把新星全都放在恒星层。现在，除这些计算外，还有五个研究，表明新星恰恰在恒星之间，而且不需要任何校正。我们已经看到，十个计算一致把新星放在恒星层里，其中五个只要校正 10 $\frac{1}{4}$分。所以，为了调整作者的十个计算，使新星升高到 32 半径的高度，就需要从 836 分的总数中改正 756 分。这就是说，如果你想使新星的距离有 32 半径，就必须从 836 分的总数中减去 756 分，甚至这种校正还不够。

现在来看其余五个考核，这些考核直接使新星没有视差，也不需要校正，并把新星放在恒星层，甚至在恒星层最远的地方（总之，同极本身一样高）。

	极平纬度	新星平纬度
卡买拉里斯	52°24′	80°26′
保伊塞	51°54′	79°56′
	0°30′	0°30′
方伯	51°18′	79°30′
哈因席尔	48°22′	76°34′
	2°56′	2°56′
第谷	55°48′	84°
保伊塞	51°54′	79°56′
	4° 4′	4° 4′
莱因荷尔德	51°18′	79°30′
哈因席尔	48°22′	76°34′
	2°56′	2°56′
卡买拉里斯	52°24′	24°17′
哈扎克	48°22′	20°15′
	4° 2′	4° 2′

所有这些天文学家进行的观察，还可以做出各种组合，其中表明新星无限高的大约有三十个以上，比按计算把新星放在月层之下的多得多。正如我们一致同意的，很可能观察者错误小些，而不是大些，显然，把新星从无限高拉到恒星层时，在观察中所作的校正，比把它拉到月层以下所需要的校正要小得多。因此，这一切都支持把新星放在恒星之间的那些人的意见。而且，正如我们在前面例子里已经看到的，这种修正所需要的校正，比新星从未必会有的近处上升到有利于作者的高度所需要的校正要小得多。

其中有三个近处是不可能的，因为在那里新星与地球中心的距离小于一半径，这就是说，新星得在地下运动。有这样一种组合，其中一个观察者的极平纬度比另一个大，而前者所取的新星的仰角却比后者所取的小；下面记录的就是这种组合。第一个是方伯和盖马组成的，方伯的极平纬度是 51°18′，比盖马的极平纬度大，后者是 50°50′，而方伯的新星平纬度 79°30′，却比盖马的新星平纬度 79°45′要小。

萨耳维亚蒂：两种观察都很简易，而且正确，这就足以使他们确信，新星位于恒星层，或者至少在月层以外很长一段距离。一类观察是当新星在子午圈上的最低点和最高点时，它离天极的距离相等，或者差别很小。另一类观察是它离周围某些恒星的距离始终相等；特别是仙后座 X，新星离它不到一度或二分之一度。根据这两件事，毫无问题可以推断出，或者是完全没有视差，或者是视差很小，以致粗率的计算就证明新星离地球的距离很大。

萨格利多： 但是作者难道不知道这些事吗？如果他知道，那他为什么还要为自己辩护呢？

萨耳维亚蒂： 当一个人找不到任何有用的理由来为他的错误辩护时，就提出一些轻率的借口，人们说，他是抓着绳子从天上下来的。这个作者不是抓着绳子，而是抓着蜘蛛网从天上下来的，只要检查一下上述两个问题，你就很容易看出来。

首先，我们一个一个观察到的极距离表明了什么，我在这些简单计算里已经记下了。为了完全理解，我首先应当告诉你，如果新星或某些其他现象离地球很近，并绕极作周日运动，那么，当新星在子午圈上的天极下面时，就比在它上面时离天极更远。这一点可以从下图看出，在图中，T 点表示地球中心，O 是观察者的位置；恒星层的弧用 VPC 表示，P 是天极。这现象在圆周 FS 上运动时，在某一时刻可在天极下面沿着光 OFC 看到，在另一时刻可在天极上面，沿着光 OSD 看到。因此，它在恒星层上的位置是 D 和 C，但是，对地球中心 T 来说，真正的位置是 B 和 A，离天极一样远。因此，很明显，这现象的一个视点 S(那就是 D 点)，比沿光 OFC 看到的另一个视点 C，离天极较近。这是应注意的第一点。

第二，你必须注意，它下面离天极的视距离，超过它上面离天极的视距离，其量大于它下面的视差。我的意思是，CP 弧(下面的视距离)超过 PD 弧(上面的视距离)，其量大于 CA 弧(下面的视差)。这是很容易推出的，因为 CP 弧超过 PD 弧，必然比超过 PB 弧更大，因为 PB 大于 PD。但是，PB 等于 PA，而 CP 超过 PA 为 CA 弧。因此，CP 弧超过 PD 弧是大于 CA 弧，这就是假定在 F 上的现象的视差，这就是我们需要知道的。

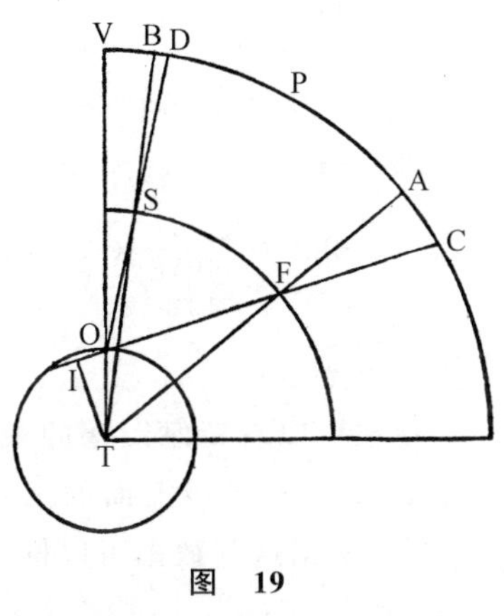

图 19

为了有利于作者，我们将假定，新星在 F 上的视差就是 CP 弧(即在天极下面的距离)超过 PD 弧(在天极上面的距离)的总量。

现在我们来考查作者列举的所有天文学家的观察的含义，其中没有一个不是反对他和他的目的的。首先让我们来看布西的观察，他发现，当新星在天极上面时，新星与天极的距离是 28°10′，而当它在下面时，则是 28°30′，所以是超过 20 分，为了有利于作者，我们把它当作新星在 F 的视差；也就是角 TFO。而与天顶的距离，即 CV 弧，是 67°20′。确定了这两个量以后，我们引出 CO 线，让 TI 垂直于 CO，让我们来看三角形 TOI，其中 I 角是直角。IOT 角已知，因为它是 VOC 角的对角，即新星到天顶的距离。而且 F 角也是已知的，三角形 TIF 是一个直角三角形；

而且这个 F 角被当作视差。因此，我们在这里标出二个角 IOT 和 IFT，并取其正弦，正如你看到的，它们已经记下来了。

因为在三角形 IOT 里，IOT 角的正弦确定，TO 作为整数是 100000，则 TI 是 92276，而且在三角形 IFT 里，IFT 角的正弦确定，当 TF 作为整数是 100000 时，TI 是 582。我们按照第三条规则说：如果 TI 是 582，TF 是 100000；但是，如果 TI 是 92276，TF 是多少呢？

我们把 92276 乘 100000，得到 9227600000，以此除 582，正如你看到的，得到 15854982；如果 TO 的长度是 100000，那么这就是 TF 的长度。因此 就可以找出在 TF 中有多少 TO 线，我们把 15854982 除以 100000，约等于 $158\frac{1}{2}$；新星 F 离地球中心 T 的距离就有这么多半径。为了简化过程，我们看到 92276 和 100000 的乘积，首先得除以 582，然后除以 100000，得到这个商，我们把正弦 92276 除以正弦 582，可以得到同样的结果，并不需要 92276 乘 100000。这在下面可以看到，92276 除以 582 同样约等于 $158\frac{1}{2}$。因此，让我们记住，只要把 TOI 角的正弦 TI，除以 IFT 角的正弦 TI，我们就可以得到所需要的用半径 TO 表示的距离 TF。

角 {IOT 67°20′, IFT 20′}　正弦 {92276, 582}

TI　TF　TI　TF

582　10000　92276　?

582) 92276 (158
34070
492
3

15854982
582) 9227600000
3407002246
49297867
325414
100000) 15854982

现在可以看到保伊塞的观察给了我们什么。其中在天极下面的距离是 28°21′，在天极上面的距离是 28°2′；差是 19 分，而离天顶的距离是 66°27′。根据这些数据可以推出新星离地球中心距离几乎是 166 半径。

角 {IAC 66°27′, IEC 19′}　正弦 {91672, 553}

553) 91672 ($165\frac{427}{553}$
36397
312
4

这里是第谷的观察，它最有利于反对者。因为下面离天极的距离是 28°13′，而上面是 28°2′，让整个差 11 分全都是视差。离天顶的距离是 62°15′。其计算如下：新星离地球中心的距离是 $276\frac{9}{16}$半径。

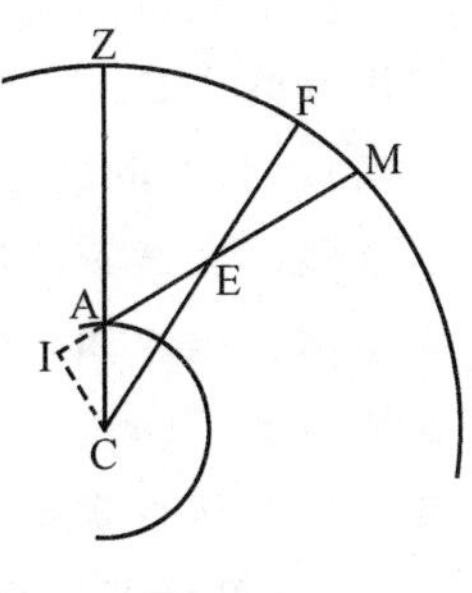

图 19A

角 $\begin{cases} \text{IAC} & 62°15' \\ \text{IEC} & 11' \end{cases}$ 正弦 $\begin{cases} 88500 \\ 320 \end{cases}$

320) 88500 (276 $\frac{9}{16}$
2418
21

下面是根据莱因荷尔德的观察，我们得到新星离地球中心的距离是 793 半径。

角 $\begin{cases} \text{IAC} & 66°58' \\ \text{IEC} & 4' \end{cases}$ 正弦 $\begin{cases} 92026 \\ 116 \end{cases}$

116) 92026 (793 $\frac{38}{116}$
10888
33

根据下列方伯的观察，新星离地球中心的距离是 1057 半径。

角 $\begin{cases} \text{IAC} & 66°57' \\ \text{IEC} & 3' \end{cases}$ 正弦 $\begin{cases} 92012 \\ 87 \end{cases}$

87) 92012 (1057 $\frac{53}{87}$
5663
5

卡买拉里斯的两个观察，对作者最有利，根据这两个观察，我们得到，新星离地球中心的距离是 3143 半径。

角 $\begin{cases} \text{IAC} & 65°43' \\ \text{IEC} & 1' \end{cases}$ 正弦 $\begin{cases} 91152 \\ 29 \end{cases}$

29) 91152 (3143
4295
1

蒙奴司的观察没有视差，因此把新星放在最高的恒星之中。哈因席尔的观察使新星的距离无限远，但是只要修正二分之一分，就可以把新星放在恒星之间；欧辛诺斯的观察也只要校正 12 分，就可以得到同样的结果。在其他天文学家那里，没有提出在天极上面和下面的距离，因此从他们的观察中得不出什么结论。现在你可看到，所有这些观察都和作者相反，一致把新星放在最高的天界里。

萨格利多： 但是，他对如此明显的矛盾所采取的辩护理由是什么呢？

萨耳维亚蒂： 是一个最软弱无力的理由：他说，视差会因折射而减小，这种起相反作用的折射使这现象上升，而视差则使这现象下降。这可怜的托词究竟有多少用处，你可以根据下述事实来判断：如果折射有近年来某些天文学家所指出的那么大的效果，那么它所能做到的，最多是使高度已经在 23 度或 24 度的现象的真正位置上升，并使视差减小大约三弧分。要把新星拉到月层之下，这种调整就太小了。而且在某些情况下，这种调整不利于他，却有利于我们所承认的由于视差而产生的在天极下比在天极上超过的全部距离，这很清楚比折射的效果优越，我对折射的量提出疑问不是没有理由的。

而且，我要问这位作者，既然他采用了那些天文学家的观测，他是否相信这些天文学家已经知道有这种折射效果存在，而且是否已经把这种效果考虑在内。如果他们早已知道并且考虑到了，我们就有理由相信他们在测定新星的真正高度时已经把这种效果考虑在内，按照因折射产生的变差程度从仪器测算出的平纬度中除去，使他们宣称的距离准确无误，而不单单是表面的和错误的。但如果作者相信这些天文学家没有盘算到折射的问题，他就应当供认这些天文学家在测定所有这些数字上都一律错了，包括极平纬度的测定在内，因为这些全都要把折射计算在内，才得到完全校正。极平纬度通常是从某些一直为我们望得见的恒星的两项中天平纬度来的。这些平纬度恰恰 和新星的平纬度一样受到折射的影响。由此而得出的极平纬度也将是有误差的，和作者指出的新星平纬度的误差属于同样性质；这就是说，前者和后者都将比实际的平纬度要高出一点，误差是一样的。这样一种误差，单就我们目前讨论的问题来说，是无关紧要的。因为我们需要知道的，只是新星在天极之上和天极之下两个距离之差，而我们清楚看出，即使假定折射影响到新星和天极的测算，这种影响将是共同的，所以两个距离之差仍然不变。

如果作者曾经肯定过天极的高度已经准确地规定下来，而且因折射而引起的误差也已经被纠正了，但是同一天文学家在规定新星的高度时却忘记掉防止这种误差，那么作者的论证还会有一点重要性，不过也重要不到哪里去。可是作者连这一点都没有向我们保证，可能他就没有想到要向我们保证，而且那些观测者可能(这是比较近情的)不会忘记防止这种误差的。

萨格利多：在我看作者的这一条反对理由根本站不住脚。可是请你告诉我，作者是怎样摆脱新星和周围恒星保持同等距离的说法的。

萨耳维亚蒂：他同样地抓着两条理由，比他的第一条反对理由还要无力，一条理由仍旧是紧扣着折射现象，但是更加不牢靠。因为他说折射改变了新星的真正位置，使新星看上去要高一点，从而使新星和用来与新星比较的邻近恒星的视距离变得不可靠了。其实折射对新星所起的作用和对新星附近其他星所起的作用是一样的，把它们同样地都提高了，因此它们之间的距离还是没有改变；我对作者这样故作痴呆真是不胜惊异之至。

作者的另一条饰词就更加可怜了，简直到了可笑的程度；他的根据是，那些仪器的测量可能发生差错，因为观测者没有能够把瞳孔的中心放在六分仪(一件用来观测两星间距离的仪器)的支点上。观测者把六分仪的支点放在颊上离开瞳孔的某块骨头或者什么地方，从而在眼中形成一个比六分仪的两边所形成的角更小的角。当人们先瞭望那些高出地平线不远的星，后来又在这些星升得较高时再瞭望它们，那些光线所形成的角本身也会有所不同。所以他说，一个人的头保持不动而继续把仪器抬高时，就会测算出不同的角。

可是当我们抬高六分仪，如果颈部向后仰而头部随着仪器抬起来，角度将始终是一样的。所以作者说，观测者在使用仪器时并没有按照要求把头抬起来，这个假定是不大可能的。但是就算真有这种情形发生，试问两个等腰三角形，一个三角形的两边是四码长，一个三角形的两边是四码长减去一粒扁豆直径那么一点，这两个等腰三角形的顶角之间会存在什么差别呢，我让你们自己去决定吧！当然，它们之间的差别肯定不会比下述差别大。当一根线从瞳孔中心垂直地落到六分仪分度弧平面上时，这根线的长度不会比拇指的宽度长，而当我们把六分仪抬高一点，但是头并不随之抬高，因而这根线就不再垂直地落在上述分度弧平面上，而是倾斜一点，使它同分度弧平面形成的角变得小一点，在这两种不同情况下，这两根视线的长度是没有什么差别的。

但是为了使这位作者从他那些不愉快的和破烂的托辞下彻底地解放出来，让我爽爽快快告诉他（因为显然他在使用天文仪器上是没有多大实践经验的），沿着一座六分仪或者象限仪的每一边都设有两个视点，一个在中心，一个是在相反的一头，比分度弧平面高出寸把模样，而我们的视线是通过这些视点的上部望出去的，眼睛离开仪器相当远——约有一两个指距或者更多些——所以不论瞳孔或者颧骨或者观测者身体的任何部分都碰不到或者压到仪器。这些仪器也不是用手臂擎着或者举起的，特别是那些巨大的，而且一般说来都是如此的，可以重几十磅，几百磅，甚至几千磅，基础都安装得非常牢固。所以作者的全部反对理由都破产了。

这些都是作者玩弄的托辞，就算他言之成理，也不足以为他保证百分之一弧分；然而他却自命能使我们相信，他靠这些托辞能够推翻掉一百多弧分的差异。我的意思是说，在一颗恒星和新星的全部运行过程中，它们之间的距离从来察觉不出有任何差异，然而如果新星是和月亮一样近的话，这种差异就是没有任何仪器，我们的肉眼也应当能清楚地看到。当我们把新星和离新星一度半以内的仙后座 x 星相比时，差异应当达到两个月球直径以上，这是当时的那些比较明智的天文学家都熟知的。

萨格利多： 听了你这番话之后，我就像看见一个不幸的农夫，在他指望取得的收成全部被暴风雨摧毁之后，带着苍白而沮丧的脸色满地去拾些可怜的余粒，而拾到的连一只鸡一天的粮食都不够。

萨耳维亚蒂： 确是如此，这位作者想要反对那些攻击天不变论的人，他准备的弹药实在太少了；他企图把新星从仙后座的最高天层拉到这些卑下的元素范围来，那根锁链也太脆弱了。现在既然这些天文学家的论据和他们这位反对者的论据，其巨大分歧看来已经得到充分说明，那就不妨撇开这个问题，回到我们的主题上来吧。下一步我们将考虑一般归之于太阳的周年运动；这种运动先由萨摩斯的阿里斯塔克，后来又由哥白尼改为不属于太阳，而属于地球。我知道辛普里修在反对这个观点上，是全副武装了的，特别是有他的那本数学论文的小册子[①]作为刀和盾。所以不妨从这本小册子提出的反对意见开始。

辛普里修：如果你不介意，我将撇开那些而谈最新的问题，因为这些问题是最近才发现的。

萨耳维亚蒂：然而你最好按照我们以前的程序办事，依次讨论亚里士多德和其他古人的相反的论证。我也将这样做，免得漏掉什么，或者考虑得不够周到。同样，萨格利多以他的敏捷才智将提出他的看法，犹如神力在推动他一样。

萨格利多：我做起来是一贯的缺乏策略；既然你要求这样，你将不得不多加原谅。

萨耳维亚蒂：我应当感谢你的这种好心，而不是去原谅你。现在就让辛普里修开始吧；既然他不相信地球和其他行星一样，可以环绕一个固定中心运动，请他把那些阻挠他相信的反对论点提出来如何？

辛普里修：第一个和最大的困难是，处于中心和远离中心的这两种情况是相互排斥的，不能调和的。如果地球必须在一年之内环绕圆周一圈，即环绕黄道一周，地球就不能同时处在黄道的中心。但是地球是处在黄道中心的，这是由亚里士多德、托勒密和其他人等从各方面证明了的。

萨耳维亚蒂：论证得很好。一个人如果要地球沿一个圆周环行，首先必须证明地球不处在这个圆周的中心，这是毫无疑问的。我们下一步要做的，就是看地球是不是处于黄道的中心；因为我说地球绕黄道带的中心环行，而你说地球处于黄道中心。在这以前，我们都必须讲清楚，我和你关于这个中心的概念是不是一样的。所以请你告诉我，你所指的这个中心是什么，而且在哪里。

辛普里修：我指的"中心"，是宇宙的中心；是世界的中心；是恒星层的中心；是诸天的中心。

萨耳维亚蒂：既然你或者别的任何人至今为止都没有证明过宇宙是有限的和具有形状的，或者是无限的和无边无际的，我就很有理由询问，自然界是否真有这样一个中心。尽管如此，目前暂且算宇宙是有限的，而且是一个有边界的球形，并有一个中心，我仍旧看不出有什么理由可以相信，处在这个中心的是地球而不是其他星体。

▶ 至今还没有人证明宇宙是有限的，还是无限的。

辛普里修：亚里士多德曾经举出上百条的理由，证明宇宙是有限的，有边

① 指《关于新天文学上论争的数学论据》(1614年出版)。这本小册子是耶稣会神父沙伊纳怂恿他的门徒洛赫尔写的。

界的和球形的。

萨耳维亚蒂：这些理由后来全都被归结为一个理由，而这个理由又证明是根本不能成立的。因为亚里士多德证明宇宙有限并有边界，是根据宇宙运动来的，如果我否定了他的宇宙运动的假设，他所有的证明就全部垮台了。但是为了避免使我们的争论复杂化起见，我将暂时向你承认宇宙是有限的，球形的，并有一个中心。既然这样一种形状和中心是从宇宙运动引申出来的，那么我们就更加有理由根据天体的这种同样的圆周运动，来进一步详细考察宇宙中心的正当位置。便是亚里士多德本人也是以同样方式来推论并决定这一点的；他把宇宙中心说成是所有天体都环绕着它运行的一个中心点；而且相信地球就位于这个中心点上。现在，辛普里修，请你告诉我，如果亚里士多德根据最确实可靠的经验，不得不部分地重新安排一下宇宙的这种秩序和性质，并且承认他在这两条命题之间弄错了一条——这就是，或者错误地把地球定为宇宙的中心，或者错误地说天体环绕着这个中心旋转——你说他会承认在哪一条上弄错了呢？

◀ 亚里士多德证明宇宙是有限的那些理由，在否认宇宙运动之后，全部崩溃了。

◀ 亚里士多德把所有天体环绕它旋转的中心点，说成是宇宙的中心。

◀ 当两条命题和亚里士多德的学说格格不入时，试问亚里士多德逼得要承认哪一条错了？

辛普里修：我想如果会碰到这种情形的话，那些逍遥学派……

萨耳维亚蒂：我问的不是逍遥学派，而是亚里士多德本人。关于那些逍遥学派，我满知道他们会怎样回答。他们作为亚里士多德的最恭敬、最低声下气的奴才，将会否认世界上的一切经验和观察，甚至为了避免逼得承认这些经验和观察而拒绝亲眼去看一下；[①]他们会说，宇宙始终是如亚里士多德在书上所说的那样，而不是如大自然要它成为的那样。所以去掉亚里士多德的权威的靠山，你指望他们以什么姿态来进行论战呢？因此你还是告诉我，你认为亚里士多德本人会怎样说。

辛普里修：说实在话，我就决定不了这两条困难他会认为哪一条比较小。

萨耳维亚蒂：请你不要把"困难"一词用来指一些必然会如此的事情；想要把地球放在天体运行的中心，就是一种"困难"。但是既然你不知道亚里士多德会倾向于哪一方面，而且和我一样认为他是一个极端有才华的人，那么就让我们来考察一下这两条之间究竟哪一条比较合理，并如我们设想亚里士多德将会接受的那样，自己来选择一条。所以，把论证再从头来起，让我们出于对亚里士多德的尊重，假定宇宙（它的范围大小，我们除掉依靠恒星外，是毫无感性知识的），和任何球状并做圆周运动的物体一样，必然有一个点是它的形状和运动的中心。再者，既然我们肯定在天上有许多一个套一个的天层，每一个天层也都带着它的星球做圆周运动，我们就要问：这些包括在宇宙之内的许多天层是和宇宙一样环绕着一个中心运动呢，还是离开宇宙的中心环绕着一些别的中心运动

---

① 关于这方面，伽利略是有切身体会的；听说克瑞蒙尼诺在帕多瓦（Padua）、利布里（Libri）和比萨时，都曾经拒绝张一下望远镜；根据传统所说，当伽利略公开表演落体的快慢与物体的轻重无关时，有几位教授就不肯到场。

呢？这两条我们究竟相信和主张哪一条才算合理呢？辛普里修，现在谈谈你的看法。

▶ 包容者和被包容者环绕同一中心运动，比环绕不同中心运动比较适当。

辛普里修：如果能够仅仅以这条假设为限，而且肯定不会碰上别的什么扰乱情况，我将认为，说包容者和被包容者全都环绕一个共同的中心运动，要比说它们环绕不同的中心运动合理得多。

▶ 如果世界的中心是行星环绕它运动的点，处于这个中心的应是太阳，而不是地球。

萨耳维亚蒂：如果世界的中心确是所有天层以及星体（即行星）环绕运行的中心点，那就完全可以肯定，处于宇宙中心的是太阳，而不是地球。因此，作为第一个普遍概念而言，中心的地点就是太阳的地点，而地球离开中心的距离就是它离开太阳的距离。

辛普里修：你是怎么样引申出行星环绕的中心是太阳而不是地球呢？

▶ 从许多观察推论出，行星环绕的中心是太阳，而不是地球。

萨耳维亚蒂：这是根据最明显，因而也是最具有说服力的许多观察而引申出来的。在这些把地球从中心排除出去，而把太阳放在中心的观察中，一个最确实可靠的观察是，我们发现所有的行星在某一个时候靠近地球，而在另一个时候又离地球较远。这里的差别非常之大，例如金星离我们最远时，比离我们最近时的距离大六倍，火星最远时比最近时大到八倍。由此你可以看出，亚里士多德相信这些行星和我们永远保持同等距离时，是不是有点搅糊涂了。

辛普里修：可是有什么证据说明它们环绕太阳运动呢？

▶ 金星形状的改变，证明其运动是环绕太阳的。

▶ 月亮不能和地球分离。

萨耳维亚蒂：是这样推论出来的：我们发现三个外行星，即火星、木星和土星，当它们和太阳相冲[①]时，总是非常接近地球，而当它们和太阳相合[②]时，则离地球很远。这种接近和后退非常重要，所以火星接近地球时比它离地球最远时要大出六十倍。其次，金星和水星肯定也是环绕太阳的，原因是它们从来没有离开太阳很远，而且有时望见它们在太阳的那一面，有时望见在太阳的这一面，这从金星形状的改变可以得到充分的证明。至于月亮，它的确是无论如何与地球分不开的，理由待我们讨论下去时再专门提出来。

▶ 地球的周年运动，和其他行星的运动混合起来会产生许多明显的矛盾。

萨格利多：我对于地球的这种周年运动存在着许多希望，我想听到它比地球的周日运动能产生更加异常的事件。

萨耳维亚蒂：你不会失望的，因为周日运动对天体的作用，和整个宇宙向相反方向运动看上去并没有什么两样，也不可能有什么两样。但是这种周年运动和所有行星的个别运动混合起来，产生了许多奇怪现象，这些现象在过去把世界上最伟大的人物都搞糊涂了。

现在回头来谈那些最基本的普遍概念，我再重复一下，土星、木星、火星、金星、水星这五个行星在天空运行的中心是太阳；对于地球也是同样情形，只要我们能够成功地把地球放在天上。至于月亮，它的运动是

---

① 冲，天文学名词。从地球上看来，太阳和外行星黄经相差 180°，那时行星在子夜中天，叫作冲。

② 合，天文学名词。从地球上看来，当行星和太阳黄经相等时，叫作合。

环绕地球的，而且如我已经说过的，是和地球离不开的；但是这并不妨碍它随着地球在周年运动中环绕太阳运行。

辛普里修：我对这种安排还根本不相信。也许画一张图可以使我理解得好一点，讨论起来说不定也容易些。

萨耳维亚蒂：这张图应当画。但是为了使你更加满意，也更为诧异起见，我要你自己来画。你将看出，不管你怎样坚信自己不理解，其实你是完全理解的，而且只要你回答我的问题，你就可以准确地画出来。所以你拿一张纸和一只圆规来；这张纸就算是广阔的宇宙，你得根据理性的引导来分布和安排宇宙的各个部分。首先，既然你不需要我告诉你已经肯定地球是处在这个宇宙里，那就随便画一个点子表明你指望地球所在的地点，并用个字母把它标出来。

◀ 根据现象画出的宇宙简图。

辛普里修：这儿就算是地球的位置，标志是 A。

萨耳维亚蒂：很好。我知道其次的一点是，你理解到这个并不在太阳里面，也不是和太阳连接的，而是离开太阳有一段空间。所以请你给太阳另外选择一个地点，根据你的意思使它离开地球多远，并且也把它标出来。

辛普里修：我把它画在这儿；这就是太阳的地位，标志是 O。

萨耳维亚蒂：这些既经确定，我要你想一想怎样安排金星，使它的位置和运动能符合感觉经验向我们表明的那样。因此你必须从过去的讨论或者从你自己的观察回忆一下你所知道的关于这个行星的情形。然后给它指定一个在你认为是适当的地点。

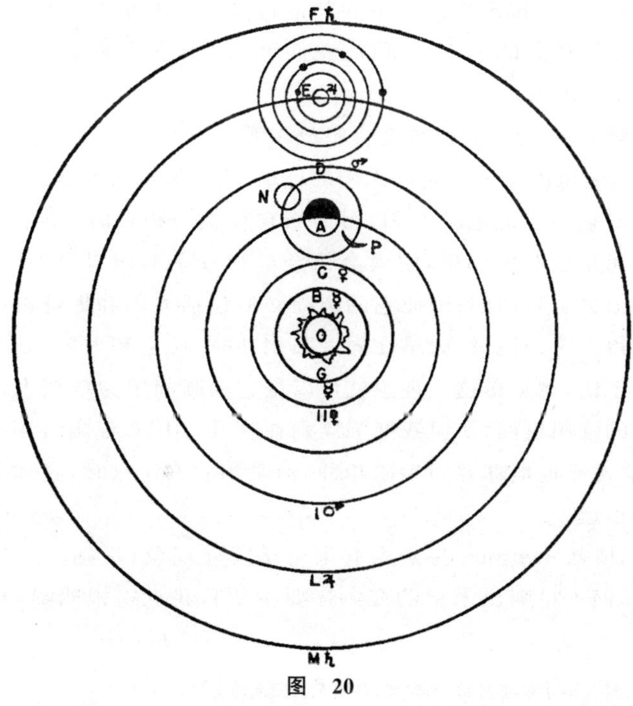

图 20

辛普里修：我将假定你讲过的那些现象，还有我在那本小册子中读到的那些现象，都是正确的；这就是说，这个行星距离太阳从来不超过四十度左右的某种确定的距离；因此它不但从来没有同太阳相冲，甚至也不会达到方照[1]，连六十度也不会达到。还有，我将假定，它在我们看来，某个时候会显得比另一个时候大四十倍；在傍晚和太阳相合时，由于它在逆行，就显得大些；在早晨和太阳相合时，由于在靠近，就显得很小；再就是，当它显得很大时，它表现为月牙形，在显得很小时，则表现为正圆形。

▶ 金星在傍晚相合时很大，在早晨相合时很小。

▶ 人们不可避免地要得出金星必然环绕太阳的结论。

这些现象既然是正确的，我要说我就看不出除掉肯定这个行星沿圆周环绕太阳外，能得出其他的结论，因为这个圆周既不可能说成把地球包括在它的范围之内，也不可能说成是在太阳下面（即介于太阳和地球之间），也不能说成在太阳之外。这样一个圆周所以不能包括地球在内，是因为那样一来，金星有时候就会跑到太阳的反面去了；圆周也不能在太阳下面，因为那样的话，金星在傍晚和早晨相合时都将显示为月牙形；它也不能在太阳的另一面，因为那样的话，金星看上去就会是正圆形，而永远不会显出月牙形。所以为了确定金星的位置，我将画一个环绕太阳而不包括地球在内的圆周 CH。

萨耳维亚蒂：金星算定规了，现在该来考虑水星。水星，你知道，总是环绕太阳的，它离太阳逆行比金星少得多。所以你看应当给它指定什么地位。

辛普里修：水星既然和金星是相似的，它的最适当地位无疑应当是一个较小的圆周，在金星的圆周之内，并且也环绕太阳。因为，而且特别由于它接近太阳，水星的光辉比金星和其他行星的光辉更亮，这是它离太阳特别近的令人信服的证据。所以，我们可以把水星的圆周画在这里，并用字母 BG 标出来。

▶ 水星确定为环绕太阳的，轨道在金星的轨道内。

萨耳维亚蒂：下一步，我们该把火星放在哪儿？

辛普里修：火星由于并不走到太阳的反面，它的圆周必然包括地球在内。而且我看出它一定也包括太阳；因为当它和太阳相合时，如果它不走到太阳之外而是达不到那里，它就会像金星和月亮那样，显出月牙形。但是火星望上去总是圆的；因此它的圆周必然包括太阳和地球在内。而且由于我记得你曾经说过，火星在同太阳相冲时，比它和太阳相合时，望上去要大六十倍，我觉得这一现象就可以把它的圆周定为环绕太阳并包括地球在它的圆周里面，所以我把圆周画在这儿，用 DI 标出。当火星在 D 点时，它非常靠近地球并同太阳相冲，但是当它在 I 点时，它和太阳相合并离地球很远。

▶ 火星必然把地球和太阳都包括在它的轨道之内。

▶ 火星同太阳相冲时比和太阳相合时，望上去要大六十倍。

还有，既然木星和土星观察起来也是同样现象（虽则木星比火星的变差少些，而土星则比木星的变差还要少些），我觉得很明显，也可以把

▶ 木星和土星也是环绕地球和太阳。

---

① 方照，从地球上看来，外行星在地球东或西 90°的时候，各叫东方照和西方照。

这两个行星的位置爽爽快快地定为两个仍旧环绕太阳的圆周。这头一个圆周是木星的，我把它标为 EL；另一个较高的圆周是土星的，标为 FM。

萨耳维亚蒂： 到现在为止，你自己做得都异乎寻常地好。既然如你所看到的，三个外行星的接近和离开太阳是以地球和太阳之间距离的双倍计算的，这就使得火星的变差比木星的变差大，因火星的圆周 DI 小于木星的圆周 EL。同样，EL 又小于土星的圆周 FM，所以土星的变差更小于木星的变差，而这一点是和观察到的现象完全符合的。现在你剩下要做的，就是给月亮找一个位置了。

◀ 三个外行星的接近和后退是用地球离太阳距离的双倍计算。

◀ 可见的大小差异，土星小于木星，木星又小于火星，及其原因。

辛普里修： 根据同样的方法（在我看是很令人信服的），既然我们看见月亮有时和太阳相合，有时和太阳相冲，所以必须承认月亮的圆周是包括地球在内的。但是它不能包括太阳，否则的话，当月亮和太阳相合时它就不会现出月牙形，而永远是圆形，并且非常之亮。还有，它就永远不会如它时常会导致的那样，在它处在我们和太阳之间时，为我们引起日蚀。因此当我们给它画一个环绕地球的圆周 NP 时，必须画成这样：即在 P 点时，我们从地球 A 点上看它，是和太阳相合的，有时候在这个地位就会引起日蚀。当它在 N 点时，它同太阳相冲，处于这种地位，它会被地球的阴影所遮而出现月蚀。

◀ 月亮的轨道包括地球在内，但不包括太阳。

萨耳维亚蒂： 现在，辛普里修，我们将把那些恒星怎么办呢？我们是把它们洒落在宇宙的深渊里，使它们以不同的距离离开任何一个预定的点，还是把它们放在一个球形的表面上，而这个球形表面延伸开来将会环绕一个它们自己的中心，而且每一个恒星离开这个中心都是同一距离？

辛普里修： 我宁愿采取一种折中的做法，给它们指定一个环绕一个固定中心的天层，而这个天层是介于两个天层之间的——一个是距离非常辽远的天层的凹面，另一个是比较接近的天层的凸面，在这两个天层之间是无数的恒星，位置在各种不同的高度，这不妨叫作一个宇宙天层，其中也包容我们前面已经画出的行星天层在内。

◀ 静止、周年运动和周日运动必须分别使其隶属于太阳、地球和恒星天体。

萨耳维亚蒂： 那么，辛普里修，我们这半天所做的一切，就是按照哥白尼的分布法来安排天体的位置，然而现在却是由你亲手做出来了。还有，你给它们各自的正确运动，除掉太阳、地球和恒星天层之外，全都规定出来了。你给水星和金星规定了一个环绕太阳但不包括地球在内的圆周运动。环绕着同一太阳，你又给三个外行星，即火星、木星、土星规定了一个包括地球在内的圆周运动。其次，月亮除了环绕地球而不能包括太阳在其轨道内的运动外，不能有其他运动。在规定这些运动时，你同样是和哥白尼的看法一致的。现在剩下来要做的，就是把三种情形使其分别隶属于太阳、地球和恒星天体：静止状态看来好像是属于地球的；通过黄道的周年运动好像是属于太阳的，而周日运动则好像是属于天体的，即除地球以外整个宇宙都参与的运动。但是既然所有行星（我指的是水

◀ 运动着的球的中心应当固定不动，而不是其他部分固定不动，看来比较合理。

星、金星、火星、木星和土星)都确以太阳为中心运行,那么把静止状态隶属于太阳而不隶属于地球,看上去应是最合理的——正如任何运动着的球的中心应当是固定的,而不是什么远离其中心的其他点是固定的一样。

下面再谈地球,它是处在运动体中间的——我是指处在金星和火星之间,金星每九个月绕日一周,火星每两年绕日一周——那么把地球定为每年绕日一周而把太阳定为停止不动,要比定地球停止不动,看来要干脆省事得多。如果真是这种情形的话,那么由此必然推论出周日运动也是属于地球的了。因为如果太阳停止不动,而地球只是以周年运动环绕太阳,我们的一年就只有一日一夜了;这就是说,六个月是白天,六个月是黑夜,如我们先前曾一度提到过的那样。

▶ 如果周年运动被指定为地球的运动,那么周日运动也宜指定为地球的运动。

所以,你看,把这种难以置信的二十四小时的运动从宇宙拿开得多么利落,而那些恒星(实际上就是许多太阳)和我们的太阳一样享受永恒的静止,是多么的快意!你还可以看到这样一个简图是多么简单,对许多天体的重要现象都提供了解释。

萨格利多:我的确看出这样很好。但是正如你从这种简单的安排中引申出哥白尼体系具有高度的正确性一样,别人也可以从对立的一面从它引申出反对的意见。他们会问(而且不是没有理由的),如果这种很古老的毕达哥拉斯学派的安排和天体现象这样吻合,为什么这几百年来简直没有什么人拥护它呢;为什么亚里士多德本人就否定它,为什么甚至哥白尼近年来提倡它也没有碰上什么好运气。

萨耳维亚蒂:萨格利多,那些旨在使通常人顽固不化并且不愿听取(更不用说同意了)这种创新见解的愚蠢言论,我听得实在太多了;你只要能像我一样受过几次这样的罪,我想你对很少有人拥护的这种见解,就不会怎样大惊小怪了。那些蠢货,有的认为他们今天不能在君士坦丁吃午饭而在日本吃晚饭,有的肯定地球太重了,决不能爬到太阳上面然后迎头再落下来,便坚决认为这已经完全证明地球停止不动,并坚持他们的信念毫不动摇,对于这些人我觉得完全可以置之不理。这种人是数不胜数的,所以我们不必去管他们,或者对他们的愚昧加以注意。我们也不需要在讨论非常精细微妙的学说时,为了使他们列席作陪,企图说服这些靠概念化来下定义并且不能对事物区别对待的人,使他们改变原来的看法。再者,这些人已经蠢到连自己的短处都觉察不到了,就是把世界上所有的证明都放在他们面前,你能指望他们的头脑改变一丝一毫吗?

▶ 一些完全幼稚的理由就足以使那些蠢货相信地球固定不动。

不要再感到惊奇了,萨格利多,虽然我也感到惊奇,但是和你不同。你惊奇的是,为什么拥护毕达哥拉斯学派见解的人这样少,而我惊奇的却是,到今天竟然还有人接受并拥护毕达哥拉斯的见解。对于那些坚持这种见解并肯定它是真理的人,对于他们的卓越才智我只有钦佩到五体投地;他们完全是靠理智的力量对他们自己感官的破坏,从而相信理性所昭示给他们的真理，而不去相信感觉经验看上去显然相反的那些事情。因为我们已经考查过的那些反对地球运动的论据，是非常说得通的，这些我们都已经看见了；而托勒密派和亚里士多德派和所有他们的信徒认为这些论据是完整无缺的，这一事实就是证明这些论据确实的最大论据。但是那些从外表上看来和周年运动相抵触的经验，它们所表现出来的力量确是非常之大，所以我要再重复一遍，当我想到阿里斯塔克和哥白尼能够使理性完全征服感觉，不管感觉表现为怎样，依旧把理性放在他们信仰的第一位，我真是感到无限的惊异。

◀ 说明哥白尼的体系不容易为人接受。

◀ 在阿里斯塔克和哥白尼身上，理性和论证克服了感觉的证据。

萨格利多：那么对这种周年运动我们还将进一步碰上更加强烈的攻击了？

萨耳维亚蒂：我们会的。我自从受到一种异常明澈见解的启发后，对哥白尼体系已经不大抵触了；但是这些反对理由是那样地明显而且合乎情理，如果不是由于自己具有一种比天然常识更加优越的见识，把理解力和理性联合起来，我很怀疑我对哥白尼体系的抵触会不会比过去还要大些。

萨格利多：好吧，萨耳维亚蒂，那么让我们像人们通常说的那样，谈谈具体事例吧；因为一切空话我觉得都是浪费。

萨耳维亚蒂：谨如遵命……

〔**辛普里修：**二位先生，萨耳维亚蒂的话刚才涉及某些事情，使我觉得心情非常之矛盾，希望给我一个机会使我能恢复原来的宁静。这样子，在风暴平息之后，我将更能聆取你们的教益。因为一个人用一面凹凸不平的镜子照自己，是照不出自己的形象的，正如那位拉丁诗人[①]的优美诗句告诉我们的那样：

大海无风信，波平不起纹；
我来海岸立，凝望水中真。

萨耳维亚蒂：你说得很对；现在就讲讲你感到的那些困难吧。

辛普里修：有些人不承认周日运动属于地球，因为他们看不出自己从波斯迁移到日本；有些人反对周年运动，因为如果地球每年绕日一转，它的庞大体积就非得要先是升得很高，然后又降得很低，而这是他们从心里不愿意承认的；你把这两种人都说成是一样的糊涂蛋。我现在对地球的这种周年运动从心里也起一种反感，觉得这条反对理由是对的，而且即使你把我放在那些没脑子的人中间，我也不感到脸红；特别是我看到人们在一块平原上仅仅推动一块岩石就得碰上好大阻力，更不用说推动一座山了，然而即便是一座山，在整个阿尔卑斯山脉说来也仍旧是极微小的一部分；这么一想，我的反感就更大了。因此我请求你不要完全蔑视这些反对论点，而要解答它们；这样做，不但对我有好处，对那些把这种

① 维吉尔(Vergil，公元前70—前19)，古罗马诗人。

论点看作好像很有道理的人也有好处。因为我觉得有些人尽管头脑简单，但是要他们看出并承认自己头脑简单，是很不容易的事，不能因为人家这么一说就随便承认下来。

萨格利多：的确，他们越是头脑简单，就越不容易使他们相信自己不行，这几乎是不可能的。由于这个缘故，我觉得解决这里的反对论点以及一切的反对论点是一件好事，不但为了满足辛普里修，还为了其他同样重要的理由。因为显然有不少人虽则通晓哲学和其他科学，但由于对天文学或者数学或者其他学科缺乏知识，在钻研真理上脑筋不够敏锐，因而死抱着这些愚蠢学说不放。我觉得倒霉的哥白尼处境所以那样悲惨，原因就在这里；他的那些见解只能指望受到谴责，而且只能落到那些反对者的手里；他的那些论证本来就很微妙，因此很不容易掌握，而那些人由于领会不了这些论证，只从表面上大略看一下就肯定这些是错误的，并且到处宣扬它们一无是处。由于哥白尼的论证很深奥，人们即使不能被这些论证说服，只要能够做到使他们看出那些反对理由的苍白无力，也是好的。因为要能认识到这一点，他们就得对自己目前斥为错误的学说，在进行判断和驳斥时有所节制才行。有鉴于此，我将提出另外两条反对周日运动的理由，这是不久以前我听见一些知名之士提出来的；这些解决了以后，我们再谈周年运动。

第一条反对理由是，如果太阳和其他星体的确不是从东方地平线升起来而是停止不动，而地球东部则降落到它们下面，那么不要经过多久时间，许多山岭就必然随着地球的转动沉到下面去；这样一来，我们早先本来要翻越险阻才能爬上山巅的，在几小时以后就得弯着身体向下爬才能到达山顶了。

另外的一条是，如果周日运动是属于地球的，地球的这种运动就得非常之快，从而使一个人坐在井底观看直接处在他头上的一颗星就只能有一刹那的工夫，也就是说只能在地球经过井口两三码宽的那样极短时间内看见它。然而实验表明，这样一颗星经过井口时却要相当的一段时间——由此而得出的必然结论是，井口移动的速度并不如周日运动所要求的那样快。因此地球是不动的。

辛普里修：这两条反对理由的第二条我听来的确好像是有说服力的；但是第一条，我觉得我自己也能解释得了。因为我认为，地球带着山向东自转，和地球停止不动而让山脱离地基沿着地面被拖着走，是同一回事。我而且看不出把一座山在地面上拖着走，和在海面上驾驶一条船，在操作上有什么两样。所以如果关于山的反对理由站得住的话，那么同样当船舶继续航行并且离开海港几度远之后，我们爬桅杆就不仅仅是为了上升，而是为了沿平面走动，而且最后甚至是为了降落了。现在这种情形并未出现，而且我也没有听见过任何一个海员，即使是那些曾经周游过全球的海员，曾经因为船只不在这个地方而在另一个地方而在爬桅杆的动作上(或者船上别的人在爬桅杆时)发现有什么不同。

萨耳维亚蒂：你论证得非常好；如果提出这条反对理由的人想到这一点，再盘算一下他东面附近的那座山，因地球的自转在两小时之后就会被这种运动带到诸如奥林匹斯山或卡麦尔山的现在地点，他将会看出，根据他自己的一套推论方式，就得相信或者承认一个人本来要爬上后两座山顶的，现在却要往下爬了。这种人的头脑就和那些反对对蹠地[①]的人的头脑一样，理由是一个人不能头朝下、脚踏在天花板上走路；他们提出的想法是对的，而且是他们完全了解的，但是他们不知道这些困难很容易用最简单的推理就可以解决。我的意思是说，他们满懂得受地球吸引或者降落就是走向地球中心，而上升则是离开地球中心；但是他们却不懂得处在我们对蹠地的人，无论站立或者走路都根本感觉不到困难，因为他们也和我们一样是脚跟朝着地心，头朝着天的。

萨格利多：然而我们知道有些人在别的方面学识非常渊博，却对这些思想茫然无知。这就证实了我刚才讲的话；把一切反对论点，甚至最微弱的反对论点都排除掉，这是一件好事。所以关于那个井的问题也应当给予答复。

萨耳维亚蒂：这第二条反对理由表面看来，的确有一种令人无从捉摸的说服力。虽说如此，我有把握认为，如果我们问问提出这条反对理由的本人，为了把他的意思表达得更清楚一点，请他解释一下，假定周日运动是属于地球的，那就会产生怎样的后果，然而在他看来并没有出现这样的后果；那么这样一来，我敢说，他在说明自己的问题及其后果时，就会把自己完全弄乱——也许并不比使自己从问题中解脱出来更容易些。

辛普里修：老实说，我肯定将是这样，虽则我发现眼前我自己的思想就处在同样的混乱状态。因为这条论据初看上去好像很有力量，但是另一方面我却开始意识到，如果沿着这条线推论下去，就会产生一些别的麻烦。因为这种极端迅速的周日运动，如果属于地球的话，应当在星上看得见，而如果这种运动属于星球本身的话，也应当在它身上被我们发现——甚至更容易发现，原因是这种自转运动在星球上必然要比在地球上快几千倍。另一方面，这颗星经过井口的时候一定是我们看不到的，因为井口只有两三码直径，而井口跟着地球运转的速度却要达到每小时二百万码以上。老实说，这转眼即逝的一瞬是使人无法想象的；然而我们在井底望一颗星，却能望上很长一段时间。所以我很愿意足下能在这件事情上帮我弄清楚。

萨耳维亚蒂：辛普里修，既然你对自己的意思也感到迷糊起来，而并不真正懂得自己应该讲些什么，我现在就更加断定，提出这个反对论点的作者的思想是一片混乱。我所以作出这样的论断，主要是因为你在这件事

① 对蹠地指地球上正相反对的地方。

例上漏掉了一个主要区别。现在请你告诉我，在进行这项实验时（我是指星球经过井口的实验），你有没有区别井底深浅的问题；就是说，观测者离开井口较远或者较近的问题。因为我没有听见你曾经提到过这一点。

辛普里修：事实上我就没有想到过，可是你这一问却提醒了我，使我意识到这种区别肯定是少不了的。我已经开始看出，为了决定星体经过井口的时间，井的深浅和井口的宽窄可能同样有关系。

萨耳维亚蒂：不过我仍旧怀疑井口的宽窄对我们说来是否有关系，或者有多大关系。

辛普里修：怎么，在我看来，走过十码要比走过一码在时间上要长十倍。我敢肯定，一条十码长的船比起一百码长的船来，在我眼界里要消失得快得多。

萨耳维亚蒂：所以，我们仍旧是积习难移，仍旧认为除了使用我们的双腿外，是不会动的。

亲爱的辛普里修，如果你看的那件东西在运动，而你在观察它时始终停止着，那么你这样讲是对的。但是如果你是在井底，而井和你都一同被地球的转动带着走，你难道看不出，不论在一小时或者一千小时或者千万年的时间内，井口也不会赶到你的前面去吗？在这种情况下，地球的动或不动对于你起的作用，可以不从井口，而从某个单独的，不参与运动，或者照我的说法，处于静止状态的其他东西上面看出来。

辛普里修：这些都说得很好；可是假定我是在井底，而且和井一同被周日运动带着走，而我看见的那颗星则是不动的；由于井口（这是唯一容许我的视野通过的地方）不到三码宽，而挡着我的视野的其余地面却有好几百万码，那么我望见星的时间和我望不见星的时间相形之下，怎么可能为我们觉察到呢？

萨耳维亚蒂：你仍旧是陷在同样的诡辩里，不能自拔；老实说，你非得有人帮助你一下不可。辛普里修，我们望得见星的时间不是靠井口的宽窄来测量的，因为那样的话，井口永远会让你的视野通过，你将会永远望见星了。不是的，这个时间的长短一定要根据从井口望出去的那一部分不动的天层来衡量。

辛普里修：我望得见的那一部分天层，不就像井口是地面的一部分一样是整个天层的一部分吗？

萨耳维亚蒂：这个问题我要你自己回答。你说说看，井口是否永远是地球表面的一个同等部分？

辛普里修：毫无疑问，永远是地球表面的一个同等部分。

萨耳维亚蒂：人从井里望见的那一部分天层又是怎样呢？是否永远是整个天层的一个同等部分呢？

辛普里修：现在我开始清除我头脑中的迷雾了，并且懂得你刚才点醒我那句话的意思了——就是井的深浅和这件事情有关系。因为我并没有想到眼睛离开井口愈远，望见天层部分就会愈小，因而对于一个从井底观天的人说来，它经过井口并在眼中消失的时间就愈快。

萨耳维亚蒂： 可是从井里什么地方望见的一部分天层，会和井口对地面一样，是整个天层的一个同等部分呢？

辛普里修： 看来如果我们把井一直挖到地球中心，也许我们从那里望见的天层将和井口对地球表面一样的一个同等部分。可是离开了地球中心逐步向地面上升，在我们眼中将会显出愈来愈大的天层。

萨耳维亚蒂： 而且最后，把我们的眼放在井口望出来，我们就会望见半个天层，或者比半个天层少一点；如果我们是处在赤道的话，那就需要经过十二小时的时间。〕

不久以前我给你勾画了哥白尼体系的一个简单轮廓，可是火星却对这个体系的正确性发动了猛烈的攻击。因为如果火星离地球的最小距离和最大距离之间的差别是地球离太阳距离的两倍，那么当火星最靠近我们时，它的圆盘望上去应当比它离开我们最远时大六十倍。但是火星望上去并没有显出这样大的差别。毋宁说，当它和太阳相冲并和我们最接近时，它比和太阳相合并被太阳的光线遮着时只显得大四、五倍。

◀ 火星对哥白尼体系发动了猛烈的攻击。

金星则给我们带来另一个而且更大的困难，那就是如果照哥白尼说的，金星是绕太阳周转的，它就会有时在太阳那一边，有时在太阳这一边，时而向我们接近，时而离我们远去，而远近的差异将是它绕太阳的圆周直径。这样的话，当它在太阳和我们之间并和我们非常接近时，它的圆盘望上去应当比它在太阳那一边并接近相合时大四十倍不到一点。然而这种差别几乎是觉察不到的。

◀ 金星的表面现象也和哥白尼体系格格不入。

这些之外，还有另一个困难；因为如果金星本身是不发光的，就像月亮一样是靠日照才发亮的（这样说似乎是合理的），那么当它处于我们和太阳之间时，望上去应当像月亮显出钩形，就像月亮靠近太阳时所显示的那样——然而这一现象在金星上面并不显现出来。由于这个缘故，哥白尼宣称金星或者本身是发光的，或者由于它的组成物质是透明的，因而能够让太阳渗透，并把日光分布在整个球面上，使我们望上去是那样地光辉灿烂。哥白尼就是这样对金星的形状不变加以原谅，但是他对金星大小的变化不大，却无一语道及；更没有谈到火星大小的变化不合要求。我认为这是因为他对这种和他的见解非常抵触的现象，无法解释得使自己满意；然而由于有那么多的其他理由都具有说服力，所以他仍旧坚持自己的见解，并认为这是真理。

◀ 金星给哥白尼带来另一个困难。

◀ 照哥白尼的说法，金星或者本身是发光体，或者是由透明物质组成的。

◀ 哥白尼对金星和火星形状大小的变化不合理，没有提。

除掉这些以外，月亮也是个问题；因为所有的行星连同地球都以太阳为中心一同运转，单单月亮打乱了这个秩序，而以它自己的运动环绕地球（只是随着地球和整个元素层每年绕日一周），这好像多少把整个秩序都打乱了，并使这种秩序看上去好像不可能而且是错误的。

◀ 月亮把行星的秩序打乱得很厉害。

这些困难都使我对阿里斯塔克和哥白尼感到怀疑。他们虽然不能解决这些困难，但是不可能没有注意到这些困难；尽管如此，参照其他许多卓越的观测，他们仍旧坚信实际的情形是如理性告诉他们的那样。因此他们就非常有把握地肯定，宇宙的结构除掉他们所描述的那样以外，别无其他形式。这样肯定以后，就产生了其他很严重然而很奇妙的问题，都是一般人的头脑不容易解决的，然而都被哥白尼看出并且解决了；这些都暂时搁一下，等我们回答了那些反对这种见解的人的质难之后再谈。

▶ 关于反对哥白尼体系的三项质难的回答。

现在来解答我们提到的那三项严重的困难，我要说这头两项困难不但和哥白尼体系互不抵触，而且对哥白尼体系绝对有利，大大地有利。因为火星和金星在大小上的变化的确显出和预计的比例一样，而且金星在太阳和地球之间时的确现出钩形，它的形状的改变完全和月亮一样。

萨格利多：可是这一点如果当初哥白尼看不出来，你是怎样看出来的呢？

萨耳维亚蒂：这些事情只能通过视觉才能觉察到，然而大自然却没有赋予人类以那么完善的视觉，使人类能分辨这种差别。毋宁说，我们的视觉器官本身就带来障碍。可是在我们的时代，上帝忽然高兴容许人类的才智发明一种神秘的仪器，把我们的视力增加四倍、六倍、十倍、二十倍、三十倍和四十倍，因而无数过去由于太远或者太小而导致我们看不见的东西，现在靠望远镜都可以看见了。

萨格利多：但是金星和火星并不是因为距离远近或者体积太小而成为我们看不见的东西啊。我们单靠肉眼也能看见它们。那么为什么我们分辨不出它们在大小上和形状上的差别呢？

▶ 为什么金星和水星在大小上显出的差异，不及应有的差异那样大。

萨耳维亚蒂：在这件事情上，如我刚才提醒过你的，我们的眼睛要负很大的责任。由于这个缘故，光亮的遥远星体在我们眼中就显得不是那样明显单纯，而是被装饰上许多偶然的和外来的光线；这些光线既长且密，使得星体比原来没有这道光圈时在我们眼中的大小增加十倍、二十倍、一百倍或者一千倍。

萨格利多：现在我想起曾经看到过书里讲起这类事情，是在我们成员朋友写的《太阳黑子通信集》还是《试金者》里，我可记不起了。辛普里修可能没有看过这些书，所以为了帮助我回忆并且使辛普里修懂得这种情况，最好请你把这里的道理跟我们讲得更详细一点。因为要理解我们现在讨论的问题，有一点这方面的知识是非常必要的。

▶ 逍遥学派把望远镜的观测斥为不可靠。

辛普里修：萨耳维亚蒂眼前告诉我们的这一切，对我说来，确是很新鲜。说老实话，我对这些一点不感兴趣，而且直到目前为止对这种新近制造出来的光学仪器也不认为可靠。相反的，我只是跟着我们这一群人里面别的逍遥学派后面，把别人赞叹为巨大成就的那些发现看作是镜头造成的错误和假象。如果我过去这样看是错误的，我将乐于从错误中被解脱出来；而且你讲的其他新事物已经使我听得神往，所以其余的我也将洗耳恭听。

萨耳维亚蒂: 这班人对自己的机智是那样自信,对别人的判断是那样不放在眼里,可以说是同样地不合理。他们对这种仪器连试都没有试一下,而别人却用这种仪器作过几千次的实验,并且天天在做,然而他们却自命比使用这些仪器的人更有资格来评论这样的仪器,这岂不是天大的怪事吗?可是这种顽固不化的人我们还是置诸脑后吧,连对他们进行声斥都未免太抬高他们了。

现在回到正题,我说发光体或者由于它们的光线通过蒙在瞳孔上面的潮气而发生折射,或者由于光线从眼皮边上反射出来而分布在瞳孔上,或者由于其他原因而在我们眼中显得好像包了一圈新的光线似的。由于这种光渗作用,这些物体望上去就比没有这种光渗时的形状时要大得多。而且发光体愈小,增大的比例就愈大;这就和一个诸如四英寸直径的圆周在它周围添上一圈四英寸长的发光的头发,会使圆周看上去增大九倍的情况一样。

◀ 发光体望上去就像被一圈额外光线环绕着。

◀ 为什么发光体愈小,看上去增加得愈大。

辛普里修: 恐怕你的意思是说"三倍",因为在一个四英寸直径的圆周两边各增加四英寸,会使它增大三倍,而不是增大九倍。

萨耳维亚蒂: 辛普里修,搞一点几何学嘛;圆周的直径诚然增加了三倍,但是面积(也就是我们现在谈的)却增加了九倍。因为圆周的面积,辛普里修,是和它们的直径的平方成正比的,而一个四英寸直径的圆周面积和一个十二英寸直径的圆周面积之间的比例,就和四的平方对十二的平方的比例一样;也就是 16 比 144。所以是大九倍,而不是大三倍。这一点你应懂得,辛普里修。

◀ 圆周面积的增加,和直径的平方成正比。

现在接下去讲吧。如果我们把这一圈四英寸长的头发加在一个直径只有二英寸的圆周四周,那么圆周加上头发将是十英寸直径,它的面积和物体原来的面积相比将是 100 对 4(因为这些就是 10 的平方和 2 的平方),所以是大二十五倍。最后,把这四英寸长的头发添在一英寸直径的小小圆周的四周,它就会比原来面积大八十一倍。由此可见,随着实体变得愈来愈小,这种面积的增加在比例上就会愈来愈大。

萨格利多: 这个使辛普里修感到不解的问题,对我倒没有什么困难,但有些别的事情我却要求你解释得明白些。特别是我很想懂得,你是根据什么原则断言这种长出的光线对所有看得见的物体说来,总是一样的长短呢?

萨耳维亚蒂: 我说的是只有发光的物体有这种增长,而不包括不发光的物体;这已经部分地回答了你的问题。现在再讲其余的。关于发光的物体,那些亮度最大的,在我们瞳孔上产生的反射也最大和最强烈,因此也显得比那些亮度较差的要加大得多。这里要谈得仔细,时间未免拖得太

◀ 物体发出的光线越鲜明,望上去就越大。

长了，所以还是向我们的最伟大的教师求教[1]，看它是怎样昭示我们的；今天晚上等天完全黑了以后，让我们去望一下木星；我们将会看见木星非常明亮而且非常之大。然后让我们从一根管子里去望它，或者把手掌握起来，中间留一个小孔，让眼睛从小孔中望出去；或者用针在纸片上戳一个小洞，从小洞里望出去。这样我们将看见木星的圆盘不带上那些额外光线时显得非常之小；先前用肉眼望它时就像一只大火炬，而现在望上去确乎还不到六十分之一的大小。这以后，我们还可以望望天狼星，这是一颗非常美丽的星，比任何别的恒星都大。在肉眼望去，它并不比木星小多少，但是照刚才说的办法去望它，去掉它的那些额外光线的头饰，它的圆盘就显得非常之小，看上去大约只抵木星的二十分之一。说实在话，一个人除非眼力百分之百的好，就很不容易找到它，由此可以合理地推论这颗星的亮度比木星大得多，因此产生的光渗作用就更大。

▶ 一项简单的实验表明星体形状的加大，是由额外光线引起的。

▶ 木星不像天狼星加大得那样多。

其次，太阳和月亮单是它们本身的体积在我们眼中就占据很大的面积，额外光线没有活动的余地，所以它们的圆盘望上去就好像是光秃无毛、界限分明的；光渗作用对它们是没有影响的。

▶ 太阳和月亮增大得很少。

我们还可以用一项我做过多次的实验为我们证明同一事实——就是说，为我们证明，亮度比较鲜明的光辉星体比那些光线暗淡的星体产生的额外光线要多。我时常在天空非常之黑时瞭望木星和金星在一起，即和太阳形成二十五度或三十度角的时候；用肉眼望去，金星显得比木星要大八倍，甚至十倍；但是后来用望远镜窥测它们，木星的圆盘实际上要比金星大四倍或者更多一些。然而金星的亮度比起暗淡的木星来，要光辉灿烂得无法比拟，其所以如此，只是由于木星离开太阳和我们很远，而金星则靠近我们和太阳。

▶ 一项明显的实验表明，亮度最大的星体的光渗，比亮度较差的星体大得多。

这些道理一经说明，我们就不难理解为什么火星与太阳相合时，也就是比它和太阳相冲时离地球的距离大七倍或者更多，它处在后述的位置望上去只比处在前述的位置时大四五倍。这里的原因完全是光渗作用。因为如果去掉它的那些额外光线，它在形状上的加大就和应有的比例完全一样。而要把它的那一圈头发去掉，望远镜是唯一的而且是最卓越的工具。望远镜能把火星的圆盘放大到九百倍或者一千倍，这就使火星望上去和月亮一样光秃无毛而且界限分明，并使它在上述两个位置时的形体变化完全按照正当的比例。

▶ 望远镜是去掉星体周围头发的最好的工具。

其次是金星；金星在黄昏和太阳相合时，即介于太阳和我们之间时，应当比早晨和太阳相合时望上去将近大四十倍，然而看起来显得连两倍都不到；除掉这种光渗作用外，金星还现出像一钩镰刀的形状；这一钩不但很瘦，而且由于日光是斜射上去的，所以光线很弱。由于小而且光线很弱，它就比我们看见它的整个半球被太阳照亮时起的光渗作用小而且

▶ 金星的表面增大不多的第二项原因。

① 最伟大的教师指大自然。

不大活跃。但是在望远镜里面我们能清楚看出它的一钩和月亮的一样，是界限分明的，而且这一钩是属于一个很大圆周的一部分，这个圆周比它早晨出现在太阳那边的最后时刻的圆周将近大四十倍。

萨格利多：唉，尼古拉·哥白尼啊，你如果能亲眼看见你的体系为这样明显的实验所证实，该多么高兴呀！

萨耳维亚蒂：对，可是他的远见卓识就远不及现在这样为有学之士推崇了！因为如我以前说过的，我们可以看出他以理性为向导，继续坚持那种好像为感觉经验所否定掉的见解。他一直要坚持金星很可能绕日运行，有时候离开我们的距离，会比另一个时候离我们的距离大六倍以上，然而望上去始终是一样大，但实际上应当大四十倍。

◀ 哥白尼信赖理性，而不信赖感觉经验。

萨格利多：我相信木星、土星和水星在大小上面的差异也应当和它们各自的距离成比例。

萨耳维亚蒂：关于这两颗外行星，我在过去二十二年中差不多年年都作过观测，证明确是如此。水星的观测没有什么重要的发现，这是因为水星除掉和太阳形成最大角度时，不容许我们望见，而它在这些最大角度时和地球距离上的差别是觉察不到的。也因此它在形体大小上的差别，以及形状上的变化，都无法观察，但肯定是和金星一样有变化。可是如果我们真能看到的话，它必然在我们眼中显出半圆形，就像金星和太阳形成最大角度时所显现的一样；不过水星的圆盘太小了，而亮度又那么强，便是望远镜的威力也不足以去掉它那些头发，使它望上去完全光秃秃的。

◀ 水星不能观测得很清楚。

现在我们还得排除一个看来好像反对地动说的很大理由。这就是，虽则所有的行星都绕着太阳转，但只有地球，不像其他行星那样，它不是孤独的，而是带着月亮一起和整个大气层以一年的时间绕太阳一周；同时，月亮每月又绕地球一周。在这里，我们不得不再一次地欢呼和佩服哥白尼的敏锐才智，同时惋惜他的不幸遭遇，没有能活在今天。因为现在木星已经把地球和月亮连带运动这种明显的破格现象消除了。我们看见木星，就像另一个地球一样，每十二年绕太阳一周，而随着它一起运行的不止一个月亮，而是四个月亮，连同一切可能包括在这四个卫星层里的东西。

◀ 由于地球不单独绕太阳运动，而是和月亮一同绕太阳运动所引起的困难，已经消除。

萨格利多：你根据什么理由把木星的这四个卫星称为“月亮”呢？

萨耳维亚蒂：这就是任何人看见它们环绕木星所显示的形状。因为它们本身是黑的，它们的光是由太阳获得的；从它们进入木星影子的圆锥出现月蚀这一点，就可以明显地看出来。由于它们只有半个发光的球面向着太阳，所以它们只有当我们完全处于它们轨道之外并比较接近太阳时，看上去才是完全光亮的；但是在木星上的人看来，它们只有处在自己圆周最高点时望去才是完全光亮的。在最低的地位，即介于木星和太阳之间时，它们从木星上看去将是月牙形的。总之，它们在木星上的人眼

◀ 木星的卫星像环绕木星的四个月亮。

中看来,其形状的改变就如同地球上的人看见的月亮形状的改变一样。

现在你看,这三条理由开头好像和哥白尼的体系非常格格不入,可是却和哥白尼体系吻合得多么美妙啊。从这一点,辛普里修将更加能够看出,作出行星转动的中心是太阳而不是地球的结论,我们是有非常大的把握的。而且由于这样一来无异于把地球放在那些确实围绕太阳的星体之间(在水星和金星上面,但是土星、木星和火星下面),为什么不能同样地承认地球有可能,甚至有必要,也是环绕太阳呢?

辛普里修:这些事件都非常重大,非常突出,托勒密和他的信徒们当初不可能不知道。既然知道,他们一定也曾经想办法提出充足的理由来解释这些感觉现象;而且提出了适当的和可能性较大的理由,因为这么多年来这么多人都承认这些现象。

▶ 天文学家的主要任务是给天文现象提供理由。

▶ 哥白尼曾根据托勒密的假设来重建天文学。

▶ 哥白尼出于什么动机要建立自己的体系。

萨耳维亚蒂:你提得很好,但是你得知道纯天文学家的主要活动就是为天体现象提供理由,并把这些现象和星体的运动纳入一个由许多圆周组成的结构和秩序,使运动的计算结果和那些同样的现象相符。他对承认一些破格现象,并不怎样操心,而这些破格现象说不定实际上在别的方面会产生麻烦。哥白尼自己写道,他在开头研究天文学时,曾经根据旧托勒密体系的那些假设来修订天文学,并改正了行星的运动,使计算的结果符合天文现象得多,反过来也如此。但是这样做,仍旧是把行星一个一个地分别对待。他接着说,当他想要根据所有个别结构综合为一个完整体系时,就出现了一个可怕的怪物,其组成部分相互之间非常不相称,无法合成一个整体。因此,尽管一个天文学家作为一个计算者可能把任务完成得很好,但是作为一个科学家来说,他是不能满足和不能获得宁静的。而且由于他深深懂得,虽则天体现象也可以靠基本上错误的假设来自圆其说,但是如果能根据真实的假设来引申出这些现象来,那就要好得多;根据这点认识,他就努力探索在那些古代的名学者中有什么人曾经建立过一个与一般人所接受的托勒密体系不同的宇宙体系。他发现毕达哥拉斯学派的某些人曾经特地把周日运动归之于地球,另外一些则连周年运动也归之于地球,所以他就开始根据这两条新的假设来考察行星运动的现象和特点,而所有这些材料他都是非常熟悉的。这样一来之后,他看出整体和部分之间的关系显得异常简单,所以他就拥护这种新的宇宙秩序,并由此而感到心安理得。

辛普里修:托勒密体系里虽然有那些破格现象,但是哥白尼体系里就难道没有更大的破格现象吗?

萨耳维亚蒂:那些毛病是从托勒密来的,而治疗这些毛病的则是哥白尼。首先,是不是所有的哲学派别都认为,一个有天然的圆周运动的物体会不规则地绕自己的中心运动,而有规则地绕另一点运动,是一种非常不妥当的现象呢?然而托勒密的结构却是由这类不规则的运动组成的,而在哥白尼体系里每一种运动都一样是环绕它自己的中心的。按照托勒密的说法，必须给天体规定相反的运动，使任何天体既由东到西运动，同时又由西到东运动，而按照哥白尼的说法，则所有天体的运行都是向着同一方向，即由西向东运动。还有，我们对一个行星的视运动该怎样说呢？这种运动不但一时快，一时慢，而且有时候会完全停止下来，甚至在停止之后还后退一大段路。为了说明这些现象，托勒密引进了许多庞大的本轮，使一个个本轮适应每一个行星，给不调和的运动定下许多规则——但所有这些不方便之处都可以用地球的简单运动一扫而光。根据托勒密的体系，所有行星都被指出有它们自己的天层，一个天层驾于另一天层之上，那样我们就不得不说，火星既然位置在太阳层之上，时常会降落得非常之远，以致冲破了太阳层，落到太阳层之下，并且比太阳更接近地球，然而没有多久又变幻莫测地飞升到太阳之上；对于这种现象，辛普里修，你难道不认为极端荒谬吗？然而这些以及其他种种破格现象都被地球的简单的周年运动一扫而光了。

◀ 托勒密体系有许多不方便之处。

萨格利多：我很愿意更好地理解，诸如停止、逆行和升高等现象，这些现象在我看来简直是不可能的，它们在哥白尼体系里是怎样解决的呢？

萨耳维亚蒂：萨格利多，你将会看到哥白尼体系对这些现象是怎样对待的，任何人只要不是顽固不化和不堪教诲，单凭这一条解决办法就足以使他们对哥白尼其余的学说予以首肯。现在我告诉你，土星的运动在三十年内不发生任何变化，木星在十二年内，火星在二年内，金星在九个月内，水星在八十天左右内，也都不发生任何变化。只有地球的周年运动，介于火星与金星之间，引起上述五个行星所有的不规则现象。为了便于并充分了解这一点起见，我想给你画一张图来说明这种情形。现在假定太阳是处在中心 O，环绕这个中心，我们将画一个地球周年运动的轨道，BGM。木星（作为一个例子）在十二年内所环绕的圆周将是这里画的 *BGM*，而在恒星天层里，我们将把黄道带的圆周 *PUA* 作为代表。还有，在地球的周年轨道上，我们将取几段相等的弧，BC，CD，DE，EF，FG，GH，HI，IK，KL 和 LM，而在木星的圆周上，我们将标出一些别的弧，这些将是地球经过自己那些弧时，木星同时也经过的弧。我们把这些标为 *BC*，*CD*，*DE*，*EF*，*FG*，*GH*，*HI*，*IK*，*KL* 和 *LM*，这些弧在比例上将小于地球轨道上所标出的那些弧，原因是，木星通过黄道带的运动比地球的周年运动慢。

◀ 哥白尼排除行星的停止、逆行和接近现象的办法，是支持他的体系的有力论据。

◀ 只有地球的周年运动使五大行星的运动产生巨大的差异。

现在假定地球在 B 点时，木星在 *B* 点；那么在我们看上去木星就在黄道带上的 *P* 点，即沿 B*BP* 的直线。接下去让地球从 B 走到 C 而木星同时由 *B* 走到 *C*；在我们看来，木星好像是达到黄道带上的 *Q* 点，即按照标点的顺序由 *P* 进至 *Q*。然后地球又到达 D，木星到达 *D*，在黄道带上它看上去将是在 *R* 点上；地球在 E 时，木星就在 *E*，它在黄道带上就在 *S* 点，仍旧是在前进。可是现在当地球开始直接进入木星和太阳之间时（在到达 F 之后，而木星也到达 *F* 之后），在我们眼中木星看上去就好像

◀ 证明三个外行星的不规则运动来自地球的周年运动。

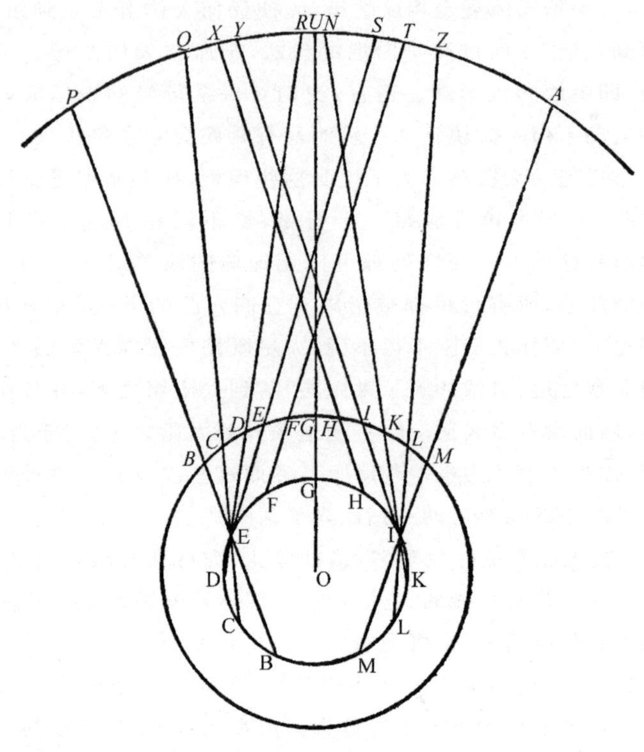

图 21

准备在黄道带折回来了,因为在地球走过 EF 这段弧线的时间内,木星将会在黄道带的 S 点和 T 点之间慢下来,而在我们看来将显得几乎不动似的。再以后,地球到达 G,木星到达 G(即与太阳相冲),它在黄道带上就被望见处于 U 点,经过黄道带上整个一段 TU 弧线折回来了;但是事实上,木星一直顺着自己的均衡运动运行,不但在自己的圆周上前进着,而且就黄道带的中心和太阳,即黄道的中心而言,它在黄道带上也是前进着的。

地球和木星就这样继续运动着,当地球到达 H,木星到达 H 时,木星看上去就像通过整个 UX 弧线从黄道带上回来很远了;但是地球到达 I 和木星到达 I 时,木星在黄道带上显然只移动一小段距离 XY,并且望去就像不动似的。后来当地球将要到达 K 而木星将要到达 K 时,木星将会通过 YN 弧在黄道带上前进;而且在木星继续其行程中,地球从 L 点上将望见在 L 点上的木星处于黄道带上的 Z 点。最后,木星在 M 点时,从地球在 M 点上将望见它到达黄道带的 A 点,并继续前进。而木星在环行自己圆周的 FH 那一段弧,同时地球也通过自己轨道的 FH 弧时,木星在黄道带上的整个明显逆行运动将是 TX 弧。

▶ 逆行运动的次数,土星较多,木星较少,火星更少;及其原因。

这里所谈的木星情形,应理解为同样是土星和火星的情形。土星的这种逆行情形比木星次数还要多些,原因是土星走得比木星慢,所以地球能在较短的时间内赶上它。火星逆行的情形较少,因为火星的运动比木星快，因此地球要赶上火星要花较多的时间。

其次是金星和水星，它们的圆周都是在地球圆周以内的，它们也出现停止和逆行现象，但不是由于它们本身的真正运动引起的，而是由地球的周年运动引起的。这已经为哥白尼（引证了帕加的阿波罗尼奥斯[①]的说法）在他的《天体运行》第五卷第三十五章中准确地证实了。

◀ 阿波罗尼奥斯和哥白尼证实了金星与水星的逆行现象。

先生们，请看，我们观察到的五大行星，土星、木星、火星、金星、水星的明显的破格现象，用周年运动解释起来（如果周年运动是属于地球的话），是多么便当和简单。它把所有的破格现象都消除了，把这些全都改正为一样的和有规则的运动；而第一个为我们弄清这些奇特现象的原因的，就是尼古拉·哥白尼。

但是另外还有一种和上述一样奇特的现象，迫使人类理性不得不承认这种周年运动，并把它归之于地球的运动；但这里存在着一个症结，解决起来恐怕更加困难。这是一个牵涉到太阳本身的新学说，而且是前所未闻的。因为太阳在证实这样重要的结论上表现出它不愿意回避，而是愿意毫无例外地充当最大的见证人。现在你们就听听这种新的了不起的奇象吧。

◀ 地球的周年运动最能解释五大行星的许多特殊现象。

◀ 太阳本身就足以作为周年运动属于地球的见证人。

太阳黑子的最初发现者和观察者就是我们的猞猁学院的成员；他在1610年发现它们，那时候他还在帕都亚大学担任数学讲师。他在威尼斯这儿曾向好多人讲过这些太阳黑子，有些人现在还活着；一年以后他在罗马又指给许多人士看，这在他《致罗马市长马克·威尔塞的书信集》第一封信中就提到过。他和那些认为天不变的胆小鬼或者小心翼翼的人站在对立面，第一个肯定这些黑子是由一种在短期内产生和消散的材料形成的。黑子的位置是和太阳连接在一起的，并环绕着太阳，或者毋宁说就在太阳的球面上完成它们的环行运动，而太阳则环绕自己的中心以一月左右的时间自转一周。开头他认为太阳的这种运动是环绕一根和黄道面成直角的轴运行的，原因是这些黑子在太阳圆面上所画出的弧在我们眼中看去就像是和黄道面平行的直线似的。可是这些弧在有些地方，却因黑子所受到的种种散漫的和不规则的偶然运动的影响而发生变化。它们就是变得这样位置混乱，自身之间毫无秩序可言——有些一下子集拢在一起，一下子又分散开来；有些分裂成许多黑子，形状大为改变，多数都变得很特别。然而，尽管这类不规则的变化会部分地改变这些黑子的原来周期行程，我们的成员朋友并不因此而改变他原来的看法，反而相信这些偏差是由什么具体的和主要的原因造成的；他照旧相信所有这些视变都是由某些偶然变化产生的，和一个人远远观察天上云块的运动时会发现的情形完全一样。那些云块望上去好像走动得很快，很均匀，因地球的转动（如果这种运动是属于地球的）每二十四小时沿与

◀ 猞猁学院的一位成员是第一个发现太阳黑子和一切其他天上的新奇现象的。

◀ 这位成员长期观察太阳黑子的进展历史。

① 帕加的阿波罗尼奥斯，生活在约公元前200年。古代几何学家，他的主要贡献是圆锥曲线法理论。

赤道平行的圆周旋转一次，但是因风力关系使它们的运动多少有些意外的改变，使它们随便向着哪个方向移动。

就在这个时候，威尔塞给我们的朋友写了几封信和他谈这些黑子的事，这些信都是用"亚拜勒"的笔名写的；他竭力敦促我们的朋友坦白讲出他对这些信的看法，并发表他自己关于这些黑子的见解。他遵照对方的要求在三封信里作了答复，先指出亚拜勒的见解是非常空洞和愚蠢的，然后再讲出自己的意见，接着又断言亚拜勒经过相当时间并了解更多的情况之后，肯定会站到他这方面来，赞成他的意见；后来的情形果然如此。由于我们的成员觉得，（正如任何熟悉自然界事实的人会觉得的那样）他在那些《书信集》里，已经把人类理性在这些问题上所能取得的成果都证明了，虽然还不能满足人类好奇心所企望的一切；所以他就停止继续观察一个时候，而去从事其他研究。只是为了满足某些朋友的要求起见，他不时地会跟某个朋友一起观察一下。

这样又隔了几年，他在我的席尔维庄做客，那时天空特别晴朗，而且连续了好多天，使他又心痒起来；他碰巧发现一个单独的太阳黑子望上去又大又粗，于是根据我的请求对这个黑子的全部行程作了观察，小心地记下太阳在子午圈上时黑子逐日的位置。我们看出这个黑子的运行并不完全沿一根直线，而是有点弯曲；这就使我们想到不时地作些别的观察。我们所以干劲这样大，是由于我这位客人忽然有了一个想法，下面就是他亲口告诉我的话：

"菲力普，我觉得我们正面临着一个无比重要的事件。因为如果太阳自转的轴不是和黄道面垂直，而是稍微倾斜一点——如我们观察到黑子的这条弯曲路线所启示的那样——那么我们将能对太阳和地球提出一个从来没有为人提出过的更加踏实、更有说服力的学说。"

▶ 那位猞猁学院成员从太阳黑子的运动，忽然发现其巨大意义。

我对他的充满希望的诺言极其兴奋，就请他把他的见解说得更明白些，他就回答道："如果周年运动是地球的运动，即沿着黄道并环绕着太阳，如果太阳位置在这个黄道的中心，如果太阳在自转而不是环绕黄道带的轴心转（这将是地球周年运动的轴心），而且是环绕一个倾斜的轴心转，那么我们就会从太阳黑子的视动作上看出巨大的变化，只要我们假定太阳轴的倾斜度始终不变，而且方向始终对准着宇宙中的同一点。首先的变化是，地球以其周年运动带着我们环绕太阳，将使黑子的行程在我们眼中望去有时是沿直线的，但是一年中只有两次如此；在其他时间内，它们望上去将是明显地沿弧运动。其次，这种弧的曲率在这个半年中望上去将和在另一个半年中望上去的倾斜度相反。这就是说，弧的凸度有六个月将是向着太阳圆面的上半部，而在另六个月内将是向着太阳圆面的下半部。第三，由于那些黑子的出现，或者在我们眼中看来，可以说是从太阳圆面的左边开始长出来的，然后继续运动着直到太阳右边才消灭和落下去，那些在东边的点子（即初出现时的地点）将有六个月的时

▶ 那位成员预见到，如果周年运动是地球的运动，太阳黑子的运动就会出现异常的变化。

间低于它们对面的那些掩蔽点。在另外六个月内,将是相反的情形;即黑子出现时的那些地点将比较高,这样继续降落下去,最后在最低的地点消失。一年中只有两天,起落的地点是平衡的,在这以后,黑子的行程就会逐渐倾斜,就像沿着梯子逐渐低下去一样。这种倾斜度与日俱增,在三个月内达到最大的斜度,然后又从这一点开始逐渐减小,在差不多长的时间内重又恢复到平衡。第四,有个奇特的现象是,斜度最大的一天将是黑子行程沿直线运动的同一天;而在平衡的那一天,也是黑子行程弧度最弯的时候。在其他时候,当斜度在减小并趋向于平衡时,弧的曲率将会增加。"

萨格利多: 萨耳维亚蒂,我知道打断你的话是没有礼貌的,但是我觉得,正如人们说的那样,当他们堕入五里雾中时,听你再滔滔不绝地讲下去,也很不好。说老实话,目前我对你宣布的那些结论,一个也弄不明白。然而这样泛泛地而且糊里糊涂地听下去,这些结论提醒我它们都具有极其重要的后果,所以我很想能够懂得更多一点。

萨耳维亚蒂: 你现在碰到的情形,我过去也碰到过,那时候我的那位客人就是向我没头没脑地讲了这些话。他后来用一件物质的仪器说明事实,借以帮助我理解;那东西不过是个天体球,利用上面的一些圆周——虽则这些圆周本来是作别的用途的。现在手边既然没有天体球,我将根据需要画几张图来弥补这种需要。为了体现我讲的第一种情况,即黑子的行程一年只能有两次看上去是走直线的,让我们设想这个 O 点是地球轨道的中心(或者说黄道带的中心),同样也是日球本身的中心;鉴于日球和地球之间是那样辽远,可以假定我们地球上的人只能看见日球的一半。所以让我们环绕中心 O 作圆周 ABCD,代表我们所望见的太阳半球和不能望见另一半球的界限。现在,既然我们的眼睛和地球的中心一样,假定都处于黄道带的平面上,而太阳的中心也同样处于黄道带的平面上,如果我们设想日球被黄道带的平面切成两半,这个切面在我们眼中望去将像一根直线。假定这根直线是 BOD,并假定这根直线和 AOC 是垂直的,而 AOC 将是黄道带和地球周年运动的轴。

◀ 从太阳黑子的运动所发现的第一件事实,及由此而得到的关于其他现象的解释。

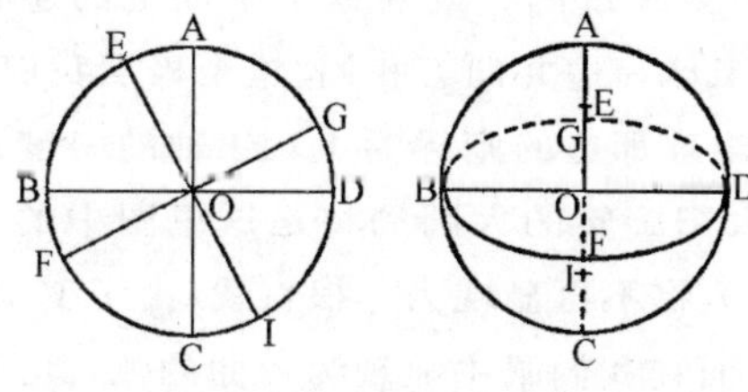

图 22

现在让我们假定太阳在自转,而中心不动。假定它不是绕 AOC 轴旋转,这个轴垂直于黄道带的平面,而是绕另一个稍微有点倾斜的轴旋转,即这里的 EOI;假定这个轴固定不变,并永远保持其斜度,永远指向恒星层和宇宙的同一部分。既然日球在旋转，它面上的每一点，除掉两极以外，都画着圆圈，圆圈的大小视其离开两极的远近而定，让我们取 F 点与两极等距离，并作直径 FOG，FOG 垂直于轴 EI，并成为对 EI 两极所画的大圆周的直径。

现在，假定带着我们一起运行的地球处于黄道带上的一点，我们能看见以圆周 ABCD 为界限的太阳半球；这个点在经过两极 A 和 C 时（它总是要经过的），也要经过两极 E 和 I。显然，那个以 FG 为直径的大圆周将垂直于圆周 ABCD，而那个从中心 O 射到我们眼睛里的光和 ABCD 圆周也将是垂直的。所以只要在 F 点上有一个被太阳的运转带动的黑子，它将在太阳表面上标示出这个圆周的圆轨，而这个圆周在我们望去将是一根直线。因此，黑子的运动将表现为一根直线，同样其他黑子在同样的太阳环转中描划较小圆周的，也将表现为一根直线，原因是所有这些圆周和那个大圆周都是平行的，而我们的眼睛所处的地位和它们都离开广阔的距离。

其次，如果你想到在六个月之后地球将会走完它轨道的一半，而处在原先我们望不见的另一半日球的对面，因此我们望见日球的那一半的界限将仍旧是通 E 和 I 两极的同一个圆周 ABCD，你将会了解那些黑子的运行将出现同样的情形。这就是说，所有黑子的轨道望上去都显示为直线。但是由于这种情况只有在界限经过 E 和 I 界限之后才会发生，而且由于这里的界限因地球的周年运动随时有所改变，黑子通过 E 和 I 两个固定极点就是暂时的，因此这些黑子显现为直线运动的时间也只是暂时的。

根据以上所说，我们可以理解到，黑子先出现在 F 点这一边然后进至 G 点，是怎样显示为一种由左向右的上升过程的。但是假定地球和这些黑子是处在圆周直径的两头，那些黑子肯定将出现在观察者的左边，靠近 G 点，但是它们的行程将下降到右边的 F 点。

现在让我们想象地球离开它当前的位置一个象限，并让我们在这第二张图里把 ABCD 标志为界限，并和以前一样把 AC 线作为轴，是我们的子午线[①]的平面所要经过的。处在这个平面上的还有太阳的轴，轴的一头是在望得见的半球一边并向着我们，这个极点我们标志为 E，而另一处于我们望不见的半球那边的则标为 I。EI 轴的斜度是这样的，它的上半部 E 向着我们，太阳旋转的大圆周将是这里图中的 BFDG，它的可望得见的一半，即 BFD，将不再显现为一根直线（由于 E 和 I 两极已经不处在 ABCD 圆周上），而在我们眼中显现为弯曲的弧，其凸出部分向着圆周

① 子午线。AOC 在前面曾被作为黄道带的轴，但是从这里起则被说成是我们子午线的投影。这是伽利略的一个疏忽。显然，他的本意是说，太阳黑子轨道的最大曲率发生于太阳旋转轴指向我们或离开我们时；但在画了这张图之后，当太阳处在这种地位时，黑子的出现和退出就是沿地平线了；他忘记这根地平线代表黄道带的平面，并把它说成好像是我们的赤道平面。

的下部 C。对于其他和大圆周 BFD 平行的所有较小圆周显然也是同样情形。同样，我们也应当理解到，当地球处于直径的另一头，因而使我们现在望不见的太阳另一半为我们望见时，我们将看见大圆周的同样部分 DGB 部分是弯曲的，其凸出部分向着圆周的上部 A；而那些黑子处在这个地位的行程将是先沿着弧 BFD，然后沿另一弧线 DGB。黑子的最初出现和最后消失，其靠近的 B 点和 D 点将是平衡的，前者既不高于也不低于后者。

现在让我们把地球放在沿黄道带的另一个位置，使分界限 ABCD 和子午线 AC 都不通过 EI 轴的两极，如我在这第三张图里所表示的那样：这里望得见极点 E 是处于分界限 AB 弧和子午线切面 AC 之间；大圆周的直径将是 FOG，望得见的太阳半球是 FNG，而望不见的太阳半球是 GSF。前者的凸出部分 N 弯向太阳圆周下半部，后者凸出部分的顶点 S 向着太阳的上半部。黑子的出现和退出地点(即 F 和 G)将不是如以前 B 和 D 一样是平衡的，而是 F 较低，G 较高，(虽则比在第一图里差距较少)；还有 FNG 弧将是弯曲的，但不如前例中 BFD 弯曲得那样厉害。因此在这一种布置下，那些黑子将从左边的 F 点升起到右边的 G 点落下，而走过的将是许多曲线。假定地球是处在圆周直径的另一头，因而这里望不见的太阳的另一半将会望得见，并将显然以同一圆周 ABCD 为其分界限时，那些黑子的行程望上去将显然是沿着弧 GSF 的，从上面的 G 点开始(G 点将仍旧处于观察者的左边)，并向太阳边缘的 F 点走去，由右边降落。

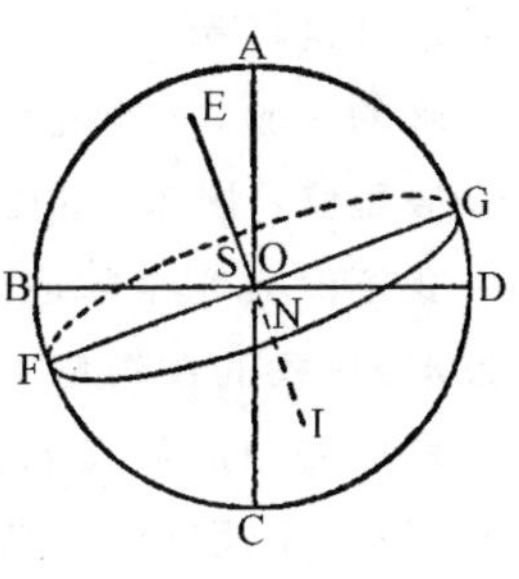

图 23

你们一旦弄懂我以上讲的那些，敢说你们将不难看出，所有太阳黑子的表面行程的分歧现象，是怎样由太阳半球的分界限通过太阳自转的两极，或通过接近或远离两极的点子的行程而引起的，因此两极离分界限愈远，黑子的行程就愈加弯曲，而且斜度愈小。在离两极最远时，即两极处于子午线切面时，曲率变得最大而斜度则变得最小(即斜度降为平衡状态，如第二图所示)。另一方面，当两极处于分界限，如第一图所示，斜度就变得最大而曲度则变得最小(几乎成为直线)。当分界限离开两极时，曲率就开始变得愈来愈明显，而斜度或倾斜则逐渐减少。

这就是我的客人告诉我的，如果周年运动确是属于地球的运动，而太阳则处于黄道带的中心，但环绕一个并不和黄道带平面垂直而是略为倾斜的轴自转，那么太阳黑子的运行在不同时间内看上去就会是这样。

萨格利多：我对这些后果都完全相信，而且认为如果把一只圆球放在这样一个斜度上，然后从各种不同角度来考察这些黑子的行程，这里所谈的后果将会留给我更深的印象。

现在你还得告诉我们的是，关于这些预测结果所产生的影响将会是怎样。

▶ 观察到的情况符合预测。

萨耳维亚蒂：后来的情形是这样，我们接连好多个月进行非常仔细的观察，并对各种黑子在一年中不同时期的轨迹作了全面的准确记录，发现结果和我们预测的完全一致。

萨格利多：辛普里修，如果萨耳维亚蒂这里告诉我们的是事实（而且对我们来说怀疑他的话是不恰当的），那么那些托勒密派和亚里士多德派想要推翻这样重大的发现，就需要拿出最有力的论据、最高明的理论和最正确的实验，才能挽救他们的学说免于最后崩溃。

▶ 虽则把周年运动归之于地球，符合太阳黑子的各种现象，但不因此就可以反过来从太阳黑子的现象推论说，周年运动属于地球的运动。

辛普里修：慢来，朋友；恐怕你并没有达到你自以为达到的进度。因为虽则我还没有完全掌握萨耳维亚蒂讲话的内容，可是当我考虑一下他的论证形式，我的逻辑修养却使我无法看出，这种推理方式必然逼使我不得不赞成哥白尼假设的任何结论；这就是说，承认太阳停止在黄道带的中心不动，而地球则环绕太阳运行。因为，虽则假定太阳自转和地球绕日运行，太阳黑子必然会出现这种或那种特殊现象，尽管如此，并不一定反过来就可以由此论证，鉴于太阳黑子所显示的这些特殊现象，人们必然得出地球的确环绕黄道带的圆周，而太阳则位于黄道带的中心。因为有哪一个可以向我保证，如果太阳环绕黄道带运动而地球则停止在黄道带中心，地球上的居民说不定会同样看见太阳黑子这类特殊现象呢？除非你们首先向我证明，这类现象在太阳运动着而地球停止时，无法解释得了，我将不会改变我的任何意见，也不会相信太阳运动着而地球停止不动。

萨格利多：辛普里修表现得非常勇敢，而且站在亚里士多德和托勒密的一边战斗得非常聪明。说老实话，我觉得和萨耳维亚蒂谈了这样短短一会儿，已经使他的推理能力有了相当的提高——这种情况，我听说在别人身上也曾经发生过。现在谈到这种探讨和结论（即能否听任地球不动而令太阳运行，为太阳黑子的明显特殊运行现象找出其恰当原因），我希望萨耳维亚蒂将坦率地把他想到的一切告诉我们。因为我有十足的理由相信，他曾经反复考虑过这个问题，并且尽量地沿着这条线索作过许多推论。

▶ 纯逍遥学派哲学家讥笑太阳黑子和它们的现象是天文镜头上的幻影。

萨耳维亚蒂：我曾经考虑过多少次，而且和我的那位客人也讨论过；关于那些哲学家和天文学家能够为旧天文体系提出辩护理由，有一点我们是肯定的。这就是那些真正的纯逍遥学派，一面嘲笑那些（在他们看来）从事于捕风捉影的傻事，一面借口这一切现象全是镜头的无聊幻象，这一来就摆脱掉自己的一切责任，对这件事情不再花费一点点脑筋。但是就科学的天文学家来说，对这件事情可能举出的理由进行周密考虑以后，我们发现根据旧的天文体系，在调和太阳黑子的运动和人类理性之间，没有任何适当的解答能够提得出来。现在我将告诉你们我们讨论的结果，你们将根据自己的识别能力随意决定你们的看法。

假定太阳黑子的表面运动是如我们在上面所声言的那样，并假定地球处于黄道带的中心不动，而太阳则处于这个中心的圆周上，那么所有这些黑子的形形色色的视运动，其原因就必然是由日球的运动所导致的。第一，日球必然是自转的，并把黑子带动着转；这些黑子已经证明为附着于太阳表面的。第二，我们将不得不说，太阳自转的轴心和黄道带的轴心并不是平行的，这等于说它并不和黄道带的平面垂直。因为如果是垂直的话，这些黑子的行程看上去将是直线，并和黄道带平行。但是黑子的行程大部分看去是沿曲线的，因此太阳的这根自转轴是倾斜的。

◀ 如果太阳处在黄道带的中心不动，人们必须给太阳规定有四种不同的运动，如下面详细说明的那样。

第三，我们必须说，这根太阳轴的斜度并不是固定的，并不是始终朝着宇宙的某一点，而是时时在变动着方向。因为如果斜度始终对准着一个方向，黑子的行程就永远不会改变面貌；不管是直线，是曲线，是向上弯，是向下弯，是上升，是下降，它们在这一时间和在另一时间将表现为完全一样。因此我们不得不说，这根轴在变动着，有时候处于太阳可见半球极端分界限的平面上（我指的是黑子行程看去在沿着直线而且轴倾斜得最厉害的时候；这种情形在一年中发生两次），后来在其他时间又处于观察者的子午线平面上，因此其中的一极是在太阳可见半球的一边，另一极则在望不见的一边——两个极点都离开太阳的另一个轴心的两个极点（让我们也称它们为两极）很远，而这另一个轴将和黄道带的轴平行，而且必然要归之于太阳；也就是，其距离将和黑子转动轴斜度所标示的距离相等。再者，处于太阳可见半球的那个极点在一个时候将处在太阳的上半部，在另一个时候则处于太阳的下半部。关于这一点的一个必要论据是，黑子轨道处于水平线而且曲率最大时的情形，这些曲率有一个时候是向下的，在另一个时候又是向上的。

既然这些状态不断地在变动着，使倾斜度和曲率有时大，有时小，倾斜度有时候变得完全平衡，曲率则有时完全变成直线，黑子的这种每月转动的轴就必须假定其自身在转动，而这根轴的两极则将环绕另一个轴（因此必须将它归于太阳）的两极画两个圆圈，圆圈的半径将和这根轴的斜度相符。它的周期根据要求将是一年，因为这是黑子轨道的所有现象和差异重复一次所需要的时间。至于这根轴的转动应当环绕另一个和黄道带轴平行轴的两极转，而不是环绕别的一些点，是由最大的倾斜度和最大曲率明显地表明的，因为这两者的尺度始终一样。

因此最后我们不得不说，为了使地球处于中心不动，使太阳具有两种环绕自己中心的运动，围绕着两个轴，一个运动以一年的时间完成其旋转，另一个运动以不到一月的时间完成。在我看来，这样的假定似乎非常困难，简直是不可能的；其所以弄得如此，全由于非得把另外两种在不同轴上环绕地球的运动归之于同一的太阳不可，使一种运动在一年之内循黄道带一周，而使另一种运动形成螺旋形或与二分点平面平行的圆周，一天转一转。

至于那种必须归之于太阳本身的第三种运动（我并不是指那种带动黑子的接近一月的运动，而是指必然导致周月运动的轴和两极的另一种运动），我看不出有任何理由要它以一年的时间完成周转（如根据沿黄道带的周年运动所规定的那样），而不在二十四小时内完成（如根据环绕二分点的两极的周日运动所规定的那样）。我知道我现在讲的，在目前是比较晦涩难解的，但是当我们谈到哥白尼归之于地球的那个第三种运动（即周年运动），你们就会清楚了。

现在，如果把这四种运动，这样相互合不拢来，然而不得不全部把它们归之于太阳的四种运动，减为一种单一的而且很简单的运动，而给太阳只指定一个不变的轴；如果对那许多由其他观察都归之于地球的运动不来什么革新，我们仍旧很容易保持太阳黑子运动的许多特殊现象，如果确实如此，我觉得这种决定是无法拒绝的。

辛普里修，这就是我和我的朋友过去想到的哥白尼派和托勒密派在解释这些黑子现象上所能举出的辩护理由。你可以根据自己的判断任意作出自己的决定。

辛普里修：我承认我自己没有能力作出这样重要的决定。照我自己的想法，我始终保持中立，希望有一天能有一种比我们人类理性更高的智慧给我们启示，扫除掉那使我们处于黑暗中的一切迷雾。

萨格利多：辛普里修的良言很高明也很虔诚，是我们和每一个人都应当接受的，因为只有根据最高智慧和无上权威所得到的结论才可以完全放心接受。但是在人类理性所能容许的钻研的限度内，单就理论和可能的原因来说，我敢说（比起辛普里修所表现的要稍为大胆一点），在我听到的这许多奥妙道理里，我就从来没有碰到过比这两种推测（姑且不谈那些几何学和数学的证明）更使我感到惊奇，或者更使我心向神往的了；这两种推测一个是根据五大行星的停止和逆行来的，另一个是根据太阳黑子运动的特殊现象来的。在我看来，这两种推测很恰当而且很明显地找出这类古怪现象的真正原因，指出这类现象都起因于一种简单的运动，掺杂着许多别的同样简单但是各自不同的运动。还有，这两种推测在证明这一点时并不引起任何困难；相反，它们把别的观点所招致的一切困难都排除了。由于有这种看法，我很快就得到一个结论，即那些至今还敌视这种学说的人，或者是没有听到人说过，或者是没有弄懂这些论据，尽管论据是这样多而且是这样明确。

萨耳维亚蒂：对这些论据，我不给予任何明确或者不明确的估价，因为我的意图（如我以前说过的）不是在这个重大问题上提出任何解决办法，而只是提供那些双方能让我提出的物理学的和天文学的理由。决定让别人来做，这个决定最后必须是毫不含糊的，因为这两种安排，其中之一必然是正确的，而另一个必然是错误的。也因此正确的一方所举的理由只能是清楚明确的，而反对的一方所举的理由只能是空洞无力的，在人类知识范围以内要做到与此相反是办不到的。

萨格利多：那么现在该是我们听听另一方意见的时候了，听听辛普里修带回来的那本论文小册子里讲些什么。

辛普里修：书就在这里，而这里是作者首先根据哥白尼的见解概括出来的世界体系，他说："所以地球连同月亮和整个元素世界，哥白尼"等等。

萨耳维亚蒂：等一等，辛普里修；看来这位作者从一开头就暴露出，他对自己所要驳斥的见解理解得很差；因为他说哥白尼使地球连同月亮由东向西运行，在一年之内绕大轨道一转，这是错误的和不可能的，因此哥白尼从来就没有说过。实际上，哥白尼是使地球朝相反方向运行（我的意思是说由西向东；也就是按照黄道十二宫的先后次序），因而使周年运动看上去好像是属于太阳的，但是太阳却是处在黄道的中心不动的。

你看这个人自负得未免过于放肆了，连整个世界构造借以建立的最大和最重要的部分他始终都不懂得。这是一个很蹩脚的开头，是很难获得读者的信任的，不过让我们听下去吧。

辛普里修：他说清楚这种宇宙体系之后，就开始提出他反对周年运动的理由。第一条理由他就带有讽刺，对哥白尼及其信徒进行嘲笑，说按照这种光怪陆离的世界秩序，人们就不得不肯定许多最荒诞不经的空谈：如太阳、金星和水星都在地球下面；重东西天然地上升，轻东西则天然地下降；当我们的救世主和赎罪者基督接近太阳时，他将升至地狱，然后降到天堂。当约书亚命令太阳停止不动时，地球则停止不动——否则就是太阳和地球背道而驰；太阳在巨蟹宫时，地球就驰过摩羯宫，从而使冬季宫带来夏天，而春季宫带来秋天；众星不是为地球而升落，反而地球为众星升落；东方从西方开始，而西方则从东方开始；总之，差不多整个世界的进程都倒转过来了。

◀ 小册子提出反对理由，对哥白尼进行讽刺。

萨耳维亚蒂：我对这一切都满意，只是不满意他把最可尊敬、最有权威的圣经里一些片段混杂在这些愚蠢的无聊玩意儿里面，以及他企图利用神圣的事迹来中伤一些无辜的人；那些人谈哲学说不定是为了开玩笑，提出一些假定准备在朋友中间争论一番，本来就没有意思要肯定什么或者否定什么。

辛普里修：的确，他连我也刮伤了，而且刮得不轻；特别是后来他又说，如果哥白尼派当真能以歪曲事实的方式来回答这些以及诸如此类的论据，他们仍旧不能对后面他要提出的一些论据作出满意的回答。

萨耳维亚蒂：啊呀，这真是糟糕透顶了，因为他自命拥有比圣经的权威还要有效、还要服人的道理。不过拿我们来说，应当尊重圣经，并转到物理的和常人的论证上来。可是如果他的那些物理的论证举不出什么比先前拿出的那些论证更有意义的话，那我们还是整个儿不理会他吧。和这种无聊的胡说八道争论，徒然浪费口舌，我从心里不赞成。至于他说哥白尼派不回答这些攻击,那是完全错了。我就不相信任何人会从事这种把时间白白浪费掉的争论。

▶ 假定周年运动是地球的运动,单是一颗恒星肯定比地球的轨道还要大。

辛普里修:我也赞成这样做;所以让我们听听他的其他论证吧,这些还是比较有根据的。现在你看这儿,他根据很精密的计算推论出,如果哥白尼断定地球一年绕日一周的轨道,对广大的恒星层说来是简直觉察不到的,而且哥白尼也说过必须这样假定,那么我们就不得不坚持认为那些恒星和我们隔开无法想象的距离,而且其中最小的恒星将比地球的整个绕日轨道还要大,其他的也将比土星的轨道大。然而这样的体积实在太庞大了,使人无法理解,也无法相信。

▶ 第谷的论证建筑在错误的假设上。

▶ 吵架的人在自己理亏时,常抓着对方偶然说出的一些字眼不放。

萨耳维亚蒂:我的确看见第谷也提出过类似的反对哥白尼的论点,所以这也不是我第一次揭露这个论点的错误(毋宁说这许多错误),因为它是建筑在完全错误的假设上。它是根据哥白尼的一条格言来的,这条格言被他的论敌咬着字眼不放,就像吵架的人在事情的主要关节上已经理亏了,然而抓着对方偶然说的一些字眼大放厥词,死也不放一样。

为了使你更好地理解起见,我要告诉你。哥白尼先是解释了地球的周年运动对各个行星所产生的重大后果,特别是三个外行星的顺行和逆行运动。后来他又补充说,这些视变差,木星不及火星明显,因为木星距离较远,而土星则更不明显,因为土星比木星还要远,而恒星的这种变差简直觉察不到,因为恒星的距离比木星或者土星离开我们的距离要大得很多很多。就在这时那些反对者站了出来,抓着哥白尼称作"觉察不到"这一点等于肯定这种变差真正地而且绝对地不存在。他们说,便是最小的恒星也是觉察得到的,因为最小的恒星也仍旧射入我们的眼帘,这样他们就做起计算来(同时引进了更多的错误假设),并且引申出,根据哥白尼的学说,人们非得承认恒星比地球的绕日轨道还要大。

▶ 行星在运动上的视变差,在恒星始终是觉察不到的。

▶ 假定一颗六等恒星相当于太阳的大小,行星所表现的那样大的变化,在恒星是始终觉察不到的。

现在为了揭露他们整个方法的愚蠢,我将表明,假定一个六等恒星相当于太阳的大小,我们就可以用正确的证据推论出,以恒星离我们那样远的距离,是足够使地球的周年运动对它们的影响不为我们觉察到;而这种周年运动对行星却会产生那样大的、可以观察得到的变化。与此同时,我还将向你明确指出,哥白尼的论敌们所作的那些假定含有一个巨大的错误。

▶ 恒星因地球轨道产生的差异,比地球大小在太阳上引起的差异大不了多少。

▶ 地球到太阳的距离为 1208 个地球半径。

▶ 太阳的直径为半度。

▶ 一等恒星的直径,和六等恒星的直径。

首先,我和哥白尼一样假定而且同意他的论敌说地球轨道的半径,即地球离太阳的距离,是 1208 个地球半径。其次,我也同样地承认,太阳的视直径在平均的距离时,约为半度,即 30 分;这等于 1800 秒,或 108000 三级标度。而由于一颗一等恒星的视直径不到 5 秒,或 300 三极标度,一颗六等恒星的直径就只有 50 三极标度(而这是哥白尼的论敌的极大错误),所以太阳的直径是六等恒星直径的 2160 倍。因此如果我们假定一颗恒星真正和太阳一样大,而不是更大些,这无异于说如果太阳离开我们达到它的直径只抵现在望去的直径 2160 分之一时,它的距离将为它现在的实际距离的2160倍。这就等于说一颗恒星的距离是2160个地球轨道的半径那样远。但是由于从地球到太阳的距离一般都认为是1208个地球半径，而这颗六等恒星的距离，如我们刚才说的，是1208个地球轨道的半径，那么地球半径和地球轨道半径的比例，将要比地球轨道半径对恒星层距离的比例大得多(差不多两倍)。所以地球轨道直径对恒星所产生的差异，将不比我们观测到的太阳因地球半径而出现的差异更为显著。

◀ 太阳的视直径超出恒星多少。

◀ 假定一颗六等恒星和太阳一样大，它的距离将会多远。

萨格利多：作为第一步来说，这是一个很糟糕的失察。

萨耳维亚蒂：这的确是个错误，因为照这位作者的说法，一颗六等恒星非得和地球的轨道那样大，才能符合哥白尼说的"觉察不到"那句话。然而假定六等恒星只和太阳一样大小，而太阳则不过是地球轨道大小一千万分之一不到，这就使恒星层变得非常辽阔而且遥远，单是这一点，就足够使这条反对哥白尼的理由不能成立了。

◀ 第谷和小册子的作者都假定六等恒星比它原来应有的大小大一千万倍。

萨格利多：请你把计算做给我看看。

萨耳维亚蒂：计算方法又短又简单。太阳的直径是地球半径的十一倍，而地球轨道的直径则是地球半径的2416倍，这是双方都同意的。因此地球轨道的直径约为太阳直径的220倍，由于星层的大小是和它们直径的立方成正比的，所以算出220的立方之后，我们就得出和地球轨道一样大的星体将是太阳的10648000倍。而作者却要说一颗六等恒星必然等于地球轨道的大小。

◀ 按照地球的轨道计算恒星的大小。

萨格利多：那么他们的错误在于计算恒星的视直径时很不当心的缘故。

萨耳维亚蒂：就是这个错误，但不是唯一的错误。的确，当我看到那么多的天文学家，包括一些著名天文学家在内，在测定恒星以及行星的大小时(只有两大照明的天体太阳和月亮除外)会错得那样厉害，我真不胜诧异之至。这些人里面包括阿耳佛干尼[①]、阿耳巴塔尼[②]、大必特·班·高拉[③]，最近还有第谷、克拉维司[④]和我们成员朋友的所有前任成员。因为他们全都没有注意到那种额外的光渗作用，这种光渗给人一种错觉，使星体显得比没有这一圈光华时看去要大上百倍甚至百倍以上。也不能借口疏忽为这些人开脱；他们只要愿意，要看到星体的真形是办得到的；这只要在黄昏星体初出现时或者在清晨星体快要消失时望一望它们就够了。别的星不谈，单是金星就足以使他们警惕到自己的错误，因为金星在白天望上去非常之小，一定要眼力极好的人才能望得见，但是当大晚上它望上去就会像一个大火炬。我就不相信他们会认为一个火炬的真正圆面是如它在极端黑暗中所显示的那样，而不是如我们在光亮的环

◀ 所有天文学家对星体的大小都有个共同的错觉。

◀ 金星使得那些天文学家在测算星体大小上的错误成为不可推卸的。

① 阿耳佛干尼(Al-Fergani，约公元800年)，阿拉伯天文学家。

② 阿耳巴塔尼(Al-Battani，公元928年去世)，阿拉伯天文学家。

③ 大必特·班·高拉(Thabit ben Korah，836—901)，阿拉伯天文学家，托勒密著作的主要编纂者。

④ 克拉维司(christopher Clavius，1537—1612)，格列高利教皇十三世委任改革历法的人员之一。

境中看见的那样；因为我们的灯火在夜间远远望去都很大，但是到了跟前，它们的真正火焰看上去就很小而且是界限分明的。单是这一点就足够使他们警惕了。

说句坦率的话，我深信他们里面没有一个（甚至第谷本人，尽管他在使用天文仪器上很精确，而且尽管他不惜巨资制造了那样大的精密仪器），除掉太阳和月亮以外，还测定过任何星体的视直径。我觉得上古的天文学家里面有个人任意地，或者不妨说，约略地估计一下，就声称实际的情形怎样怎样，而后来的人也不进一步作什么实验，就跟着第一个人所说的照说。因为如果他们里面有什么人把这件事情亲自来试验一下，他无疑地就会发现这里的错误。

萨格利多：可是如果他们缺少望远镜的话（因为你已经说过，我们的成员朋友是靠这项仪器才获悉事情的真相的），那就应当原谅他们，而不能指责这是出于疏忽。

萨耳维亚蒂：如果他们缺少望远镜就不能获得这种结果，那你就说对了。诚然，有望远镜使得星体的圆面望去那样光光的，而且放大了好多倍，操作起来要容易得多；但是没有望远镜也能操作，尽管不能同样地精确。我就这样做过，而我采用的方法是这样的。我朝着恒星的方向挂上一根轻便的绳子，（我选的是织女星，它升起的方位介于北和东北之间），然后迎着这根处在恒星和我之间的绳子前进或者后退，这样就找到绳子的宽度恰好挡着那星的地点。这样做了以后，我就找出自己眼睛和绳子的距离，这个距离相等于我的眼睛与绳子的宽度所形成的角的两个边之一。而恒星直径在恒星层所形成的角和这个角是相似的，或者不妨说，是相等的。根据绳子的宽度和它离开我眼睛距离的比例，我查一下弧弦表，立刻就得出角多大——采用测定这类锐角时应经常警戒，不让光线的交切点射到眼睛中心，而是射在眼睛的位置以外，这样只要光线不发生折射，就照不到眼睛中心，而瞳孔的实际宽度将使眼睛边上的光线聚合在一处。

▶ 测算恒星视直径的方式。

萨格利多：这种警戒措施我懂得，不过我对它有点怀疑；我对这种操作最不解的是，如果是在黑夜里进行这种测算，那我们就好像在测量光渗圆面的直径，而不是在测量星体真正光秃的圆面。

萨耳维亚蒂：丝毫不是这样；因为绳子挡着星体本身之后，也就取消那一圈原来不属于星体而属于我们眼睛的光晕；只要星体的真正圆面被遮盖起来，光晕就立刻消失了。在作这种观测时，你会觉得奇怪，那个大火炬好像非有一个很大的障碍物才能遮盖得了似的，然而却被一根细细的绳子给挡着了。

其次，为了把这样一根绳子的宽度量得很准确，看它离开眼睛的距离等于多少个绳子的宽度，我并不去测量一根绳子的宽度，而是把许多这样的绳子排在桌上，使它们相互碰到。然后用一只两脚规量出十五根或者二十根绳子的宽度，再用这个宽度去量绳子到眼睛的距离，这个距离事先是用另一根绳子量好并在绳子上作好记号的。通过这种非常准确的操作，我发现一个一等星的视直径（通常认为是二分，第谷在他的《天文通信集》第167页甚至定为三分）只有五秒，只抵他们通常认为的二十四分之一，或者三十六分之一。现在你看，他们的学说所根据的资料是错得多大啊！

◀ 一个一等星的直径只有五秒。

萨格利多： 原来如此，我完全懂得了。但是在我们接下去谈以前，我却想提出一个我想起的问题，就是在很小的角以内找出光线的交点问题。我感到困难是因为我有个印象，好像这种交点的远近并不以所观察星体的大小而定，而是由于另一方面的原因，使我觉得在观望同样大小的星体时光线的交点和眼睛的距离也是可近可远的。

萨耳维亚蒂： 萨格利多，你的才思真敏捷，但我已经懂得你的意思了。你观察自然界非常细心；我有十足的把握说，一千个人看得见猫眼瞳孔扩大和缩小得很厉害，但是没有一个人曾经观察到人的瞳孔在张望一口井或者通过光线很暗的一层东西望出去时，也会产生同样的效果。在白天，瞳孔变得非常之小，可以比一粒粟还要小；但是在黑夜张望一个不发光的物体时，它就可以放大到像一粒豌豆或者还要大些。一般说来，这种扩大和收缩的比例可以相差到十比一以上，由此可以明白，当瞳孔放大得很厉害时，光线的交点一定要离开瞳孔较远，就和我们看一件光线很暗的东西时所发生的情形一样。这个原理就是萨格利多刚才给我们提供的，而且它警告我们，如果在作一项非常重要的观测时，我们应当对这种作用进行一次实验，来检查一下这种交点。但在目前这个事例上，你用不着这样准确；因为就算我们假定交点直接射在瞳孔上，也就是说对他们有利时，进出也不大；理由是他们错得太厉害了。我敢说这就是你的意思，萨格利多。

萨格利多： 就是这个意思，一点不错；我很高兴我这个问题提得并不是不合理的，因为你这一同意，我就放心了。但是我很愿意借这个机会听你说说，这个光线交点的距离是怎样测算的。

萨耳维亚蒂： 方法很便当，是这样的：我拿两张纸条子，一张黑的，一张白的，黑纸条的宽度是白纸条的宽度的一半。把白纸条粘在墙上，黑纸则粘在一根棍子或者其他支柱上离开白纸条十五码或者二十码远。然后我向同一方向退到离开黑纸条同样远的地方；在这个距离，显然那些从白纸条边子的两条交切光线将会恰好掠过中间黑纸条的两边。由此可以推出，处在这个交点的眼睛，如果从一点望出去，那处在当中的黑纸条将会刚好挡着白纸条。但是如果我们仍旧看得见白纸条的边的话，这就必然证明所看见的光线并不只在一点相交。而为了使白纸条仍旧被黑纸条遮着，我们就得把眼睛移近一点。这样做了以后，即使中间的黑纸条重又遮着远处的白纸条，并将眼睛移近的距离记了下来，这个距离

◀ 怎样找出光线交切线离开瞳孔的距离。

就是做这种操作时光线的真正交点和眼睛的距离。还有，这样我们也就得出瞳孔的直径，或者说光线射进去的孔的直径。因为这个直径和黑纸条宽度的比例，将等于沿两张纸条边的两根直线的交叉点到眼睛第一次望见黑纸条挡着时的地点之间的距离和两个纸条之间距离的比例。

所以如果我们想要准确地测算一颗星的视直径，并照上述的方式进行观测，那就必然比较绳子的宽度和瞳孔的直径。在找出前者和瞳孔直径之后，比如说，是瞳孔直径的四倍，以及眼睛到那条线之间的距离是三十码时，我们就可以说，从星体的直径两头到绳子两边所作的两条直线的交叉点，将是离绳子四十码远。这样，从绳子到上述两根直线交叉点的距离，和交叉点到眼睛地点的距离，就会达到正确的比例，这个比例一定是和绳子的直径与瞳孔直径的比例相等。

萨格利多：我懂了。现在让我们听听辛普里修还有什么话要为哥白尼的论敌辩护的。

辛普里修：虽则萨耳维亚蒂的论述大大减轻了哥白尼论敌所指出的那种巨大的和令人不能置信的缺陷，但是这个缺陷在我看来并没有完全消除，它仍旧有足够的力量推翻哥白尼的见解。因为如果我对那条最后和主要的结论理解得没有错的话，那么当我们假定一颗六等星等于太阳的大小时（这在我看来是一个非常的假定），地球的半径一如它在太阳上所引起的可观察到的变差那样，它的轨道也必然在恒星层引起类似的变差；这样说仍然是没有错的。现在既然恒星上面，甚至最小的恒星，都没有观察到这种变差，在我看单是这件事实就足以使地球的周年运动讲不通和站不住脚。

萨耳维亚蒂：如果哥白尼一方再没有什么可说的，那么辛普里修，你就满可以作出这样的结论；但是可说的话还多着呢。至于你的答辩，我们未始不可把恒星的距离定得比通常假定的还要远得多。你自己，以及任何不愿意贬低托勒密信徒所接受的那些定理的人，一定觉得假定恒星层比我们至今认为它应当具备的大小还要庞大得多，是一件很方便的事情。因为所有的天文学家都同意认为，行星的轨道愈大，它的周转的速度就愈慢；土星周转得比木星慢，木星周转得比太阳慢，都由于这个缘故（因为土星兜的圈子比木星大，木星兜的圈子比太阳大）。例如土星的轨道是太阳距离的九倍，而土星周转一次的时间是太阳周转一次时间的三十倍。现在根据托勒密的学说恒星层周转一次的时间是三万六千年，而土星周转一次是三十年，太阳周转一次是一年，我们就可以根据这样的比例作如下的推论：

▶ 天文学家都同意认为轨道愈大，周转的速度就变得愈慢。

▶ 根据天文学家们的另一条假定，可以算出恒星的距离必须是地球轨道半径的10,800倍。

如果土星的轨道由于比太阳绕地球的轨道大九倍，而周转一圈的时间是太阳的三十倍，那么按比例来说，周转一圈的时间是36,000倍时，这个轨道应当多大呢？这样算出来的结果必然使恒星层的距离是10,800个地球轨道半径那样远——这将是我们不久以前计算过的恒星距离的五倍，如果一颗六等星等于太阳大小的话。现在你看，既然是这样远，地球的周年运动在恒星层所引起的变差该多么小啊。

而如果我们根据木星和火星的这种同样关系来计算恒星层的距离，那么根据木星计算出来的距离将是 15,000 个地球轨道半径，根据火星计算出来的距离将是 27,000 个地球轨道的半径；这就是说，比我们假定恒星相当于太阳大小时所推算出来的距离更要大（前者是七倍，后者是十二倍）。

◀ 根据木星和火星周转的比例来计算，恒星层的距离就会更远。

辛普里修：看来关于这一点人们不妨回答说，自从托勒密以后，恒星层的运动经过观察，并不如他设想的那样慢。我觉得我甚至听说过，就是哥白尼本人观察到这一点的。

萨耳维亚蒂：你说得对，但是你说的这些对于托勒密派的主张一点没有好处，因为他们从来没有因为恒星层周转得太慢使恒星层变得过于庞大无边，而否定恒星层的三万六千年的周转运动。如果自然界不容许天层如此庞大无边，那么他们老早就应当否定这样慢的周转运动了，因为这种运动除掉一个庞大到骇人听闻的天层外，任何恒星层在比例上都适应不了。

萨格利多：对不起，萨耳维亚蒂，我们不必求助于这些比例来对付那种人，这只能是浪费时间；他们随便可以接受比例上最不相称的东西，所以通过这条途径来反对他们是绝对得不到结果的。人们还能想象得出比这些人不置可否就承认、就通过的那些更不相称的比例吗？首先，他们写道，天层的次序只有按照它们的周期变化来排列，把周期慢的放在周期快的外面，并把恒星层放在最高层，因为这是天层中最慢的；他们说除此没有更妥善的安排方式；可是后来他们又加上一个更高的天层，因此是更加大的天层，使它每二十四时环行一周，而下面紧接着的恒星层则要 36,000 年环行一周！不过这类稀奇古怪的事情昨天我们已经讲得够多了。

萨耳维亚蒂：辛普里修，我愿意你能够把你对那些拥护你的学说的人的感情暂时搁在一边，并且坦白地告诉我，你是否相信他们领会到这种为他们后来决定的大小，由于过分庞大，是无法加给宇宙的。我自己认为他们没有领会到这一点。我觉得这里的情形就和数字达到千百亿时要我们去领会一样，我们的想象弄得混乱了，形成不了任何概念。在领会庞大的距离时，我们也碰到同样情形；它在我们理智上产生的效果就像静夜观天时在感官上产生的效果一样；我望着那些恒星，它们的距离在我眼中就仿佛只有几英里远似的，或者说，那些恒星并不比木星、土星甚至于月亮更远些。

◀ 无限庞大的体积和无限庞大的数字，都是人类理智所不能领会的。

但是这一切都撇开不谈，试想想以前关于出现在仙后座和人马座那些新星距离的争论；天文学家们把这些新星放在恒星之列，而逍遥学派的哲学家们则相信新星比月亮还要近。我们的感官在区别长距离和极端庞大的距离上是多么不抵事啊，尽管后一距离比前一距离事实上要大上几千万倍！

最后我还要问那个蠢货：“唉，你的想象是否开头觉得宇宙间具有某种幅度，后来又认为太大了呢？如果是这样，你可愿意想象自己的智力超过神灵呢？你可愿意自己想象出比上帝所能创造的事物还要大的事物呢？如果你的想象不能做到这一点，你又为什么对你不理解的事物进行判断呢？”

辛普里修：这些论证都很好，而且谁也不否认宇宙的幅度可能超出我们的想象范围，因为上帝当初创造宇宙，很可能造得比现在大上几千倍。但是难道我们不应当承认，宇宙间万物都不是白白创造出来，都不是无用的吗？现在我们看见行星之间具有这样美丽的秩序，它们都被安排在地球的周围而且离开地球的距离都相当于它们对地球所产生的影响，亦即对我们有益的影响；既然如此，为什么在行星的最大轨道（即土星的轨道）和恒星层之间插进一片空无所有的、多余的而且无用的巨大空间呢？是为了谁的用处，谁的方便呢？

▶ 大自然和上帝好像没有别的事情要做似的，一味地只关心人类。

萨耳维亚蒂：在我看来，我们把自己估计得太高了，辛普里修，一定要把照应我们说成是神的智慧和能力所能做的唯一适当工作，而超出这个限度，神就什么都不创造，不处理。我觉得我们不应当这样束缚神的手脚。只要我们认识到，大自然和神即使除掉人类以外没有别的事情要照应，他们管理人世间万事万物已经忙得不能再忙，我们也应当满足了。我相信我可以将太阳的光线作用作为一个恰当和光辉的范例，来说明我的意思。因为当太阳从这里吸收些水气，或者在那里给植物温暖，它就像除了吸收水气和给植物温暖以外，没有别的事情似的。便在使一串葡萄或者也许只是一颗葡萄成熟时，它做来也非常有效，可以说即使太阳的全部事务，目标就在使这颗葡萄成熟，它也不能做得更好。现在这颗葡萄从太阳那里获得它所能获得的一切，而且并不因为太阳同时在实现千千万万其他的效果而使这颗葡萄稍受损失，那么如果这颗葡萄相信或者要求太阳光线的作用只应单独用在它的身上，人们岂不要责备它妄自尊大或者妒忌吗？

▶ 以太阳为例说明上帝对人类的关怀。

我肯定说，上苍对有关管理人类事务的事情，一件也不会遗漏掉，但是我没法使自己相信，宇宙间可能有其他许多事情也离不开上苍的无穷智慧而存在，至少我的理性告诉我是这样；然而如果事实并非如此，我也并不拒绝相信我从一个更高妙的悟性所假借来的推理。就目前而言，当我听到人们说在行星层和恒星层之间插进一个庞大的空间是无用和无意义的，因为它没有作用并且一颗星也没有，当我听到他们说任何为我们不能想象的广阔无垠的空间在保持恒星上都是多余的，我要说以我们这样的微弱而企图为上帝的行动寻找理由，并把宇宙一切不能对我们有用的事物都称为无意义和多余的，这样做未免太冒失了。

▶ 把宇宙间一切我们不懂得是否为我们创造的事物，都称作多余的，是非常冒失的举动。

萨格利多：还是这样说吧，而且我觉得这样说要更加准确些，即"我们不知道是否对我们有用。"我敢说，人们所能想象得到的一个最大的狂妄行为，或者说疯狂举动，就是说，"既然我不知道木星或者土星对我们有什么用处，它们就是多余的，甚至是不存在的。"因为，闭目塞听的人啊，我既不知道我的血管对我有什么用处，也不知道我的软骨、脾或者胆对我有什么用处；如果不是人们从解剖许多死尸里面把胆、脾、肾拿给我看，我甚至连我有胆，有脾或者有肾都不知道。即使这样，我也只是在我的脾被拿掉以后才能懂得脾对我的用处。所以为了懂得某个星体对我起了什么作用(因为你要求所有星体的作用都是针对着我的)，那就必须暂时把这个星体拿开一下，并且说这一来我觉得自己身上少掉什么感受似的，这种感受就是这个星体作用于我们的。

◀ 从天上拿掉某一颗星之后，人们说不定才会懂得这颗星对我们的作用。

还有，他们说土星和恒星之间的空间空无一物，因此太庞大了，而且没有用处，这话说的是什么意思呢？会不会是我们没有看见它们呢？木星的四个卫星和土星的那些伴侣以前我们看不见，后来被我开始看见，不是进入天空了吗？难道天上没有无量数的恒星现在还没有为人们看见吗？那些星云从前只是一小块白斑；后来不是被我们用望远镜看出它们是一簇簇的许多灿烂美丽的星体吗？啊，人类真是太狂妄、轻率和无知了！

◀ 天上可能有许多为我们看不见的东西。

萨耳维亚蒂：萨格利多，他们的那些无聊的夸大我们不必再去深究。让我们继续按原来的计划谈下去吧，那就是检查双方提出的立论根据而不作任何结论，结论让那些比我们懂得更多的人去做。

现在重新从人类的天然理性出发，我要说"大""小""庞大""微小"等等，这些名词都不是绝对的，而是相对的；同一样东西和各种别的东西比较，在某一个时候可以称作"庞大"，在另一个时候可以称作"觉察不到"，更不用说是"小"了。既然如此，我就要问：哥白尼的恒星层是和什么比较才能称作太庞大呢？依我看来，它只能联系和别的与它同样性质的东西比较，才可以说得上太大。现在让我们来看，与它同样性质的最小的东西，即月层。如果恒星层和月层比较起来太庞大的话，那么任何别的幅度以同样的比例或者更大的比例超过其同类东西的幅度，也应当说成太庞大了；而且根据同样的理由，也应当说是在宇宙内不存在了。这么说来，象和鲸鱼只能算是幻想的怪物或者诗人的杜撰，因为象比起蚂蚁来太庞大了(两者都是陆上动物)，鲸鱼比起白杨鱼来也同样太庞大了(两者都是水生动物)。而象和鲸鱼如果在自然界被我们真的碰上时，它们将大得不可以道里计；因为它们超过蚂蚁和白杨鱼的比例肯定要比恒星层超出月层的比例要大，如果把恒星层根据哥白尼体系的要求定得那样大的话。

◀ "大"、"小"、"庞大"等等都是相对的名词。

◀ 那些人认为根据哥白尼的立论，恒星层就会过于庞大，其论据是空洞的。

再者，木星层多么大，土星层作为一颗星的容器又是多么大，虽则行星本身比起恒星来是小的！肯定说，如果给每一颗恒星在宇宙内指定一

◀ 一颗恒星所占有的空间比一颗行星占有的空间小得多。

大块空间来容纳它，那个含有无数恒星的天层将会变得比哥白尼所需要的幅度大上好几千倍。还有，你们不是说一颗恒星很小吗？我的意思是指，便是那些最显著的恒星也很小，更不用提那些为我们望不见的了。而且我们称它很小，是和它周围空间比较而言的。现在如果整个恒星层变做一个发光天体，又有谁不懂得，在无限的空间内我们可以指定一个巨大的距离，使这样一个光亮的恒星层望上去比我们现在从地球上望一颗恒星一样小，甚至还要小呢？所以从这样一个距离，我们将会把现在为我们称作无比巨大的东西都看作很小了。

▶ 一颗恒星被说成很小，是和它周围的广大空间比较而言的。

▶ 整个恒星层从极远的距离望去，可能像一颗恒星那样小。

萨格利多： 在我看来，那些人非要把上帝创造宇宙说成是按照人类的微弱理性行事，而不是按照上帝的无比和无限威力行事，真是愚昧透顶了。

辛普里修： 你讲的这一切都不错，但是对方所反对的是一定要把一颗恒星定得和太阳一样大，甚至大得多；因为恒星和太阳都是处于恒星层以内的个别天体。所以我觉得这位作者提出的反对还是有道理的；他问，"这样庞大的构造是为了什么目的，什么用处呢？难道是为了地球吗？那就是说，为了一个无足轻重的小点子。而且为什么距离是那样远，以至于从地球上望去非常之小，而且绝对对地球起不了任何作用呢？是为了什么目的使土星和这些恒星之间隔开这样一个比例极不相称的大鸿沟呢？所有这些事情都使人困惑不解，因为这些都找不出适当的理由为之辩护。"

▶ 小册子作者提出的反问。

萨耳维亚蒂： 根据这个家伙提的问题，我们好像可以引申出这样的结论，那就是只要让天界、恒星和恒星的距离保持他到现在为止所认为的大小和幅度（尽管他肯定从来没有想到过天界和恒星具有任何可理解的幅度），那么他就完全懂得它们会对地球产生什么好处，而且感到满意了，地球也就不再是那样一个无足轻重的东西了。这些恒星也就不再远得仿佛那样渺小，而是大得可以对地球有所作用了。还有，恒星和土星之间的距离也将是比例协调了，这样，他就可以为任何事物找到适当的理由；这些理由我真愿意能够听到。可是他这寥寥几句话就表现得思想很混乱，而且自相矛盾，这使我敢于肯定他在这些适当的理由上是很吝啬的，不然就是拿不出什么适当理由来，而且他称作的那些理由看上去越发像是错误，甚至是些愚蠢的幻影。

▶ 对小册子作者所提问题的回答。

▶ 小册子的作者思想很混乱，而且提的问题自相矛盾。

所以我问他，这些天体是否真正对地球产生影响，是否为了这个目的才将它们造成如此这般的大小，安排在如此这般的距离，还是它们和地球上的事情毫不发生关系？如果它们和地球毫无关系可言，而我们对它们的一切事情、一切得失也全然不知道，那么以我们这些地球上的居民而想要充当它们大小的裁判者和它们局部性质的制约者，这岂不是最大的蠢事吗？但是如果作者说它们的确对地球有影响，而且是受这个目的驱使的，那么这无异于承认他在另一地方所否认过的事情，并赞扬他刚才斥责过的事情，因为他曾经说过天体的位置离开地球这样远，使它

▶ 针对小册子作者所提出的问题，从这些问题可以看出作者自己的那些问题是无力的。

们望上去是那样渺小，因此不可能对地球起任何作用。现在我要告诉你，我的好人儿，恒星层不管离我们多远，早已是既成事实了，而且你刚才断言它在影响地球的事务上其远近比例是适当的，然而在恒星层有一大堆恒星望上去的确很小，而且有上百倍这样多的恒星是我们完全望不见的——这就是说比最小的还要小了。所以你现在非得否认它们对地球的作用不可（这就是自相矛盾），或者承认它们望上去虽然很小，但并不因此减少它们对地球的作用（这仍然是自相矛盾）。不然的话，你必须慨然承认你对恒星大小和距离的判断是愚蠢的，更不用说是狂妄和轻率的了（而这将是坦率和诚恳的自白）。

辛普里修：事实上，我读到这一段时也立刻看出他的明显矛盾；他说所谓哥白尼的恒星由于望上去那么小，所以对地球不能发生作用，但是他却没有注意到，他认为托勒密和他自己的那些恒星对地球有作用，然而他们的这些恒星不但望上去很小，而且大都是看不见的。

萨耳维亚蒂：可是现在我要谈到另一点了。他是根据什么说那些恒星显得这么小呢？会不会是因为我们望上去那么小呢？他知道不知道这是由于我用以瞭望它们的工具，即我们的眼睛，所造成的呢？或者说，他是否知道在这件事情上，只要我们改换工具就可以随意地使它们望上去越来越大。谁知道；也许对不用眼睛望的地球看来，它们会显得和真正的大小一样呢？

◀ 遥远物体显得那样小，证明是眼睛的缺陷。

可是现在该我们丢下这些无谓之争，来谈比较重要的事情了。我已经证明了两件事情：第一，恒星层可以放在什么距离，使地球轨道直径对恒星层引起的变化，不大于地球直径从它离太阳的距离在太阳上所引起的变化；第二，后来我证明为了使一颗恒星和我们望上去一样大，我们不需要假定这颗恒星比太阳更大些。现在我很想知道，第谷或者他的任何门徒可曾试图用什么方式考察过，恒星层有什么迹象使我们能大胆肯定或者否定地球的周年运动。

萨格利多：我将替他们回答“没有”，因为哥白尼本人就说恒星层不会有什么变差，所以他们也就不需要作这种考察了；而且他们争论的目的是对人不对事的，所以也承认哥白尼的这一点。然后他们又根据这个假定，指定这一来就会产生一种不可能性；就是说，为了使一颗恒星望去像它现在这样大，那就得使恒星层变得非常庞大，而恒星的体积实际上就得大到超出地球轨道的大小——他们说，这种事情是使人无法相信的。

◀ 第谷和他的追随者并没有设法考察恒星层有什么迹象可以用来肯定或者否定地球的周年运动。

萨耳维亚蒂：我也这样看，而且我相信他们和人家争辩，与其说是出于追求真理的强烈愿望，毋宁说是为了替另一个人辩护。而且我不但相信他们里面没有一个人从事过这样的天文观测，甚至不能肯定他们里面有哪一个懂得，如果不是因为恒星层距离这样远，以致恒星上的任何变差都微小到无法觉察的程度，地球的周年运动究竟应该在恒星中间引起什么变差。因为放着这些研究不做，而死揪着哥白尼的一句话，也许能驳倒

◀ 天文学家们可能从没有注意到，地球的周年运动将会产生什么迹象。

哥白尼这个人，但肯定不能澄清事实。

现在变差说不定是有的，①不过没有人去找罢了；否则的话，就是因为这些变差太小了，或者由于缺乏精密仪器，所以哥白尼当时不知道。这也不是唯一他无法知道的事情，当时是缺乏仪器嘛，否则就是由于别的条件缺乏。然而哥白尼根据最正确的理论，肯定了那些好像为他所不理解的事物相抵触的事情。因为如我先前说过的，没有一个望远镜，我们是无法觉察到火星在一个位置上会比它在另一个位置上大六十倍，而金星则大四十倍，而且两颗星各自大小的差异要比真正的差异望上去要小得多。然而自从有了望远镜之后，我们就证实这种差异正和哥白尼体系所要求的一样，毫发不差。由于这个缘故，那就值得我们尽可能准确地去测算一下，假定地球具有一种周年运动，是否能真正在恒星中间观测到这种应有的变差。

▶ 由于缺乏精密仪器，有些事情是哥白尼无法知道的。

这件事情，我坚决相信到目前为止还没有人做过。不但如此，而且如我说过，恐怕很少有人完全懂得应当探索些什么。我这话也不是随便说的，因为我曾经看见过这些反对哥白尼派②里面一个人的手稿，手稿上说，如果这个见解是对的，地极就必然要每六个月升降一次，连续不断，就如同地球环绕轨道直径这样巨大的空间时，六个月向北走，六个月又向南走一样；因为他说，我们既然跟着地球运行，在我们向北时地极的仰角应该比我们向南时的仰角要大些，这看来也是合理的，甚至是必要的。还有一个很聪明的数学家也犯了同样错误，虽则他是拥护哥白尼的；他根据第谷在他的《天文上的周期运动》第 684 页，说他观察到极平纬度在冬夏有所不同；而由于第谷否认这种说法的正确性，但不否定这种方法(就是说，他不承认极平纬度有什么变动，但是不否定这项研究适用于所探索的问题)，这就等于说他也认为极平纬度每六个月是否变动一次，是否定或者承认地球周年运动的一个很好的测验了。

▶ 第谷和其他人等根据极平纬度不变，而否定地球的周年运动。

辛普里修：老实说，萨耳维亚蒂，我也觉得应当得出这样的结论。因为我不相信你会否定，如果我们向北走六十英里，北极星就会升高一度；同样，再向北走六十英里，北极星就会在我们眼中又升高一度，如是类推。你看，如果只要前进或者后退六十英里就会在极平纬度上产生这样显著的变差，那么地球带着我们朝这个方向不是向前六十英里，而是向前六万英里时，那将会产生多么大的变差呢？

萨耳维亚蒂：如果按照这个比例，这应当使北极星在我们眼中升起一千度。你看看，辛普里修，一个根深蒂固的印象多么害人啊！由于你多年来有一种成见，认为每二十四小时转动一周的是天层，而不是地球，因此

---

① 1873 年白塞耳(F. W. Bessel，1784—1846)第一次测定了因地球周年运动引起的恒星视差。他从天鹅座 61 号星测定这个视差是 0″31，完全证实了伽利略在这里和下面所作的推测。

② 指弗兰西斯科・英戈里(Francesco Ingoli 1578—1649)反哥白尼体系的一本小册子的作者。1616 年，他曾写信给伽利略谈这个问题。伽利略写了一封很长的复信，为哥白尼的意见辩护。

这种周转运动的轴就在天上，而不在地球上面；这种习惯你连一小时也放弃不了，而且即使你自己骗自己说只是地球在转动着，把自己打扮成敌人模样，看看这种乔装打扮如果确是真理的话，将会产生怎样的结果，你也是维持不了多久的。辛普里修，如果是地球每二十四小时自转一次，那么两极便在地球上，轴也在地球上，赤道面(即通过所有和两极等距离的点的大圆周)也是在地球上，而且那些通过地面上以其他距离离开两极的点的无数大大小小的平行线，也是在地球上。所有这一切都在地球上面，而不在恒星层。恒星层由于不动，这一切都是不存在的，我们只能通过想象把地轴延长到恒星层才能在两极上面标出两个点，臆想这是天极，也只有把赤道面扩大到恒星层才能说天上好像有一个相当于赤道面的圆周。

你看，既然真正的轴，真正的两极，真正的赤道都在地球上，而且只要你停留在地球上同一地点不动，这些也不会改变，那么不管你把地球带到哪里，你自己和两极，或者和这些圆周，或者和任何其他地面上的东西之间的位置都永远不会改变。这是因为这种移位是你和地面上一切其他事物所共有的；而运动当它是共同时，就好像不存在似的。只要你不改变你和两个地极之间的地位，(即移动地位使它们高起来或低下去)，你也不会改变你和天上想象的两极之间的地位，只要我们把“天极”理解为地轴的两头延长到天上的两个点，这情形就必然如此。

◀ 运动当它是共同时，就仿佛不存在似的。

诚然，天上的这两个点在地球改动位置之后，是会改变的，因为地轴将指向不动的天层的其他部分，但是我们和这两个点的地位仍将是不变的，这一个点决不会比另一个点更高些。哪一个沿天层上相当于地球两极的两个点之一上升，另一个下降，就必须沿着地面向着这一个并背着另一个运动。单单使地球和我们一起移动，如我说过的，是什么变差都不会引起的。

萨格利多：萨耳维亚蒂，请容许我举一个例子把这件事情解释清楚；这个例子虽然粗率，在说明目前的问题上却很适当。辛普里修，试设想你在一条船上，站在船尾上面，并且假定你在用一具象限仪或者什么别的仪器瞄准前桅的顶端，就好像你要测量它的仰角似的；比如说，四十度吧。如果你沿着甲板走二十五步或者三十步，再把仪器对准同一船桅，当然你会发现船桅的仰角大了起来，比如说，增加了十度。但是如果你不是朝着船桅走二十五步或三十步，而是停留在船尾上，只使整个船身向那个方向移动，你想船身向前移动二十五步或者三十步，会使前桅的仰角在你的眼中提高十度吗？

◀ 为什么极平纬度不会因地球的周年运动而有所改变的一个适当例释。

辛普里修：这一点我懂得而且相信；船即使航行一千英里，仰角也不会有丝毫增加，更不用说前移三十步了。但仍然一样，我相信如果通过桅顶望出去，在同一方向瞥见一颗恒星并且把象限仪扣牢不动，那么在船朝着恒星方向航行六十英里之后，象限仪仍旧对准着桅顶，但却不再对准那颗恒星了；它将会升高一度。

萨格利多： 可是你难道认为我们的眼光不会落在桅顶指向恒星层那个点上吗？

辛普里修： 并不，但是这个点将是另一个点，要比先前望见恒星的点低。

萨格利多： 就是这个道理。正如这个例子里的情形一样，桅顶的仰角和恒星的仰角并不相当，而是和眼睛到桅顶那个方向指向恒星层的一点的仰角相当，同样（在我们目前考察的这个问题上），恒星层相当于地极的并不是一颗恒星，或者恒星层的其他什么东西，而是地轴延长到恒星层那样长以后所碰到的一点。这一点并不是固定的，而是随着地轴的变动而变动。因此第谷或者任何提出这条反对意见的人，应当说如果地球具有这种运动，那么根据这种运动，某个靠近相当于我们极点地位的恒星，它的仰角的高下将会显出或者被观察出某种变动，可是极点不会。

▶ 根据地球的周年运动，某些恒星可能有些变差，但极点不能有。

辛普里修： 的确，我也懂得他们在含糊其辞，但是在我看来这仍旧削弱不了这条反对论据的力量，因为如果它指的是恒星的变差而不是极点的变差，这条论据好像还是相当有力的。因此如果船身向前移动六十英里，就可以使一颗恒星在我眼中升高一度，那么当船身朝着同一恒星的方向移动地球轨道直径这样一段距离，即你说的地球离太阳的双倍距离，为什么我看不出同样的变差，甚至更大的变差呢？

▶ 有人相信周年运动将使恒星的仰角发生巨大变差；对这种含糊其词的说法的答复。

萨格利多： 辛普里修，这又是你含糊其词的地方，你说了可是不知道你在这样说；我将试行提醒你。请你告诉我：如果你把一具象限仪对准一颗恒星并测算出它的仰角，比如说四十度，然后将象限仪的一边抬一下（而不改变你自己的位置），使恒星的仰角高出象限仪所指的方向，你愿不愿意说由于这个缘故，恒星的仰角就大了一点呢？

辛普里修： 当然不能说，因为变动的是仪器，不是由于观测者向恒星移动而改变了自己的位置。

萨格利多： 但是如果你在地面上航行或者旅行，你肯不肯说这同一象限仪没有变动，而且只要你自己始终不去抬高它，让它固定在原来地位，象限仪就一直以同一角度对着天吗？

辛普里修： 让我想一下。我要说象限仪肯定不会保持原来的高度，因为我坐的船不是沿着一个平面，而是沿着地球的圆周航行的。它每前进一步就会改变它对天层的角度，因此船上放的仪器也会改变它的角度。

萨格利多： 说得好。而且你也该懂得，你沿着航行的圆周愈大，你要使恒星在你眼中升高一度所要作的航程就要愈长。到了最后，如果你的运动是沿着一根直线朝着恒星走的，那你就得比沿着任何圆周运动时（不管是多么大的圆周），走得更远。

▶ 一根直线和一个无限大的圆的圆周没有分别。

萨耳维亚蒂： 是啊，因为弄到后来，一个无限大的圆，它的圆周和一根直线是没有分别的。

萨格利多： 啊，这个我可不懂了，而且我觉得辛普里修也不懂。这句话里含有很深奥的道理，因为我们知道萨耳维亚蒂从来不信口开河，而且除非他的话会导致某种不无道理的见解，也从来不搬出什么迷惑人的话来。所以等到适当的时候和适当的场合，我将提醒你解释一下这句话的意思，为什么一根直线和一个无限大的圆的圆周没有分别；但是在目前，我可不想打乱我们正在进行的辩论。

现在回到原来的论点，我请辛普里修想一想，地球对着极附近的一颗恒星怎样前进或者后退，才可以成为一根直线，因为这就是地球轨道的直径。所以你企图把北极星因地球沿这条直径运动所引起的升落，同北极星因人们沿着地球的小圆周运动所引起的升落相比较，就十足地表明你在这件事情上缺乏理解。

辛普里修： 但是我们仍旧碰到同样的困难，因为连应当有的小小变差都找不到；而且如果变差是等于零的话，那么我们归之于地球沿它的轨道的周年运动，也应该认为等于零了。

萨格利多： 现在我要让萨耳维亚蒂发言了，而且我相信他不会把北极星或者某个别的恒星的升落推开不管，就好像不存在似的。尽管谁都可能不知道有这种升落的情况，而且哥白尼本人也设想这种升落会小得没法观察得出（但是我不说等于零），我仍旧要这样说。

萨耳维亚蒂： 我不久以前说过，我不相信曾经有任何人从事过这种观测，即观测地球的周年运动在不同的季节有没有可能引起恒星的变差；我而且补充说过，我很怀疑有什么人清楚懂得究竟应当出现怎样的变差，或者哪些恒星之间产生变差。所以我们还是仔细研究一下这个问题的好。我的确发现，有些作者很空泛地谈到，不能承认地球的周年运动，因为如果存在，恒星中间不可能不被我们看出变差。由于我没有听到任何人接下去说，究竟应当出现怎样的变差，而且在哪些恒星中间出现变差，我觉得我们完全有理由认为那些只是一般地说说恒星始终没有变差的人，并没有弄懂（而且可能连试行弄懂都没有）这些变差的性质，或者看出变差是什么意思。我所以敢于下这个判断，是因为我知道哥白尼归之于地球的周年运动，如果在恒星层能被觉察到的话，将不会在所有恒星中间引起同等的视变差，而是必然在某些恒星上引起较大的变差，在另外一些恒星上引起较小的变差，更另外一些恒星上引起更小的变差，最后在有些恒星上简直不引起任何变差；不管你假定地球周年运动的圆周多么大，都是如此。所以我们看出的变差应当是两种：一种是恒星望上去体积有变动，另一种是它们在子午圈上时平纬度的变差；后一种变差就意味着升落地点变动，和天顶距离变动等等的结果。

◀ 地球的周年运动究竟应当引起什么变化，或者在恒星中间引起什么变差，这个问题要研究。

◀ 那些天文学家并没有具体说明地球的周年运动会产生怎样的变差，这表明他们并没有弄清楚这些变差的性质。

◀ 变差应当在某些恒星上大些，另外一些上小些，更另外一些上则完全没有。

萨格利多： 我觉得我将要碰上的问题就像是一团打上那么多结的乱丝，没有上帝的帮助，我可永远没法子解得开；我得向萨耳维亚蒂承认自己不行，这个问题我时常想到，但是从来没有能理出个头绪来。我这样说倒不是指那些和恒星有关的事情，而是由于你提到这些子午线平纬度，升落的纬度，和天顶的距离等等，使我意识到这个任务要可怕得多。下面我要告诉你的就是我脑子永远摆不平的原因。

▶ 从太阳和恒星上所看见的现象，对哥白尼提出的主要反对理由。

哥白尼假定恒星层是不动的，而且处在恒星层中心的太阳也是不动的。所以一切在太阳和恒星上被我们观察到的变化，都必然是地球引起的；这就是说，是由我们引起的。但是太阳沿着我们子午圈上一道很大的弧升落——差不多是四十七度——而它沿着倾斜的地平线升落时，弧度上的变差还要大。你看，地球对太阳来说怎么会倾斜得这样厉害，角度也变动得这样厉害，然而对恒星则根本没有什么变动——或者即使有，也小到无法觉察，这是怎么一回事呢？这就是我永远解不开的结；如果你能为我解开的话，我将认为你比亚历山大还要伟大。

萨耳维亚蒂： 这些困难也亏得萨格利多那样的才智，才想得出来；这个问题是哥白尼本人觉得没法解释得清楚的问题之一，你从他自己承认问题的艰深和两次试行解释，而两次的解释方式都不同，也会看出来。我也不愿意假装自己懂得；我是一直到运用另一种非常明白清楚的方式把问题弄通之后，才懂得他的解释的，而且只是经过长期和艰苦的思索方才做到的。

▶ 亚里士多德反对古人把地球说成是一颗行星的论证。

辛普里修： 亚里士多德也见到同样的反对理由，并利用这条论证来反驳那些要把地球说成是一颗行星的古人。他提出的反对理由是，假如地球是一颗行星的话，它就必然要和其他行星一样，具有不止一种运动，只有这样才能使恒星的升落以及它们在子午圈的平纬度产生那些变差。

萨耳维亚蒂： 这个结打得是非常之紧的，因此解开这个结也就更加漂亮和令人钦佩了；可是怎样解，今天我不能告诉你们；对不起只好请你们等到明天。目前，如我们刚才所说的，还是继续考虑和解释这些由于周年运动应当在恒星中间看出的变化和差异吧。在解释这一点时，某些要点先得说明，作为解决主要困难的准备。

▶ 周年运动是地球中心沿黄道面的运动，周日运动环绕自己中心的运动。

▶ 地轴永远和自己作平行运动，并和地球的绕日轨道以一种倾斜度描划出一个圆柱形。

现在让我们重新回到地球的两种运动上来（我说两种，因为第三种还不能完全说成是一种运动，这等到适当时候我再解释），即周年运动和周日运动；前一种必须理解为地球中心沿轨道圆周的运动，而这个轨道是在黄道面上的一个固定不变的大圆圈。另一种（即周日运动）是地球环绕自己的中心和轴的自转运动，地轴并不是和黄道面垂直的，而是和黄道面形成一个约为二十三度半的倾斜度，一年到头都保持这种角度不变。特别要注意的是，地球永远以这种倾斜度指向天层的同一部分，因此周日运动的轴始终和自身是平行的。由此可见，如果我们设想把地轴一直延长到恒星层，那么当地球沿整个黄道面环行一年，这根轴将会描划出一个倾斜的圆柱形，一头以周年运动的圆周为基础，另一头是轴的顶点——或者说轴的极——在恒星中间所描划出的同样大的想象圆周。这个圆柱形是按照描画它的地轴的斜度和黄道面形成倾斜角度，而这个角度我们前面已经讲过，是二十三度半。这个角度是永久不变的，只有几千年才发生一点微小的变差,而在目前的讨论上是无关紧要的。因此地球永远不再倾斜或者竖一点起来,只是保持斜度不变。由此可以推论,关于恒星中间所观察到的、单是由周年运动引起的变动,这些在地面上的任何一点观察到的和在地球中心观察到的,都是一样。因此在目前的讨论上,我们将采用地球中心,就好像它是地面任何一个点似的。

◀ 地球永远不再倾斜,只是保持斜度不变。

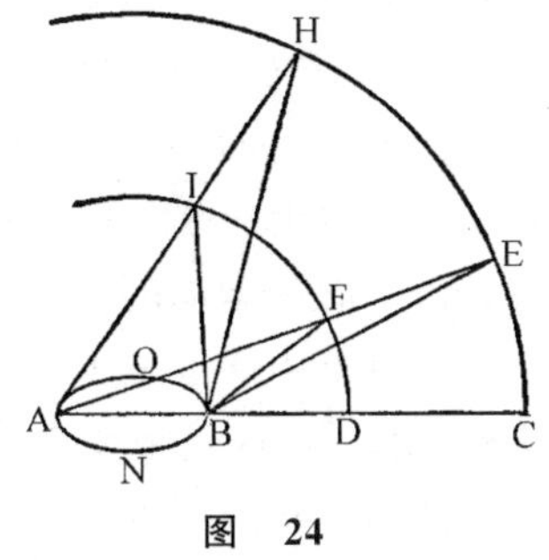

图 24

为了更加明了整个问题起见,让我们来画一张图看。首先我们将在黄道面画一个圆 ANBO;让我们假定 AB 是南北方向的两端——即巨蟹宫和摩羯宫的开头——并将直径 AB 无限地通过 D 和 C 延伸到恒星层。

现在我说,第一,黄道面上的任何恒星,不管地球在黄道面上怎样运动,它的仰角都不会有所变动,而将永远显得处在同一平面上,虽则这些恒星离地球的远近可以相差到地球轨道直径那样长的一大段距离。这在图上很容易看得出来,因为不管地球是在 A 点或在 B 点,恒星 C 可以望见总是在 ABC 一条直线上,虽则 BC 的距离比 CA 的距离要少整个直径 BA 那么长的一段。所以恒星 C 或者任何处在黄道面上的恒星,我们可能发现的变化只能是因恒星离地球较近或较远望上去的体积增大或者减小。

◀ 处在黄道面上的恒星,虽则和地球的距离时近时远,但并不因地球的周年运动而有起落。

萨格利多: 请你等一等,因为我对这一点有些不大放心。地球在 A 和 B 时,恒星 C 将望见在 ABC 一条线上,这个我完全懂得。而且我也懂得,如果地球沿着这条直线由 A 点走向 B 点,AB 线上的任何一点都将是这种情形。但是根据我们的假设,地球是沿着 ANB 弧运行的,显然当地球在 N 点(或者任何其他在 AB 线以外的点)时,恒星就不再会出现在 AB 线上,而是出现在许多别的直线之一上面。所以如果恒星处在不同的直线上应当引起视觉的变化,这种变差该是可以觉察得出的。

◀ 从处在黄道面的恒星提出的反对地球的周年运动的理由。

我还要进一步指出,既然我们搞哲学的朋友之间应当容许哲学上的自由争论,你好像在自相矛盾,而且现在就在否定你今天说成非常了不起和正确的事情,使我吃惊的就在于此。我是指发生在行星之间,特别是三个外行星之间的事情;这些行星由于始终处在或者靠近黄道面,不但一个时候看上去离我们很近,另一个时候看上去离我们很远,而且它们的运动是那样的不规则,以致有些时候好像在停止不动,另一些时候好像在不同程度上出现逆行运动——而所以如此全是由地球的周年运动引起的。

萨耳维亚蒂: 虽则我有上千次肯定过萨格利多才智的犀利,可是我要重新考他一下,进一步审核他的才智究竟有多么高明。我这样做有我自己的目的,因为如果我讲的那些道理经得住他的理智锤炼,我就可以肯定它们是真金不怕火，经得起任何比较。因此我说，我是故意装作看不出这条反对理由，但不是为了欺骗你，或者要你相信什么错误的东西，就好像一条反对理由被我不理会并被你忽略了时可能出现的情形那样，就是说看上去的确很有力量，很站得住，但它并不是这样；相反，我现在弄不懂你是不是仅仅为了试探我而装作看不出它的空洞似的。是啊，特别是在这件事情上，我要做得比你还要狡猾，你费尽心机藏在肚里不说，我却要逼你亲口说出来。所以请你告诉我，你是怎样觉察到行星的停止和逆行是由于周年运动的影响，又是怎样知道这种影响相当地大，因此在黄道面的恒星中间也至少应当看出一些影响的迹象呢？

萨格利多：你的这个要求包括两个问题，都是我应当回答的；第一个问题牵涉到你对我的指责，说我是假装不懂；另一个问题是关于恒星之间可能发生的情形等等。关于第一个问题，请容许我说，我并不只是假装不懂得这条反对理由是站不住的。为了使你在这一点上不再怀疑，我现在直率告诉你，我很懂得这条反对理由是空洞的。

萨耳维亚蒂：那么既然你先前自称不懂得这是个错误而现在又承认你很懂得这是个错误，你怎能说不是在讲假话呢？我真不懂。

萨格利多：你从我现在供认我懂得这条理由的空洞，可以肯定我先前说我不懂得并不是装假；因为我如果当时想装假并且说了假话，谁又能够阻挡我继续装下去，而且不承认自己看出这里的错误呢？所以我说，当时我是看不出这里的错误，但是感谢你的提醒，我现在已经清楚看出来了；因为你先是告诉我这里存在着错误，接着又开始一般地问我，我是怎样认出行星的停止和逆行的。现在我说，这是把行星和恒星作比较后才知道的，行星和恒星一联系起来，行星的运动看上去就有时向西，有时向东，有时几乎是停止不动。但是恒星层之外并没有一个更加辽阔和为我们望得见的天层，使我们有可能拿来和恒星比较的。因此我们无法在恒星中间发现一点点相当于行星中间发生的那些迹象。我相信这就是你急于要使我亲口说出的。

▶ 行星的停止和逆行是联系恒星才知道的。

萨耳维亚蒂：可不是吗，而且加上了你的最精辟的洞察。还有，如果我开的小小玩笑使你开了心窍，你开的玩笑也提醒了我一点，就是恒星中间的有些情况有时候并不是观察不到的，而我们根据这些情形说不定可以发现周年运动的影响究竟在哪里。那样一来，恒星也会和行星及太阳本身一样为这种运动属于地球出庭作证。因为我不相信恒星是以离中心同等距离而分布在天层的圆面上的；我设想它们和我们的距离差别很大，有些恒星会比别的恒星远上两三倍。因此如果我们在望远镜里看到接近某些大恒星处有一颗很小的恒星，而这颗小恒星之所以小是由于它的距离非常非常辽远的缘故，那就说不定会在恒星上发现一些相当于外行星上面所发生的合理变差。

▶ 恒星中间只要有一点类似行星中间看到的迹象，就可以作为周年运动属于地球的论据。

关于处在黄道面上恒星的特殊事例，暂时就谈这么多吧。现在来谈处在黄道面之外的那些恒星，并且假定有一个和黄道面垂直的大圆圈，诸如恒星层上相当于二至圈的一个圆圈。这个圆圈我们标志为 CEH，它同时也就是一个子午圈。让我们在这个圆圈上取一颗在黄道面之外的恒星，就是这儿的 E。你看这颗恒星的确会随着地球而改变它的仰角，因为地球在 A 点时它将出现在 AE 的视线上，它的仰角将是 EAC，但当地球在 B 点时，它将出现在视线 BE 上，而它的仰角将是 EBC。这个角将大于 EAC，因为它是三角形 EAB 的外角，而 EAC 则是它相对的内角。这一来恒星 E 和黄道面的距离望去将有所改变，而且它在子午圈上的平纬度根据 EBC 角超出 EAC 角的比例，即 AEB 角，在 B 点上也将大于在 A 点上的度数。因为三角形 EAB 的一边 AB 延长到 C 点后，它的外角 EBC（由于相等于两个对面内角 A 和 E 之和）超出 A 角的度数就是 E 角的度数。而如果我们在同一子午圈上取一个离开黄道面更远的恒星 H——把它标在这里——那么这颗星从 A 和 B 两个地点望去变差就更要大，因为 AHB 角比 AEB 大。这个角将因所观察的恒星离开黄道面愈远而继续增大，直到最后恒星处于黄道面的极点时而增加到最大限度。为了充分了解这一点起见，可以作如下的证明：

◀ 黄道面外的恒星根据它们离黄道面的远近多少有点升落。

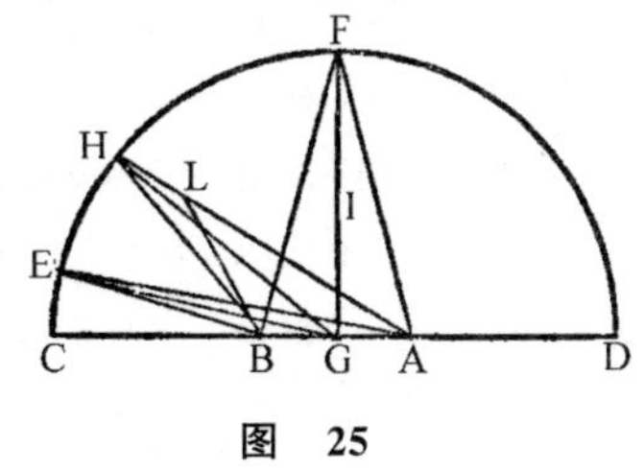

图 25

设想地球轨道的直径为 AB，其中心为 G，并假定直径延长到恒星层的接触点为 D 和 C。从中心 G，把黄道面的轴延长到同一恒星层，标为 GF，并假定它描画出一个和黄道面垂直的子午圈 DFC。在 FC 弧上取任何两点 H 和 E 作为两个恒星的地位，并加上 FA，FB，AH，HG，HB，AE，GE 和 BE 各线。这样，AFB 就是恒星处在极点 F 时的角差（或者不妨说视差）；在 H 点的恒星的角差是 AHB 角，在 E 点恒星的角差是 AEB 角。我说北极星 F 的角差是最大的；其他的角差是接近这个最大角度的比那些离开较远的要大。这就是说，F 角大于 H 角，而 H 角则大于 E 角。

现在假定环绕三角形 FAB 作一个圆。由于 F 角是锐角，它的底线 AB 小于 DFC 半圆的直径 DC，所以 FAB 三角形将处于底线 AB 的外接圆的较大部分内。由于 AB 和 FG 成直角并在中心被等分，这个外接圆的中心将在 FG 线上。这个中心可以标为 I。G 不是圆的中心，但是由 G 画出的任何直线将以通过中心 I 的线为最长。因此 FG 将大于任何由 G 向这个圆周画出的直线，而这个圆周将会切断 GH 线，因为 GH 和 GF 线等长；它也会切断 AH 线。让它切断 AH 的一点为 L，并补上 LB 线。这样 AFB 角和 ALB 角将是相等的，因为同是在一个圆里面 AB 底线的一边。但 ALB 是三角形 BHL 的外角，所以大于内角 H；因此 F 角也大于 H 角。

用同样的方法我们可以证明 H 角大于 E 角，因为以三角形 AHB 所作的圆的中心是在垂直线 GF 上面，而 GH 线比 GE 线离 GF 较近；所以它的圆周既切断 GE 线，也切断 AE 线，由此可见这条定理也同样适用。

▶ 地球离黄道面上恒星的远近差异，以地球轨道直径为最大限度。

根据以上所述，我们可以总结说，表面的变差（正式的专门术语应当称为恒星的视差）是看所观察的恒星离黄道极较近或者较远而有大有小的，而且最后对于处在黄道面本身上面的恒星，变差就等于零了。此外，当地球因其本身运动和恒星距离的远近，那些在黄道面上的恒星在距离上的差异，如我们已经看到的，是以地球轨道的整个直径为最大的限度。对于那些靠近黄道极的恒星，这种远近的差异几乎是等于零，而其他的恒星越是接近黄道，变差就愈大。

▶ 较近的恒星比较远的恒星变差大。

第三，我们可以看出这种表面变差的大小依所观察的恒星离开我们较近或者较远而定。因为如果我们另外画一个离地球较近的子午圈（在这张图内将是 DFI），一个处在 F 点的恒星从地球上的 A 点沿 AFE 视线望出去，后来又从地球上的 B 点沿视线 BF 望出去，这样形成的角度差异 BFA 将大于第一个角度差异 AEB，因为 BFA 是三角形 BFE 的外角。

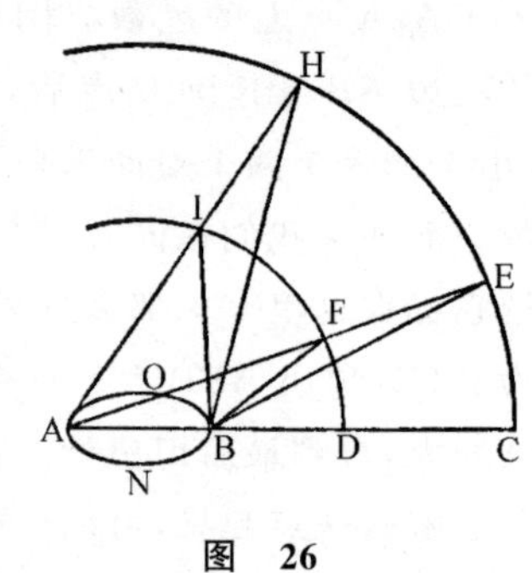

图 26

萨格利多：我听了你的论述非常高兴，而且得益匪浅；现在为了肯定我是否已经完全了解，我将概括一下你的中心结论。在我看来，你为我们说明了地球的周年运动有可能使我们在恒星中间观察到两种不同的表面变差。一种变差是因我们随着地球运动和恒星距离的远近而产生的恒星的视体积变差；另一种（同样也因地球离开恒星的远近而定）是恒星在同一子午线上望上去的仰角会有时候高些，有时候低些。不但如此，你还告诉我们（而且我也十分理解），这两种变差并不是对所有恒星说来都是一样的，而是有些变差很大，另一些变差较小，还有一些则几乎看不出什么。对于接近黄道极的恒星，这种因地球距离的远近而应当引起的视体积上有时候大些、有时候小些的现象，是觉察不出甚至是不存在的，但是对于处在黄道上的恒星则很大，而那些处在黄道和黄道极之间的恒星的变差则有大有小。另一种变差的情形恰恰相反；就是说，沿黄道恒星的仰角变差等于零，而环绕黄道极的恒星的仰角变差则很大，处在居间地位的则有大有小。

▶ 地球的周年运动在恒星中间引起的表面变差的摘要。

还有，这两种变差在最近的恒星中间比较容易觉察，较远的则不易觉察，最远的则将完全消失。

我理解的就这么多了。这下面的事情，依我看来，就是说服辛普里修了。我觉得他不会那么容易妥协；因为既然这些变差是由地球的巨大运动和地球位置的变化（即两个位置之间的差距可以大到双倍于我们离太阳的距离）所引起的，要他承认这些变差不能为我们觉察到，是不容易的。

辛普里修：真的，老老实实说，恒星的距离这样远，以至刚才说明的那些变差始终不会在恒星中间为我们觉察到，我对承认这一点的确感到很大的抵触。

萨耳维亚蒂：辛普里修，不要完全绝望；也许我们还要别的法子解决你的困难呢。首先，恒星的体积表面上不大看得出，对你来说应当不是什么全然不可能的事，因为你该看出人类在这类事情上的估计，特别是在望着光亮的物体时，可以错得非常厉害。譬如说，我们从两百步外望一只燃烧着的火炬，然后走近三四码再望它，你可相信你会看出火炬大了一点吗？拿我说，即使我走近二十步或者三十步，肯定也不会发觉它大一点；有时候我远远望见这类火炬时，甚至决定不了它是向着我走还是在离开我，然而事实上却是向着我走来。你对这个怎么说呢？如果土星离我们的远近也是同样的差距（即太阳离开我们距离的双倍），然而几乎完全不为我们觉察，如果木星的这种差距也简直看不出来，那么这种差距对恒星来说又算得上什么呢？而恒星和我们的距离我相信你会毫不踟蹰地定为土星离我们距离的双倍。火星，当它向我们走近时……

◀ 距离很远而且很亮的物体，向它走近或离远一点是觉察不出的。

辛普里修：请你不要在这一点上再费力了，因为我确实信服你讲的关于恒星体积望去不变的道理，很可能就是这种情形。可是那另一种困难，即恒星改变形体大小然而一点视差看不出来，我们对这个将怎样说呢？

萨耳维亚蒂：让我们在这一点上也讲几句，也许会使你满意。简单说来，如果这些变差真正能在恒星中间察觉出来，你会不会满足呢？因为在你看来，如果周年运动是属于地球的运动，那就非如此不可。

辛普里修：单就这项特殊困难而言，只要能觉察到，我确实会满足的。

萨耳维亚蒂：我指望你会说，如果能觉察到这种变差，地球的运动就没有任何可以怀疑的地方了，因为这种事情是无法反对得了的。但是即使这种变差可能不为我们见到，地球的运动性并不因此就排除掉，而地球的停止不动也并不因此一定就得到证明。哥白尼就讲过，恒星层的辽阔距离可能使这种细小现象观察不到。而且如我们已经指出过的，可能直到目前为止甚至都没有人寻找过这些变差，或者即使寻找过，也没有严格地按照要求去做，就是说，缺乏必要的精密和准确。但是由于天文仪器还不完善，差错常会很大，更由于操作这些仪器的人很不行，不能如所要求的那样谨慎小心，所以要达到这样精密的程度是很难的。我们对这些观测不大信得过的一个强有力的理由，是那些天文学家不但在测定新星和彗星的方位上，而且在测定恒星本身的方位上，看出相互之间都有差异；甚至在测定极平纬度上，多数时间都会相差到好多分。

◀ 如果恒星中间能觉察到某种周年运动所引起的变差，地球的这种运动就不容有任何异议。

◀ 从证明天文仪器的不可靠，引证出精密测算的必要性。

事实上，像一座象限仪或者六分仪那样经常有一只三四码长的柄子，一个人在对准视准仪的垂直线或准线时，你怎样能指望他不会差两三分呢？因为在这种情况下，这种差错只抵上一粒粟种的厚度。不但如此，这类仪器要说能制造得绝对准确，而且保持得绝对准确，几乎是不可

◀ 托勒密就不相信阿基米德制作的一项仪器。

能的。当初阿基米德亲手造了一座测定太阳进入二分点的环形仪，托勒密就不相信。

辛普里修：可是如果仪器是这样不可靠，而观测的结果又是这样没有把握，我们又怎样能放心地承认这些观测的结果，并改正它们的错误呢？我听说人们吹捧第谷的天文仪器都是花了巨款制造的，而且他在作天文观测上的技巧是很了不起的。

▶ 第谷的天文仪器是花了巨款制造的。

萨耳维亚蒂：你这些话我都同意，可是不论第谷的天文仪器花了多么巨大的经费制造或者他在天文观测上的技巧，都不足以使我们在这样重大的事件上感到有把握。我要求的仪器比第谷使用的要大得多，要非常精密，而且花钱极省，它的一面就要有四英里，六英里，二十英里，三十英里或者五十英里长，因此一度就是一英里宽，一分就是五十码，一秒只比一码差不了多远。总之，我们可以要它多大就能有多大，然而不花我们一个钱。

▶ 哪种仪器最适用于最精密的观测。

从前在佛罗伦萨我的一所乡间别墅时，我曾经清楚观测太阳到达夏至点，后来又离开夏至点。因为有一天傍晚日落时，太阳掩进皮埃特拉巴拿山一座大约六十英里外的山岩后面，只在它朝北的一面露出一线光景，宽度还不到太阳直径的百分之一。但是第二天傍晚，在同一的降落地点，太阳露出的部分却显著地要瘦些。这就充分证明太阳在开始离开赤道；然而在第一次观察和第二次观察之间，太阳的回返沿地平线望去肯定还不到一秒。后来我用了一具可以把太阳放大一千多倍的精密望远镜，观测起来就感到非常愉快和便当了。

▶ 关于太阳到达和离开夏至点的精确观测。

我现在的想法是，我们最好用类似的仪器来观测那些恒星，利用其中一颗变差最明显的。如我刚才已经解释过的，这些应是离开黄道圈最远的。在这些恒星中，那颗离开黄道极最远而且最大的织女一星，单就靠近北方地区而言，如果按照我下面所要讲的方式操作起来，是非常方便的，不过我要利用的却是另外一颗星。我已经一个人在寻找一处适合作这种观测的地点。那是一片平原，平原的北面升起一座大山，山顶上造了一座东西向的小教堂，这样教堂屋顶的栋木就会和平原上某些房屋上面的子午线形成直角。我要在这些栋木上面安装一条和栋木平行的梁木，高出一码光景。这样做好以后，我将在平原选择一处地点，可以望见北斗七星中的某一颗星经过子午线时刚好被我那根梁木遮着。如果不行，如果梁木不够宽，我就选择一处可以望见梁木遮着半颗星的地点；这只要有一具精密的望远镜是完全可以观察得到的。那地方如果碰巧有什么房屋可以进行这种观测的话，那将是非常方便的事，但是如果没有呢，那么我就在地上牢牢钉上一根棍子，上面做了一个记号，每次进行观测时眼睛都从这里望出去。我的这些观测，第一次将从夏至日开始，这样逐月继续观测下去，或者高兴时就进行，直到冬至为止。

▶ 一个观察地球周年运动对恒星影响的最适合地点。

通过这些观测，那颗星的升落不管多么微细，都可以观察到。如果在观测的过程中，碰巧有什么变差被发觉的话，这在天文学上将是多么巨大的成就啊！因为通过这些手段，除掉肯定地球的周年运动外，我们将对这颗星的大小和距离也将有所知晓。

萨格利多： 我充分了解整个的过程，而且操作起来好像那样容易，那样符合要求，使人们有十足的理由相信哥白尼本人，或者别的什么天文学家，的确做过这些观测似的。

萨耳维亚蒂： 我的看法恰恰相反，因为如果有人的确试行做过这种观测，不管观测的结果对哪一种有利，他不可能不公布出来。可是从来就不知道有人为了上述目的，或者其他目的，采用过上述的方法；而且没有一具精巧的望远镜这种方法是不容易取得成效的。

萨格利多： 你讲的这些话我完全同意。

现在离天黑还有很长一段时间；你要是愿意我今晚得到休息，我希望你能向我们说明一下，你不久以前要留到明天谈的那些问题，如果对你说来不是太麻烦的话。所以请你把那句暂缓的话交给我们收回，并且把一切别的论证丢在一边，单是向我们解释一下诸如太阳在子午线角度的高低，季节的变换，日长夜短和日短夜长等等现象是怎样产生的（假定地球具有哥白尼所说的那些运动，而太阳和恒星则停止不动），就如根据托勒密体系来解释一样的明白易懂。

萨耳维亚蒂： 只要是萨格利多要我做的事，我都不应回绝，也不能回绝。我要求搁一下，不过是为了争取多一点时间好把那些前提在脑子里重新理一理，对这些现象的产生按照哥白尼的体系作一个清楚而全面的说明，就如同过去按照托勒密体系对这些现象进行说明一样。老实说，按照哥白尼体系来说明，比按照托勒密体系来说明，要容易得多，简单得多。由此可以清楚看出，哥白尼的假设虽则不大容易理解，但是在自然界运行起来却很便当。不过话又要说回来，我现在不采用哥白尼倚仗的那些解释，而利用一些别的解释，目的就是为了使这个体系对于我们也不至过于晦涩难解。为了做到这一点，我将提出下列几条已知的和自明的假定：

◀ 哥白尼体系不容易理解，但运行起来却很便当。

第一，我假定地球是一个环绕自己的轴和两极自转的圆球；地面的任何一点都在做圆周运动，而圆周的大小则视其离开两极的远近而定。这些圆周中最大的是由离开两极同等距离的那一点描画出来的。所有这些圆周都是相互平行的，所以我们都称之为平行圈。

◀ 理解地球运动所产生的后果，必须肯定某些原理。

第二，地球既然是圆的，而且它的质料又是不透明的，地球的表面就始终一半是明亮的，一半是黑暗的。明亮部分和黑暗部分的分界线是一个大圆圈，这个我们将称作光的分界圈。

第三，当光的分界圈通过地球的两极时，它将把所有平行圈都切成两个相等部分，因为它本身就是一个大圆圈；但是当它不是通过两极时，那些平行圈将被切成两个不相等部分，只有当中的圆圈除外；因为这也是一个大圆圈，所以不管什么情形都将切成两个相等部分。

第四，由于地球是环绕自己的两极自转，昼夜的长短就是由光的分界圈在平行圈上所切出的那段弧线决定的。那段处在明亮半球的弧线决定白天的长短，余下的部分则决定夜晚的长短。

▶ 一张表明哥白尼体系及其后果的简图。

这些原理确定以后，为了更容易明了下面将要讲到的现象，我们可能要画一张图。让我们用一个圆周来代表地球绕日的轨道，这是画在黄道圈的平面上的。我们用两条直径把这个圆周分为四个同等部分；摩羯宫，巨蟹宫、天秤宫、白羊宫，这些在这里将同时代表四个基点，即二至点和二分点。在圆周的中心让我们把太阳标志为 O，它是固定和不动的。

现在以摩羯宫、巨蟹宫，天秤宫，白羊宫四个基点作为中心作四个相等的圆，代表地球在四季中的位置。地球的中心以一年的时间由西向东沿着黄道十二宫的顺序，由摩羯宫到白羊宫到巨蟹宫到天秤宫环行整个圆周一圈。现在已经清楚看出，当地球在摩羯宫时，太阳望去将在巨蟹宫；地球沿弧线由摩羯宫走到白羊宫时，太阳望去则是沿弧线由巨蟹宫到天秤宫。一句话，太阳将在一年的时间内按照黄道十二宫的顺序走完。

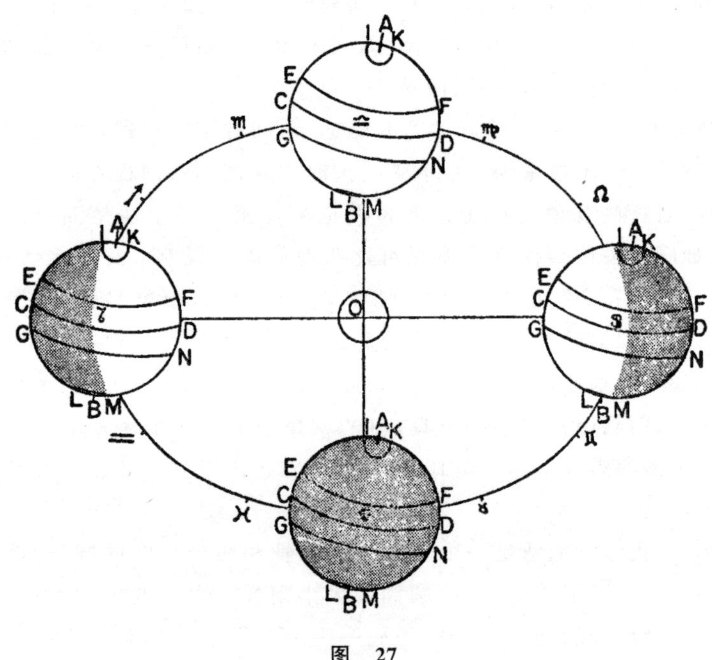

图 27

因此，根据第一项假定，太阳环行黄道圈的视周年运动是完全解释得了的。

现在谈地球的另一个运动，即地球自转的周日运动，它的两极和轴必须加以确定。这些应当懂得，并不是和黄道的平面垂直的；也就是说，并不和地球绕日轨道的轴平行的，而是比直角要斜出二十三度半，当地球的中心处在摩羯宫的两至点时，北极就向着地球绕日轨道的轴。这样，假定地球中心处在这一点，让我们把地球的两极和轴画得和摩羯宫——巨蟹宫那根直径的垂直线形成二十三度半的斜角，因此A—摩羯宫—巨蟹宫这只角就等于补角，即六十六度半，而且这个倾斜度必须假定是不变的。上面的极点A，我们将假定为北方，下面的极点则是南方。

如果地球在二十四小时内环绕自己的轴AB自转一周，并且也是由西向东转，地面上所有的点都将描出一个相互平行的圆周。在地球处于上述第一个地位时，我们将把地面的那个最大圆周标为CD，另外两个和它离开二十三度半的上下两个圆周标为EF和GN，还有两个以同等距离靠近两极A和B的两个圆周IK和LM；我们而且可以从地面上的无数点标出无数和这五个圆周平行的圆周。现在假定地球中心的周年运动把地球转移到图中标出的其他位置，并按照下列的规律行动：即它自己的轴AB不但不改变它和黄道面的倾斜度，而且方向也不改变；它始终和自己的轴是平行的，而且一直指向宇宙的同一部分，或者说恒星层的同一部分。这意思就是说，如果我们设想把地轴延长出去，它的上端就会描画出一个相等于地球经过天秤宫—摩羯宫—白羊宫—巨蟹宫所描画的一圈轨道，而且和地球轨道的圆周是平行的，就像一个圆柱的下端是天秤宫—摩羯宫—白羊宫—巨蟹宫这样一个圆周，在圆柱一年自转一周之后，它的上端所描画出来的那个样子。所以，根据这种地轴倾斜度不变的情况，让我们环绕白羊宫、巨蟹宫、天秤宫的三个中心照样画三个地球图，和我们环绕摩羯宫的中心所画的地球图一式一样。

其次，让我们看看所画地球的第一张图。由于AB轴以二十三度半的斜度向着太阳，而且由于AI弧也是二十三度半，所以日光照亮的半个地球(从我们这里只能看到一半)和地球的黑暗部分是由光的分界圈IM分开的。平行圈CD，由于是最大的圆圈，将被这条光的分界圈分为两个相等部分；但是一切其他的平行圈将被切成两个不相等的部分，原因是光的分界圈IM并不经过A、B两极。平行圈IK，以及一切在它和A极之间描画出的平行圈，都将处在地球的照亮部分，而另一方面，介于B极和平行圈LM之间描出的那些平行圈将处在地球的黑暗部分。

不但如此，由于AI弧等于FD弧，而AF弧是IKF弧和AFD弧的共同部分，这后面两条弧因此是相等的，每一条都是一个象限；而由于整个IFM弧是一个半圆，MF弧也将是一个象限并等于FKI。因此太阳O当地球处在这个位置时，由任何在F点的人看来都是垂直的。但是由于地球以自己的固定轴AB作自转的周日运动，平行圈EF上的任何一点都将经过同一F点，因此在这样的一天里，中午的太阳将高悬在EF平行圈上所有居民的头顶上；而在他们眼中看来，太阳就好像以它的自己的运动环绕那个我们称作北回归线的。

但是由居住在平行圈EF之上并靠近北极A的所有平行圈上的人看来，太阳则不在他们的头顶上而是偏南的。另一方面，在所有居住在

EF圈下面靠近赤道CD和南极B的平行圈上的人看来，中午的太阳则高过天顶而偏向北极A。

其次，你们可以看出，所有的平行圈，除掉大圈CD为光的分界圈IM切成两个相等的部分外，其余的平行圈，不论在它上面或者在它下面的，都被光的分界圈分为两个不相等部分。CD圈上面的那些平行圈，它们的半日弧（即地面被太阳照亮的部分）大于半夜弧（即处于黑暗中的部分）。在CD大圈下面并靠近南极B的那些平行圈，则是相反的情形；这些半日弧都短于半夜弧。还有，你们可以清楚看出，这些平行圈的不相等部分，愈是接近极点，差距就愈大，直到最后，平行圈IK只剩下照亮的部分，而那里的居民就会二十四小时全是白天，没有黑夜。与此相反，平行圈LM将完全处在黑暗中，二十四小时全是黑夜，没有白天。

下面让我们继续看地球的第三图，这里的地球是处在巨蟹宫的中心，从这里望见的太阳将位于摩羯宫的起点。这里的确很容易看出，由于AB轴的斜度不变，而且始终和自身是平行的，地球的外貌和位置和第一图所示是完全一样的，所不同的只是，第一图里被太阳照亮的半球现在始终处于黑暗中，而原来属于黑暗的部分现在却照亮了。因此第一图里所示的日夜的差别和长短不一的情形在这里完全倒转来了。

这里我们首先注意到的是，IK圈在第一图里完全处在光亮里，现在则完全处在黑暗里；而与它相对的LM圈现在则完全处在光亮里，而以前则完全处在阴暗里。那些介于CD大圈和A极之间的许多平行圈，它们的半日弧现在比半夜弧短了，这和第一图所示刚好相反；而那些靠近B极的平行圈，它们的半日弧则比半夜弧长了，同样和第一图所示的情形相反，你们现在可以看出，现在太阳在居住在赤道GN圈上的人看来，是在他们头顶上的，而在那些住在EF平行圈的人的眼中，太阳则是向南移动整个一段ECG弧，即四十七度。简言之，太阳是从北回归线转移到南回归线，中间经过赤道，沿着子午圈先是升高，然后又降低，总共改变了四十五度。所有这些变动并不是由于地球有什么升降起落；相反，是由于地球永远没有升降起落，而总是和宇宙保持着同一位置，只是绕日运转，而太阳则处在地球环绕它的周年运动平面的中心。

▶ 因地轴倾斜角不变而出现的突出现象。

这里必须指出一个突出的现象：由于地轴和宇宙总是保持着同一方向（不妨说以同一方向朝着最高的恒星），使得太阳在我们眼中望上去有四十七度的起落，而恒星则根本没有任何起落；因此，如果地轴以一定斜度始终向着太阳（或者无妨说向着黄道轴），太阳望上去就不会有任何起落。这样一来，居住在一定地点的人，他们的白天和夜晚就将永远是那样长短，而他们的季节也将永远不变；这就是说，有些人将永远过着冬天，有些人永远过着夏天，有些人永远过着春天，如是类推。可是另一方面，那些恒星在起落上的变化在我们眼中就会显得非常悬殊，同样会相差到四十七度。为了弄清楚这一点，让我们回过来再看看地球的第一张图，这里 AB 轴的上端 A 极是向着太阳倾斜的。在第三图里，同一地轴由于保持着它自身的平行位置，仍旧以同一方向指向最高的天层，因此地轴上端的 A 极就不再向着太阳倾斜，而是背着太阳倾斜出去，和第一图里的位置相差四十七度。由于这个缘故，为了使 A 极仍旧像第一图里那样向着太阳，那就必须（把地球沿着圆周 ACBD 转）使 A 极向 E 点转过四十七度；这样一来，我们从子午圈上观察到的任何恒星都将升高或者降低这样大的角度。

现在让我们继续解释其余的问题，看一看第四图，这里地球中心的位置在天秤宫的起点，而太阳则出现在白羊宫的起点。在第一图里地轴假定斜向摩羯宫—巨蟹宫那条直径，因此处在那个沿摩羯宫—巨蟹宫切向地球轨道平面的垂直平面上，但是在第四图里（如我们说过的，地轴总是保持它自身的平行位置），地轴同样处于和地球轨道平面垂直的平面上，并且和那个沿摩羯宫—巨蟹宫垂直地切向地球轨道平面的垂直平面是平行的。因此从太阳中心到地球中心（即从 O 到天秤宫）的那根直线将是和 BA 轴垂直的。但是这根从太阳中心到地球中心的同一直线，也是永远和光界圈垂直的；因此这同一光界圈的第四图里将通过 A、B 两极，而 AB 轴将处在光界圈的平面上。但是这个大光界圈既然通过所有平行圈的两极，将会把所有平行圈都分为两个相等部分，因此 IK、EF、CD、GN 和 LM 等弧线都是半个圆周，而地球的照亮半球将是这里面对着我们和太阳的这一面，而光界圈就是 ACBD 这个大圆周。当地球处在这个位置时，地球上不论哪儿的居民都将看到昼夜平分。

在第二图里也是同样情形；这里地球的照亮部分向着太阳而把它的黑暗部分和半夜弧向着我们。这些半夜弧也都是半个圆周，因此地球上也同样出现昼夜平分。最后，由于太阳中心到地球中心那根直线和地轴 AB 是垂直的，而平行圈中的大圆周 CD 的平面也和地轴 AB 垂直，O—天秤宫这根同一直线也必然和 CD 圈一样通过同一平面，在白天弧 CD 的中心和它的圆周相交；因此太阳对于任何处在这个相交地点的人都将是垂直的。但是所有住在这个平行圈上的居民，由于地球自转的带动，都将经过这个相交点，并望见中午的太阳直接照在他们的头顶上；因此在地球上所有居民的眼中，太阳都在沿着那最大的平行圈，即所谓赤道圈运行。

再者，地球处在两个两至点之一的位置时，它的两个极圈之一，或者 IK，或者 LM，就会完全处在日光中，而另一个就会完全处在黑暗中；但是当地球处在二分点时，这两个极圈的一半将是在光线里，而余下的一半将是在黑暗里。你们应当不难看出，例如地球由巨蟹宫（这时平行圈 IK 完全处在黑暗中）过渡到狮子宫时，平行圈 IK 上靠近 I 点的部分将开始进入光明，而光界圈 IM 将开始向两极 A 和 B 退却，不再和 ACBD 圆周在 I 和 M 相交，而是在另外两点相交，这两点将介于 IA 弧和 MB 弧的两端 I,A,M 和 B 之间。这样一来,居住在 IK 圈上的人就开始享受光明,而那些在 LM 圈上的人将开始进入黑夜。

所以你们看,只要把两种简单的、相互不矛盾的运动归之于地球,遵照相当于这些运动规模大小的周期运行,并且和宇宙内所有运动体一样由西向东运转,就能给一切我们看得见的现象提供适当的原因。这些现象要能和一个固定不动的地球拍合得上,必须把运动体在速度和大小上所表现的对称性全部否定掉,并且以一种无从想象的速度加给那凌驾在一切天层之上的那个庞大天层,而以下那些天层则必须运行得很慢。不但如此,我们还得使前者在运动和后者的运动相背,而且所有下面的天层都被最高天层弄得改变它们本身原有的倾向,这就更加令人难以置信了。现在你们自己来判断一下,究竟哪一种体系的可能性要大些。

萨格利多: 拿我来说,我直接感觉到的是,这种新的宇宙秩序和那个古老的为一般人所承认的宇宙秩序有天渊之别;前者的解释现象上非常简便,而后者则繁复、混乱和麻烦。因为如果宇宙秩序弄得这样繁复的话,哲学上许多为所有哲学家承认的公理都得取消了。例如,人们说大自然在没有必要时决不使事情复杂化;说大自然总是采取最简便的手段取得它要产生的效果;说大自然不论做哪一件事都不是无因的,等等。

▶ 所有哲学家都承认的公理。

我不得不承认,我还没有听到过有比这种宇宙体系更令人钦佩的了,我而且敢说人类的心灵从来就没有探索过这样精微的哲理。我不知道辛普里修是怎样的看法。

辛普里修: 如果你非要我坦白说出我的看法,我觉得这些精微的道理都是几何学的性质,而亚里士多德当初责备柏拉图研究几何学过了头,以致脱离了真正的哲学,也就是在这种地方。我认识一些很了不起的逍遥学派哲学家,并且听见他们劝告自己的学生不要研究数学,因为这会使理性走上诡辩的道路,而不能进行真正的哲学思考;这种主张和柏拉图的主张刚好是相反的,柏拉图非要他的学生先学好几何学,然后才许他们学哲学。

▶ 亚里士多德曾经谴责柏拉图过分看重几何学的研究。

萨耳维亚蒂: 你的这些逍遥学派敦劝他们的门徒不要研究几何,我很赞成,因为在所有的学科里没有比几何学更能揭露他们的谬误了。你看他们和那些懂得数理的哲学家多么不同;那些懂得数理的哲学家宁愿和那些熟悉逍遥学派全部哲学的人打交道,而不愿意和那些不懂得逍遥学派哲学的人打交道,因为后者由于这方面知识的缺乏,就无法对两种不同的学说进行比较。

▶ 逍遥学派哲学家谴责人研究几何学。

但是这一切全都撇开不谈吧,现在请你谈一谈在你自己看来,是什么荒谬的或者过分精微的道理使得哥白尼的体系令人不能信服呢?

辛普里修: 老实说,我就不完全弄得懂,也许这是因为我对托勒密体系怎样解释下列那些现象也不大清楚的缘故——我是说,行星的那些停止,逆行,前进和后退,白天的加长和缩短,四季的变化,等等。可是姑且不去谈这些根据一些基本假设所产生的后果，便是那些基本假设本身，我觉得也存在着相当大的困难，如果这些基本假设全都垮掉，那么整个体系也就土崩瓦解了。既然哥白尼体系的整个骨架好像都建筑在一个很薄弱的基础上（即建筑在地动说上），那么如果地动说被推翻了，那就没有任何争辩的余地了。而要推翻地动说，亚里士多德的一条公理，即一个简单物体天然只能有一种简单运动，就足够了。可是在哥白尼的体系里，地球却具有三种（假如不是四种）运动；而这些运动全都是不一样的。这里除掉向心的直线运动外（这是地球作为一个重物体所不能不具有的运动），又给地球添上一个一年绕太阳一周的大圆周运动，和一个每二十四小时自转一周的运动，而且还有另一种环绕自己的中心一年自转一次，并与前面提到的每二十四小时自转一次相反的运动（这是最越出常规的，也许就因为这个缘故，所以你始终一字不提）。我从心里对这一点感到极其不满。

◀ 地球被赋予四种不同的运动。

萨耳维亚蒂： 关于向下的运动，我们已经证明过，根本不属于地球的运动，地球从来就没有过这种向下运动，也永远不会有。这是属于地球的各个部分的运动，而且仅仅属于地球的各个部分，是为了使部分回到整体的。

◀ 向下的降落运动，属于地球的各部分，不属于整个地球。

至于周年运动和周日运动，这些都是向着一个方向的运动，所以是完全不矛盾的，就如同我们让一个球从斜面上滚下，球会在自动滚下时同时会自转一样。

◀ 周年运动和周日运动，对地球来说，是不矛盾的。

至于地球的这个以一年自转一周的第三种运动，哥白尼把它归之于地球，不过是为了保持地轴的倾斜，并指向同一部分的天层；关于这第三种运动，我现在要告诉你一点值得你慎重考虑的事情。这种运动尽管和另一种周年运动的方向相反，但这里面没有一点相互抵触或者难于说明的地方；它和任何你能举出的悬空和平稳的物体是天然适合的，而且不需要任何产生的原因。这样一个物体，如果使它沿着一个圆周运动，它自身立刻就会产生一种与带动它运动的方向相反的自转运动；而且这种自转运动的快慢与使它沿圆周一圈的快慢恰恰也是一样的。要看到这种奇妙现象，你可以把一只浮球放在一碗水里，并把这碗水端在手里；这对于说明目前我们的问题非常适合。如果你踮起脚尖把碗端着转，球就会立刻以一种和碗的转动方向相反的方向自转起来，而且在这碗水转完一周时，球也转完一周。

◀ 任何悬空和平稳的物体，当他被带着沿一个圆周运动时，它自身就会产生一种相反的运动。

你看，地球只是一个悬在稀薄空气中的平稳球，此外还能是什么？当地球被带着沿一个大圆周以一年时间环行一圈时，就必然产生（而且别无其他推动者）一种和周年运动相反的周年自转运动。这种效果你是会看到的，但是如果你进一步正确地考虑一下，你就会发现这种自转并不是真的运动，而只是一种现象；也就是说，在你看上去像是自转，实质上只是不动；在你与水碗以外，这个整体对所有别的东西说来都始终是

◀ 实验合理地证明，同一运动体存在着两种相反的运动是很自然的。

静止的。因为如果你在球上面做个记号，看它朝着什么方向（朝着你那间房间的哪一处墙壁或者哪一处田野或者哪一块天空），你就会看出在你和碗转动时，球上的记号总是指着同一方向。但把它和碗、和你自己一比（你和碗都在动着），球看上去的确就像一直变换着方向，而且会自转一周，转动的方向则是和碗与你相反。由此可见，比较正确的说法应是你和碗环绕着一个不动的球转，而不是球在碗里自转。地球也就是这样端端正正悬在它的轨道圆周上，而且它的位置是它上面的一个记号（例如，就算北极吧）总是指向某一颗恒星，或者恒星层的另外一个部分，而且尽管在周年运动中被带着沿它的轨道圆周转，这个记号始终指着天层的同一部分。

▶ 地球的第三种运动毋宁说是一种静止。

单是这项实验就足以使你不再感到诧异并解决一切困难了。可是如果我们在这种不凭借任何辅助原因的情况外，再加上地球本身具有的一种异常力量，使它总是以本身的某一固定部分指向天层的某一部分，辛普里修将会怎样说呢？我说是磁力，是任何一块磁石一直都会有一部分的那种力量。而且如果这种磁石的每一细粒里都含有这种磁力，谁又能怀疑含有大量磁石的整个地球，这种磁力不会达到更强烈的程度呢？或者说，会不会地球本身的内部和主要物质就是一块庞大的磁石呢？

▶ 地球本身具有一种神奇的力量，使它始终指向同一部分的天层。

▶ 地球是磁石形成的。

辛普里修：那么你是拥护威廉·吉尔伯特磁力哲学的那许多人中的一个了？

萨耳维亚蒂：当然是的，而且我相信，凡是认真地读过他的书和做过他的实验的人，都是和我站在一起的。我同样期望，你也会像我一样在这件事情上改变态度。目前你在对待自然界的现象上是受这个作者或那个作者奴役的，你的理性被束缚着，你对感觉经验的蔑视是顽强的；可是一旦你像我一样产生了好奇心，并且体会到自然界有无数事物对人类理智说来还是未知的，你就会从奴役状态下解放出来，你的理性就会稍稍摆脱束缚，你的顽强就会变得温和。这一来，你有一天就会不再只听古人的话，而抹杀感觉经验的证据。

▶ 威廉·吉尔伯特的磁力哲学。

现在我要说：（如果这样说不算放肆的话），那些平庸的人们实在过分胆小了；他们对自己童蒙时老师们所称颂的那些作者的任何著作不但盲目地同意，甚至敬仰，而且对任何新的定理或者问题，不要说没有被他们的权威驳斥过的，甚至考察也没有考察过的，也拒绝听取，更不用说去考察了。这些问题之一，就是关于我们这个地球的真正基本物质，它的内部和一般的组成材料的考察和研究。尽管亚里士多德或者吉尔伯特以前的任何人都从来没有想到过这种物质有没有可能是磁石（更谈不上亚里士多德或者任何人曾经否定过这种种意见了），我却碰见不少的人一听见提到这个问题，就像马看见自己影子一样吓得跳了起来，并且避免讨论这种问题，认为这完全是想入非非，或者毋宁说是丧心病狂。我有一本吉尔伯特的书。如果不是一位有名的逍遥学派哲学家拿来送给

▶ 平庸的人们胆量太小。

我，这本书可能永远到不了我的手里。而他所以送给我，我想可能是为了保护他的藏书不受到邪说的玷污吧。

辛普里修：我坦白承认我自己就是那种平庸的头脑之一，而且只由于这几天被容许参加你们的这次讨论会，才觉察到自己有点摆脱掉陈腐和通俗的见解。可是这种新颖而且古怪的意见非常粗糙，好像很牵强，很不容易掌握，恐怕我的头脑还没有觉醒到这种程度。

萨耳维亚蒂：如果吉尔伯特书中写的是正确的话，那就不是一个意见，而是一个科学问题；这不是一个新问题，而是和地球本身一样古老；而且如果是真理的话，那就不可能粗糙或者困难，而必然很精细，很容易懂。如果你愿意的话，我可以使你清楚看到，你是给自己造成黑暗，而且对那些本身并不可怕的事物感到恐惧——就像小男孩一点不懂得妖怪是什么样子而害怕妖怪一样，因为妖怪只是一个名称，此外什么都没有。

辛普里修：我很高兴能得到启发并免于错误。

萨耳维亚蒂：那就请你回答我下面向你提出的问题。首先，请你告诉我，你是否相信我们这个生息其间并称作“地球”的圆球，是由一种单纯的材料形成的，还是由许多不同材料组合成的。

辛普里修：我能看出，它是由许多不同物质和物体组成的。第一，我看见它的主要组成部分是水和泥土，而水和泥土是全然不同的。

◀ 地球由各种不同材料组成。

萨耳维亚蒂：目前让我们把海洋和其他江河湖沼都撇在一边，单单看那些坚实的部分。请你告诉我，这些部分是完全由一种材料构成，还是由不同材料构成呢。

辛普里修：从表面来说，我看出它的材料是各种各样的，有些是大片的贫瘠的沙土，另外一些则是肥沃的土地；还看得见无数光秃和崎岖的山岭，到处是形形色色的坚硬岩石，如斑岩、雪花石膏、碧玉和数不清的各种大理石；还有各种金属的巨大矿藏，总之一句话，材料是如此多种多样，就连整整一天的工夫也述说不尽。

萨耳维亚蒂：那么在所有这些不同材料之中，你认为在地球这个巨大物体的组成上，它们是不是都占据同样的比例呢？还是在所有这些材料中间有一部分材料远远超出其他材料之上，而且实际上是这个庞然大物的主要组成材料呢？

辛普里修：我认为石头、大理石、金属、宝石以及其他各种各样的材料，都完全像珠宝和饰物一样，对于原来的地球来说，都是外在的，多余的，而原来的地球在体积上要比这些东西超出无限倍。

萨耳维亚蒂：既然你提到的那些材料都属于多余的和点缀的性质，那么这个庞大的主体你认为是由什么形成的呢？

辛普里修：我觉得该是简单的、不大掺杂的土元素。

萨耳维亚蒂：可是你理解的“土”是什么呢？会不会就是铺在田地上的，用锄头和犁翻碎的，为我播种五谷和果实并自动地生长出巨大森林来的土地呢？一句话，是不是一切动物的居所和一切草木所赖以发育的呢？

辛普里修：我要说，这就是我们地球的主要物质。

萨耳维亚蒂：嗯，这话好像说得并不怎样妥当。因为这一片为我们耕种并长出果实的土地只是地球表面的一部分，而且是浅浅的一层。就其和地球中心的距离而言，它是并不怎样深的，而且经验表明，我们不需要挖多么深，就可以碰上一些和地球外壳很不相同的物质，要硬些，而且对种植来说毫无用处。还有，那些比较接近中心的部分，依我们的设想，由于上面积累着那么多的重东西，应当会压缩得很紧，而且和最坚实的岩石一样硬。再者，这类物质是注定了永远长不出庄稼来的，只会永远埋葬在地球的黑暗深渊里，所以给它施加肥料完全是白费。

辛普里修：谁敢说地球靠近中心的那些内在部分是贫瘠的？可能它们也生产我们不知道的东西呢。

萨耳维亚蒂：怎么，偏偏你会讲出这种话来！因为你完全懂得宇宙间一切不可分割的部分都是为了人类的福利而创造的——你应当最有把握认为特别是这个地球应当是注定为我们地球上的居民的便利而设的。可是这些物质我们既然永远看不见，而且离开得那样远，使我们永远弄不到手，我们能从这些物质得到什么好处呢？由此可见，我们这个地球的内部物质一定不是可以击碎或者消耗的东西，也不会像我们称为“土地”的上层地面那样松，而一定是一种很厚实坚硬的物体，一句话，是一种硬石头。如果它只能是这样，你又有什么理由不相信它是磁石，而宁愿相信它是斑岩或者碧玉或者什么别的岩石呢？如果吉尔伯特在书中说地球的内部是砂岩或者玉髓，也许这个悖论对你要不大陌生些吧？

▶ 地球的内部必然是最最坚硬的物质。

辛普里修：我承认地球的最中心部分压缩得很厉害，因此非常结实和坚硬，而且越近中心越是如此；亚里士多德也肯定了这一点。但是我感觉不到有任何理由非得要我相信这些部分会变质而且性质会变得和地面上这些土地全然不同。

萨耳维亚蒂：我打断你这条论据并不是为了充分向你证明我们这个地球的主要和真正的物质是磁石，而只是为了向你指出，人们拒绝认为它是磁石，而宁愿相信它是什么别的物质，是没有根据的。而且如果你把这件事情考虑一下，你就会发觉，导致人们相信地球的主要物质是土的原因，很可能是我们随便地采用了一个单一名称“地”兼指我们耕种的物质和我们居住的这个球。可是如果当初我们用石头给这个球取名（这和用地给它取名是没有出入的），那样的话我们说地球的主要物质是石头，就肯定不会遭到抗拒或者反驳；我有把握认为，只要我们能剥掉地球的一层壳，仅仅剥下一两千码的一层，然后把石头和泥土分开，那样大堆石头将会比肥沃的土壤多得多。

▶ 我们的地球如果一开始就给它取名为“石头”的话，它就叫作石头而不是叫作“地球”了。

你知道我并没有向你列举任何理由，来充分证明我们的地球事实上是由磁石组成的，而且现在也不是提出这些理由的时候；尤其是你有空时可以在吉尔伯特的书里找到这些，所以更用不着我去谈了。我只是打算以我自己的方式，解释一下他的哲学推理方法，刺激你去看看他的书。我知道你很懂得，在考察物质和事物的本质上，多了解一点事情要有用得多；所以我希望你能够认认真真地彻底弄清那许多只能从磁石上发现的事实和性质。这里的一个例子就是它的吸铁作用，以及它和铁在一起时能把这种属性传给铁的能力；同样地，磁石也能把指向两极的属性传给铁，就像它本身保有这种能力一样。还有，我要你亲眼做个试验，看磁石不但具有使罗盘针在子午圈下面以一种地平运动指向南北极的属性——一种久已为人们熟知的属性——而且还具有一种新观察到的性质，那就是当罗盘针平放在一只预先标记了子午圈的小磁石球上时，罗盘针会具有一种笔直地下垂的能力。我的意思是说，罗盘针会依照它离开磁石球上两个极点的远近而或多或少地低于某一标记，直到它达到极点时会笔直地立了起来；而在赤道地区时，罗盘针则始终是与磁石球的轴平行的。

◀ 吉尔伯特的哲学推理方法。

◀ 磁石的各种属性。

其次，你可以试验一下，任何一块磁石近极点的地方比在中间的吸力要活跃得多，而且在一个极点比在另一个极点时的吸力要显著地增强，这个较强的极点是那指向南方的一头。请注意，碰到一块小磁石时，这个较强的南极如果需要面向一块较大磁石的北极吸着一块铁时，它的吸力就会减弱。简言之，你可以通过实验来确定这些性质以及吉尔伯特所描绘的许多其他性质，并且看出所有这些性质都属于磁石，而没有一个属于别的物质。

现在，辛普里修，假定有一千种不同的材料放在你面前，每一种材料都用布遮盖和包扎起来，使你看不见是什么，并且要求你不打开包裹而从外表的迹象上就认出是什么材料。如果，在试行这样做时，你碰上一块材料清楚地显示出只属于磁石而不属于任何别的质料的属性，你会认为这物质的本质是什么呢？你会不会说它可能是一块乌木，或者雪花石膏，或者锡呢？

◀ 地球是一块磁石的充足论据。

辛普里修： 毫无疑问，我要说它是一块磁石。

萨耳维亚蒂： 既然如此，那你就大胆宣称，在这片土地、岩石、金属和水等等的遮盖物或者包装下面，藏着一块庞大的磁石。因为在这一件事情上，任何人只要细心观察，就会看出一切属于一个真正的、没有遮盖的磁石球的同一现象和事件。别的不谈，单拿罗盘针的下垂现象来说，就足以说服最固执的反对意见了，因为罗盘针被带着环绕地球时，它越接近极点就越翘得厉害，而当它接近赤道时就翘得少些。并且最后变得很平。我还没有提到那另外一个突出的效果，那就是一块磁石对我们居住在北半球的人来说，它向南的一头总是较强，这是从任何一块磁石都可以明显看出的。这种差别，当我们离开赤道愈远，就显得愈大；在赤道上时，两方面的吸力都一样，但却明显地减弱了。可是到了南方，在远离赤道之后，磁石的性质就变了，那在我们看来吸力较弱的一面就比另一面强了。这一切都和我们看见的小磁石在大磁石吸力的影响下，吸力变得减弱的情形一样，因为把小磁石放在离大磁石的赤道较近或者较远的地方，它所起的变化就和我告诉你的磁石离地球赤道较近或者较远时，所起的变化一样。

▶ 装甲的磁石比不装甲的磁石能吸住更多的铁。

萨格利多： 我第一次读了吉尔伯特的书就很信服，我而且找到一块很优良的磁石，作了长期的观察，观察的结果全都使我感到非常惊奇。可是在我看来，最使我感到惊奇的是，根据作者教导的方式，我给磁石装了引铁之后，磁石的吸铁能力就大大增强了。我的那块磁石这样装了以后，它的吸力就增加了八倍，原来勉强吸着九盎司的铁，装了引铁以后就能吸住六磅还有余。也许你就见过这块磁石，就在你那位最尊贵的大公爵的船尾看台上，吊着两只小铁锚；我就是因为公爵需要才割爱的。

萨耳维亚蒂： 我过去时常看你那块磁石，感到极其惊异，后来看到我们那位成员朋友的一小块样品，就使我感到更加佩服。这一小块样品本身还不到六盎司重，没有装引铁时只能吸住二盎司的铁，但是装引铁以后，却能吸住一百六十盎司的铁。它就是这样，装引铁以后比不装引铁时吸力增加了八十倍，吸的铁比它本身重二十六倍。这个更大的奇迹连吉尔伯特本人都没有能见到，因为他在书中写道，自己从来没有能使磁石吸住比它本身重过四倍的铁。

萨格利多： 我觉得这块磁石给人类心灵打开了广大的哲学天地，我而且时常遐想，怎么能够赋予装了引铁的磁石比它本身的吸力大这样多。可是我始终没有能找到什么满意的答案，也没有能够从吉尔伯特关于这个问题上所发表的意见找到什么有力的解释。不知道你是不是和我一样感觉。

萨耳维亚蒂： 我对这位作者感到无比的赞赏和钦佩；关于这样一个问题，过去无数才智之士都经过手，然而别人都没有注意到什么，他却能提出这样重大的概念体系来。我觉得他做的那许多新的和踏实的实验和观察也值得大书特书；和他一比，那些愚蠢和虚伪的作者真是丢脸啊；他们写书并不只是写他们懂得的东西，而是把一切道听途说的东西都写了进去，从不想到通过实验去证实一下。也许他们这样做是为了把书写得厚厚的。我对吉尔伯特感到不足的只是，他最好能更多一点数学家的气息，特别是在几何学方面有个扎实的基础；如果熟悉这门学科，他就不会那样轻率地为他自己观察到的那些现象提出一些他认为是真正的原因，并把这些作为理由，作为他的正确结论的严格证明。坦白地说，他举的那些理由并不够严格，而且缺乏那些必然的和永恒的科学结论所必须具备的说服力量。

我毫不怀疑，随着时间的推进，这门新科学将会通过更多的观察，甚至因拥有真正的和确凿的证明而取得进展。但是这并不应当削弱第一个观察者的荣誉。竖琴最初创制出来时制作肯定很粗率，而且演奏时肯定更加粗率，但是我并不因此对竖琴的原发明者的尊重就减少些；不但不会减少，我对他的钦佩要比对往后年代里使竖琴演奏的艺术达到最大完善程度的一百个艺术家的钦佩，还要多得多。普通人的头脑对于稀罕的艺事，好奇心都很少也极少关心，即使亲眼看到和亲耳听到专家们把这些艺事做得尽善尽美，也丝毫打动不了他们学习的心愿；由于看到这种情况，我觉得古人把那些艺术的首创者放在神祇之列是完全合理的。你现在自己想想看，这类头脑平凡的人会不会仅仅因为听到干龟筋发出的铮铮声或者四柄锤子发出的当当声有所感应，而去从事竖琴的制作或者音乐的发明呢。致力于伟大的发明，从最微贱的开头开始，并且认识到神奇的艺术就蕴藏在琐细的和幼稚的事物之中，这不是平凡的人能做的事；这些概念和思想只有出类拔萃的人才会想得出来。

◀ 最早的观察者和发明者，应该受到钦佩。

现在来回答你的问题，告诉你，我对磁石的引铁与附着在磁石上别的铁之间所看见的那种坚固顽强的关系究竟是什么原因，也曾盘算过很长时间。首先，我肯定磁石的力量装了引铁之后，根本没有一点增长，因为距离稍微离远一点，它就吸引不住了。而且如果在磁石和引铁之间夹上薄薄一张纸，磁石的吸铁力量就不是那么强了；在这两者之间夹一张金叶子，光是磁石也比引铁吸得住更多的铁。所以从这些可以看出磁石的力量并没有变化，只是产生了一种新的效果罢了。

◀ 磁石加了引铁之后，吸力大大增强的真正原因。

而且由于新的效果的产生必须出于新的原因，我们想找出通过引铁吸引着铁的这一措施究竟添进了什么，结果找到是，除掉接触有所不同外，并无其他改变。因为原来是铁碰到磁石，现在是铁碰到铁，因此就不得不作出结果不同是由于接触不同的结论。其次，根据我能看到的，接触所以不同是由于铁质的粒子比较精细、纯粹和厚密，而磁石的粒子则比较粗糙不纯和不够厚密。由此可以推想，把两块铁的表面磨得很平、很光而且擦得很亮，并拿来贴在一起时，就会贴得非常之好，也就是说这一面铁上的无数小点和另一面上的无数小点全都碰上了。这样看来，我们不妨说，把两块铁联接在一起的线要比把一块磁石和一块铁连接在一起的线多得多，因为磁石的质料孔隙较多而且不大整齐，在铁面和磁石接触时，铁面上所有点子和线就不一定都能在磁石面上找到连接的地方。

◀ 新的效果必须出于新的原因。

现在我们可以看出，铁的质料（特别是像纯钢那样精炼过的）的粒子要比磁石的粒子密得多、细得多、纯得多，所以我们能够把铁磨得像刀锋那样薄薄的一片，但是要把磁石磨成这样，可永远办不到。其次，磁石的不纯和掺杂有别的石头，我们也是亲眼看得见的；首先从一些小斑点的颜色就可以看出，这些大都是灰色的；再就是把磁石拿来靠近一根用线吊着的针。针碰到这些小石点时就粘不住；它受到小石点周围部分的吸引，看上去就像要跳向周围的部分而离开原来的小石点。而且由于这些

◀ 铁的组成材料证明比磁石要细密和纯粹。

◀ 磁石含有杂质是眼睛也看得出的。

不整齐的斑点都很大,眼睛很容易辨别,我们可以肯定另外还有大量的这种斑点散布在磁石上,但是由于太小的缘故,不容易看出罢了。

我现在告诉你的这些(即铁与铁的接触面大是吸力牢固的原因),可以用一项试验加以证实。如果我们把一根针的针尖粘在磁石的引铁上,针尖附着在引铁上并不比附着在光磁石上更加牢固一点;所以有这样的结果,只能是由于接触面在这种情况下都相等,即都在一点上接触。可是现在你看下面的情形。我们把一根针放在磁石上,使针的一头伸出来一点,然后拿一根钉凑上这伸出的一头。针头会立刻紧紧和钉子吸上,而且当你把钉子拿开时,针就会一头吸住磁石,一头吸住钉子。在把钉子更加拉开一点时,如果针眼是向着钉子而针尖是向着磁石的话,针就会脱离磁石;可是如果针眼是向着磁石,在把钉子拿开时,针就会仍旧粘在磁石上。在我看来,这里没有别的原因,只是由于针眼的一头比较大,比针尖,和磁石的接触面要多。

萨格利多:这里的整个论证我看来都很满意,而且我认为这些针的实验比起数学证明来也差不了多少。我还没有听到过或者读到过,有人对于磁力的其他突出现象提出这样令人信服的证明。如果那些现象的原因能够给我们作出这样清楚的说明,对我们的理智要求来说,我可想不出有什么更愉快的事情了。

萨耳维亚蒂:在考察关于我们所作结论的未知原因时,一个人运气好时就会从一开头引导自己的推理沿着真理的道路前进。在沿着这条道路行走时,很容易出现一种情形,就是人们将会碰到一些被理性或者经验认为是真理的其他定理。凭借这些确定的定理,我们自己的结论就会获得力量和证明。拿眼前的事例来说,我碰到的恰恰就是这样。为了借重一些别的观察来证实我提出的原因是正确的(就是磁石的质料远不及铁或者钢的质料绵密),我就请我们大公殿下博物馆里的工匠把原来属于你的那块磁石的一面磨平,然后尽量地打磨光滑。使我感到十分满意的是,这样一来我就直接体验到我在寻找的效果。因为我在磁石磨平的一面找到许多五颜六色的斑点,和任何坚石磨得一样光亮;面上其余的部分只是手摸上去是平的,但是一点不光亮,而是望去像蒙了一层雾似的。这就是磁石的质料,而那些光亮的斑点则是所含的杂石,所以只要把磨平的一面凑近一些铁屑,大量的铁屑就会跃向磁石部分,但是没有一点铁屑跃向上述的那些斑点;这些斑点为数极多,有些大到有指甲的四分之一,有些小点,还有许多非常之小,那些不大看得出来的则是数都数不清了。

这样看来,我开头认为磁石的质料不是绵密的一块,而是有孔隙的想法,就肯定是对头的了;而且与其说有孔隙,还不如说是像一块海绵,不过有这样一个差别,就是海绵的洞眼里含的是空气和水,而磁石的洞眼里含的则是坚石,这从它们的光泽上就可以看出来。正因为是如此,所以如我在一开头就说过的，当我们把铁面和磁石面合在一起时，（尽管铁的质料比任何其他质料的绵密度都要高些；这一点从铁比任何质料都要亮些，就可以看出来）铁面所接触到的并不都是厚实的磁石，而只有少数部分是如此；接触面既然少，吸力也就弱了。但是磁石装的引铁，除接触磁石很大的表面部分外，还加上和它接近但没有接触到的那一部分的吸力；而且由于引铁接触悬铁的一面很光滑（而悬铁的这一面也是光滑的），所以即使两个接触面上的无限数点子没有实际碰上，但是无数的粒子总接触到了，因此吸力就牢固得多。

把接触磁石的铁块面磨平的这项实验，吉尔伯特没有做过；相反，他把铁块都磨得凹进去，这一来接触面就小了，而黏合力也就大大减弱了。

萨格利多： 如我刚才说过的，你举的这条理由我认为说服力并不亚于一项纯几何学的证明。而且由于它涉及的是物理学上的问题，我想辛普里修也会认为这在自然科学所容许的范围内是有充分说服力的，因为他也懂得在自然科学的范围内是不能要求几何学的证明的。

辛普里修： 的确，我觉得萨耳维亚蒂的雄辩很清楚地说明了这种效果的原因，连头脑最平庸的人，不管他多么不科学，也不得不服帖。但是我们限制于只能使用哲学名词，把产生这种效果和其他类似的效果的原因说成是同感，即性质相同事物之间的一种契合和相互愿望，正如其他天然的背离和相互厌恶的事物之间的仇恨和敌意被我们称为反感一样。

◀ 哲学家为了便于说明许多物理效果的原因，采用了同感和反感两个名词。

萨格利多： 就这样靠两个字眼，把我们在自然界中看见的那些令人惊异的大量事件和效果，全都找出它们的原因了。我看这种哲学的说理方式倒和我的一个朋友的绘画有很大相似处或者同感呢！我这个朋友只用粉笔在画布上写上："这里我要画一泓流泉，狄安娜[①]与她的水仙；这里画几只猎犬；那里画一个猎人拿着一只雄鹿头。余下的部分是一片田野，一座森林和些小山。"这下面他就让一个画家用颜色把这些画出来，而满足于说他自己画了一张关于阿克蒂昂[②]传说的画，其实他自己除掉一个题目之外，什么都没有画。

◀ 关于某些哲学论证软弱无力的一个有趣例证。

可是讲了这么一大堆闲话，不知道岔到哪里去了！这和我们原来的安排是不合的。我差不多已经忘记掉我们驶进这条磁力学的滔滔河流前谈的什么了，可是不管是什么，我记得我还有些话要说。

萨耳维亚蒂： 我们当时在证明哥白尼归之于地球的第三种运动，根本不是什么运动，而是一种停止状态，是保持着地球某一固定部分指向宇宙同样固定的几点永远不变；这就是说，永远保持地球周日运动的轴与其自身平行，并指向某些恒星。我们当时说，这种持久不变的位置是任何平稳地悬在流动和柔软介质中的物体所天然具备的；原因是，就像盆里

---

① 希腊罗马神话中的月神。

② 希腊罗马神话中的名猎手，因窥月神沐浴被变为雄鹿，并被猎犬撕碎。

的球一样，尽管球在转动，但是它和盆外各物的方向并不改变，而是看上去仅仅对持盆的人和盛它的盆来说是在转动着。

这是一种简单的和天然的事件；我们还可以补充说，在这上面再加上磁力，地球的固定位置就可以保持得更加牢固不变，等等。

萨格利多：现在我整个儿想起来了。当时我脑子里掠过一下并且想提出来的，是关于辛普里修反对地动说所举的困难和我的某些想法。辛普里修提出反对所根据的理由，是一个单纯物体不能有多种运动，因为在亚里士多德的学说里，只有一种简单运动可以是天然的运动。

▶ 磁石具有三种不同的天然运动。

我要提请二位讨论的恰恰是磁石的例子，因为磁石显然看出有三种天然运动：一种是作为重物体向着地球中心的运动；第二种是恢复和保持它的轴指向宇宙某些部分的沿地平面的圆周运动；第三种是吉尔伯特发现的这种运动，即磁石的轴按照其离开赤道距离的远近（在赤道上它是与地轴平行的），在子午面上向地面倾斜的运动。这三种运动除外，说不定还有第四种运动，即当它平稳地悬在空中或者别的流动柔软介质中并排除掉一切外来和偶然的障碍时，以它的轴为中心的自转运动，这并不是不可能的；吉尔伯特本人也表示赞成这种想法。所以辛普里修你看，亚里士多德的公理多么站不住啊。

▶ 亚里士多德承认复合体具有复合运动。

辛普里修：这不但没有击中他的公理，甚至也不是针对着他的，因为他讲的是单纯物体和与它天然适应的运动，而你用来反对他的则是适合于复合物体的某些运动。你讲的这些对亚里士多德的学说来说一点不是新的，因为他也承认复合体具有复合运动等等。

萨格利多：慢来，辛普里修。我要提一个问题请你回答。你说磁石不是单纯物体，而是复合物体；现在我问你，磁石里掺杂了什么单纯物质使它成为复合体呢？

辛普里修：磁石的成分是些什么，以及比例多少，我都没法告诉你，但是这些成分都是单纯物体，单是这一点就够了。

萨格利多：对我来说也够了。那么这些单纯物体的天然运动是什么呢？

辛普里修：是两种简单的直线运动，即向上和向下的运动。

萨格利多：其次请你告诉我：你是否相信，这类复合体的天然运动只能是组成它的单纯体的两种运动的复合吗？还是另外一种运动，不可能由单纯体的两种运动复合吗？

▶ 复合体的运动必须由组成它的单纯成分的运动产生出来。

辛普里修：我相信，复合体的运动将是由组成它的单纯物质的运动合成的，而且不能具有不能由这些单纯运动组成的运动。

▶ 两种直线运动不能合成圆周运动。

萨格利多：可是辛普里修，你决不能从两种简单的直线运动合成一种圆周运动，而磁石却具有两三种圆周运动。所以你看，基础很差的原理会产生多大的麻烦，也不妨说，从准确的原理引导出很坏的后果。下面你将不得不说磁石是由元素物质和天体物质组成的，因为你要坚持直线运动只能属于元素物体，而圆周运动只能属于天体。所以如果你要有把握地讲哲学，我得说宇宙间天然运动得了的整体全都做圆周运动，因此磁石作为我们地球的真正原始的和完整物质的一部分，也就具有圆周运动的性质。

还要请你注意，由于你的错误推理，你把磁石称为复合体，而把地球称为单纯体；然而地球看得出要复杂得千百倍还不止，因为地球不但含有千千万万的相互完全不同的物质，而且还含有大量的你叫作的复合物质；我指的就是磁石。在我看来，这就像把面包称作复合体，而把炒杂碎称作单纯体一样，尽管炒杂碎里面也掺了不少面包，另外还有上百种和面包一起吃的不同食物在内。

◀ 把磁石称为复合体，而把地球称为单纯体，是错误的。

逍遥学派的人承认——这些他们的确无法否认——我们地球实际上是无数五花八门的质料合成的，接着又承认复合体的运动必须是合成的；又承认可以合成的运动是直线和圆周两种，因为两种直线运动是互相对立的，不能合在一起；他们还声称纯泥土元素是找不到的；而且肯定地球从来没有什么局部运动；在我看来，这都是咄咄怪事。最后，他们却要把这个哪儿也找不到的物体放在自然界里，并要使它具有一种它从来没有运用过而且永远不会运用的运动；然而对于这个确实存在而且一直存在着的物体，他们却否认它具有他们原来承认的和它天然适合的那种运动！

◀ 逍遥学派的理论充满了谬误和矛盾。

萨耳维亚蒂：萨格利多，让我们不要再在这些特殊问题上劳心费神了；尤其是你知道，我们的目的并不是匆促地给这种见解或另一种见解下判断，或者承认它是正确的，而只是为了自己消遣，把两方面所能列举的论据和反论据提了出来；既然如此，那就更用不着劳神了。辛普里修这样答辩，是为了替他的逍遥学派朋友解围；所以我们将暂时不下结论，而把结论留给那些比我们知道更多的人来作。

我觉得三天来我们关于宇宙体系的讨论拖得很长，现在该轮到我们把那个引起这一系列讨论的主要现象提到日程上来了；我指的是海水的涨落，它的起因很可能是由于地球的运动引起的。不过这个问题我们将推迟到明天再谈，如果你们同意的话。

目前，为了免得事后忘掉，我想告诉你们一件事情，在我看来是吉尔伯特当初不该听信的。那就是他承认一只小磁石球放得非常之平，就会自转；这是找不出任何原因的。理由是，如果整个地球天然具有环绕其中心的二十四小时的自转运动，而地球的各个部分也必须随着其整体每二十四小时环绕其中心自转一次，那么只要是在地球上面，它们实际上就已经具有这种随着地球自转的运动，而给它们指定一种环绕自己中心的运动，就无异于给它们加上一种完全不同于第一种运动的第二种运动。这样一来，它们就会有两种运动；那就是以二十四小时环绕整体中心的自转，和环绕自己中心的自转。可是这第二种运动是没有根据的，我们没有任何理由要给它加进这种运动。如果一块磁石脱离其天然整

◀ 吉尔伯特赋予磁石一种不可能存在的效果。

体后，也丧失掉它和整体结合时所由来的性质(因而丧失环绕地球普通中心的运动)，那么认为它会自动产生一种环绕自己中心的运动，可能性说不定要大一点。可是如果磁石不论脱离地球或者附着在地球上，始终保持着它的原来天然的和持久的行程，那么给它另外加上一种新的运动，目的又何在呢？

萨格利多：我懂得你的意思了，这使我想起另外一条和这一样空洞的论据；如果我的记忆没有错的话，那是由某些论球面天文学的作者提出来的，特别是沙克罗波斯科(Sacrobosco)。为了证明水元素和陆地合在一起合成一个球面，两者形成我们的地球，他就写道，这一点可以从小水滴形成一个圆形上得到充分证明，如我们日常在许多植物的叶子上看见的露水那样。因此，根据平凡的公理，"凡适用于全体者，亦适用于部分"，既然部分具有这种形状，整个水元素也就具有这种形状。我觉得，这些作者的头脑非常糊涂，没有看出自己这样说显然很无聊；他们没有想到，如果这条论据是正确的话，那么不但小水滴离开整体后会缩成圆球，而且任何大量的水离开整体后，也将会如此。可是情形根本不是如他们说的那样；的确，由于水元素趋向于环绕共同引力中心(即地球的中心)形成球面，而一切重物体都具有这种倾向，所以它的任何部分，根据上述公理，都遵循这个倾向，因而一切海面、湖面、池面，总之一切盛器中的水，都自动地形成球面。但是这个球面的中心就是地球的中心，而水本身是没有它自身的个别中心的。

▶ 有些人证明水元素表面是球形的愚蠢论证。

萨耳维亚蒂：这个错误的确很幼稚，而且如果只是沙克罗波斯科犯这种错误，我是完全可以原谅他的。但是我不能同样原谅他的那些阐释者和别的许多名流，甚至托勒密本人，我为他们的盛名感到惋惜。

可是现在时间已经很晚，我得走了；明天我们将在原定的时间碰头，来结束我们以前的一切讨论以达到我们的最终目的。

(第三天完)

第 四 天

· *The Fourth Day* ·

在这四天的谈话中，我们看到了许多有力证据者是有利于哥白尼体系的，其中有三种可以看出非常令人信服。一、行星的停止和逆行及其趋向和远离地球的运动；二、从太阳自身的盍以及太阳黑子所观察到的现象；三、海洋潮汐的涨落。

萨格利多：我不知道你是真的比我们惯常的讨论时间来晚了一点，还是仅仅由于我渴望听你对这样一个有趣问题的想法而觉得你来晚了。我凭窗伫望已久，时刻盼望见到我派去接你的小船。

萨耳维亚蒂：我认为，只是你的想象使你觉得时间迟了，而不是我们拖拉。为了不要扯得太远，我们最好闲话少说，而着手讨论当前问题吧！

现在，让我们看一看自然界的情况（是实际如此，还是自然界一时高兴，好像要和我们的幻想闹着玩似的）；我是说，那种长期以来被人们归之于地球的运动，曾被用来说明各种现象，唯独没有能解释海洋潮汐，现在发现大自然也容许我们用地动说同样精确地解释潮汐；反过来，潮汐的涨落本身又协助证实了地动说。到现在为止，地动说的迹象都取之于天上的现象，原因是地球上没有任何事件足以有力地证明这一种学说高过另一种学说。关于这一点，我们已经详细考察过，即是就地球上所有的事件来看，通常认为地球不动而太阳和星球在动，和地球在动而其他星球不动在我们眼中看来必然是没有区别的。在所有月层下面的事物中，只有水元素（像某些庞大的而不是与地球联结在一起的坚实部分一样，而是由于它的流动性，是相当自由的，与地球分开的，并有它自身的规律）使我们有可能在地球动与静的行为上认出某些迹象或表象。我自己曾经多次考察从水的运动中观察到的效果与事件，有些是我亲眼看到的，有些是从别人那里听到的；我并且阅读和听取了许多人提出作为这些事件的原因的极端荒谬的言论；在这以后，我就得到两条结论，这两条结论都来之不易而且不是轻易下的。我先得作些不得不作的假定，这些假定是如果地球是不动的，海洋的潮汐就天然不能发生；而当我们赋予地球以运动时，海洋就必然产生潮汐，这种潮汐各方面看来是和我们观察到的潮汐现象相一致的。

◀ 大自然一时高兴造成海洋的潮汐，证实了地动说。

◀ 潮汐和地动说相互地得到证实。

◀ 就地动或地静而言，所有地上的事件除海洋的潮汐外，都是无所偏袒的。

◀ 第一个总的结论：如果地球是不动的，就没有潮汐。

萨格利多：这个命题无论就其本身以及由之产生的后果而言，都是关键性的，所以我要更加凝神听你的解释和证明。

萨耳维亚蒂：在自然科学的问题上，诸如像我们现在讨论的这个问题，我们常在了解后果后进一步去研究和发现原因。不这样做，我们的研究就会是闭着眼睛走路，甚至比这还要没有把握；因为我们将无从知道从哪里走出去，而盲人至少知道他们希望到达哪里。因此我们首要的任务必须是对后果的理解，然后才能寻找其原因。至于那些后果，萨格利多，你一定比我知道得更充分更有把握，因为你出生于威尼斯，长期居住在这里，而这里的潮水之高是有名的；此外，你还航海到过叙利亚，又有一个聪敏而精细的头脑，准会作过许多观察。可是我由于只能在相当短的时间内对亚得里亚海湾的这个尽头所发生的情况作些观察，以及对第勒尼

◀ 了解后果导致我们研究原因。

◀ 佛罗伦萨圣十字教堂。

安海岸的近海进行观察，就必须时常依靠别人的报告，而别人告诉我的大部分都不大一致，因而相当不可靠，所以与其说是对我们所思考的问题提供了证据，还不如说是增加混乱。

虽说如此，从那些我们确信的和包括主要事件的叙述，我觉得仍可以找到真实的和主要的原因。我并不自命能对那些我认为是新的因而没有机会进行思考的后果，列举其所有恰当的和足够的原因；我现在要说的，只打算作为打开前人从未走过的道路的敲门砖，并且坚信那些头脑比我更加敏锐的人将加宽这条路，并沿着这条路比我最初揭示这条路时走得更远。而且尽管在别的辽远的海洋里可能发生我们地中海里并不出现的情况，但是我提出的理由与原因，只要它是由我们海洋里确实发生的情况所证实并得到充分支持，那就仍将是真实的；因为一个单独的真实而主要的原因归根结底对同类的后果必然是用得上的。由于有这种想法，我将告诉你我所知道的现存的后果情况，以及我认为产生这些后果的真实原因；而你们，两位先生，你们将提出你们所注意到的其他原因，然后再看我举出的原因是否也能说明它们。

▶ 潮汐的三个周期——日潮、月潮和年潮。

现在我说在海洋的潮汐中可以观察到三个周期。按照水每隔几小时升降，第一个和主要的周期是巨大的和显著的日潮；这些间隔的时间在地中海里大都是每隔六小时一次，即六个小时涨潮和六个小时落潮。第二个周期是月潮，它似乎来源于月球的运动；它并不引起其他运动，只是改变上面提到的日潮高度，根据月球是全月、新月或上（下）弦的情况而有显著的不同。第三个周期是年潮，看来是依赖于太阳的；它也只是使太阳在二至点时日潮的规模大小，和在二分点时的规模大小有所不同。

▶ 在日潮周期中发生的不同情况。

我们将首先谈日潮周期，因为它是主要的周期，在这个周期里月球和太阳在其周月和周年的变化中对日潮所起的作用是次要的。可以从这些每小时的变化中观察到三种不同状态：有些地方水的升降并不造成任何向前的运动；在另外一些地方，水没有升降，但时而向东流又向西流回；而在其他一些地方，高度和水流的方向都有变化。在威尼斯发生的就是这种情况，潮水进来时升高，潮水退落时降低。在东西向的海湾尽头并以辽阔海岸为其终点的地方，即潮水升高时有散开余地的地方，情形就是这样；如果水路被山岭或很高的堤坝挡着，潮水就抵着这些山或者堤坝升落而没有任何向前的运动。在别处，潮水在中心地区来回流动而不改变其高度，这在锡腊（syclla）与查雷布迪斯（charybdis）之间的墨西拿海峡最为明显，因为那里的海峡狭窄，水流很急。但在辽阔的地中海以及地中海的一些岛屿周围，如巴利阿里群岛、科西加岛、撒丁岛、厄尔巴岛、西西里岛（在非洲那边）、马耳他岛、克里特岛等等，高度的改变是很小的，但是潮流的变动很显著，尤其是在海被岛屿或被岛屿与大陆限制着的地方。

在我看来，单单这些实际的和已知的现象，即使没有其他现象可以看到，就足以说服任何愿意在自然界领域内寻求解释的人相信地动说；

因为使地中海的海床保持不动，而使盛在里面的海水这样变动，确实超出我的想象以外，可能也超出任何认真思考这些问题的人的想象以外。

辛普里修： 萨耳维亚蒂，这些事情并不是最近才有的，而是很古老了，许多人都已经观察过这些，有不少人都曾试行为说明这些现象举出这种或那种理由。离这里不远，有一位伟大的逍遥学派哲学家最近从亚里士多德的一篇文章中，发掘出一条关于潮汐的原因，是亚里士多德的阐释者过去没有很好地理解到的。根据这段文字，他推论出这些运动的真实原因来自海洋的不同深度，此外并无别的原因。最深的海洋容水最多因而较重，会排除较浅的海水；这样浅水就上升，然后又下降，因这种不断的斗争而产生潮汐。

◀ 某个现代哲学家给潮汐的产生举出其原因。

还有许多人把潮汐的原因归之于月亮，说月亮对海洋有一种特殊的控制；最近某主教出版了一本小册子，在小册子中说，月球在天空游荡时，吸住一大堆海水跟着它走，因此大海总是在月亮下面那一部分最高。还由于月亮落在地平线之下时，海水的这种升涨还会回来，他告诉我们他对这种现象，除掉说月亮不仅自身天然地保持这种能力，而且在此情况下还具有把这种能力赋予黄道对宫的能力，除此不能有任何解释。还有别人，我想你也知道，说月亮靠它的温热具有使海水变得稀薄的力量，海水一变得稀薄，就上升了。也还有一些人，他们……

◀ 某主教把潮汐的原因归之于月球。

◀ 基罗拉摩·保罗和其他一些逍遥学派认为潮汐与月亮的温热有关。

萨格利多： 对不起，辛普里修，其余的就不必谈了。把时间花在复述这些上，真不值得，更不用说去驳斥它们了。如果你对这些或任何类似的废话表示赞同的话，你就会使自己的判断陷于错误——而我们知道，你是刚刚丢掉那些错误判断的包袱的。

萨耳维亚蒂： 萨格利多，我比你要好说话些；如果辛普里修认为他告诉我们的那些论据存在着某些可能性的话，我为了帮助辛普里修倒想说几句话。

辛普里修，我说海水表面高的排除表面低的，而不是深水排除浅水；而且，高海水赶走低海水后，很快就达到静止和平衡。你的逍遥学派学者一定认为世界上所有的湖泊（因为湖泊始终平静）和所有看不到潮汐的海洋，其湖底和海底一定都是平的；但是我却很天真地认为即使没有进行过别的测量，单是水面上升起的岛屿就是湖底和海底不平坦的一个非常明显的迹象。你不妨告诉你的主教，月球天天在整个地中海上遨游，但潮水仅仅在它的东端升起，对我们来说，则是只在威尼斯这里升起。

◀ 对潮汐原因的一些虚妄论证的答复。

◀ 岛屿是海底不平的一个迹象。

至于那些要使月球的温热能够涨潮的人，你可以告诉他们在一壶水的下面烧起火来，把他们的右手放在水里，直到热使水升高正好一英寸时为止，然后取出他们的右手来写海洋涨潮的文章。或者要求他们至少向你表明月亮是如何使某一部分的水变得稀薄的，而不是其余的部分，有如在威尼斯这里变得稀薄，但在昂科纳、那波利或热那亚那里则不然。

我们不妨说，有两种诗意的心灵：一种是善于发明神话，而另一种则倾向于相信神话。

◀ 两种诗意的心灵。

辛普里修：我不认为有什么人知道是神话时还去相信它们；至于有关潮汐原因的意见（那是很多的），由于我知道一个后果只有一个真实的和主要的原因，我完全懂得至多只能有一个是真实的，而所有其余的原因必然是错误的和荒诞的。也许真实的原因在今天被提出的那些原因之中并不存在。我比较相信情形就是这样，因为真理之光会如此微弱，竟然不能揭露处在黑暗中的许多谬论，岂不是咄咄怪事。不过我不得不承认，以我们中间所容许的坦率说话，提出地动说并使其成为潮汐的原因，在我看来，比起我听到的所有别的荒诞概念来，也好不了多少。如果没有什么更符合自然现象的原因被提出来，我将毫不犹豫地转而相信潮汐是一种超自然的现象，因而对人类的理性来说是不可思议的奇迹——正如其他许多直接依赖上帝万能之手所创造的奇迹一样。

▶ 真理之光不会如此微弱，竟然不能揭露处在黑暗中的许多谬论。

萨耳维亚蒂：你论述得很慎重，也符合亚里士多德的学说；因为你知道，在他的《力学》一书的开头，他就把所有原因不明的事物都归之于奇迹。但我认为你根据的只是到现在为止，在所举出作为真实原因（Verae Causae）的事物中，没有一件对我们来说可以通过适当的人工设计复制出来；除此以外，你就没有任何更有力的理由把潮汐的真正原因说成不可思议。因为我们从来不能通过月光或日光，通过温热或不同的深度，使海水在一个不动的容器里往返流动或在同一的地方升降。但只要使容器动起来，我就能根本不用任何人工设计，使你看到在海洋中看见的那些变化；如果我能做到这样，你为什么要拒绝这个原因而拿奇迹打掩护呢？

▶ 亚里士多德把那些原因不明的结果都归之于奇迹。

辛普里修：除非你不采用海水容器的运动而用其他自然原因来说明潮汐，你就阻止不了我乞灵于奇迹。因为我知道海洋这个容器并不动，原因是整个地球天然是不动的。

萨耳维亚蒂：难道你不相信通过上帝的绝对威力，能够超自然地使地球转动吗？

辛普里修：谁能怀疑这点？

萨耳维亚蒂：那么，辛普里修，既然要造成海洋的潮汐必须引进奇迹，那就让我们使带动海洋天然运动的地球像奇迹一样地运动吧。的确，这种作用在许多奇迹中要简单些，也比较自然些，因为使一个圆球转动（如我们看到许多圆球的转动那样），比使大量海水在一个地方比在另一些地方更快地来回冲击容易得多；在这里涨落得多一些，在那里涨落得少一些，在其他地方根本没有涨落，而且在同一容器内产生许多变化。再者，这些变化要引进许多奇迹，而地球的转动只需要一个奇迹。不仅如此，这个使水流动的奇迹还要带来另一个奇迹，那就是要保持地球稳定不动以抵御水的冲力。因为如果地球不是奇迹般地保持稳定，水的冲击就会使地球一会朝这个方向，一会朝另一个方向摇晃。

萨格利多：辛普里修，萨耳维亚蒂要向我们说明的这种新的见解，是不是愚蠢，我们暂时还是不要作出判断，也不要急于把它和那些可笑的陈旧意见归纳在一起。至于奇迹，让我们只在听了那些限于自然界领域以内的论据以后，再照样地去搬它。尽管在我看来，自然界和上帝的所有创造都确是神奇的。

萨耳维亚蒂：这正是我的看法，我说地球的运动是潮汐的自然原因并不排除这个作用属于奇迹性质。

现在，让我们回到原来的讨论上去，我要回答并再次肯定说，只要地中海的海床和它的容器停止不动，从来就没有人知道地中海海床中的水怎样能够产生我们看见的那些运动。如我就要描述的，这件事我们天天见到，但感到迷惑不解；因此，请仔细地听吧。

我们是在威尼斯这里，潮汐现在很低；海上很平静，风也很小；潮水开始在涨，在五六个小时后将涨到十拃或更高些。这个升涨不是原来的水变得稀薄而造成的，而是新涌进来的海水——与原来的水一样，具有同样的盐分，同样的密度，同样的重量。辛普里修，船浮在潮水里，其沉没部分并没有丝毫增加；一桶水的重量比另一桶同量的水的重量一厘也不差；水的冷度完全没有变化；总之，这水就是最近眼睁睁地看它经过海峡进入利多河口的。

◀ 指出如果地球不动，潮汐就不可能自然地发生。

现在请你告诉我这水是从哪里来的，又是怎样来的。难道是偶然由于附近海底有某些深渊或者裂口，使地球就像巨鲸呼吸那样把海水吞吐出来的吗？如果这样，为什么在昂科纳、杜布罗夫尼克和科孚海峡的水在六个小时内并不同样升涨，而是涨得很小，甚至看不见呢？谁有办法能把新水注入一个不动的容器，并使新水只在一个固定地方升涨而不在别处升涨呢？

你会不会说这些新水是从大洋里借来，通过直布罗陀海峡进来的呢？这并不能消除上述的困难，而只能使困难加重。首先，请告诉我那个通过海峡进来的水，在六小时内毫无阻碍地到达地中海海岸的尽头，中间隔开两三千英里的距离，并在退落时经过同样的距离，这水应该是怎样？分散在海上的船只该碰上怎样的情况？还有海峡中的那些船只处在连续的巨大的绝壁似的潮头中，进入不超过八英里宽的海峡，该碰上什么情况——而那个海峡必须在六小时内给予足够泛滥好几百英里宽和好几千英里长水面的潮水以通行的道路。天地间有什么老虎或者飞鹰能够以这样的速度奔驰或飞翔呢？我是说，以每小时四百英里或更快的速度奔驰或者飞翔。

不能否认有许多水流穿过整个海湾，但速度很慢，一般的划船就能够超过它，虽则进行会受到些影响。此外，如果潮水是从海峡进来的，就碰上另一个困难：它怎么会在这样遥远的地方升得这么高，而不首先在较近的地方以相似的或较大的程度升起来？总之，我不相信顽强或机智的精细能够发现这些困难的答案，同时在自然界的限度内面对着这些困难坚持地静说。

萨格利多：到现在为止，我很能懂得你的意思，如果我们假定地球具有那些运动的话，我热切等待听到这些奇事怎样会自然而然发生的。

萨耳维亚蒂：由于这些现象是地球的天然运动的必然后果，它们必然不会遇到阻碍，而且很容易随着发生。不但很容易发生，而且必然地以这样的方式发生，而不可能以另一种方式发生。因为天然的和真实的事物，其性质和条件就是如此。

▶ 天然和真实的后果发生时不会碰到障碍。

现在我们已经确定不可能解释海洋的潮汐运动而同时保持其容器不动，让我们继续考虑一下，容器有运动是否可以产生我们要求的效果，并和观察到的效果一样。一个容器可以被赋予两种运动，从而使容纳于其中的水具有首先流向一端，然后流向另一端并在那里升降的特性。第一种运动发生于容器的一头比另一头低了下去，因为在这些情况下，水将流向低下的部分，从而在容器的两头交替地升降起落。但是由于这种升降起落不过是趋向或离开地球中心，这种运动就不能归因于作为容器的地球自身的凹进。因为不论你赋予地球以怎样的运动，地球这样的容器不可能有任何部分会趋向或离开地球中心。

▶ 容器的两种运动可以造成水的升降。

▶ 地球凹进去不能成为趋向或离开地球中心的原因。

第二种运动是在容器走动时并不倾斜，而是以非匀速前进，即速度在变动着，有时加速，有时减慢。随着这种变动而产生的情况是，在容器内的水并不如它的固体部分牢固地依附在容器上（由于其流动性，几乎是和容器分开的和自由的），并不一定要随着容器的变动而变动。这样当容器慢下来时，水将保有一部分已有的动力，而流向前面，并产生必然的升涨。另一方面，当容器加速时，水一面在习惯于新的动力，一面将保持一部分慢度，留在容器后部，并在那里有点升起来。

▶ 一种前进的和不均匀的运动可以使水在容器内流动。

这些结果能够很清楚地解释，并可以以那些从富新纳（Fusina）装运这个城市的用水不断开来的驳船为例加以证实。让我们想象这样一艘驳船以适中的速度沿着咸水湖开来，平稳地装满用水；当它搁浅时或碰到什么阻碍时，它就会大为减慢。你看，水并不因此失去它先前受到的与船同等的动力，而将保持原来的动力流向船头，在船头显著地升起，而在船尾降下去。另一方面，如果同样一条船在它的平稳的航程中显著地增加速度，它容载的水在习惯于这种速度之前并保持其慢度时，就将流向船尾，并因此而上升，船头的水则将下降。这个效果是无可争辩和明显的；它随时可以用实验来检验，而且关于这种效果有三点要你们特别注意。

第一，要使水在船的一头升起，既不需要新水，也不需要从另一头流到那里。

第二，除非船的航行一开始就很快，并且碰上东西或阻力很强的障碍物，靠近船的中部的水的升降不显著。在船碰上很强的阻力时，不仅使水向前流动，而且会引起大部分的水溢出船外，同样，当船在缓慢地航行，而突然受到猛烈的冲力，也会发生上述情况。但如果船在正常运行时，适当地加速或减速，船的中部（如我说过的）将看不出什么升降，而其他的部分则根据其靠近或离船的中部较远，而上升得多一些或少一些。

第三，船的中部的水，对两头的水来说，升降虽很小，但和两头的水相比，前后流动得却很厉害。

现在，先生们，船与其容纳的水的关系，以及水与容纳它的船的关系，恰恰和地中海这个海床与其容纳的水和水与容纳它的地中海的关系一样。我们下一步要证明的是，在什么情况下这是真实的：尽管均速运动可以归之于地球本身，但地中海和所有其他的海床的运动（一句话，地球的所有部分）却有一种显著的不均匀的运动。

◀ 地球的各部分在其运动中有加速和减速。

辛普里修：虽然我不是数学家或天文学家，但是乍看起来这好像是一个很大的矛盾。如果整体的运动是有规则的，而隶属于它的部分则可以是不规则的，这如果属实，那就有很大的矛盾，破坏了“对整体用得上，对部分也用得上”的公理。

萨耳维亚蒂：辛普里修，我将先证明我的矛盾命题，然后把维护这条公理或者使两者一致的担子交给你去挑。我的证明将是简短易解的；它不用加进丝毫有利于潮汐的话，只以我们过去详细谈过的那些事情作为依据。

我们已经说过，地球的运动有两种：一种是周年运动，由地球的中心沿地球的轨道圆周按黄道十二宫顺序绕黄道运转（从西到东），另一种是围绕地球本身的中心在二十四小时内（同样从西到东）环绕一个轴自转，这个轴有点倾斜，而且和它周年公转的轴不是平行的。我说，这两种运动本身都是均匀的，但这两种运动合起来，在地球的各个部分却产生一种不均匀运动。为了易于理解这点，我将画个图来说明它。

◀ 地球的各个部分怎样加速和减速的证明。

首先我将环绕中心 A 画出地球轨道的圆周 BC，在这上面取 B 点；并以 B 点为中心，让我们画 DEFG 这个小圆圈，代表地球。我们假定地球的中心 B 沿着轨道的整个圆周从西向东运行，即从 B 到 C。我们还将进一步假定地球按 D，E，F，G 的次序在二十四小时内环绕其中心 B 运转。这里我们必须仔细注意到，当一个圆环绕它自己的中心运转时，其每一部分在不同时间必然作相反的运动。鉴于环绕 D 的圆周部分向左转动（即向 E 转动）时，它的对立部分就环绕 F 向右（即向 G）运行，这是很明显的；因此当 D 到达 F 时，它的运动将和它原先的运动相反。而且，在 E 点下降的同时，比如说下降到 F，G 将上升到 D。由于地面环绕其中心运转时，地面的各个部分存在着这种矛盾，地球在使周年运动与周日运动结合时，地面的各个部分必然产生一种绝对运动，即在一段时间内大大加速，而在另一段时间内以同等程度大大减慢。这只要先看一看从环绕 D 的各个部分就清楚了，因为它的绝对运动是两种运动向同一方向，即向左运动所造成的，结果将非常之快。两种运动的第一种是周年运动部分，这是地球的所有部分所共同的；另一种运动是同一的 D 点，由周日运动的自转带着也

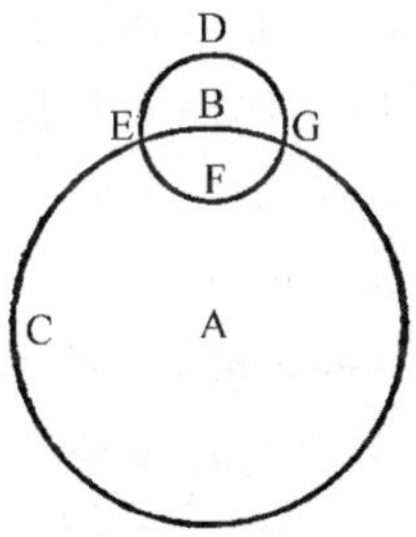

图 28

◀ 一个环绕其中心有规则地转动的圆的各个部分在不同时间作相反的运动。

◀ 周年和周日运动的混合引起了地球各个部分的不均匀运动。

向左转，因此在这种情况下，周日运动就加速了周年运动。

在D对面的F部分，情形就完全相反。这部分被周日运动带着向右转，而共同的周年运动则带动它和整个地球在一起向左转，因此周日运动就削弱了周年运动。这样一来，由两种运动合成的绝对运动就大大减慢了。

环绕E和G，绝对运动始终与简单的周年运动相等，因为周日运动对它起的作用很小或者不起什么作用，既不向左转也不向右转，而是向下或向上转动。由此我们可以得出结论，整个地球和它的每个部分的运动如果只有一种单独运动，不管是周年的还是周日的，将都是同等的、均匀的；同样理由，当两种运动混合起来，就必然会在地球的各个部分产生这种不均匀的运动，因周日运动对周年运动的增减作用时而加速，时而减慢。

如果容器的加速和减慢运动使其容纳的水沿着它的方向前后流动，并在其首尾升高或降落，如果这是事实（而且经验证明确是如此），那么承认海水也会产生，或者必然产生这种效果，谁又会大惊小怪呢？因为海床同样要产生这些变化，尤其是由西向东延伸的那些海床，它们的运动就是沿着这个方向的。

▶ 潮汐的最得力和最主要的原因。

这就是潮汐的最基本和最得力的原因，否则它就不会发生。但在不同的时间和地点所观察到的许多特殊事件，则是多种多样的；这些事件都是倚赖某些各个不同的附带原因，但一切附带原因都与基本原因有关。因此我们下一步的任务就是提出并考察招致这些不同后果的不同现象。

▶ 发生在潮汐中的不同事件。第一个事件：在一端升起的水会自己恢复平衡。

第一个事件是，由于水的容器的加速或减慢运动相当地大，水不论在什么时候受到流向一端或另一端的原因的驱使，在其主要原因消失后，它就不会停留在这种状态。因为它靠自身的重量和它铺平和平衡的天然倾向，将迅速地回到原来状态；而且由于水是重的和流动的，它不仅会回到平衡，而且将超过它，通过它自身冲力的推动，在它开头下降的那一端升起来。但它并不停留在那里；通过反复地来回摆动，水将告诉我们它不愿突然摆脱已经获得的运动速度而回到静止状态。它要运动速度慢慢减少，一点一点地降落下来。我们看到一根绳子悬着的秤锤，一旦离去静止（即垂直的）状态，会自己恢复静止状态，但是要经过多次反复，并在往返中多次越过其垂直的位置，那种情形和这里说的恰恰一样。

▶ 在最短的容器里摆动最频繁。

第二个值得注意的事件是，刚才提到的反复运动，会视水的容器的长度不同，而以或大或小的频率（即较短或较长的时间）进行着。在较短的距离内，反复较为频繁，而在较长的距离内则反复较少，正如上述垂直秤锤的例子里，用长线悬挂的秤锤，反复的频率显出比短线悬挂的秤锤小一些。

▶ 深度较大使水的摆动更为频繁。

关于第三个事件是，你们应当懂得不仅容器长短引起水在不同时间内作反复运动，而且深浅不同也引起同样的作用。拿长度相等而深度不等的容器来说，较深的水将以较短的时间摆动，而浅水的摆动次数则较少。

第四，这类摆动在水里产生了两个效果，很值得我们注意和仔细考察。一个是水在容器的这一端或那一端交替地升降；另一个就像是在水平面上的来回流动。这两种不同的运动在水的不同部分表现得各自不同。水在两端升降最大;在中部根本没有什么升降;在其他部分,则看它离两端较近或较远而升降较大或较小。另一方面,中部在另一(前进)运动中则大量地来回流动,而两端的水则没有这种运动——除非水在升涨时碰巧高出堤岸并溢出原来的河道。但只要有堤岸的阻碍约束着,中部的水就只有升降;也不阻止水在中部来回流动,不像其他部分的水要看离中部较近或较远而或多或少地按比例地流动。

◀ 水在容器的两端升降,而在中部流动。

第五个特殊事件必须更加密切地加以注意,因为我们无法通过任何具体实验来复制它的效果。是这样:如在前面提到的驳船那种人为的容器里,有时走得快些,有时走得慢些,整个驳船或容器和它的每一部分永远一律地在加速或减慢。例如,当驳船航行碰上阻碍时,船头部分并不比船尾部分更加减慢,而是各部分同样地减慢。加速时也是一样,那就是当驳船由于某种新的原因而增加速度时,船首与船尾也同样地加速。但在类似长海底那种庞大容器里(尽管这不过是地球固体中的洼塘),它的两端的速度却并不共同增减,或同样地增减,并且也不在同一时间增减,可惊异的就在这里。因为可能产生这样的情况,即这样的容器的一端由于两种运动的合并,即周年的与周日运动的合并,运动会大大减慢,而另一端则可能受两种运动的影响而被牵进更快的运动。

◀ 地球运动的现象不能在实验中复制出来。

为了使你们易于领会,让我们回到原先画过的图来说明它。假定一个海滩有四分之一圆那么长,如 BC 弧。那么靠近 B 的部分,如我以前所说,是处于很快的运动中,因为两种运动(周年的与周日的)都联合在同一方向,而靠近 C 的部分则处于减慢运动,因为这些部分缺乏依赖周日运动的向前运动。如果我们假定一处海底有 BC 弧那样长,我们将会一眼看出它的两端在一定的时间内的运动很不相等。如果一片海水有半圆那样长,而且处于 BCD 的地位,海水将会有很大不同的速度,原因是 B 端将运动得很快,D 端则运动得很慢,而环绕 C 的中间部分则在作适中的运动。如果这片海水在比例上变得短些,海水的这种奇异现象就会不那么显著,它的各部分运动的加快和减慢在一天的某些时间内受到的影响都会小些。

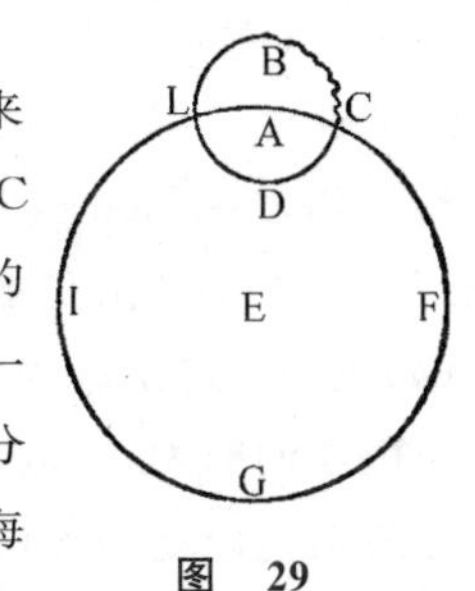

图 29

所以你们看,如果我们先在实验中看到容器各个部分的共同加速或减慢,的确可以是水来回流动的原因,那么当容器处于一种非常地位,以致其各部分运动的加速和减慢并不均衡时,我们将设想容器内发生什么情形呢?肯定说,我们将不得不承认水里面必然蕴藏着更奇特的骚动原因,而且是更新奇的原因。尽管在许多人看来,用人为的设计和容器来检验这些事件的效果,好像是做不到的,但这并不是完全不可能的;我有一个机械模型,在这个模型里可以详细观察到这些运动的奇特组合的效果。但就我们当前的目的来说,迄今为止,我们从理智上掌握到的这些道理也就足够了。

萨格利多：拿我来说，我很懂得这种异常现象必然发生在海底，尤其是那种东西距离很长的海底；也就是说，沿着地球运动方向的海底。由于这种现象在某种意义上是我们梦想不到的，而且在我们所能复制的运动中没有类似的例子，所以使我相信它所产生的效果不能在人为的实验里加以模拟，在我并无困难。

萨耳维亚蒂：这些事情既然弄清楚了，现在就要考察在潮汐涨落中通过经验观察到的一切各不相同的特殊事件。首先，我们不难理解为什么在湖泊、池塘，甚至在小海里看不到明显的潮汐。对于这点，有两条不能不接受的理由。一条理由是，因为水很短，水在一天的不同的时间里具有不同程度的速度，但是水的各个部分却没有出现什么差别；它的各部分同样地加速或减慢，前后一样；那就是说，东面和西面同样如此。而且，各个部分是一点一点地改变的，并不是容器的运动突然碰上一个障碍或阻力的对抗，或者突然大大地加速。容器和它的各个部分是慢慢地、同等地被加上同样程度的速度，并且随着这种一致性而来的是容器所盛的水也受到同样影响，很少抵抗或者踟蹰。因此升降的迹象或流向一端或另一端的迹象也只是隐隐显示出来。这个效果在人为的小容器里也能清楚看到；在这类小容器里，只要加速或减慢在缓慢地均匀地进行，盛器中的水就被赋予同样程度的速度。但在东西隔开巨大距离的海底，加速或减慢就明显得多，而且很不均匀；一端的速度大大降低时，另一端还在迅速运动。

▶ 在潮汐中观察到的特殊事件的理由。

▶ 潮汐既不发生在小海里，又不发生在湖泊里的理由。

第二条理由是水从容器的运动所获得的冲力而作反复摆动，这种摆动（如我们已经说过的）在小容器里是以高频率进行的。地球的运动作为一个内在的原因，只以六小时为一周期使水产生运动，原因是容器的急剧加速或减慢运动一天只有一次。这第二个原因取决于水的重量；水的重量要恢复平衡，并视容器的短或长而造成一小时、两小时或三小时等等的反复摆动。由于这个道理，这个原因和第一个原因合并起来，就使整个运动完全无法觉察，因为第一个原因即使就其本身来说，对小容器的作用也一直是不大的。由于第一个亦即主要的原因以十二小时为周期，而第二个原因则取决于水的重量，并视容器的短度和深度具有一、二、三或四小时的摆动时间，第一个原因还没有结束它引起骚动时就被第二个原因赶上并倒转过来了。第二个原因和第一个原因既然起着相反的作用，就打乱和取消了第一个原因的作用，从不容许它达到顶点，甚至达不到运动的平均量。这种冲突使潮汐的任何迹象都整个消灭了，或者说变得大大掩盖起来了。我还有一点没有提到，风的不断变化由风吹得水面不平静，将使我们无从肯定水面某些很小的升降，如半英寸或比半英寸更小些，实际上是否由于水底和水的容器只长出一度左右的缘故。

▶ 潮汐大都是六小时一次的原因。

其次，我将解决这样一个问题，既然海水的运动根据主要原理，除以十二小时为一周期外（即一次运动得最快，一次运动得最慢），没有使它运动的原因，为什么潮汐一般地表现为六小时涨潮，接着六小时落潮的运动呢？这里的起落，我说，不可能单单出于主要的原因。还需要引进一些次要的原因来解释它，即容器的长短和水的深浅。这些原因，尽管在引起水的运动上并不起作用（水动仅仅来自主要原因，没有它就不会有潮汐），但对限制反复运动的时限却是主要的因素，而且起着极其有力的作用，使主要原因必须迁就它。所以六小时对这些反复运动来说，并不比任何其他时限是更恰当的或更自然的周期，虽则它可能被认为是人们观察到的最普遍的周期，因为它是我们地中海的潮汐周期，而多少世纪以来地中海是观察潮汐的唯一实践地点。即使如此，这个周期并不是在地中海任何一个地方都可以观察到，在比较狭窄的一些地方，如哈勒斯蓬塔海和爱琴海，周期就短得多，而且周期和周期之间差别也很大。传说亚里士多德就因为看见这些差异并且想不出它的原因，在犹卑亚岛某处山岩上长期观察潮汐之后，于失望之余跳进海里，毅然毁掉自己的。

第三，我们不难看到像红海这样的海，尽管很长，为什么没有什么潮汐。这是因为它的长度不是从东到西，而是从东南到西北。地球的运动是从西到东，水的冲力总是冲向子午圈的，而不是从一个平行圈冲向另一个平行圈。因此在那些向两极延伸但在其他方面则很狭窄的海洋里，是不存在引起潮汐的原因的——除非这些海洋与别的海洋通连，而别的海洋有很大的潮汐运动，这些海洋也才会产生潮汐。

◀ 一些很长的海没有潮汐的原因。

第四，我们也很容易理解，为什么潮汐在海湾的两端升降最大，而在中部升降最小。日常经验向我们表明，在位于亚得里亚海尽头的威尼斯这里，潮汐高低的差异一般有五、六尺之多，但在远离地中海两头的各部分，这种变化是很小的；例如在科西加岛和撒丁岛以及在罗马与里窝那沿岸，差异常不超过半尺。另一方面，我们还知道在那些潮水升降很小的地方，水的前后流动却很大。我要说，了解这些事件的原因是很简单的，因为我们在各式各样人造的容器里很容易观察到这种事例；在那些容器里，当我们使容器动得不均匀时，就会自然而然看到同样效果；这就是说，有时使容器加快，有时使容器减慢。

◀ 为什么潮汐在海湾的两端最高，在中部最低。

第五，让我们进一步看一下，定量的水在宽阔的海峡里缓慢流动着，但当其流过狭窄的地方时，却会流得那样急。根据这里的道理，我们将不难理解在将卡拉布里亚和西西里岛隔开的狭窄海峡里出现巨大潮流的原因。因为这片广阔海岛和大海东部的爱奥尼亚海湾所关闭的全部海水，虽然由于海面辽阔缓缓西下流动，但一旦被希腊和查雷布迪斯之间的墨西拿海峡局限着时，它就迅速地流下并形成巨大的激荡。据说在非洲与马尔加什（圣洛伦索）大岛之间，也出现类似而且更突出的情形；那里的海水是介于印度洋和南大西洋（埃塞俄比亚）两大洋之间，在海水流入马尔加什与南非海岸之间更小的海峡时必然受到限制。麦哲伦海峡里的潮汐一定非常汹涌，因为这条海峡是南大西洋和南太平洋之间的通道。

◀ 为什么水在狭窄的地方比在宽阔的地方流动得快些。

▶ 关于潮汐中观察到的一些不明显事件的讨论。

第六，为了说明潮汐中观察到的一些更奥妙的事件，我们现在还要对潮汐的两个主要原因进行另一重要的考察，并在考察后把这两个主要原因结合起来。第一个和最简单的原因，如我多次讲到的，是地球各部分的固定加速和减慢，从而使水获得一定的周期，在二十四小时的时间内向东流和向西流回。另一个原因依靠水自身的重量；在水一旦受主要原因推动后，水的重量就试图通过重复摆动以恢复本身的平衡；但这些摆动并不只有一个规定的时间，而是依照海洋这个容器的长短不同和深浅不同在时间上各有不同。单就潮汐受第二个原因的影响来说，有些来回流动的时间是一小时，有些是二小时、四小时、六小时、八小时、十小时，如此类推。

现在如果我们把周期固定为十二小时的第一个原因和诸如周期为五小时的第二个原因加在一起，那么主要原因和次要原因有时候碰巧就会使冲力朝着同一方向；在这样一种结合里（或者不妨说，在这样一种一致的同谋里），潮汐将是很大的。在其他时候，主要原因引起的冲力碰巧在某种意义上和次要原因引起的冲力相反；在这样的会合里，一个冲力会抵消另一个冲力，从而使水的运动减弱，而海水就会回到一种非常平静或者几乎是不动的状态。在另外一些时候，当两个原因并不对立但又不完全一致时，潮汐升降就会产生其他的变化。

此外，还可能发生这样的情况，即两个由一条狭窄海峡通连的大海，因两个运动原因的混合，一个引起涨潮，另一个则引起相反的运动。在这样的情况下，通连这两个大海的海峡就会产生最异常的骚动，海水冲激回旋，翻腾搅荡，险象百出，这些传说我们实际上是不断听到的。这类不协调的运动，不仅决定于海洋不同的位置和长度，而且更决定于通连它们的海峡的不同深度；由于这种不协调的运动，海上常兴起各种混乱的和无法观察到的水面骚动，其起因曾使海员极为困惑，而且在没有阵风或其他重要的气象变化可以说明它时，骚动仍然会碰上。

这些空气的扰乱必须与其他现象一道加以认真考虑，并看作是第三种偶然原因；这种偶然原因能够大大影响我们对那些由主要原因和一些比较重要原因所引起结果的观察。例如，狂风不断地从东吹来，无疑会挡着海水，阻止它的退落。如果在既定的时间内，再次出现高潮，甚至出现第三次高潮，海水将会涨得很高。这样，在风力连续几天的支持下，海水可以比平时升高得多，并造成洪水泛滥的灾难。

▶ 为什么在一些狭窄海峡里，海水看上去总是朝同一方向流动。

我们还必须留意到引起运动的另一个原因，这是我们要讲的第七个问题。这是由于江河里大量的水注入那些不大的海里的缘故；正因为如此，在那些通连大海的海峡里，水看上去总是朝同一方向流动；例如君士坦丁堡下面的色雷斯、博斯普鲁斯那边的情形就是这样，水总是从黑海流向马尔马拉海。黑海由于狭窄，潮汐的主要原因并不起多大作用；但另一方面，有许多大河注入黑海，这一大片水流必须通过海峡吐出，因此那里的潮流出名的急，而且总是向南流。再者，我们还必须注意到，这个海峡虽则确很狭窄，但并不像锡腊和查雷布迪斯之间的海峡那样受到骚乱的影响；因为它北有黑海位于其上，南接马尔马拉海、爱琴海和地中海——虽则要越过一片很长的地区；但正如我们已经看到的，不管一片大海从北到南有多长，是不会受到潮汐的影响的。可是西西里海峡位于地中海各部之间，并由从西向东延伸到一个很长的距离，即和潮汐流动的方向相同，海里的骚动将是很大的。如果直布罗陀海峡不大开阔，在赫尔克里士峡门的潮汐骚动就还要大些；据说麦哲伦海峡的潮流就十分强烈。

这就是目前我想起要对你们谈的关于潮汐的这种周日周期，亦即基本周期的原因，以及它们的各种偶然现象。如果你们在这方面有什么问题要提出的话，现在就可以提出来；这以后我们就可以继续谈其他两个周月的和周年的周期。

辛普里修：我觉得你的论证不能不说是很动听，正如我们说的，推理是假设性的；那就是假定地球确实是以哥白尼所指定的两种运动运行着。但是如果我们排除了这些运动，那么一切都成了空谈和不正确的了；而且你自己的推理也向我们很清楚地指出这个假设是排除掉的。你在假定地球有两种运动的前提下，解释了潮汐的原因；反过来，你又用循环论证的方法以潮汐的涨落来表明和证实地球的这两种运动。在进入更专门的论证时，你说水是一种流动的液体，并不紧紧附着在地球上，因此并不需要严格地遵循地球的所有运动。根据这一论点，你就推论出潮汐的产生。

◀ 反对地动的假设有利于说明海洋的潮汐。

我现在步你的后尘，提出与你相反的论证：空气比水甚至更加稀薄和流动，而且更不附着在地面上，而水由于它的重量（如果没有其他原因）不但附着在地面上，并且比起轻空气来更加因它的重量使它朝下压。既然如此，空气就更不应当跟随着地球运动；因此如果地球确是在作这些运动，我们这些地球上的居民被同样的速度带动着，必然会感到一股从东面刮来的风以一种忍受不了的力量持续地在袭击我们。日常经验告诉我们，这种现象必然会发生；原因是如果我们骑着马在平静的空气里以每小时不超过八英里或十英里的速度驰骋，我们的面部将会感到一股相当大的类似风的袭击；如果我们以每小时八百英里或一千英里的速度前进着，而空气却没有这样的运动，试想空气对我们的袭击将是什么样子！然而这种现象我们却丝毫感觉不到。

萨耳维亚蒂：对于这个似乎很有说服力的反对意见，我的回答是，空气固然比水稀薄得多，轻得多，而且由于轻得多，比体积又重又大的水要更少附着在地球上。但你从这些条件推出的结论却是错误的，即空气由于轻和稀薄，和更少地附着在地球上，就必然比水更不遵循地球的运动，因此对于完全参与地球运动的我们来说，空气的这种抗拒是可以感觉得到的和明显的。实际的情形恰恰相反。因为如果你仔细回忆一下，我们所说的潮汐的原因，在于海水不遵守容器的不规则运动，而要保持原先获得

◀ 对反对地球旋转的回答。

的冲力，而且海水冲力的增减和容器冲力的增减在数量上并不完全一样。既然抗拒容器运动的新的增减在于保持原先获得的冲力，那个最适于保持这种冲力的运动体将也是最适于显示其伴随着这种保持而来的效果。水在保持已受到的骚动，甚至在使它骚动的原因停止作用以后，仍旧具有这种强烈倾向，我们从强风使水高度骚动的经验可以找到证明。尽管风可能已经停止，而空气已很平静，但这样的波浪还会骚动很长一个时间，正像那位神圣的诗人那样令人心醉地歌唱过的：这样深的爱琴海啊……(Qual L'alto Egeo，etc.)这种骚动的继续就是由水的重量决定的，因为正如我在别的地方讲过的，使轻物体动起来确比使重物体动起来容易，但运动的原因一旦停止，轻物体却很少能像重物体那样保持所受到的运动。空气本身是一种非常稀薄、非常轻的东西，只要稍稍施加一点力量就会使它动起来；但当作用于它的动力停止后，空气却最不善于保持其运动。

▶ 水比空气更能够保持已获得的冲力。

▶ 轻物体比重的物体容易动起来，但不大能保持运动。

至于围绕地球的空气，我将根据上述理由说它像水一样因它附着于地球而被带动着，尤其是那些包含在容器里的部分，即有由群山包围平原的那些部分。我们还可以说，这些部分是被粗糙的地面带动着，而不是如逍遥学派所主张的由天上的运动带动着，这样说要合理得多。

▶ 空气被粗糙地面带动比由于天上运动带动的说法合理得多。

到目前为止，我说的好像足够答复辛普里修提出的反对了。但我要根据一项突出的实验，提出一条新的反对理由和一条新的答复使辛普里修更加满意，同时替萨格利多证实地球的运动。

我曾经说过，空气——尤其是不超过最高山峰的那部分空气——是由粗糙的地面带动的。根据这条理由，似乎可以推论说，如果地面不是高低不平，而是平坦光滑，那就没有理由说地球带着空气一道走，不能说地球带着空气以这样高度的均速前进。要知道我们这个地球的表面并不全都是山岭和崎岖不平的，有很大的地面都很平滑，如海洋的表面就是如此。这些海洋面而且离环绕它们的山脉很远，看来并没有任何能力带着它们上面的空气前进；因此地球没有带着空气走，如果有任何效果可言的话，就应当在这些地方被我们感觉到。

▶ 用从空气借用来的一种新的论据来证实地球的旋转。

辛普里修：我也要提出与这一样的反对理由，在我看来这是很有力的。

萨耳维亚蒂：你很可以这样说，辛普里修，就是我们这个地球既然在转动着，但是空气里面却感觉不到地球转动的效果，你就可以论证地球是不动的。但是如果你认为这种应该感觉到的必然后果，事实上是被感觉到的话，那你将怎么说？你肯不肯承认这是地球转动的标志和非常有力的论证呢？

辛普里修：那样的话，那就不是单单与我有关的问题，因为果真这种情况发生，而它的原因是我不明白的，总该有别人知道。

萨耳维亚蒂：这样，就没有一个人能赢得了你，而必须永远输给你了；你样还是不要打赌的好。但是，为了不欺骗我们的裁判员起见，我将继续讲下去。

我们刚才已经说过，现在再重复一下，并作一些补充。空气由于是一种稀薄的和流动的物体，并不完全附着于地球，它好像并不需要遵守地球的运动；只是在地面粗糙不平的地方，地球才把空气与地面邻近的部分带着走，至多也不超过最高山峰的高度。这部分空气充溢着水汽和各种浑浊的气体，而这些气体都属于地球范畴，天然和地球的运动相适应，因此这部分空气应该对地球的转动最没有抵抗。但在那缺少运动原因的地方——即地面辽阔平坦而且掺杂水汽较少的地区——周围空气完全受制于地球旋转的原因就部分地扫除了。这样，当地球向东转时，在这些地方应不断地感到风从东向西吹来，而且这种风在地球旋转得最快的地方应当最容易感觉到，即在离两极最远和离周日圈最近的那些地方。

◀ 接近地球的空气由于含水汽较多而参与地球的运动。

事实上，实际经验有力地证实了这条哲学的论证。因为在热带（即在两个回归线之间），在大海里，在远离陆地的那些部分，刚好没有地蒸气的地方，人们感到一种和风以一定的方向从东吹来，而船舶就多亏这种风得以顺利地驶往西印度群岛。同样，从墨西哥海岸出发，船舶也很顺利地在太平洋中乘风破浪驶向东印度群岛，因为那是在我们之东和船舶之西。另一方面，从东印度群岛向东航行则很困难而且没有把握，即使沿着同一航线回来也不容易，而必须靠近陆地航行，以便碰上由其他原因引起的暂时改变方向的风，诸如我们陆地居民惯常经验到的那样。这些陆上来的风的产生有各种不同原因，我们目前不用提出来。这些暂时的风随意吹向地球的各部分，搅乱远离赤道并和粗糙地面接壤的海面。这等于说这些海上的主要气流将受到陆地空气扰乱的影响，但在大洋里，如果没有这些偶然的扰乱因素，这种主要气流是能够经常感觉到的。

◀ 在南北回归线之间地区，一年到头有微风向西吹。

◀ 驶向西印度群岛容易，但返程却困难。

◀ 来自陆地的风搅乱海面。

现在你们可以懂得水和空气的动作显得和证实地球转动的那些观察是多么一致。

萨格利多：可是为了更充实这一切道理，我还要告诉你一个特殊情况，这好像是你不知道的，然而将证实同样的结论。萨耳维亚蒂，你提到了海员在热带遇到的那种现象；我是说那种持续从东吹来的风，这种风我曾经从经常航行这条水路的人嘴里听说过。而且，有趣的是，海员们并不把它叫作“风”，而是用另一个名称叫它，但被我忘记了；所以这样叫它大约由于风向经常不变的缘故。当他们遇到这种风时，就绑好支桅索和帆樯的其他绳索，这样他们就不需要再去碰这些东西，继续安全地航行，甚至抱头睡觉。这种持续的和风是早已闻名的，而且都知道它会继续不断地吹；因为如果有别的风打断它，人们就不会认为它是一种和所有其他的风都不同的一种特殊效果。根据这一点，我可以推论地中海说不定也和这种现象有关，但由于地中海经常受到外来的风打断，所以没有被人观察到。我这样说是经过考虑的，而且是有可靠的理论作为根据的；因为我到阿勒颇当领事时，在去叙利亚的航程中有机会学到这种理论，所以就及时想到它。我把船从亚历山大、亚历山大勒达港出发和到达的日期特地记录下来并加上说明；使我感到巨大兴趣的是，我从这些记录里

◀ 从对空气的另一观察所得以支持地动说。

▶ 地中海的航行，从东到西的时间比从西到东的时间短。

一再发现船每次回到威尼斯这里（即从东到西经过地中海的航程）比相反的航程时间上要短些，用比例来说要少25%的时间。由此可见，整个说来东风是强过西风的。

萨耳维亚蒂：我很高兴地知道这点细节，这在证实地动说上贡献很不小。虽说所有地中海的水经常都是通过直布罗陀海峡来的，而且要把那么多的注入的河流输给大洋，但我并不认为潮流会如此强烈，使它能单独造成这样一种异常的差别。鉴于费罗斯的水向东倒流和向西流都是一样，也明显地说明这个道理。

萨格利多：我不像辛普里修那样，除掉满足我自己以外，从不想说服任何人，所以你讲的关于第一部分的那些论据我是满意的。因此，萨耳维亚蒂，如果你要继续讲下去的话，我将洗耳恭听。

萨耳维亚蒂：诚如遵命，但我也乐意听取辛普里修的意见，因为我从他的判断可以估计到逍遥学派对我这些论证的看法，如果他们的耳朵够长的话。

辛普里修：我不愿意你根据我的意见来猜测别人会怎样判断。如我经常说的，我在这类研究上是个生手，那些在哲学上有精深研究的人所会想到的事情，我可能从来不会想到。因为，正如俗话所说，我连门径都没有窥见。不过为了表达一点小意见，我要说你论述的那些后果，尤其是最后的那个后果，在我看来，单靠天层的运动就可以充分说明它，用不着进入你给这个领域引进的与此截然相反的任何新奇论点。

▶ 相反的论证：空气从东到西的持续运动来自天层的运动。

逍遥学派认为，火元素和大部分空气在从东到西的周日转动中是由它们以月层为容器而带动的。现在就按照你那一套推理方法，我要我们承认，参与运动的大量空气是从月层起，直到最高山顶的那些部分，而且如果这些山对空气没有阻碍的话，这些运动部分将会延伸到地面。因此，正如你声称的，围绕山峰的空气是由运动着的粗糙地面带着转动，我们所说却与此相反，认为所有气元素除掉低于山峰的那些部分外，都是由天层的运动带着走的，而那些低于山峰的部分是被不动的粗糙地面阻拦着的。你会说如果地面不是粗糙不平，空气将会摆脱地球的带动或牵制，而我们却认为那样一来，所有的空气都将参与这一运动前进。由于大海的海面很平滑，持续从东面吹来的风将会继续吹动，而且在靠近赤道介于两回归线之间的地区更加显著，因为在热带地区天层的运动是最快的。

▶ 水的运动有赖于天层运动。

正由于天层运动有足够的力量带动空气前进，我们可以很有理由地说它会以同一运动加给可动的水。因为水是液体，是不附着不动的地球的。鉴于你自己承认，这样一种运动联系其有效的原因说来影响很小，因为天层运动在自然界的一天里环绕整个地球一圈，每小时要经过几千英里（尤其是在靠近赤道的地方），而大海的海流每小时不过几英里，我们就更有信心肯定这一点。正是这样，我们向西航行将会更加顺利和迅速，不仅受到不断从东面吹来和风的协助，而且也受到水流的协助。

▶ 潮汐可能决定于天层的周日运动。

也许同一的海流引起潮汐。正如河流的经验向我们表明的，水流冲上不同地点的海岸时，甚至有可能朝相反的方向流回来。试看河里的水，因为河岸不齐，常常碰到某些凸出部分的或者水底下有个洼塘，就会回旋起来，而且看得见水向回流。因此在我看来，你用以论证地动的那些后果（你并且认为地动是这些后果的原因），如果我们坚持地球不动并恢复天层的运动，这些后果仍然可以得到充分的解释。

萨耳维亚蒂：不能否认你的论证是机敏的，而且含有某些可能性，但我说只有表面的可能性，而没有实际的可能性。你的论证分为两部分；在第一部分，你给东风的持续运动以及水的运动提供了理由；在第二部分，你还打算从同一理由推论出潮汐的原因。正如我已经说过的，第一部分表面上还有些可能性，虽则比我们根据地球运动的说明差不多。第二部分不仅完全没有可能性，而且是绝对不可能和错误的。

◀ 用地动说来说明空气和水的持续运动比用地球不动来说明它听上去更合理。

在第一部分里，你说月层的凹进部分带动着火元素和所有的空气前进，直到最高的山峰为止，我首先要说，火元素是否存在还是个疑问。就算火元素存在，月层是否存在，也是非常成问题的；的确，任何其他“天层”的存在都是成问题的。这就是说，宇宙间是否真有这些坚固而且极端庞大的天层，还是在空气之外只弥漫着一种比我们的空气更稀薄、更纯粹的物质，而且甚至为这些逍遥学派的多数哲学家现在开始主张的，行星是否就是在这些物质中间遨游着。

但是不管怎样如你所说的以月层那样非常平滑和均匀的表面，要我们相信火元素和这种表面接触，就能与它自身的倾向相反整个儿被带动着前进，这是毫无理由的。这一点已为《人马宫星座》这部著作中从头到尾证明了，也为可感知的实验证明了。除此以外，把这种运动从最稀薄的火传给稠密得多的空气，然后又从空气传给水，这种可能性就更小了。

◀ 火元素为月层带着走是不可能的。

但是一个表面崎岖和山岭起伏的物体，通过旋转，会带动与其突出部分碰上的附着空气前进，不仅可能，而且是必然的。这从经验中可以亲眼看到，不过我敢说就是没有亲眼看到，也没有人会怀疑它。

至于其余的部分，假定空气甚至水是为天层的运动带动的，这样一种运动都与潮汐没有任何关系。因为既然从一个统一原因只能产生一个统一后果，那就非得在水中发现一个从东到西的持续和均匀的水流不可，而这种水流只能存在于环绕地球自己流回来的海洋里。在内陆海里，诸如东部被堵住的地中海，就不可能有这样的运动。如果水流受天层的运行带着向西流，地中海在多少世纪以前就已经干涸了；不但如此，我们的水不仅向西流，而且在一定时期内向东流回来。如果真如你所说，根据河流的例子，海流原来只是从东到西的，但由于海岸的位置不同或许迫使某些部分的水回流，那么，辛普里修，我将同意你的说法；但是你必须注意，只要水是由于这个原因而折回的，这里的水将总是流回来，而在水向前流动的地方，它将永远向同一方向流去，这一点你可以从你的河流例子里看到。至于潮汐，你必须发现并找出使潮汐在同一地点时而流向一方，时而流向另一方的理

◀ 潮汐不能依赖天层运动。

由;这种对立而且不一致的效果,你绝不能从一个统一不变的原因推论出来。这一点不仅推翻了那种把海水运动归之于天层的周日运动的说法,也击败了那些只承认地球有周日运动,并且相信单靠地球的周日运动就能说明潮汐原因的那些人。因为既然效果是不一致的,那就要求这种效果的原因也是不一致和多种多样的。

辛普里修: 我没有更多的话要说;我不想说,是因为我缺少创见;也不想替别人说什么,因为你的见解太新奇了。但我确实相信,如果这种见解在学校中传播开来,对它怀疑的哲学家一定大有人在。

萨格利多: 那就让我们等着瞧吧! 目前,萨耳维亚蒂,如果这使你满意的话,我们就继续讨论下去吧。

萨耳维亚蒂: 到现在为止,关于日潮的各种情况都已经讲过了,它的主要和普遍的原因已经首先证明了;没有这些原因什么后果都不会发生。其次是在这种日潮里所观察到的特殊事件(这些是变动的而且在某种意义上是不规则的),这些事件的产生是由于次要的和附带的原因,目前还得谈一下。

现在另外还有两种潮期,即月潮和年潮。这些潮期并没有在已经论述过的日潮以外引进什么新的、不同的事件,而只是在太阴月的不同时期和太阳年的不同季节使日潮有所增长或者减弱——几乎像是月亮和太阳的参与造成这些效果似的。但是这种见解和我的思想是完全抵触的;因为我看到海洋的这种运动既然是一种局部的和可感觉到的运动,并且是在大量的水中产生的,我就不能使自己相信其产生的原因是光、温、热神秘属性的操纵,以及类似的无聊想象。这些绝不是潮汐的实际的和可能的原因,而是恰恰相反,潮汐倒是它们的原因,即对于那些气质上喜欢夸夸其谈一套,而不善于思考和深究大自然奥秘作用的人,潮汐就会使他们想入非非。他们不但不肯明智而谦虚地说"我不懂得",反而会喋喋不休,甚至舞文弄墨,写出最荒谬的解释来。

我们知道月亮和太阳并不依靠光线、运动、高热或温热作用于小容器中的水;我们还知道要使水靠热上升,必须把水加热到近于沸点。总之,我们除掉通过容器的运动,不能以任何人为方式模仿潮汐的运动。难道这些观察不能使人们相信除掉这个原因以外,任何其他被提出作为这种后果的原因都是空洞的幻想,与事物的真相完全不合吗?

▶ 果有变化意味着因也有变化。

▶ 详细指出月潮与年潮的原因。

因此我说,如果一个果只能有一个基本因,而且如果因与果之间的确有一种固定和经常的联系的话,那么无论何时当果发现到有了固定和经常的变化,因就必然也有一种固定和经常的变化。现在既然潮汐在一年和一月的不同时间里发生的变动,有其固定和经常的周期,这就意味着潮汐的主要原因必然同时经常地在发生变化。其次,潮汐在上述时期里的变化不过在规模大小上;即升降较大或较小,以及流动较快或较慢。因此不论潮汐的主要原因是什么,它的力量的增减必然是在上述特定时期。但是我们已经作出结论,含水容器的不规则和不均匀运动是潮汐的主要原因;所以这种不均匀性一定相应地不时变得更加不规则(即必然增加或减少)。

我们必须记住这种不均匀性(即地球表面某些部分的容器的不同速度)是由于这些容器以一种混合的运动在运动,而这种混合运动则是属于整个地球的周年和周日运动的合成。在这两种运动中,周日的转动由于对周年运动递换地加速或减慢,使混合运动变得不均匀。因此,容器的不均匀运动的主要原因,以及产生潮汐的不均匀运动的主要原因,就在于周日运动对周年运动的加速或减慢。如果这些增减对于周年运动总是以相同比例进行的话,那么潮汐的原因固然会继续存在,但只能是潮汐永远以同一方式出现的原因。但是同一的潮汐在不同时期却有时较大,有时较小,那我们就得为这种较大或较小找出说明的理由;因此,如果我们打算保持潮汐的原因不变,那就有必要考察这些增减是否有所变化,是否有时强一点,有时弱一点,因此能产生依赖于它们的那些后果。但是我只有使这些增减有时大,有时小,才能使混合运动的加速和减速在比例上有时大些,有时小些,除此以外,看不出有任何其他办法能取得这种效果。

◀ 月潮与年潮的变化只能依赖周日与周年运动的加速和减慢上的变化。

萨格利多: 我感到自己被人轻轻牵着走;虽然我在路上没有碰到什么障碍,但就像一个盲人一样,不知道把我带往哪里去,也无法猜测旅程的终点在哪里。

萨耳维亚蒂: 我的哲学推理很迟缓,而你的洞察却很敏捷,这中间存在着很大的差别;然而在我们现在讨论的这个特殊问题上,即使你这样才智敏锐的人,也不免为浓云密雾障着眼睛,望不见旅途的终极目标,我觉得是一点不奇怪的。当我回想起我花了多少个小时,多少个白天,以至更多的夜晚去思考这些问题,我的惊奇就会都消失了。我还想起,有多少次我都断了理解它的念头,只能试着安慰自己,就像那个不幸的奥兰多一样,跟自己说尽管这已经有那么多可靠的人当着我的面作过见证,但是我仍旧相信这不可能是真的。所以如果你这一次一反既往,没有预见到讨论的终点,你也无须乎诧异。而且如果你仍然感到迷惑的话,我敢说讨论的结果(就我所知,结果是完全没有先例的)将打消你的迷惑。

萨格利多: 那么让我们感谢上帝没有使你的失望引导你落到不幸的奥兰多那样的结局,也没有使你落到关于亚里士多德的那个可能同样是编造出来的结局;因为那样的话,人人都将错过一次见识真理的机会,包括我在内,而这个真理既是极端隐蔽,又是为我们所寻求的。所以我请求你尽快地满足我的要求吧。

萨耳维亚蒂: 我一定遵命。我们已经探索到地球的周日运动与周年运动的增减怎样地可能有时在比例上较大,有时较小;因为潮汐规模大小的周月变化和周年变化,除掉这种差异外,别无其他的原因。下一步我将考虑地球周日运动与周年运动的增减比例,可以变得较大或较小的三种方式。

◀ 周日运动加给周年运动在比例上的变化可以有三种方式。

第一种方式是，这种变化可以通过周年运动的加速和减慢来实现，而周日运动所造成的增减在比例上则保持不变。因为既然周年运动大约比周日运动快三倍，甚至在赤道上也是这样，那么如果我们使周年运动再快一点，周日运动的增减就不会引起什么变化。另一方面，如果周年运动放慢一些，这同一的周日运动将在比例上引起较大的变化。由此可见，以二十度运动着的物体增加或减少四度速度，比仅仅以十度运动着的物体增加或减少同样四度速度，在行程上所起的变化要小。

第二种方式是使周日运动的增减在比例上较大或较小，而周年运动则保持同一速度，这样来引起变化。这是很容易理解的，因为以二十度的速度为例，增减十度要比增减四度将会引起更多的变化。

第三种方式是前两种方式的结合，即周年运动在减弱而周日运动所造成的增减则在增强。

你们看，谈到这样并不难；然而我以前摸索出这些效果怎样能够在自然界里做到，确是一项艰苦的工作。但我最后却发现了某些对我非常有用的事情。在某种意义上，这几乎是无法置信的。我是说，这对我们来说是惊奇的、不可置信的，但对大自然来说则不然；因为有些事情大自然做起来极其省事和简便，在我们看来却极其迷惑不解，而我们很难理解的事情，大自然做起来则很容易。

▶ 我们很难理解的事情，大自然做起来则很容易。

现在继续讲下去。刚才已经证明，一方面是周日运动的增减，另一方面是周年运动之间的增减，这两者之间的比例大小可以以两种方式进行（我说两种，因为第三种只是两种方式的结合）；现在我还要说一点，大自然的确两种方式都使用；而且我还要进一步补充说，如果大自然只使用一种方式，那么潮汐的两种周期变化必然少掉一个。如果没有周年运动的变化，每月周期的变化就会停止，而如果周日运动的增减永远保持均等，那么每年周期的变化则将消失。

▶ 如果周年运动不变，每月的周期则将停止。

萨格利多：那么，潮汐的每月变化是不是决定于地球周年运动的变化呢？而潮汐的周年变化则是由周日运动的增减引起的吗？现在我弄得更加糊涂了，简直无法理解怎么会搞得这样复杂，在我看来可以说比乱麻还要难解难分。我很羡慕辛普里修，从他的沉默可以推想他全部都懂得，没有像我这样想象力陷于极端混乱。

辛普里修：我的确相信你被弄糊涂了，萨格利多，我而且知道你弄得糊里糊涂的原因。在我看来，这是由于萨耳维亚蒂所讲的你只懂得一部分，而另一部分则没有弄懂。你说我一点没有陷于混乱也说得对，不过不是你设想的那种原因，什么我全部都懂得。恰恰相反，我一丝一毫也不懂，而混乱的产生是由于事物成堆——而不是由于一无所有。

萨格利多：你看，萨耳维亚蒂，辛普里修已经被我们过去几次讨论的缰绳管得驯服了，使他这一容易受惊的小驹变为举止从容的鞍马了。

可是请你不要再拖了，赶快替我们两个结束这种焦急的状态吧。

萨耳维亚蒂：我将尽力克服我的这种含糊的表达方式，而你的敏捷才思将会弥补我那些说不清的地方。

有两件事的原因是我们必须研究的。第一件是关于周月潮汐的变化。另一件是关于周年潮汐的变化。我们先讲周月的，然后再谈周年的；而且我们必须首先根据已经建立的公理和假说来分析全部事件，而不能从天文学或从宇宙论引进任何新说来帮助解释潮汐的问题。我们将证明在潮汐上所看到的一切事态变化的原因都发生在先前认识到并公认为完全属于真理的事理中。因此我说一个单独运动的物体由一个单独动力使其旋转，它环绕一个大圆周一圈比环绕一个小圆周一圈要使用较长的时间，这是一件真实的、天然的、甚至必然的事情。这是谁都会承认的一条真理，而且是和许多实验吻合的；这些实验，我们可以举几个例子为证。

◀ 一条最真实的假设是，环绕小圆周一圈比环绕大圆周一圈的时间短些；这可以用两个例子说明。

为了调节用轮轴转动的钟的时间，尤其是大钟，造钟的人在钟里装置一根可以平摆的棒子。在棒子的末端他们挂上一个铅摆；当钟走得太慢时，他们只要把铅摆向棒子中段移上少许，就能使棒子摆动得快些。另一方面，为了使摆动放慢，只要将铅摆拉下一点就行了，因为这样一来，摆动就会变得更慢些，从而延长了每一小时的时间。这里，动力是不变的——保持平衡——而且运动体是同一的铅摆；但是铅摆接近中段时，摆动就快些；这就是说，铅摆沿着较小圆周时，运动就快些。

◀ 第一个例子。

把同等重量的铅摆挂在长短不同的绳子上，拉离垂直位置，然后放掉。我们将看见挂在短绳上的铅摆摆动的时间较短，原因是这些铅摆在较小的圆周上运动。还有，把这样的铅摆系在绳子的一头，而把另一头穿过一个钉在天花板上的圈钉并用手握着这一头。在使铅摆开始摆动之后，你把手中绳子拉得使铅摆一面摆动，一面在上升。你将会看见当铅摆在升起时，其摆动频率将逐渐增加，因为铅摆不断地在沿着较小的圆周运行。

◀ 第二个例子。

这里我要你们注意两个值得注意的细节。一个是这种钟摆的摆动是严格地遵照确定的时间进行的，我们除掉放长或缩短绳子外，完全无法改变其摆动周期。关于这一点，你只要通过实验，例如把一块石头系上一根绳子，并抓住绳子的一端，就可以很快得到证实。你除掉将绳子放长或缩短之外，不论你试用任何其他办法来改变石块来回摆动的确定时间，你都不会成功；你将看到这是绝对办不到的。

◀ 从钟摆和钟摆的摆动中可以观察到两个特殊事件。

另一个特殊事件的确值得注意，那就是同一钟摆沿着一个既定的圆周摆动，不论它经过的是很大的弧度还是很小的弧度，它的摆动频率都是一样，或者很少差异，差不多无法觉察。我是说如果我们使摆离垂直线只有一度、二度或三度，或者另一方面多到七十度或八十度，甚至多到整个的四分之一，在任何一种情况下将它放下时，它都将以同一频率摆动；在前一种情况下，它只需经过四度或六度的弧线，在后一种情况下，它必须经过一百六十度或更多度的弧线。这种情况，如果用同样长的两根线悬挂两个同样重的摆，把一个摆放在离垂直线只有很短的距离，另一个则离开很长的距离,就可以看得更加清楚,因为把两者都放开时,它们来回走动的时间将是一样的;然而一个沿的弧度很小,另一个沿的弧度则很大。

▶ 运动体沿着四分之一圆下降和沿着整个圆周的任何弦下降的问题。

根据这个实验,就解决了一个非常有意思的问题,这就是:给定四分之一的圆周——这个我在这儿地上用图画出来——就是这根 AB,它和地平面成直角,因此延长出去就与地平面在 B 点相触。现在用一个很平滑的凹环沿着圆周的曲度弯成 ADB 那样的弧,使一个又圆又平滑的球能在其中自由滚动(筛的环边就很适合做这个实验)。现在我说不管你把球放在什么地方,不管离终点 B 很近或者很远——不论放在 C 点或 D 点或 E 点——让它滚动,那么不论它从 C、D 或 E 点或你喜欢的任何点滚下,它都将以同样时间(或者以不可觉察的差异)到达 B 点;这的确是一个奇特现象。

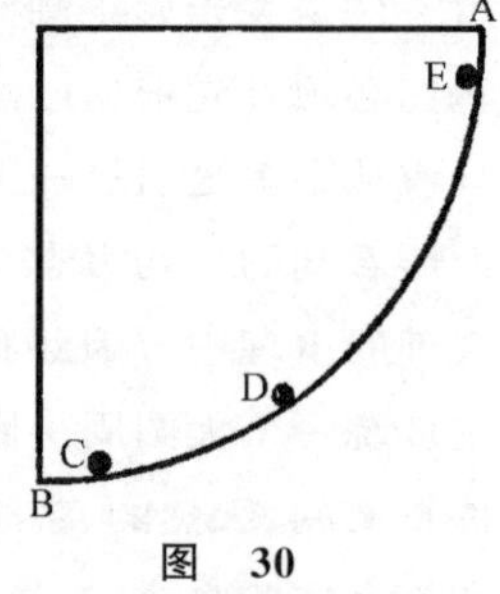

图 30

现在再说一个现象,这和前一个现象同样有意思。这就是沿着从 B 点画到 C、D、E 或任何其他点的所有的弦(不仅在四分之一圆周 BA 里,而且在全圆的整个圆周里),同一运动体将以绝对相同的时间降落。因此它沿着整个与 B 点垂直的直径降落,需要多少时间,它沿着只有一度或更小弧度的 BC 弧降落,也需要同等的时间。

再谈一件奇事:沿着四分之一圆 AB 的弧坠落的物体,比沿着弧度相同的弦坠落,在时间上要短些,因此一个运动体从 A 点到 B 点的最短时间内最快速的运动,是沿着 ADB 弧走的,而不是沿着 AB 弦直线走的,尽管 AB 弦是 A 点和 B 点之间所能画出的最短的线。还有,在这同一弧上取任何一点(例如 D 点),画两根弦 AD 和 DB;那么运动体沿两根弦 AD 和 DB 从 A 点到 B 点,比沿着一根弦 AB 走的时间要少些。但是最短的时间将是沿 ADB 弧降落的时间;而且,从最低限 B 向上作的较短的弧,应当说都一律服从上述的情况。

萨格利多: 够啦!别再讲啦,你讲的这许多奇事弄得我稀里糊涂,思想简直集中不起来;你讲的这些恐怕只有一小部分是我还能够掌握和懂得,并能应用于我们现在研究的主题上去的——而这个主题,我很遗憾地说,单照它现在这样,已经够深奥难解的了。所以我请求你饶了我,让我们先结束关于潮汐理论;其他许多悬而未决的问题,改天再请你光临舍间讨论。这些问题比起我们在过去几天里已经讨论过的,和今天应该结束的问题,也许同样有趣和美妙呢。

萨耳维亚蒂: 我将遵命,不过除掉留待分别研究的那些问题外,如果我们希望再研究一下有关局部运动和抛射体的天然运动的那许多问题——那些已经为我们猞猁学院成员详细研究过的问题——一两天的碰头是不够的。

现在回到原来的题目,我们刚才正在解释,一些继续保持同样动力、做圆周运动的物体,其循环时间是预先确定的,不可能延长或缩短。关于这一点我们已举了例子并作了我们能做的感性实验，可以肯定我们对天上行星运动的经验同样如此，并得出它们遵守同一规则：即环绕较大圆周运动的行星要经过较长的时间。我们从木星的卫星运动上最容易观察到这种情况，这些卫星的周转时间都很短。因此，拿月亮来说，如果月亮继续受同样动力驱使，逐渐绕行较小的圆周，它的环行周期肯定会具有缩短时间的倾向，与那个摆动着的摆相符合，被我们把绳子拉短，从而使它走过的圆周的半径缩短时的情形完全一样。我给你们举的这个关于月亮的例子就是实际发生的情况并为事实所证实了的。可记得我们已作出和哥白尼一样的结论，即不能把月球与地球分开，月球肯定是一个月环绕地球一周的。我们也同样记得，地球总有月球伴随着；地球以一年的时间沿着自己的轨道环绕太阳一周，而在这一年中月球环绕地球近十三圈。随着这种周转出现的是，月球有时靠近太阳（即当它处于太阳与地球之间时），有时则远离太阳（即当地球处于月球与太阳之间时）。一句话，月球在月朔和新月时靠近太阳，而在全月和月望时则远离太阳，而且最远和最近距离的差距和月球轨道的直径一样。

◀ 地球沿着黄道的周年运动因月球的运动而不一致。

如果驱使地球和月球环绕太阳的力量永远保持不变，如果同样力量驱使同一运动体，但环绕不等的圆周，运动体经过较小圆周的同等弧的时间就小些，如果这些都属实的话，那么必须说，月球在其离太阳最近距离时（即月朔时）比其离太阳最远距离时（即月望和全月时）经过地球轨道更大一段的弧。而且地球也必然和月球一样表现同样的规则性。因为如果我们想象从太阳的中心到地球的中心通过一条直线，也包括通过月球的轨道，这将是地球单独运动时的轨道半径。但如果给地球另外加上一个物体，由地球带着走，一个时候内把它处在地球与太阳之间，另一个时候放在地球和太阳的另一面并且离太阳最远的地点，那么在后一种情况下，地球和月球沿地球轨道圆周的共同运动，将因月球离太阳最远，而比在前一种情况下月球介于地球与太阳之间、距离较近时要慢些。所以这里的情况与钟的快慢情况正好一样；月球在我们看来，就代表钟摆，要使棒子的摆动慢些，就把铅锤移得离中心远些，而要使摆动加快，就使它离中心较近。

由此可以清楚看到，地球在其轨道上沿黄道的周年运动是不一律的；这种不规则性来自月球，并每月有其周期与复原期。现在已经肯定潮汐每月和每年周期的改变，不能由于别的原因，而只能由于周年运动和周日运动对周年运动的增减比率不同；而且这些变化可能以两种方式产生，即一种是改变周年运动的速度而使周日运动的增加量保持不变，一种是改变周日运动对周年运动增减的幅度而保持周年运动速度不变。我们现在察觉的是两种方式中的第一种方式，即来自周年运动速度的不一律；它是由月球引起的，并且每月有其周期。由于这个理由，潮汐应该有其每月的周期；在每月的周期内，潮汐必然有大小之差。

现在你们看，每月的周期的原因是怎样由周年运动引起的；你们同时也可以看出,月球在这件事上起了什么作用,而且丝毫不牵涉到海洋。

萨格利多: 如果一座高塔出现在一个毫无楼梯知识的人面前,问他敢不敢攀登上去,我相信他肯定会说不敢,因为他不懂得除掉飞升以外有任何攀登方法。但如果把一块不超过半码高的石头指给他看,问他是否认为他能爬上去,我肯定他会回答能够;他也不会否认他不仅能够毫不费力地爬上去一次,而且可以爬上去十次,二十次,或者一百次。因此如果人家把楼梯指给他看,使他看到一个人可以同样不费力地爬上他以前认定爬不上的高塔,我相信他将会好笑,承认自己缺乏想象力。

萨耳维亚蒂,你是这样从容地引着我一步一步地前进,使我非常诧异地发现我已经毫不费力地到达我以前认为不可能达到的高度。的确,楼梯非常之黑,使我简直觉察不到自己快要到达或者已经到达塔顶,一直到我走进光天化日之下,这才望见了大海和广阔的平原。而且正由于一步一步爬上去并不吃力,所以你一个接着一个的命题在我看来都很清楚,并没有加上什么新东西,我觉得自己好像没有得到什么启发似的。我特别感到惊奇的,是你这段论证的意想不到的结论,使我对原来认为不可理解的许多事物都懂得了。

现在我还有一个困难希望能够解决。如果地球带着月球一起围绕黄道的运动是不规则的,这种不规则性应该早已为天文学家观察和注意到,但我不知道曾经有天文学家发现过。既然你对这些问题比我懂得多,希望你能为我解决这个问题并告诉我实际上是怎样一回事情。

萨耳维亚蒂: 你怀疑得有道理,我对这个异议的回答是,虽然天文学在研究天体的排列和运动上经历了许多世纪,并取得了巨大的进步,但是还没有达到大多数问题已经得到解决的地步,可能许许多多问题至今还是未知的。天空的最早的那些观察者可能仅仅认识到所有的星体都在运动——周日运动——但是我想他们不久就会发现月球并不与其他星体一直在一起。可是他们还要经过若干年才能辨别所有的行星。特别是土星,由于运动很慢,和水星,由于很少看到,最后才被人们认识到它们是流浪者和漫游者。三个外行星的中止和逆行运动,可能还要经过更多的岁月才被观察到,而这些行星接近地球和远离地球的现象,由于必须引用离心圈和周转圆来说明(这些甚至亚里士多德也不知道,因为他从来没有讲到过),也同样会如此。水星和金星由于它们的奇特现象,使天文学家多少年都确定不了它们的真实位置,更不必提其他了。因此连天体的排列和我们所认识到的那部分宇宙的完整结构一直到哥白尼以前都存在着疑问;是哥白尼最后提供了根据这些宇宙部分所据以排列的真正格局和真正体系,因此我们才能肯定水星、金星和其他行星环绕太阳运转,而月球则环绕地球运转。但我们还不能确定每个行星的运转规律及其轨道结构(这种研究通常叫作行星学说);火星就是这个事实的见证,它给现代天文学家带来许多苦恼。从哥白尼第一次大大修改了托勒

▶ 有许多事情可能还未为天文学所发现。

▶ 土星,由于它的慢度,水星,由于它很少被看到,最后才被发现。

▶ 行星轨道的详细结构仍然没有解决。

密的学说以来，人们对于月球本身也已提出许许多多的理论了。

现在落实到我们的特殊问题，即太阳和月球的表面运动的问题。对于太阳，人们已经观察到某种巨大的不规则性，这种不规则性使太阳经过黄道的两个半圆（为二分点所分开的两个半圆）的时间差别很大，经过黄道的这一半比经过另一半的时间大约要多花九天；这个差别，正如你们看到的，非常显著。但是太阳经过很小的弧，例如经过黄道的每一个宫时，是否保持均匀的运动，还是运行的速度在某种程度上有快有慢，则始终没有被人观察到；然而如果周年运动仅仅表面上属于太阳，而实质上属于地球和伴随着地球的月球，那就必然会时而快些时而慢些。也许从来还没有探讨过这个问题。

◀ 太阳经过黄道的这一半要比经过黄道的另一半多花九天时间。

至于月球，人们研究它的周转主要是为了研究日、月蚀，而研究日、月蚀只要对月球环绕地球的运动掌握精密知识就够了。月球经过黄道的特殊弧段的进程还没有经过详细和彻底的研究。因此，尽管表面看上去没有明显的不规则性，这一事实并不能排除下述的可能性，即地球和月球通过黄道的运动，在新月时可能稍许加快些，而在全月时则稍许减慢些；这就是说，它们沿着地球轨道的圆周运行时有快有慢。其所以不明显是由于两个原因：第一，还没有人探索过这种效果；第二，快慢的差别不可能很大。

◀ 人们研究月球的运动主要为了研究日、月蚀。

而且为了产生潮汐规模大小上的变化，也并不需要很大的不规则性。因为不仅潮汐的变化，而且潮汐本身相对于产生潮汐的巨大的物体来说，是很小的，尽管相对于我们的渺小来说，它似乎是巨大的事情。无论是对给予这种变化或者接受这种变化的物体来说，在一般天然具有七百或一千度速度中增加或减少一度，都说不上是巨大的变化；而我们为周日运动所带动的海水却每小时约运行七百英里。这是海水和地球共有的运动，因此我们是觉察不到的。在我们能够觉察的海流运动每小时甚至不到一英里（我说的是大海，而不是海峡），而改变潮汐的巨大和天然的主要运动的，正是这种变化。

◀ 潮汐相对于海洋的广度和地球转动的速度来说是很小的。

尽管如此，这样一种变化对于我们和我们的船舶来说却是关系匪浅的。譬如说，一只船在平静的水里借橹桨之力每小时能行三英里，如果碰到顺流而不是逆流，就可以使其航速加倍。这种变化对海水的运动来说是很小的，因为只有七百分之一，但在船的运动上却是一个非常显著的变化。同样地我说，潮汐升降一尺、二尺或者三尺（即使是两千英里或更长的海洋也很少是四尺或五尺的），对于深达几百尺的海水来说变化是很小的。这比起给我们装运饮水的小船，在船停止时船首的水升起只有一片树叶那么高，其变化还要微不足道。由此我可以得出结论，对于那样庞大和速度那样地快的海洋说来是很小的一些变化，对于渺小的我们和我们研究的渺小现象来说，则足够造成巨大的变化。

萨格利多：我对这一部分是完全满意的。现在剩下的是，你还要给我解释一下由周日运动所导致的这些增减是如何增减的，而潮汐的周年增强和减弱，如你示意的，则是由这些周年运动的变化所决定的。

萨耳维亚蒂：我将尽一切办法使你们能懂得我的解释，但是这些现象本身的困难以及需要高度抽象思考能力去理解它们，使我感到惶恐。

▶ 周日运动对周年运动增减不平均的原因。

周日运动对周年运动所造成的增减，其不规则性是由于地轴对地球轨道平面或黄道的倾斜所致。由于这种倾斜，赤道穿过黄道，并和地轴一样对黄道形成同样的斜度。当地球的中心处在两个至点时，增加的总量和赤道的全部直径一样大，但在至点以外，其增加的总量则因地球中心逐渐接近二分点而愈来愈少；到了二分点增加就一点没有了。这就是全部真相，但真相是被你所看见的假象阴影掩盖着了。

萨格利多：不如说是为我没有看到的什么东西掩盖着，因为到现在为止我一点也不懂。

萨耳维亚蒂：这正是我预计到的。虽说如此，让我们画一个小图，看看能不能讲清楚一点。用立体来表现这种效果将比仅仅画一个图好得多；不过我们可以从透视画法和按远近缩小法得到一些帮助。和先前一样，让我们画一个地球轨道的圆周，A 点假定在一个至点上，直径 AP 是二至圈和地球轨道平面或黄道平面的交叉部分。假定地球中心位于 A 点，和地球轨道平面形成斜度的地轴 CAB，处在前面讲的经过赤道和黄道的轴的二至圈平面上。为了避免混淆，我们只画一个赤道圈，并用字母 DGEF 来标出它；它和地球轨道平面的交叉部分是 DE 线，因此用 DFE 标明的赤道的一半处在地球轨道平面的下面，另一半 DGE 则处在地球轨道平面的上面。

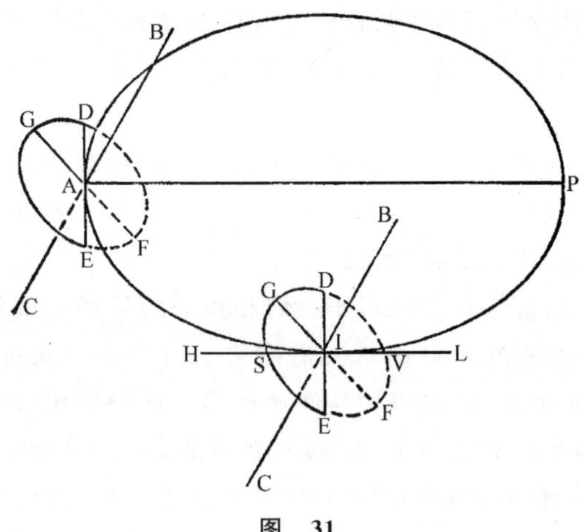

图 31

现在假定赤道的旋转按照 D、G、E、F 的次序，假定地球中心的运动是向 E 点前进。地球的中心在 A 点，地轴 CB(垂直于赤道的直径 DE)如我们所说是处在二至圈的平面内，这个平面和地球轨道平面的交叉部分是直径 PA；因此 PA 这条线将垂直于 DE，因为二至圈的平面是垂直于地球轨道的平面的。所以 DE 在 A 点上与地球的轨道相切，因此地球中心处在这个位置上时，它沿 AE 弧的运动变动很少，每天只有一度，甚至像是沿着切线 DAE 运行一样。而且由于周日运动，带动 D 点经过 G 到 E，和全部直径 DE 给地球中心的运动（实际上沿着同一 DE 线运动）增加整个直径 DE 那样多的速度，而另一方面，另一半圆 EFD 在运动中减少相同的量，周年运动在这点上的增减（即在至点时）将可用整个直径 DE 来计算。

下一步我们来看看在二分点时，运动是否一样快慢。把地球的中心移到 I 点，离 A 点有四分之一圆那么远，让我们标明同一赤道 GEFD 和与黄道的交叉部分 DE，以及以同样斜度倾斜的地轴 CB。现在在 I 点上与黄道相切的不再是 DE，而是一条不同的线，和 DE 成直角。这条线我们用 HIL 来标明，中心 I 的运动方向将是这条线的方向，沿着地球轨道的圆周前进。在这种情况下，周年运动的增减就不像先前一样，以直径 DE 来计算，因为这条直径并不沿周年运动的路线 HL 延伸，而是与之相交成直角，D 与 E 对周年运动都将无所增减。

现在增减必须沿着与地球轨道平面垂直并在 HL 线上与之交叉的那条直径来计算；这条直径我们标为 GF。增加的运动将是通过 G 点沿着半圆 GEF 的运动，而减去的运动则是沿着另一个半圆 FDG 的相对运动。这条直径不处在周年运动线 HL 的同一条线上，而是如我们看见的和这条线 I 点交叉（G 点提到地球轨道平面的上面，F 点降到地球轨道平面的下面），增减就不是为直径的全部长度所决定的了。毋宁说，增减只能是 HL 线的一部分，这一部分是从 G 点和从 F 点向 HL 所作两条垂直线的切断部分，即 GS 和 FV 两条线切断 HL 的部分。因此计算增加要用 SV 线，而这条线比在至点 A 计算增加的 GF 线和 DE 线都要小些。

由此可见，根据地球中心在四分之一圆 AI 的任何其他点上的位置，我们可以在这一点上引出正切线并从赤道直径两端向切线作两根垂直线，赤道直径则是由通过切线和黄道平面垂直的平面决定的；这一段切线总是在接近二分点时较小而在接近二至点时较大，将向我们表明增减量。至于表明最小增加与最大增加有多大差异，那是不难做到的；这两者之间差异的变化正如地球全轴（或直径）和地极圈之间的那一部分的变化一样。假定增减是在赤道上引起的，这大约小于全部直径的十二分之一；在其他纬度上，则随纬度直径的减少而按比例地减少。

在这上问题上，我能告诉你的就是这么些了，也许在我们的知识范围内，我们所能理解的也就是这么多——因为众所周知，所谓知识只能包括那些固定不移的结论。这些结论就是关于潮汐的三个总周期，因为这些总周期决定于一些不变动的原因，而且是统一的和永恒的原因。但是这些主要和普遍的原因还混杂有其他一些原因；这些尽管是次要的、特殊的，却能引起巨大的变化；而且这些次要的原因有一部分是变动的，是不能对它进行观察的（例如，由于风引起的变化），有一部分尽管固定不变，但由于性质复杂而不被人观察到。这些包括海床的各种长度，它们的各个不同定向，以及水的不同深度。这些原因，除非经过很长时期的观察和可靠的报道，谁能够指望对它们作出完整的叙说呢？没有这种叙述，一个人能在什么可靠的基础上建立他的假设和假定呢？他既然一无基础，二无假设和假定，又怎样能指望给所有的现象提供恰切的理由呢？而且我还可以补充一点，不但不能说明一切现象，连我们所能看到的海水运动上的许多变化以及特殊的不规则性，也都说明不了。

我自认为能够觉察出自然界确实存在着许多偶然原因并能产生许多变化，就心安理得了；对这些偶然原因的详细观察，我将留给那些经常漂洋过海的人们去做。在结束我们的谈话之前，我只想提请你们注意，潮汐久暂的精确时限不仅随着海洋的长度和深度而有变化，而且我认为还随着海洋之间的接合状态不同而引起许多突出的变化，因为海洋在大小上，在位置上，甚至可以说在定向上都各自不同。这样一种悬殊的对比在这里亚得里亚海湾恰恰就有，亚得里亚海湾比地中海的其余部分小得多，而且两者的定向全然不同，后者的封闭的一头是在叙利亚海岸东部，而前者则在西部封闭。由于最大的潮汐总是发生在海洋的尽头——的确，在别的地方都没有这样大的涨落——很可能别的海里退潮时正是威尼斯的潮水最泛滥的时刻。地中海由于比亚得里亚海大得多，并且更多地向东西延伸，在某种意义上是控制着亚得里亚海的。因此如果那些决定于主要原因的效果在亚得里亚海没有在指定的时间得到证实，而且不符合其正规的周期，至少不像地中海的其余部分那样得到证实和那样符合，这并不奇怪。但是这个问题需要进行长期的观察，我在过去没有做过，将来也不可能做。

萨格利多：在我看来，你在打开通向这样崇高理论的第一道关口上，已经作出很大的贡献。你的第一条总定理我觉得是无可非议的，你已经非常令人信服地说明，如果容纳海水的容器静止不动，在通常的自然界的顺序下为什么不可能发生我们所观察到的运动，而另一方面，如果假定地球具有哥白尼根据一些全然不同的理由归之于地球的运动，海水的那些变化就必然随之产生。即使你除此以外不给我们任何东西，单是这一条看来就已经大大超过别人提出的那些无聊货色了；那些便是在脑子里重温一下，也会使我作呕。我而且感到非常诧异的是，过去曾经有过那么多聪明绝顶的人，其中竟没有一个领会盛器中水的反复运动和容器不动之间的矛盾，而这种矛盾现在在我看上去是非常明显的。

萨耳维亚蒂：更奇怪的是，一旦有些人想到把潮汐的原因归之于地球的运动（这在这些人中显得是绝顶聪明了），但是他们抓这个问题时，却什么也没有抓住。这是因为他们没有注意到，一种简单的和均匀的运动，例如地球的简单周日运动，并不足以引起潮汐，还需要一种时而加速、时而减慢的不均匀的运动。因为如果容器的运动是均匀的，所盛的水将习惯于这种均匀运动而决不会发生任何变化。

▶ 地球的简单运动不足以产生潮汐。

同样，说潮汐是由地球的运动和月层的运动之间的冲突引起的（这是古代一位数学家的说法），也完全是没有根据的，因为这既不明显，而且也没有解释冲突怎样必然产生潮汐；此外，还有一个明显的错误，就是地球的转动与月层的运动并不矛盾，而是向着同一方向。因此前人的种种臆测，在我看来，都是完全站不住脚的。但在所有对这种奇特现象进行哲学论述的伟大人物里面，我对开普勒比对其他任何人都更加感到惊讶。尽管他思想开阔而且敏锐，尽管他已经掌握到地球的那些运动，他却仍然对月球支配海水，对这种神秘的属性和幼稚的说法听得进，而且加以肯定。

◀ 对数学家色雷科的见解的批评。

◀ 对开普勒的有礼貌的责备。

萨格利多：我猜想，这些思想深邃的人所碰到的情形，也就是我现在所碰到的情形；那就是没有能够理解到日潮、月潮和年潮这三个周期的相互关系，以及这些周期的原因表面上好像和太阳与月亮有关系，但是实际上两者对海水本身并无任何影响。这个问题我还需要经过长时间的集中思考才能充分理解；由于问题既新奇而又困难，目前对我仍然是晦涩的。但是我并不放弃希望，让我一个人默默地从头想一遍，并且把自己还不能领会的东西重新思索过，敢说我总会精通它的。

在这四天的谈话中，我们看到了许多有力证据都是有利于哥白尼体系的，其中有三种可以看出非常令人信服。一、行星的停止和逆行及其趋向和远离地球的运动；二、从太阳自身的运转以及太阳黑子所观察到的现象；三、海洋潮汐的涨落。

萨耳维亚蒂：在这些证据以外，或许还可以加上第四种甚至第五种。第四种证据，依我看来，可能来自恒星，因为我们通过对恒星的最精确观察，可能发现哥白尼过去认为觉察不到的那些最小变化。目前还透露出第五种新奇的证据，说不定可以用来作为地动说的论证。这是大名鼎鼎的恺撒·马西利所昭示给我们的，他出身于波伦亚的望族，并且是猞猁学院成员。他在一份非常渊博的手稿里阐述他曾经观察到子午线在不断变动着，实则是一种非常缓慢的变动。我最近看到了这本著作，感到非常惊异。希望他使这本著作能让所有研究自然界奇迹的学者都能看到。

◀ 恺撒·马西利观察到子午线在动着。

萨格利多：这位先生治学之精，我过去已经屡有所闻；他对所有研究科学和文学的人的热心关怀是有目共睹的。如果他的这部或其他著作能公开发表，我敢预期它会远近闻名的。

萨耳维亚蒂：现在该是结束我们讨论的时候了，因此我要最后请求你，如果今后你重温我提出的那些理论，万一碰上什么没有完全解决的困难或者问题时，希望你能原谅我的浅陋，因为这种见解太新奇了而我的能力是有限的；还因为这个问题牵涉到的方面太广了；最后还有，由于我自己对这种创见并未同意，我并不号称，也没有征求过别人的同意；它可能很容易被证明为一种愚蠢的幻觉和极大的悖论之类的东西。

萨格利多，我有一言奉告，虽则在我论证时你曾经对我的某些见解表示满意并予以高度的赞许，但是我认为你所以如此与其说是认为这些见解正确，还不如说是部分地为这些新奇的见解所动，甚至更可能是由于客气，因为一个人听到别人同意并赞许自己的见解，天然是感到高兴的。还有，我一方面对你的谦让表示感激，另一方面，对辛普里修的才智也感到高兴。老实说，他那样自始至终强烈地和无所忌惮地坚持他老师的学说，使我对他越来越喜欢了。萨格利多，我谢谢你盛情厚谊，也请求辛普里修的原谅，如果我有时候讲话过于激烈和偏执而触犯了他的话。请你们相信，我在这方面绝没有任何其他企图，只是给你们多多介绍那些崇高的思想，想多听听你们的教益。

辛普里修：你用不着作任何辩解；尤其对我来说，这都是多余的。我早已习惯于公开辩论的那一套了；我有无数次听到那些辩论的人不仅相互发怒和沉不住气，甚至出言不逊，有时几乎要打起来。

至于我们已经举行的几次讨论，尤其这最后一次关于海洋潮汐原因的讨论，老实说我并不完全信服。不过我对这个问题所形成的见解非常薄弱；相比之下，我承认你的想法好像比我过去听到的许多人的想法都要巧妙得多。因此我并不认为你的这些想法是真实和确凿的；的确，我曾经从一位最杰出最有学问的人那里听到一条最踏实的学说，使我永远铭记在心，而且经他一提，谁也没法子再说什么；我知道如果有人问到上帝以他的无穷力量和智慧能否不使水的容器运动，而用别的什么手段使水元素具有人们所观察到的反复运动，你们两位都会回答上帝能够做到，而且上帝懂得用许多我们意想不到的方式做到这样。根据这一点，我可以马上得出结论说，既然如此，任何人想要把神的力量和智慧限制和约束在他自己的某些特殊幻想的圈子里，那未免太大胆了。

萨耳维亚蒂：这是一条可钦佩和圣洁的学说，而且和另一条同样神圣学说是吻合的，那就是虽说上帝容许我们论证宇宙构造的自由（也许为了使人类理智的能力不致削弱或者变得懒惰），但又说我们并不能发现上帝手迹的奥秘。所以尽管我们多么地不配窥测上帝无穷智慧的奥秘，但是为了认识上帝的伟大并从而更加敬仰上帝的伟大，让我们仍旧进行这些为上帝容许并制定的这些活动吧。

萨格利多：这就作为我们四天讨论的最后结论吧。以后，如果萨耳维亚蒂需要休息一段时间的话，我们的不断的好奇心必须容许他这样做。不过有一个条件，就是在他比较方便的时候，根据以前的约定，他将回来再谈一次或者两次，讨论那些搁起的和我记下的问题，以满足我们的愿望，我的愿望。特别是我们成员朋友关于天然的和外来的局部运动的新科学原理，是我最急于要听的了。现在，按照我们的惯例，让我们到外面等候的小船上去养一会儿神吧！

第四天（最后一天）完